21世纪高等院校教材

中央民族大学特色教材
ZHONGYANG MINZU DAXUE TESE JIAOCAI

转基因生物安全与管理

薛达元 主 编

卢宝荣 薛 堃 于文轩 副主编

科 学 出 版 社

北 京

内 容 简 介

本书主要由三部分组成。第一部分介绍了转基因技术的生物学基础，包括基因工程的原理、转基因技术的方法与发展、转基因生物及其产品对环境和健康的潜在风险，以及风险评估和风险管理的方法与内容；第二部分分析了转基因生物安全管理的政策、法规与制度体系，包括国际公约、部分国家的立法与管理经验，以及中国的相关法规制度与管理实践；第三部分阐述了转基因生物及其产品的社会-经济影响，包括转基因产品的标识、对国际贸易的影响、损害赔偿与补救、事故应急管理，以及公众意识与参与等。书中许多内容是基于作者多年从事转基因生物安全的研究工作和参加联合国相关公约国际谈判的经历，因此具有比较明确的观点。

本书可作为高等院校相关专业本科生和研究生学习转基因生物安全课程的教材，也可作为相关管理人员的培训教材和科研人员的参考书目。

图书在版编目(CIP)数据

转基因生物安全与管理/薛达元主编.—北京：科学出版社，2009
(21世纪高等院校教材)
ISBN 978-7-03-024875-6

Ⅰ.转…　Ⅱ.薛…　Ⅲ.生物-外源-遗传工程-安全管理　Ⅳ.Q788

中国版本图书馆CIP数据核字(2009)第105622号

责任编辑：甄文全 / 责任校对：郑金红
责任印制：赵　博 / 封面设计：北极光视界

科学出版社 出版
北京东黄城根北街16号
邮政编码：100717
http://www.sciencep.com
北京厚诚则铭印刷科技有限公司印刷
科学出版社发行　各地新华书店经销
*
2009年7月第　一　版　开本：787×1092　1/16
2025年1月第十次印刷　印张：22 1/4
字数：491 000

定价：89.00元
(如有印装质量问题，我社负责调换)

《转基因生物安全与管理》编委会名单

主　编：薛达元

副主编：卢宝荣　薛　堃　于文轩

编　委（以姓氏拼音为序）：

陈良燕　南京大学环境学院

成　功　中国民族地区环境资源保护研究所

黄　艺　北京大学环境科学与工程学院

金银根　扬州大学生物科学与技术学院

刘国世　中国农业大学动物科技学院

卢宝荣　复旦大学生命科学学院

魏　伟　中国科学院植物研究所

夏友富　对外经济贸易大学国际商学院

薛　堃　中央民族大学生命与环境科学学院

薛达元　中央民族大学/环境保护部南京环境科学研究所

于文轩　中国政法大学民商经济法学院

前　言

人口、资源、环境一直是人类生存与发展所面临的主要问题，而以科学研究为先导的技术革命是解决这些问题的根本途径。20世纪80年代以来，由于基因重组及转化技术的发展和应用，使生物技术的发展进入崭新的阶段，并且产生了巨大的经济效益。而经济效益的重要标志是，一个以基因工程为核心的现代生物技术产业群正在迅速崛起，并呈快速发展势头。

生物技术产业化促进了生物技术产品的全球贸易，特别是在农业生物技术的开发与应用方面，抗虫、抗病和耐除草剂等类型的转基因作物自20世纪90年代中期以来，已在北美洲、南美洲和亚洲一些国家进行了大规模的商业种植，其产品已源源不断地销往其他国家。这一发展进程非常迅速，从转基因生物正式获得批准进行商业化生产到现在大规模的生物产业阶段仅仅用了15年的时间。

1994年，延熟番茄的正式商业化生产意味着人类大规模利用转基因生物的开始。1996年，全球转基因作物的种植面积为170万 hm^2，此后每年种植面积的增加都保持在13%左右，到2007年已达到1.143亿 hm^2，是1996年种植面积的65倍。2007年种植转基因作物的国家数量达到23个，其中包括12个发展中国家和11个发达国家，主要有美国、加拿大、阿根廷、巴西、印度和中国等。

中国目前已批准商业化种植的转基因作物主要是转 *Bt* 基因抗虫棉。1997年开始商业化种植时面积为3万 hm^2，次年达23万 hm^2，2000年种植面积超过100万 hm^2，至2004年种植面积达350万～400万 hm^2，占全国棉花总种植面积的2/3，种植省份包括黄河流域的河南、河北、山东、山西等省，长江流域的江苏、安徽、湖南、湖北等省，以及新疆维吾尔自治区。

虽然中国目前还没有批准转基因粮食作物商业化生产，但是中国的科研工作者一直在从事转基因粮食作物的研究，涉及水稻、小麦、玉米、油菜、大豆等多种农作物。过去10年来，中国一直大量进口大豆，用于烹调油产品的加工。中国进口大豆的数量一直呈上升趋势，2000年左右每年进口大豆不足2000万 t，与国内大豆产量基本持平；此后进口量逐渐超过国内生产量，2005年进口量为2659万 t，2006年为2827万 t，2007年达3082万 t，2008年达3744万 t。进口大豆产品中有70%是转基因产品，主要来自于美国、阿根廷和巴西。转基因大豆油充斥于餐桌，每个人都无法避免。

然而，转基因生物具有科学上的不确定性，这种不确定性决定了转基因生物的商业化生产和大规模应用具有一定的风险。如何评估这些风险并对风险进行管理，是目前科学管理和可持续发展的基本要求。

转基因生物的环境释放可能对人类和生物的健康产生危害，在包装、运输、贮存、使用过程中也可能产生环境风险，特别是一些拟用作食物和饲料的转基因活生物体被人类和动物直接消费，具有潜在的健康风险。因此，随着生物技术产品的产业化水平不断提高，生物技术的安全问题也引起国际社会和各国政府的广泛关注，并成为国家间环境保护合作的热门议题。特别是对许多发展中国家来说，他们在处理生物技术产品环境安全方面的能力明显不足，对于纷至沓来的生物技术产品感到措手不及，表现出谨慎与担忧。因此，这些国家寄希望于通过一项国际生物安全协议来控制转基因生物的进口，同时在国家能力建设方面得到国际资金和技术的支持。许多发达国家基于转基因生物产品贸易的考虑，也对此项议定书表示出极大的关注。这些因素催生了《卡塔赫纳生物安全议定书》。

转基因生物的安全性涉及面相当广泛，包括基因工程技术、转基因生物的食品安全性及其评价、转基因生物的生态风险及其评价、转基因生物的检测和环境监测、转基因生物的风险管理、转基因生物的社会-经济影响、生物安全国际法、生物技术和生物安全的国内外法规和管理制度以及生物安全的公众教育等。可以说，转基因生物安全既是科学问题，也是社会问题，二者不能偏废。强调科学问题，是为了更好地进行风险评价，为管理提供科学依据；强调社会问题，是为了促进科学研究，为管理提供社会基础。但是，目前还没有一本书可以涵盖如此多的内容。

正是在这样的大背景下，我们开始了本书的编撰工作，力求全面、深入浅出地介绍转基因生物的安全性及其相关问题。在编写过程中，我们以本书的初稿作为中央民族大学生物科学专业和生物技术专业高年级本科生及研究生“转基因生物安全与管理”课程的讲义，经过两年的试讲实践，取得了不少经验，为进一步完善本书的内容奠定了基础。

本书的编写基于编者多年从事转基因生物安全的研究工作，也基于编者多年来参加联合国《生物多样性公约》和《卡塔赫纳生物安全议定书》国际谈判的经历，还基于环境保护部南京环境科学研究所在实施“中-德生物安全能力建设项目（GTZ/BMZ）”和“UNEP/GEF 中国生物安全国家框架实施示范项目”的部分研究成果。

本书成稿凝结了很多人的研究成果，除了编委会成员外，张真、王军辉、周秋麟、徐海滨、汪学军、蔡星星等也参加了编写或提供了资料；杨婧、成文娟和潘峰参与了大量外文资料的翻译；环境保护部国家生物安全办公室张文国处长、王捷副处长，以及中央民族大学生命与环境科学学院冯金朝院长、周宜君副院长等也对本书的编写工作给予了重要支持。中-德生物安全能力建设项目（GTZ/BMZ）对本书的编写和出版给予资助；中央民族大学也将本书列为 2008～2009 年度校级特色教材立项项目，并对本书出版给予部分资助。在此，对以上个人和单位的贡献与支持表示衷心感谢。

希望已经具有生物学相关基础知识和基本实践能力的读者通过阅读本书，不仅能在技术应用层面了解现代生物学，更能从科学、哲学、科技管理和社会政治经济的角度分析问题、理解问题、认识问题，做到广度和深度兼备。同时，我们也希望非专业读者能够借助本书，更多地了解生物学知识和相关技术。

限于编者水平，本书难免存在不恰当或考虑不周之处，衷心希望各位读者批评指正。

编　者

2009 年 3 月于北京

目　　录

前言
绪论 ··· 1
第 1 章　遗传工程的分子生物学基础 ··· 16
1.1　基因的概念和结构 ··· 16
1.2　DNA 复制 ··· 18
1.2.1　DNA 复制的特点及其调控 ··· 18
1.2.2　人工 DNA 复制——PCR ··· 19
1.3　DNA 转录及其调控 ··· 21
1.4　RNA 的转录后加工及其调控 ··· 22
1.4.1　mRNA 的特征 ··· 22
1.4.2　内含子的拼接、编辑和化学修饰 ··· 22
1.4.3　RNA 干扰（RNAi） ··· 23
1.5　蛋白表达及其调控 ··· 24
1.5.1　三联体密码子 ··· 25
1.5.2　蛋白质的加工和修饰 ··· 25
1.5.3　蛋白质的降解 ··· 26
1.6　限制性内切核酸酶 ··· 26
主要参考文献 ··· 28
第 2 章　基因工程原理和实践 ··· 29
2.1　重组 DNA 技术发展史上的重大事件 ··· 29
2.2　目的基因的分离 ··· 30
2.2.1　通过构建 cDNA 文库和基因文库分离目的基因 ··· 30
2.2.2　用 PCR 方法从基因组中扩增出目的基因 ··· 31
2.2.3　DNA 的化学合成 ··· 31
2.3　基因重组 ··· 32
2.4　基因工程载体 ··· 32
2.4.1　质粒载体 ··· 33
2.4.2　噬菌体和病毒载体 ··· 34
2.4.3　YAC 载体 ··· 34
2.5　植物转化方法 ··· 34
2.5.1　农杆菌介导转化法 ··· 35
2.5.2　基因枪介导转化法 ··· 36

2.5.3 花粉管通道法 …… 36
2.6 转基因动物的制作方法 …… 37
2.6.1 逆转录病毒载体感染早期发育的动物胚胎及 M_{II} 期的卵母细胞 …… 37
2.6.2 原核期胚胎的显微注射技术 …… 37
2.6.3 精子载体技术 …… 37
2.6.4 胚胎干细胞技术 …… 37
2.6.5 PGC 技术 …… 38
2.6.6 体细胞核移植技术 …… 38
2.6.7 人工染色体载体技术 …… 38
2.6.8 脂质体载体技术 …… 39
2.6.9 电脉冲技术 …… 39
2.7 转基因生物研发的一般过程 …… 39
主要参考文献 …… 40
第 3 章 转基因生物技术的发展 …… 42
3.1 转基因植物的发展 …… 42
3.1.1 转基因作物的发展现状 …… 42
3.1.2 转基因林木的发展现状 …… 44
3.2 转基因动物研究进展 …… 46
3.2.1 动物转基因技术的研究进展 …… 47
3.2.2 转基因动物的应用 …… 48
3.2.3 中国转基因动物研究进展 …… 54
3.3 转基因微生物研究进展 …… 57
3.3.1 转基因微生物在农业生产领域的应用 …… 57
3.3.2 转基因微生物在食品生产领域的应用 …… 61
3.3.3 转基因微生物在药物生产领域的应用 …… 61
3.3.4 转基因微生物在其他领域的应用 …… 61
3.4 基因工程疫苗 …… 62
3.4.1 基因工程疫苗的利用 …… 63
3.4.2 基因工程疫苗的研究进展 …… 64
主要参考文献 …… 67
第 4 章 转基因食品对健康的潜在风险 …… 69
4.1 转基因食品商业化生产现状 …… 69
4.1.1 美国转基因食品的商业化现状 …… 69
4.1.2 欧盟转基因食品的商业化现状 …… 72
4.1.3 中国转基因食品的商业化现状 …… 73
4.2 DNA 的人体暴露 …… 73
4.2.1 食品中的 DNA …… 73

4.2.2 消化系统中 DNA 的稳定性 …… 74
4.2.3 人体细胞中重组 DNA 的水平转移 …… 75
4.3 转基因食品对健康的潜在风险 …… 76
4.3.1 转基因食品健康风险的概念 …… 76
4.3.2 与基因表达产物（非核酸物质）相关的健康影响 …… 76
4.3.3 蛋白质可能的致敏性 …… 77
4.3.4 食品关键成分相关的安全问题 …… 79
4.3.5 转基因食品中标记基因的生物安全性问题 …… 80
4.4 转基因食品风险评估的方案 …… 80
4.4.1 消化道作为转基因食品风险评估的第一目标 …… 80
4.4.2 关于转基因作物和食品健康评估的建议方案 …… 81
4.4.3 问题和结论 …… 82
主要参考文献 …… 82
第 5 章 转基因生物的生态风险 …… 85
5.1 转基因生物对生态环境的影响 …… 85
5.1.1 转基因生物的靶标效应 …… 86
5.1.2 转基因生物的非靶标效应 …… 87
5.1.3 外源基因逃逸 …… 88
5.1.4 外源基因在生态系统中的积累 …… 88
5.1.5 转基因生物入侵 …… 89
5.2 水平基因流——重组 DNA 的生物安全 …… 89
5.2.1 重组 DNA 在不同环境中的潜在影响 …… 90
5.2.2 原核细胞中重组 DNA 水平基因流 …… 91
5.3 垂直基因流——外源基因逃逸的理论基础 …… 92
5.3.1 基因流的概念 …… 92
5.3.2 外源转基因逃逸的对象 …… 92
5.3.3 外源转基因逃逸的途径 …… 93
5.3.4 花粉介导基因流的潜在影响 …… 94
主要参考文献 …… 100
第 6 章 转基因生物风险评价：方法和案例 …… 103
6.1 转基因生物风险评价的一般原则和方法 …… 103
6.2 转基因经济作物的风险评价 …… 104
6.2.1 转基因棉的风险评价 …… 104
6.2.2 转基因大豆的风险评价 …… 110
6.2.3 转基因油菜的风险评价 …… 111
6.3 转基因粮食作物的风险评价 …… 112
6.3.1 转基因水稻的风险评价 …… 112

6.3.2　转基因玉米的风险评价 …… 112
6.3.3　转基因小麦的风险评价 …… 114
6.4　转基因林木的风险评价 …… 115
主要参考文献 …… 117
附录 1：《卡塔赫纳生物安全议定书》附录Ⅲ …… 119
附录 2：农业部《转基因植物安全评价指南（试行）》 …… 121
第 7 章　转基因生物风险管理 …… 128
7.1　风险管理的定义、目标和要求 …… 128
7.2　转基因生物风险管理的理论基础——科学不确定性 …… 129
7.2.1　科学上的不确定性和复杂性 …… 129
7.2.2　转基因生物风险的不确定性和复杂性的来源 …… 130
7.2.3　从技术和科学的不确定性上构建预防模型 …… 131
7.3　转基因生物风险管理的原则——预防原则 …… 132
7.3.1　预防原则的概念 …… 132
7.3.2　预防原则的实施对风险威胁的回应 …… 133
7.3.3　预防原则的实施涉及科学上的不确定性 …… 134
7.3.4　熟悉原则、实质等同与预防原则 …… 135
7.3.5　积极措施的必要性 …… 136
7.3.6　预防原则和证据负担 …… 136
7.3.7　预告原则和规范标准 …… 137
7.4　转基因生物管理实践（以欧盟为例） …… 137
7.4.1　欧盟的环境释放 …… 138
7.4.2　欧盟的转基因食品和饲料 …… 139
7.4.3　欧盟的可追踪性原则 …… 140
7.4.4　欧盟转基因生物的越境转移 …… 140
7.4.5　欧盟的共存原则 …… 140
主要参考文献 …… 141
第 8 章　外源基因检测和环境监测 …… 143
8.1　外源基因检测和环境监测的意义和必要性 …… 143
8.2　外源基因检测的方法 …… 144
8.2.1　利用 PCR 检测外源基因的优势 …… 144
8.2.2　GMO 的 PCR 分析流程 …… 145
8.2.3　应用 PCR 检测样本的 GMO 成分 …… 146
8.2.4　确保可靠的 PCR 检测结果的措施 …… 150
8.2.5　验证 PCR 结果的方法 …… 151
8.3　GMO 中蛋白质的免疫学分析 …… 151
8.3.1　免疫检测的基本原理 …… 151

8.3.2 免疫检测的局限性 …… 152
8.4 转基因微生物的检测方法 …… 153
8.4.1 平板菌落计数法 …… 153
8.4.2 免疫荧光抗体法 …… 153
8.4.3 核酸序列分析 …… 154
8.4.4 DNA 杂交技术 …… 154
8.5 GMO 检测实验的统一标准 …… 154
8.5.1 标准操作程序 …… 154
8.5.2 实验室的执行评估 …… 154
8.5.3 实验室资格鉴定 …… 154
8.5.4 GMO 检测方法的国际标准化 …… 155
8.6 GMO 的环境监测 …… 155
8.6.1 怎么开始监测? …… 156
8.6.2 环境影响——需要监测什么? …… 156
8.6.3 人类和动物健康影响——需要监测什么? …… 156
8.6.4 在哪里监测 GMO/LMO 的影响? …… 157
8.6.5 欧盟和国际的监测健康及环境影响的现状 …… 158
8.6.6 建立以环境监测为基础的生物安全框架 …… 159
8.6.7 追踪 GMO 环境释放的其他工具 …… 159
主要参考文献 …… 160
第 9 章　生物安全国际法：卡塔赫纳生物安全议定书 …… 163
9.1 《议定书》的产生背景 …… 163
9.1.1 《卡塔赫纳生物安全议定书》与《生物多样性公约》的关系 …… 163
9.1.2 《生物安全议定书》的起草过程 …… 164
9.1.3 《生物安全议定书》的谈判过程 …… 164
9.1.4 《生物安全议定书》谈判的争论焦点 …… 165
9.2 《生物安全议定书》体现的基本原则 …… 167
9.2.1 预先防范原则 …… 167
9.2.2 国际合作原则 …… 167
9.2.3 无害利用原则 …… 168
9.2.4 转基因生物谨慎发展原则 …… 168
9.3 《生物安全议定书》的基本内容 …… 169
9.3.1 一般性条款 …… 169
9.3.2 提前知情同意程序 …… 170
9.3.3 风险评估 …… 171
9.3.4 风险管理 …… 171
9.3.5 处理、运输、包装和标志 …… 172

9.3.6 能力建设与公众参与 …… 173
9.3.7 赔偿责任与补救 …… 174
9.4 《生物安全议定书》后续谈判的进展 …… 174
9.4.1 第一次缔约方会议（COP-MOP1） …… 174
9.4.2 第二次缔约方会议（COP-MOP2） …… 176
9.4.3 第三次缔约方会议（COP-MOP3） …… 177
9.4.4 第四次缔约方会议（COP-MOP4） …… 178
9.4.5 对各届缔约方会议进展的综合评论 …… 180
主要参考文献 …… 182
第 10 章 部分国家的生物安全法规与制度 …… 183
10.1 欧盟的生物安全法规与制度 …… 183
10.1.1 欧盟生物安全法的理念基础：风险预防原则 …… 183
10.1.2 欧盟的生物安全法管理体制 …… 184
10.1.3 欧盟的重要生物安全法规 …… 184
10.2 美国的生物安全法规与制度 …… 188
10.2.1 美国生物安全法的理念基础：实质等同原则 …… 189
10.2.2 美国的重要生物安全法规 …… 189
10.3 日本的生物安全法规与制度 …… 192
10.3.1 关于转基因生物工业化安全管理的重要法规 …… 192
10.3.2 关于转基因生物实验室研究安全管理的重要法规 …… 192
10.3.3 关于转基因农业和食品安全管理的重要法规 …… 193
10.3.4 关于规制转基因生物以保护生物多样性的重要法规 …… 194
10.3.5 其他有关生物安全管理的法规 …… 196
10.4 印度的生物安全法规与制度 …… 196
10.4.1 印度的生物安全管理体制 …… 196
10.4.2 印度生物安全立法的体系和主要内容 …… 197
10.5 巴西的生物安全法规与制度 …… 199
10.5.1 巴西的生物安全管理体制 …… 199
10.5.2 巴西生物安全法的主要内容 …… 200
10.5.3 转基因大豆专门立法 …… 201
10.6 澳大利亚的生物安全法规与制度 …… 202
10.6.1 澳大利亚的生物安全管理体制 …… 202
10.6.2 澳大利亚的生物安全法的主要内容 …… 203
主要参考文献 …… 204
第 11 章 中国生物安全政策法规与制度框架 …… 206
11.1 中国生物安全政策框架 …… 206
11.1.1 国家生物安全管理的目标与原则 …… 206

11.1.2　转基因生物及其产品的市场开发政策框架 …… 209
11.1.3　转基因生物及其产品的安全管理制度框架 …… 211
11.2　中国现行转基因生物安全法规与制度 …… 212
11.2.1　概述 …… 212
11.2.2《农业转基因生物安全管理条例》内容解析 …… 215
11.2.3《条例》配套管理办法的内容解析 …… 216
11.2.4　林业转基因生物安全管理法规 …… 223
11.2.5　相关技术标准 …… 224
11.3　转基因生物安全管理制度及实施程序 …… 224
11.3.1　农业转基因生物安全评价管理程序 …… 224
11.3.2　农业转基因生物进口安全管理程序 …… 227
11.3.3　农业转基因生物标识审查认可程序 …… 228
11.3.4　转基因食品的管理制度及实施 …… 230
主要参考文献 …… 231
第 12 章　转基因生物的越境转移与标识制度 …… 233
12.1　转基因生物越境转移的基本内容 …… 233
12.1.1　有意越境转移 …… 233
12.1.2　无意越境转移 …… 234
12.1.3　非法越境转移 …… 234
12.1.4　转基因生物的过境转移 …… 234
12.1.5　与非缔约方的越境转移 …… 234
12.2《议定书》有关转基因生物越境转移标志的谈判进展 …… 235
12.2.1《议定书》有关标志的规定 …… 235
12.2.2　谈判各方的主要争论 …… 235
12.2.3　库里提巴（Curitiba）规则的形成 …… 238
12.3　转基因生物的标识要求及国际趋势 …… 241
12.3.1　转基因生物标识的必要性 …… 241
12.3.2　欧盟的标识制度和可追踪制度 …… 242
12.3.3　其他国家或地区的标识制度 …… 246
12.4　中国转基因生物的标识制度 …… 247
12.4.1　现行国内转基因生物标识方式的不足 …… 247
12.4.2　加强进口越境标志管理和市场标识管理 …… 249
12.4.3　进一步完善我国国内转基因生物标识制度 …… 250
12.4.4　对标识制度的实施实行监督检查 …… 253
主要参考文献 …… 253
第 13 章　转基因生物的损害责任与补救 …… 255
13.1　国际环境损害赔偿法的主要原则和主要机制 …… 255

13.1.1 国际环境损害赔偿相关法律文件 …… 255
13.1.2 国际环境损害赔偿法的主要原则 …… 256
13.1.3 国际环境损害赔偿法的主要机制 …… 257
13.2 生物安全损害责任与补救机制国际谈判的进展 …… 259
13.2.1 相关背景 …… 259
13.2.2 谈判进程 …… 260
13.2.3 焦点问题 …… 261
13.3 生物安全损害赔偿国际法应确立的主要原则 …… 263
13.3.1 无过错责任原则 …… 263
13.3.2 责任分担原则 …… 264
13.3.3 国家责任原则 …… 264
13.4 生物安全损害赔偿国际法应确立的主要机制 …… 265
13.4.1 赔偿主体 …… 265
13.4.2 赔偿金额 …… 266
13.4.3 责任限制 …… 266
13.4.4 金融保障 …… 267
13.4.5 索赔程序 …… 268
13.5 有关国家和地区生物安全损害赔偿立法概况 …… 268
13.5.1 美国的法律规定 …… 268
13.5.2 加拿大的法律规定 …… 269
13.5.3 欧盟的法律规定 …… 269
13.5.4 挪威的法律规定 …… 270
13.5.5 其他国家的法律规定 …… 270
13.6 我国生物安全损害赔偿立法的现状及其完善 …… 270
13.6.1 我国生物安全损害赔偿法律规定的现状 …… 270
13.6.2 我国生物安全损害赔偿立法的完善建议 …… 271
主要参考文献 …… 275
第 14 章 转基因生物的社会-经济影响 …… 276
14.1 国际社会对转基因生物社会经济影响的关注 …… 276
14.1.1 《生物安全议定书》的关注点 …… 276
14.1.2 《生物多样性公约》的关注点 …… 277
14.1.3 多边国际机构的关注点 …… 278
14.1.4 全球工业联盟的观点 …… 280
14.1.5 非政府组织的观点 …… 280
14.2 转基因生物社会-经济因素的类型 …… 281
14.2.1 转基因生物经济影响的类型 …… 281
14.2.2 转基因生物社会影响的类型 …… 283

14.3 《生物安全议定书》与 WTO 的关系 …… 285
14.3.1 WTO 关于处理贸易与环境问题的原则和规则 …… 285
14.3.2 WTO 规则与《议定书》规则的冲突 …… 287
14.3.3 WTO 规则与《议定书》规则的协调 …… 289
14.4 转基因生物安全管理对国际贸易的可能影响 …… 290
14.4.1 《议定书》规则对国际贸易的可能影响 …… 290
14.4.2 转基因生物安全对国际贸易的实际影响 …… 292
14.4.3 转基因问题所暴露的欧洲与美国的社会与文化差别 …… 296
14.4.4 转基因作物对于中国的社会-经济影响分析 …… 298
主要参考文献 …… 299
第 15 章 转基因生物安全应急管理制度 …… 301
15.1 转基因生物安全应急管理制度的理论基础 …… 301
15.1.1 转基因生物安全应急管理制度的预防与控制思想 …… 302
15.1.2 转基因生物安全应急管理制度的恢复与补救思想 …… 303
15.1.3 小结 …… 304
15.2 转基因生物安全应急管理制度的国际法背景 …… 304
15.2.1 转基因生物安全应急管理制度的国际环境法背景 …… 304
15.2.2 转基因生物安全应急管理制度的生物安全国际法背景 …… 306
15.3 转基因生物安全应急管理制度的国别法背景 …… 307
15.3.1 综合性应急管理法 …… 308
15.3.2 环境应急管理法 …… 308
15.3.3 转基因生物安全应急管理法——以日本和印度为例 …… 309
15.4 我国转基因生物安全应急管理制度的现状 …… 310
15.4.1 《基因工程安全管理办法》的相关规定及其评价 …… 310
15.4.2 《农业转基因生物安全管理条例》的相关规定及其评价 …… 311
15.4.3 《农业转基因生物安全评价管理办法》的相关规定及其评价 …… 311
15.4.4 《病原微生物实验室生物安全管理条例》的相关规定及其评价 …… 311
15.4.5 小结 …… 311
15.5 我国转基因生物安全应急管理制度的完善 …… 312
15.5.1 应急预案措施 …… 312
15.5.2 肇事者的应急义务 …… 313
15.5.3 主管部门的应急义务 …… 314
15.5.4 应急保障措施 …… 315
15.5.5 后期处置措施 …… 315
15.5.6 应对无意越境转移的措施 …… 316
15.5.7 法律责任 …… 316
主要参考文献 …… 317

第 16 章　生物安全的公众教育与公众参与 …… 318
16.1　国际环境法规的要求与做法…… 318
16.1.1　CBD 及《生物安全议定书》的要求与做法 …… 318
16.1.2　《奥胡斯公约》的主要内容 …… 320
16.1.3　西方一些国家的做法 …… 321
16.1.4　国际非政府组织对公众参与的推动作用 …… 321
16.2　转基因生物安全公众意识现状…… 322
16.2.1　国外消费者对转基因生物的态度分析 …… 322
16.2.2　中国消费者的态度 …… 324
16.3　国内相关法规和政策及公众参与要求…… 327
16.3.1　国家生物安全和可持续发展政策要求 …… 327
16.3.2　中国环境保护相关法规对公众参与的要求…… 328
16.3.3　中国生物安全相关法规缺少公众参与要求…… 329
16.4　中国生物安全公众参与的障碍与需求…… 329
16.4.1　中国生物安全公众参与的障碍 …… 329
16.4.2　中国生物安全公众参与的需求 …… 330
16.4.3　非政府环保组织的作用 …… 331
16.5　建立生物安全公众参与的机制…… 332
16.5.1　公众参与生物安全管理的基本权利 …… 332
16.5.2　公众参与决策的过程 …… 333
16.5.3　公众参与的形式 …… 334
16.5.4　公众参与制度的内容 …… 335
16.5.5　公众参与制度的实施行动…… 335
主要参考文献…… 336

缩略语…… 338

绪　论

21 世纪是生物的世纪，在生物学研究、开发和应用的各个领域都取得了丰硕成果和巨大成就。生物技术研究突飞猛进的发展及其成果迅速被运用到生命科学的各个领域。例如，利用体细胞培养和转基因技术对农作物品种进行遗传改良，利用细菌发酵技术进行生物制药，重要植物和动物基因组全序列被破译，动物克隆技术的突破，克隆羊、克隆牛和克隆猪的问世，等等，为人类的生存和生活质量的提高带来了无限的契机。尤其是 20 世纪 70 年代初重组 DNA 技术的建立以及随后的转基因技术的飞速发展，已经或者即将在农业、林业、渔业、医药、轻工以及环境保护等领域发挥重要的作用。不少人认为生物技术将是未来几年高新技术发展的十大重点技术之一。更有人认为生物技术，特别是转基因技术是解决 21 世纪发展中国家人民粮食安全问题的关键技术。包括转基因技术在内的生物技术的重大突破和贡献，让人类觉得自己似乎可以解决一切问题，人类有能力来改变自然！

1. 转基因技术的安全问题与生物安全概念

1）转基因技术的安全问题

众所周知，科学是一把无情的“双刃剑”，正当人类沉浸在生物世纪取得一系列生物研究和广泛的重大突破和成就的惊喜之中时，一系列生物领域内出现的安全问题，如外来种的入侵和疯狂暴发、生物多样性侵蚀、跨国界的畜禽类疾病（如禽流感、疯牛病、口蹄疫）的传播和对人类的不利影响，以及转基因作物或转基因食品研究中出现的不安全可能性的报道等，对人类敲响了警钟。生物技术，尤其是 DNA 重组和转基因技术是否存在潜在的危险？经遗传修饰的产品是否安全可靠？随着各种转基因作物在实验室的研究成果相继从实验室走向环境，进行大田试验直至大面积的环境释放和商品化生产，最后进入到商品化市场和家庭餐桌，对转基因作物持怀疑态度甚至反对的呼声在国际上也日益高涨，不少国家的民众和一些非政府组织（如绿色和平组织）对生物技术产品的研制、生产和商品化极为不满，对生物技术产品的抗议、游行或抵制的行动也不断出现。人们对生物安全的问题越来越关注，生物安全问题一时间成为国际上争议的焦点。那么，什么是生物安全？生物安全的问题是如何产生的？生物安全所涉及的主要内容是什么？了解生物安全的意义何在？这都是非常有趣和值得澄清的问题。

2）生物安全的广义概念

生物安全（biosafety）可能是现代媒体中出现最频繁的有关生物学方面的词汇之一。顾名思义，生物安全必定与生物和安全性有关。那么，什么是生物安全呢？生物安全又与哪些学科有关呢？我们只有弄清了生物安全的定义，才可能进一步了解生物安全所涵盖的内容、涉及的领域和研究的内容。生物安全有广义和狭义的定义，广义的生物安全是指“在一个特定的时空范围内，由于自然或人类活动引起的外来种迁人，并由此对当地其他物种和生态系统造成改变和危害；人为造成环境的剧烈变化而对生物的多样性产生影响和威胁；在科学研究、开发、生产和应用中造成对人类健康、生存环境和社会生活有害的影响”。按照上述定义，生物安全所涵盖的内容和涉及的领域非常广泛，包括一切因自然因素和人类活动所造成的与生物有关的安全性问题。因此，生物安全包含了生物技术，外来种入侵和暴发，由人类活动引发的自然灾害、病害的传播流行以及生态环境污染所带来的不安全因素和不利影响。

3）生物安全的狭义概念

本书所讨论的生物安全主要是指与转基因生物工程技术及其产品有关的安全性问题，这是生物安全的狭义概念。即使狭义概念也有不同的定义，通常认为生物安全是指转基因生物技术及其转基因产品从研制、开发、生产到实际应用的整个过程中有关人类健康和生态环境安全的问题。

按照联合国粮农组织（UN/FAO）的定义，生物安全是指“避免由于对具有感染力的有机体或遗传改良有机体的研究和商品化生产而对人类的健康和安全以及对环境的保护带来的风险（The avoidance of risk to human health and safety，and to the conservation of the environment，as a result of the use for research and commerce of infectious or genetically modified organisms.）”。

还有的对生物安全的定义是指达到一种目标，为了保证转基因植物和其他遗传过程有机体及其由生物技术生产的产品的发展和利用不对植物、动物、人类的健康以及遗传资源和环境造成不利影响。

尽管对生物安全的狭义定义具有不同的版本，而且有一些差异，但不难看出，狭义的生物安全强调的是转基因生物技术及其遗传修饰产品在其研究、生产和利用过程中可能对植物、动物、人类的健康和安全、遗传资源和环境带来的不利影响和危害，以及避免这种可能带来的危害的方法、程序及法律措施。

2. 生物安全问题的提出

对生物安全的顾虑产生在20世纪70年代初期。生物安全问题的出现是与生物技术特别是DNA重组、基因工程和转基因技术的发展密不可分的。在转基因生物安全性问题的提出过程中，有两次非常重要的会议：第一次是1973年在美国新罕布什尔州举行的Gordon会议上进行核酸问题讨论时，许多生物学家提出了基因工程操作时的安全问题，建议成立专门的委员会来管理重组DNA的研究并制定指导性的法规；第二次是1975年2月在美国加利福尼亚州的Asilomar举行的国际会议上，科学家正式提出转基因生物安全性问题，并将转基因生物的安全作为基因工程发展中必须考虑的重要问题。

1）转基因技术开创时代

20世纪70年代初期，美国斯坦福大学进行的分子实验开创了基因工程的先河，同时也引发了关于基因工程潜在风险的广泛争论。60年代末，斯坦福大学的生物化学教授Paul Berg开始了对猴病毒SV40的研究。Berg教授考虑使用高等动物的病毒，将外源基因带入真核细胞，并能更好地作为原核基因的载体，因此，他尝试将来自细菌的一段DNA和猴病毒SV40的DNA连接起来。通过努力，Berg和他的助手成功地将来源不同的DNA连接到一起，获得了世界上第一例重组DNA。这一重大突破使人类可以通过改变生物体的DNA来改造生物体。

1971年6月在冷泉港举行的一次生物学会议上Berg教授报告了他们准备将重组的DNA转化到真核细胞中的有关工作，这项研究引起了一些生物学家的注意。一位在冷泉港实验室工作的微生物学家Robert Pollack提醒Berg，他们所研究的SV40是一种小型动物的肿瘤病毒，它能将人的细胞培养转化成人类肿瘤细胞，如果研究中的一些材料扩散到自然环境中，可能成为人类的一种致癌因素而导致一场灾难。这一问题引起了Berg及其同事的高度重视，在咨询了多位有关生物学家并与一些专门从事猴病毒SV40的科学家进行了充分的讨论之后，Berg接受了科学家的建议，于1971年秋暂时终止了将重组DNA转染细胞的实验，希望对重组DNA工作的安全性问题有了进一步的认识以后再继续进行实验。

1972年春，加州大学的Boyer实验室从大肠杆菌中分离出一种新的内切核酸酶，命名为*Eco*RⅠ，它可以在DNA的特定位置将DNA切断，而切开的DNA片段又可以重新连接起来，这种新的内切核酸酶被称为限制性内切核酸酶。生物学家从此而获得了一种“生物刀”，可以对生物体的遗传物质进行各种操作，以改变其遗传特性。后来各种不同的限制性内切核酸酶被陆续发现，使生物学家可以更方便地对各种生物的遗传物质进行操纵。这一系列的发现和研究进展引起了越来越多的人对重组DNA可能带来潜在危害的深切关注。

2）Gordon会议的早期预警

1973年6月13日美国新罕布什尔州举行了一次被称之为Gordon会议的核酸研讨会，会议讨论了细菌限制性内切核酸酶在DNA操作中的作用，当Boyer介绍了他与Cohen合作将来源不同的基因进行切割和拼接成基因杂合体的工作后，到会的许多生物学家感到兴奋，同时也对未来大量基因工程的操纵表示担忧。在参会科学家的建议下，大会专门组织了一个关于重组DNA生物风险性的讨论，并通过了致信美国科学院（NAS）和国家药品研究所（NIM）的决定，呼吁成立专门委员会管理重组的研究工作，制定相应的指导性法规，充分保证基因工程研究中的安全性。美国科学院主席Philip Handler收信后，在理事会上进行了商讨，同意建立一个委员会负责处理重组DNA技术的安全性问题。

1974年1月，Berg受委托负责这个委员会的工作并开始筹备一个小型的研讨会，于4月在麻省理工学院召开该会议。参加会议的学者包括Watson和Nathans等数位诺贝尔奖获得者，会议后提出了一个报告，总结了Gordan会议以来重组DNA技术的发展，同时也指出，此类研究如果不加以限制和指导，可能带来生物安全问题。委员会提出如下4条建议。

（1）暂时禁止两类实验的进行。第一类是关于制造新的、能自我复制的有潜在危险的质粒实验，这种质粒可能将抗生素的抗性转入其他微生物或将毒性转入无菌苗；第二类是将癌基因或其他动物病毒基因与质粒或其他病毒基因进行连接的实验。全世界科学家都应自觉遵守，直至有合适的方法来评价和控制其可能的危害。

（2）对将动物DNA和质粒或噬菌体DNA相连的实验要慎重考虑。

(3) 呼吁美国卫生研究院（NIH）建立一个顾问委员会，负责重组DNA的风险性评价，寻找降低这种风险性的途径，建立准则来指导重组DNA的研究。

(4) 在1975年召开一次国际会议上，从事这方面研究的科学家共同讨论如何对待重组DNA分子可能带来的危害。

3) Asilomar会议的争论

1975年12月24日至27日，经过Berg等美国著名生物学家的积极筹备，在美国加利福尼亚州的Asilomar举行了关于重组DNA生物安全性的国际会议。参加会议的有150位来自美国和其他12个国家的代表，他们都是当时分子生物学界的精英。在会议上代表们各抒己见，各自都以大量的实验证据来表明基因的操纵存在着危险性或不存在安全性问题。由此可见，关于基因工程的安全性，一直都存在两种完全不同的意见和观点，这两个对立面都有各自的拥护者，他们从会议的一开始就进行了激烈和广泛的讨论，甚至是争论。剑桥分子生物学实验室的Sydney Brenner教授指出，生物安全的风险不仅仅是对实验室而言，而是一种综合的、长期的效应，它可能对生物及其环境带来一些潜在的、间接的影响，也可能不会在近期表现出来，而经过一个较长的潜伏期后才表现其危害。他认为Asilomar会议是世界分子生物学界的先驱们举行的第一次关于生物安全的正式讨论，生物学家应该将目光放长远，采取综合的态度，不要只是将争论的焦点局限在眼前。

Asilomar会议是转基因生物安全的一个重要会议，是世界上第一次正式召开的有关基因工程技术即转基因生物安全的会议，会议上热烈地讨论了有关生物安全的一系列问题，并对生物安全更综合和长期的安全性、重组DNA可能逃逸到环境的问题、转基因实验室的生物防护问题及细节、病毒和大肠杆菌的研究及其可能引起的疾病以及公众参与的关心生物科学发展和生物安全的问题等都作了广泛的讨论。重要的是，大多数生物学家都一致认为基因工程方面的实验应该继续进行，生物学仍要继续发展和进步，但对基因工程可能带来的风险和生物安全问题，应该积极采取相应的防卫措施，以尽可能地预防和避免潜在的风险，但不能因此而使基因工程止步不前。美国卫生研究院发表了Asilomar会议的临时报告，并将此作为全美公有实验室的临时指导文件。Asilomar会议也成为了人类社会对转基因生物安全性及管理具有重大历史意义的会议。

4) 引起公共关注

Asilomar会议之后，转基因生物技术得到了突飞猛进的发展，在大量转基因研究的成功实例以及转基因生物不断投放到环境的情况下，生物安全问题也越来越显得突出，不少国家开始着手制定有关转基因生物安全管理条例和法规。有关生物安全的法规和管理条例，本书后面章节将进行详细的讨论。与生物安全法律和法规等管理条例相适应的一系列生物安全评估或评价体系也不断被制定出来。关于具体的生物安全评价方法和体系，也将在后面章节作详细的讨论。

现在生物安全已不再仅仅是少数科学家或行政管理人员的事，而是广大民众共同关注和参与讨论的大事。由于转基因生物已在全世界范围内进行了大规模环境释放和商品化生产，转基因产品已通过国际贸易进行着跨国界的转移，转基因食品也已成为许多寻常百姓餐桌上的消费食物，人们不得不为自己的健康和环境而思考转基因生物是否安全。

5）潜在风险显露

有关转基因植物在使用和研究过程中出现的安全性问题已有一些报道。例如，转基因大豆含有巴西豆的过敏原，可能造成部分人群的过敏反应；苏格兰 Rowett 研究所的 Pusztai 报道了用转雪花莲凝集素基因的马铃薯喂大鼠后，大鼠的体重及器官重量明显减轻、免疫系统受损；美国康奈尔大学 Losey 报道了转 *Bt* 基因玉米的花粉导致黑脉金斑蝶幼虫发育滞缓，甚至死亡；美国农业部和 DPL（Delta and Pine Land）公司联合申请的“终结者”技术（terminator technology）专利，伤害了发展中国家农民的利益，由于“终结者”基因通过传粉逃逸到环境中可能造成生物安全风险，在国际社会上引起了强烈反响；转基因玉米破坏环境以及世界各地多次出现的偷窃和焚烧转基因作物的事件，等等。这些报道和事件在消费者的心中留下更多的疑团，并引发更多的有关转基因生物安全的争论。至今为止，全世界大规模地应用转基因技术和食用转基因食品已有十多年的历史了，但尚未出现因使用转基因生物而造成严重危害的事件报道。尽管如此，人们并没有对转基因生物的风险放松警惕，反而更加谨慎和理智对待。

6）国际普遍关注

2000 年 7 月 11 日，中国科学院、英国皇家学会、美国科学院、巴西科学院、印度科学院、墨西哥科学院以及第三世界科学院就“转基因植物和世界农业”发表联合声明，指出转基因技术在消除第三世界的饥饿和贫穷方面具有不可替代的作用；同时认为应加强转基因生物的安全性研究，以保证转基因生物研究与应用的健康发展并加强环境和食用的安全性。联合国粮农组织（FAO）就生物技术问题发表的声明也指出：“生物技术是农业、渔业、林业及食品工业可持续发展的强有力手段。……生物技术帮助人们满足人口不断膨胀并日益城市化的需求”。但 FAO 也注意到，人们对生物技术在某些方面的风险怀有忧虑，特别是对人类健康的影响和对环境造成的潜在风险。FAO 还提到，少数几种转基因栽培作物品种的单一化种植，取代了传统栽培作物品种的多样化，这可能损害农作物的生物多样性。FAO 支持以科学为基础的风险评估制度，客观分析每一种转基因生物的益处和可能带来的风险，对每一个转基因产品、技术和程序可能对生物多样性、环境和食品安全产生的影响加以评估，并在产品或技术程序使用之后，认真监测它所产生的影响，以保证对人类、动物和环境的可持续安全。

7）生物安全概念的发展

回顾转基因生物安全性的由来及其概念的产生和发展的过程，生物安全概念及其涵盖的内容和其产生时的最初概念相比，已经有了很大的发展，包括的内容也更丰富。Gordon 会议期间对重组 DNA 生物安全的考虑只局限于实验室或局部环境中可能影响人体健康的某些疾病，而现在已经发展到对转基因技术和转基因产品可能导致的多方面的安全问题，如食品安全、转基因对动植物及生物多样性的影响，以及社会伦理等方面的影响。人们对转基因技术及转基因产品可能带来的安全性问题的认识是逐步深入的：从一开始因恐惧而主张严格限制，到逐渐认为可以通过科学的检测、评价和管理来尽量避免或降低转基因生物可能带来的不利影响。

安全是一个相对的概念，任何一种技术特别是新技术，任何一种产品都不可能是百分之百的安全。正如飞机、火车和汽车，都是人们喜爱享用的便利、快捷的交通工具，但很少人会因为乘坐飞机、火车和汽车存在一定的风险而放弃使用它们。关键的问题是要将安全系数保证在可以接受的水平。同样，转基因生物可能存在一定的风险和安全问题，但它却给我们的生存和生活水平的改善带来了无限的契机。

因此，很多科学家认为转基因技术是解决全球粮食安全保障的一条重要途径，具有广泛的发展前景，必须认真对待和加强研究，但是要解决这项技术可能带来的安全性问题。相信随着转基因技术的不断发展和商业化生产，对转基因生物安全问题研究的不断深入和风险评价体系的建立和完善，人类可以逐步解决转基因技术和转基因生物带来的安全问题。

3. 生物安全的关注热点

1） *生物技术的安全问题*

对于基因工程的生物安全理念，从一开始就存在着不同的观点和激烈的争论。从Berg在20世纪60年代第一次将来自细菌的一段DNA与猴病毒SV40的DNA连接在一起，到这一类的DNA重组研究实验不得不因为生物安全的考虑而暂时终止，再到DNA重组实验的重新开始，直至80年代初第一例植物转基因的成功和1994年5月第一例被正式批准进行商品化生产和投入市场的转基因作物——“Flavr Savr”延熟番茄的问世，转基因生物技术以其不可阻挡的发展趋势在各个不同的国度，包括一些第三世界国家中迅速发展。转基因技术对社会发展所展示的美好前景，以及转基因产品的巨大商业价值，使得科学家之间和一些大公司之间，如美国的孟山都公司（Monsanto）、德国的赫司特公司（Hoeches）、瑞士的诺华公司（Novantis），就农业生物技术的发展展开了激烈的竞争，并推动这一技术迅速蓬勃地向前发展。

2） *转基因生物及其产品的安全问题*

转基因生物安全问题的讨论最初只是集中在少数从事分子生物学和基因工程的科学家和研究人员之间进行，而且这些讨论或争议主要是通过理论的推导而预测基因工程的研究和发展可能带来的生物安全问题。随着转基因生物技术的不断发展和大量的转基因生物被培育出来并被释放到环境和投放到商品市场，越来越多的人接触到转基因生物及产品，媒体的报道也将人们注意力集中到了转基因技术及转基因产品上来。人们对于转基因生物可能带来的食物安全和环境方面的安全也产生了越来越多的顾虑，也越来越关心自己在使用了转基因产品以后是否会受到伤害，越来越关心转基因生物是否会影响到他们居住的环境。具有不同宗教背景的人，还将生物技术及其转基因产品与他们的社会伦理规范联系到一起，认为转基因技术及其产品是“非自然”的，与他们自然的教义相违背，因而也指责转基因生物在伦理上的“不安全”性。特别是前面所提到与生物技术相关的事件引起了轩然大波，更是使人们对转基因技术及产品产生可能不安全的推测，变成了有“实验结果”给予支持的事实，于是对生物安全的争议变得更加激烈，甚至在少数媒体不适当的导向下，许多人对转基因产生了恐惧，对生物技术产生了强烈的抵触情绪。以下仅介绍两个早期发生的比较有影响的转基因事件。

第一件事是1998年，苏格兰著名的Rowett研究所的科学家A. Pusztai教授宣布了他的一项研究结果：他用一种转雪花莲凝集素基因马铃薯喂养老鼠以后，发现老鼠的器官生长异常，体重减轻，免疫系统受损。这个报道引起了全世界的轰动，因为这一实验的结果如果得到证实，那就是第一次证明了转基因食品对动物的毒害作用，那么这种转基因食品对人类显然是不安全的。但后来通过英国皇家学会组织评审，发现 Pusztai 的研究充满了漏洞，其实验有几条明显的缺陷，因而宣布他的实验不能得出转基因马铃薯有害生物健康的结论。当时，路透社等大量报道了 Pusztai 事件，英国首相布莱尔和欧盟纷纷发表讲话，试图安抚人们对转基因食品的担忧，但是这一事件并没有完全平息下来。

第二件事是 1999 年 5 月美国康乃尔大学 J. E. Losey 领导的研究小组在世界权威学术杂志《自然》上发表了一篇题为“转基因花粉危害君王斑蝶幼虫”的文章，报道了在食用了撒有转 *Bt* 基因玉米花粉的马利筋草（*Asclepins crurassavica*）叶片 4 天后，君王斑蝶（*Danaus plexippus*）幼虫有近 40%的死亡，而对照（饲喂不撒转 *Bt* 基因玉米花粉的马利筋叶片）无一死亡。当年英国已有 40%的玉米地种上了这种转 *Bt* 基因玉米，这些大面积种植的转 *Bt* 基因作物是否会破坏生态环境呢？具有杀虫和抗虫性的转 *Bt* 基因作物是否会危害“非靶标”生物——即不希望使其受损害的生物，而对整个生态系统造成危害呢？美国的几家重要的报纸如纽约时报、华尔街杂志、今日美国等都以头版新闻报道了这件事，所以使转基因的生物安全又成为人们纷纷议论的话题。但后来的系列追踪研究却表明，上述实验中马利筋上人工施撒的转 *Bt* 基因玉米花粉比在田中转 *Bt* 基因玉米花粉自然飘落到马利筋叶片上的要多得多，同时由于马利筋叶片比较光滑，花粉飘落到它的叶片上又会滑落到地上，因此不可能构成对君王斑蝶的伤害。后来，美国农业部（USDA）组织对转 *Bt* 基因玉米花粉和君王斑蝶的系列研究结果均表明转 *Bt* 基因玉米花粉对君王斑蝶的危害是微乎其微的，这些研究文章都发表在美国的国家科学院院报（PNAS）上。

总之，从上面的生物安全理念的产生以及后面出现的一系列事件，我们可以看出，生物安全问题已经不仅仅是基因工程科学家在实验室里讨论、争议的可能发生的事件，而是已经发展到由科学家、生产转基因产品的各大公司和经销商以及广大的消费者组成的整个社会共同关心的事情。而且，由于不同的人群对生命科学和转基因生物技术有不同层次的认识和理解，他们均站在自己的立场或从自己的利益出发来看待转基因技术及其产品，于是就产生了各种不同的声音，将生物安全事件炒得沸沸扬扬，众说纷纭，使生物安全成为生命科学和环境保护研究中的一个热点问题。为了澄清生物安全争论中的混乱，使人们对转基因生物技术及其产品有一个较为清晰的认识，对转基因生物的安全性有一个更客观的态度，非常有必要对生物安全性进行深入的研究，以澄清事实，明辨是非，纠正过激反应，增强防备意识。

3）生物安全的管理问题

目前，人们对于现代生物技术将会给人类及自然生态环境带来一些什么样的不安全因素和危害，这些不安全和危害的程度会有多大、有多严重、涉及的面有多广，还很难给出一个量化的结论。尽管一些发达国家已非常重视生物安全的问题，也拨出专门的经费针对生物安全进行实验和研究，一些国家还成立了生物安全专家委员会和行政主管机构，来管理有关转基因植物、动物、微生物的生物安全问题和转基因产品实验，以及环境释放和商品化生产的申报、批准等管理事宜，但是生物安全问题提出的时间毕竟还不长，研究的时间还太短，很难得到一个百分之百准确或令人完全满意的结论，特别是对于转基因生物可能带来的生态和环境方面的影响，更是很难在短时间内得出结论。即便对某些局部地区的局部问题已得到一些研究结果，但也都只是通过小范围的实验而得到的，并可能在实验方法上存在问题而导致错误的结论。

然而，大面积转基因生物释放以后的安全性和生态后果的监测和研究，特别是转基因生物及其产品的自然积累效应的数据还太少。因此，我们就更应该以科学的态度，采用严谨的科学方法来认真研究转基因生物技术和转基因产品可能给人类的健康乃至生存环境带来的某种危害，并加强这方面的管理。

4）商业公司的利益

生物技术公司以其巨大的经济实力，也可能对生物安全研究的结果施加影响。前面提到的苏格兰 Rowett 研究所和美国康奈尔大学的两例实验，都有科学家后来重新评估，并认定因实验设计或方法存在问题而影响结果，而国际非政府组织认为，这可能存在一些交易，因为生物技术公司不能容忍他们的产品受到实质性的否定。另外，2001 年《自然》杂志发表了一篇关于在墨西哥偏僻农村发现转基因玉米污染当地玉米草（玉米的野生近缘种）的报道。没有过多久，《自然》杂志以“编辑的话”声明该文章存在较大的科学问题而原本不应该在《自然》杂志上发表，承认对该文章的批语和专家的评审。这是很不常见的举动，有人也批评这后面可能有生物技术公司的力量。

5）转基因技术与转基因生物的发展前途

对于转基因技术及其产品的发展和利用，国际上存在两种决然不同的观点。有人认为当今人类面临的难题之一就是要利用全球有限的资源生产出尽可能多的产品，因此转基因技术及产品是解决世界温饱问题的根本途径，是保证农业可持续发展的根本途径。持此观点的人认为，目前人类、资源和环境之间的矛盾日益尖锐，在农业的发展、社会经济的发展和城市化进程中，资源和环境遭到了极大的破坏，我们目前面临的困境是农业可耕种土地面积在不断缩小，农业生产可利用的水资源变得越来越缺乏，农村的劳动力也在城市化和工业、经济的发展过程中大量涌入城市而不断减少。在这样一个人口不断增加和资源不断减少的尖锐矛盾面前，世界的粮食安全受到了严重的挑战。因此，只有应用转基因技术高效率地发展农业，才能根本解决世界的粮食安全问题。

而另外一些人却认为转基因技术违反了自然的规律，是一种用“非自然”的方式来生产食品。特别是具有不同宗教信仰的人群，更认为转基因技术和遗传工程是与人们宗教信仰背道而驰的，不能接受用这种“非自然”的方式生产的任何产品。比如在新西兰，具有宗教信仰的毛利人不能够接受将不同物种的基因混在一起，因为按照他们的信仰，他们祖先是像神一样受到崇拜，祖先遗留下来的东西和规矩是神圣而不可侵犯的。同时，许多人认为生物技术可能会对动物、植物、生态系统和人类的健康带来灾难性的影响。例如，对生态系统存在的潜在影响，包括可能的环境灾难如“超级杂草”不可控制的蔓延，降低种质资源的遗传多样性，造成空气、土壤和水资源不可逆转的变劣和丧失。再如，曾一度引起世界，特别是西欧各国巨大恐慌并造成巨大经济损失的“疯牛病”事件——起初人们认为将动物的骨粉和器官经过高温消毒后作为牲畜的饲料应该是安全无害的，但若干年后突然出现一种不受核酸控制、不怕高温灭菌并可以传染的“疯牛病”蛋白质因子，并导致多人死亡。“疯牛病”事件虽然不是生物技术产品直接所致，但也从某种程度上说明生物本身以及与生物相关的事物的复杂性和不确定性。这说明人类现在对生物的认识还很不全面，如果在短期内没有确实的实验证据证实某种生物因素不会对人类和环境造成不利影响，那么在未来的某一个时期它就非常有可能突然造成一些无法预料的严重后果。

6）*争论的焦点问题*

综上所述，对于转基因技术及转基因产品的激烈争论主要集中在如下几个方面。

首先，是人们最关心的人类健康问题。转基因作为一个新兴的技术，在生产转基因产品的过程中还有许多不明确或是不可控制的过程，属于“暗箱操作”，如基因转移到目标生物的遗传背景之中是随机的，可能打乱目标生物 DNA 的正常连接而造成代谢过程的变化并导致毒素和过敏原的产生，而转基因过程中携带基因的载体、筛选标记和一些基因本身（如 *Bt* 毒蛋白），对人类健康的影响和危害，还没有完全了解。因此有关食物的安全性和卫生性等都是人们非常关注的生物安全问题。

其次，转基因技术和产品对于自然环境和生态系统的影响，也是公众非常关注的领域。转基因是否会对非靶标生物造成危害，并通过食物链将其传递到生态系统的各级消费者，造成更大的危害？转基因是否会通过天然杂交而逃逸到其野生近缘物种中，而使野生物种的生态适合度发生变化而形成“超级杂草”，打破现有的生态平衡而带来严重的安全问题？转基因作物取代了丰富的地方农作物品种而进行集约化生产是否会降低作物品种的遗传多样性？转基因作物的使用是否会危害生物种质资源的存在和繁衍？这些都是转基因技术和产品对自然环境和生态系统影响评估中需要考虑的问题。

再次，转基因技术及其产品是否存在社会、经济及伦理方面的问题，是否违反自然、影响人们的道德、伦理观点？转基因产品是否应该被标识，如何来进行标识，在标识过程中需要的费用应该由谁来承担？既然转基因产品需要标识，那么如何进行转基因产品的检测，特别是对进出口的转基因农业产品的检测，对于转基因产品的管理和法律方面的制定和执行，以及如何对转基因生物的环境释放和商品化生产进行科学的评估？这些都是国际社会关注的转基因生物安全热点问题。

4. 生物安全研究的主要内容

生物安全概念的提出只有近 30 年的历史。生物安全这一概念在其提出的时候只涉及重组 DNA 材料的实验室逃逸，或扩散到环境中可能导致人类患某些疾病如癌症，同时也有更多的有关实验室工作人员安全操作的考虑。在 Asilimar 会议上曾进行的关于生物防护的讨论，就是生物学家希望通过物理的防护以保护实验室工作人员不受实验室中细菌或病毒感染，阻止细菌或病毒从实验室逃逸而危害其他生物和环境。例如，实验操作者穿隔离衣，戴手套、口罩等，防止与实验中的细菌和病毒等接触；在实验进行过程中，一些危险性的操作应在密闭的无菌箱中进行，各个实验环节都要有严格的灭菌措施，以防止细菌和病毒等外逸；从生物学角度设计构建实验室中使用的细菌或病毒，使它们只能在实验室的条件下存活，只要离开实验室特有的条件，这些微生物就会死亡，这样才不会导致逃逸出实验室的细菌和病毒危害自然环境。

随着转基因技术的不断发展，生物的转基因方法也逐渐多样化。同时大量转基因生物的研制成功和有目的地释放到环境中去进行大田实验，甚至是进行大规模的商品化生产，这就使得原有的生物安全概念或问题不再仅限于实验室或局部的小环境。由于大量转基因食品已进入商品化市场，而对于转基因生物不同角度的研究报道和科学家中本来就存在着对转基因生物不同的看法而产生的争议，加上某些媒体的炒作、公众的疑虑，以及转基因技术和使用转基因产品与一些宗教理念的冲突，政治理念的不同和贫富的巨大悬殊，转基因产品引起的经济利益冲突、知识产权和专利的保护，对转基因产品的安全管理条例在各国的差异以及进出口贸易涉及的转基因产品标识、海关检测、检疫等问题，使得生物安全的含义远远地超出了它最初的定义，而变成了一个错综复杂、包罗万象的复合概念。因此，生物安全的现代概念所涉及的内容是很广泛的。为了便于了解生物安全的概念以及系统地掌握生物安全的学习方法，我们将生物安全涉及的主要内容概括为以下几方面：

（1）转基因生物的分子生物学基础；
（2）转基因技术的遗传工程原理与实践；
（3）转基因技术的发展历程；
（4）转基因生物产品的健康风险与食品安全；
（5）转基因生物的生态风险；
（6）转基因生物的风险评价；
（7）转基因生物的风险管理；
（8）转基因生物的检测与环境监测；
（9）转基因生物安全的国际法规；
（10）部分国家转基因生物安全管理经验；
（11）中国转基因生物安全管理法规与制度；
（12）转基因生物产品的越境转移与标识制度；
（13）转基因生物的赔偿责任与补救；
（14）转基因生物的社会经济影响；
（15）转基因生物安全的应急制度；
（16）生物安全的公众教育与公众参与。

5. 国际生物安全管理现状与趋势

国际上对转基因及其产品生物安全问题的认识比较早，对生物安全所包括的内容也讨论较多。特别是第一个转基因产品——延熟番茄被美国政府正式批准进行商品化生产以来，参与讨论转基因生物安全的人越来越多，关注转基因产品生物安全的人数和阶层也变得更多和更复杂，生物安全所涉及的领域也越来越广泛。并且，由于科学家、政府部门、非政府组织和公众的广泛参与，转基因生物安全的争论越来越激烈。然而，正是由于人们认识到了转基因生物技术可能对人类和生态环境产生不良影响，同时目前无法确切知道这种影响到底会有多大，影响的面会有多广，而且转基因技术及其产品又与越来越多人的生活息息相关，所以才会使越来越多的人对生物安全问题产生如此的关注。

1）早期的国家和地区立法

由于生物安全的影响巨大，生物安全问题已经引起了国际社会和各国政府的高度重视。为了达到保证转基因生物技术的迅速发展和转基因产品不断投放到市场，但同时又注意避免可能引起的生物安全问题，达到趋利避害的目的，许多国家和国际组织在积极发展生物技术的同时，也在积极进行生物安全各个领域的科学研究和监测，并制定、发布和实施了一系列有关生物技术安全管理方面的法规、条例、指南和规定。美国从20世纪70年代就开始关注生物安全问题，并制定、修改和完善了有关DNA重组技术和转基因技术的法律；加拿大自1985年就开始制定了有关生物安全的法规，目前已形成了一套较为成熟和全面的生物安全管理和评价体系。欧盟于1984年成立了有关生物安全和协调委员会，协调相关的技术政策，并强调生物技术本身具有不可预料的生物安全问题。欧盟国家对转基因生物严格管理的做法显然是美国所难以容忍的，这使得欧盟和美国之间的协调管理比较困难，后来欧洲各国如瑞士、比利时、德国等也建立了相应的管理机制。世界的一些其他国家如亚洲的中国、印度、印度尼西亚、泰国、菲律宾等，南美洲的墨西哥、巴西、智利等国家也都相继建立了有关生物安全的管理机制和管理法规。

2）国际立法进程

转基因的生物安全问题引起国际上的广泛注意是在20世纪80年代中期。1985年由联合国环境规划署（United Nation Environmental Program，UNEP）、国际卫生组织（World Health Organization，WHO）、联合国工业发展组织（United Nation Industry Development Organization，UNIDO）及联合国粮农组织（UN Food and Agriculture Organization，FAO）联合组成一个非正式的关于生物技术安全问题的特设工作小组，开始关注国际生物安全问题。其后，1989年国际农业研究磋商小组（Consultative Group of International Agriculture Research，CGIAR）设立了“生物技术工作组（BIOTASK）”；经济合作与发展组织（OECD）在1986年和1992年连续发布了有关重组DNA安全问题和生物技术安全问题的文件。

国际上对生物安全立法工作特别重视，1992年召开联合国环境与发展大会后，此次大会签署的两个纲领性文件《21世纪议程》和《生物多样性公约》都提到了生物技术安全问题。1994年，联合国环境规划署（UNEP）致力于制订一个国际生物技术安全技术指南，并在1995年12月正式发布《国际生物技术安全技术指南》（草案）。该《指南》作为一个可操作性的技术手册，可为各国生物安全立法提供蓝本和参考。

1995年始，《生物多样性公约》（CBD）缔约方大会决定起草一个生物安全议定书，并成立了起草议定书的“特设工作组”，经过该工作组5年的工作和艰苦的谈判，《生物多样性公约》下的《卡塔赫纳生物安全议定书》终于在2000年1月29日达成文本，并于2000年5月15日至26日在肯尼亚首都内罗毕开放签署，其后从2000年6月5日至2001年6月4日在纽约联合国总部开放签署，《卡塔赫纳生物安全议定书》已于2003年9月11日生效。

3）信息交流与公众意识

除此之外，联合国的一些机构还于2000年12月在法国南部城市蒙彼利埃召开了转基因生物国际大会，世界上130多个国家和地区的500多名代表出席会议，通过讨论，此次会议决定建立一个国际生物安全信息中心，以加强世界范围内的转基因产品管理和信息交流。该中心将收集世界各国关于转基因生物的政策法规、管理办法、科研进展，以及各国所有允许和禁止的转基因产品的目录清单。为便于人们查阅各国有关转基因产品的具体资料，这一中心将与因特网连接。

同时，会议决定今后将加强《生物安全议定书》签署成员管理转基因产品的能力，主要措施包括帮助各国家和地区建立关于转基因产品流通的法律，分享有关转基因产品的科学数据等。国际社会之所以如此关注生物安全问题，一个重要原因是目前一些发达国家有很多非政府组织，如绿色和平组织及环境主义者积极地关注和参与生物技术产品的安全问题，公众在刊物或媒体上既能及时看到生物技术的研究进展又能充分了解其可能会出现的问题。由于公众了解实际情况的机会较多，参与意识也较强，因此各国政府也就比较重视对生物安全的科学研究。

4）生物安全科学研究

对于转基因技术及产品生物安全的研究，也在国际范围内得到充分的重视，一些发达国家率先对生物安全的有关问题，如转基因食品安全，特别是对转基因生物技术的生态和环境安全方面作了大量的研究报道，也对有关转基因生物技术的社会、经济伦理以及公众对转基因产品的认识等方面的问题作了大量的研究。有关上述生物安全各个领域及问题的科学研究论文也在世界各著名的学术刊物上，如《自然》、《科学》、《生物科学》（*Bioscience*）等大量的报道，而且，有关生物安全的专著和丛书也不断地被编印出来。有关生物安全的国际会议、研讨会等也在世界各地不断举行，积累了有关生物安全各个不同问题科学研究的大量资料。

虽然在各项研究报道中，都有正、反两方面的例子，甚至还有错误的和缺乏事实依据的研究报道，但总的趋势是，全球对于生物安全问题的看法渐渐变得比较清晰，有些认为是很严重的安全问题如转基因的食品安全性，也正逐渐得到解决。目前认为只要是通过国家级的食品安全部门批准而进行商品化生产的转基因食品通常是安全的，因此，食品安全的问题被认为基本得到解决，或可以通过科学的方法而使其得到解决。对于转基因生物技术及其产品对生态环境可能带来风险的生物安全问题，目前也在通过对外源转基因对非靶标生物影响的研究、外源基因逃逸的可能性和途径以及逃逸以后可能对生态环境带来什么样影响的一系列研究而积累了大量的研究结果，并形成了不同的研究方法。虽然有关生态风险的研究和监测管理，需要较长的时间，但是对有些转基因产品的生态安全问题，如 Bt 蛋白对非靶标生物的危害等已有了比较明确的答案。随着人们对转基因生物安全问题的研究和全面认识，以及转基因产品展示出强大的竞争能力，许多国家如墨西哥、巴西等对转基因产品的限制逐渐放宽。

6. 中国生物安全管理的现状与趋势

1）转基因研究发展很快

中国的转基因生物技术的研究和发展起步较晚，但是因为我国政府认识到转基因生物技术的发展将成为解决我国粮食问题的一个主要方法和高新技术革命的一项重要内容，所以，给予了高度重视和优先资助，使得我国的现代生物技术发展很快。尤其是近十几年来，我国已建成了一批国家重点实验室、工程研究中心等研究开发基地，使转基因生物技术在我国得到了突飞猛进的发展。目前正在实施的国家科技攻关计划（“863”计划）、国家重点基础研究发展计划（“973”计划）、自然科学基金、火炬计划等科技及产业发展计划，均把生命科学和生物技术列为优先发展的高新技术和产业。特别是《国家科学技术中长期发展规划纲要》将开发转基因农作物和畜禽品种列为16个重点专项之一，并在2008年开始大规模实施。由于我国转基因技术的迅速发展，目前我国转基因作物的商业化生产面积已位居世界第6位。

2）生物安全研究滞后

现阶段中国对生物安全问题的研究相对落后于生物技术发展的速度，对于生物安全的真正意义还认识不足，对于生物安全的大众普及教育和宣传还很不够，对于转基因产品将会引起什么样的风险问题还了解太少。虽然在过去的几年中，已有一些有关生物安全的专著和综述性的论文发表，也有一些有关生物安全的介绍性文章，但是真正有关转基因生物安全方面的高水平科学研究还比较少。对生物安全的教育还相当落后，就生物安全的课程来讲，也只有极少数高校设有相关课程，有关生物安全的教科书更是凤毛麟角。大众对生物安全的认识程度与生物技术和转基因产品投放到市场的速度极不吻合，造成许多人对转基因产品的无知，对一系列有关转基因产品的管理条例，如转基因食品的标识等法律的不解甚至是抵触，以及对转基因产品的恐惧。由于对生物安全的宣传和普及教育不够，一些研发部门看到的大多是转基因产品带来的经济利益，而没有从保护环境、生物资源和人类健康等长远利益的高度来认识生物技术的发展，在一定程度上忽视了生物技术可能带来的潜在风险。科研人员也更多的是把研究的重点和经费投入的重点放在生物技术产品本身，而在生物安全的科学问题研究和生物安全评价体系的研究方面投入的力度则明显不足。为了占领中国市场，一些国外生物技术研究和开发公司纷纷以独资或合资的形式在我国积极开展转基因的研究和实验，并将转基因产品投向我国市场。

由于全世界对转基因生物技术产品的安全性要求和一系列生物安全的管理条例和法规，生物安全问题也成了影响我国转基因生物技术发展的“瓶颈”，制约了转基因生物技术的发展和已经育成转基因生物的环境释放和商品化生产。因此，应该加大转基因生物安全研究的力度，了解转基因生物安全的真正问题，尽快解决转基因产品的生物安全问题，才能保证我国的大量转基因农作物品种走进商品化生产市场，走进国际市场竞争的行列。

3）生物安全管理逐渐加强

近年来，随着人们对人类健康和生态环境问题关心程度的不断加大，越来越多的人意识到转基因生物及其安全性问题的严重性。中国政府也已经认识到这一问题的严重性，并将转基因技术以其产品的生物安全问题列入人类健康和环境保护工作的新领域，建立了相关的生物安全管理机构，出台了一系列保护措施，逐渐形成了一套生物安全的管理机制。1993年，在国家科学技术委员会领导下成立了国家生物遗传工程安全委员会，由来自卫生部、农业部、轻工业部和大学的专家组成，负责医药、农业和轻工业部门的生物安全。1994年以后，由于农业生物技术，特别是转基因作物和转基因饲养动物的发展，农业部成为农业生物技术安全管理的主要部门。此后，环境保护部（原国家环保总局）作为主管全国环境的政府部门，开始介入生物安全管理事务，特别是环境保护部作为中国政府参与《生物多样性公约》的牵头部门，组织相关部门参加了《生物安全议定书》的起草与谈判。环境保护部还作为联合国环境规划署《国际生物技术安全技术指南》在中国的实施机构，逐渐成为生物安全的主管单位之一。1999 年，环境保护部牵头会同农业部、科技部、教育部、国家药监局、国家林业局、外经贸部（现商务部）、中科院等相关部门，发布了《中国生物安全国家框架》，为中国转基因生物安全确定了政策和法规体系、管理体制、风险评估技术体系以及能力建设规划。目前，中国涉及生物安全管理的部门包括环境保护部、农业部、卫生部、科技部、国家质检总局和国家林业局等。

4）立法体系逐渐形成

中国制定和发布了一系列有关生物安全的标准和办法，其中第一个是 1990 年制定的《基因工程产品质量控制标准》，该标准规定了基因工程药物的质量必须满足安全性要求，但该标准只对生物技术产品的品质进行了限制，对基因工程实验研究、中间试验及应用过程等的安全性未做具体规定，因此只具有非常有限的指导价值。

1993 年 12 月，当时的国家科学技术委员会（现科技部）发布了《基因工程安全性管理办法》，该办法规定了我国基因工程工作的管理体系，按潜在危险程度，将基因工程工作分为四个安全等级，并对基因工程工作在实验室阶段、中间试验阶段以及工业化阶段的安全等级的划分、批准部门以及申报、批准程序都做了规定，但由于该办法的操作性也不是很强，因此客观上并未真正实施。

1996 年农业部以此办法为基础颁布实施了《农业生物基因工程安全管理实施办法》，该办法内容较为具体，针对性强，涉及面较广，对不同的遗传工程体及其产品的安全性评价都作了相对明确的说明，同时考虑到了外国研制的农业生物遗传工程体及其产品到我国境内进行中试、环境释放或商品化生产的问题，并作了具体规定，具有比较强的可操作性。

2001 年国务院发布了《农业转基因生物安全管理条例》，随后农业部又发布了有关农业转基因生物安全评价、转基因生物进口、转基因生物标识和转基因生物加工的四个管理办法，国家质检总局也发布了有关转基因生物产品进出境的检验检疫管理办法。同时，农业部还发布了一系列有关转基因生物安全管理的技术标准。因此，中国农业转基因生物安全管理的法规体系正在逐渐形成。

2000 年 8 月，中国政府签署了《生物多样性公约》的《卡塔赫纳生物安全议定书》，并于 2005 年 9 月批准加入《生物安全议定书》。为了加强生物安全管理，并与国际接轨，环境保护部和科技部等近几年来也一直酝酿起草一部《生物安全法》，但是由于部门之间协调非常困难，《生物安全法》的起草工作几经夭折，估计近期很难出台。

5）生物安全需要长期研究

关于生物技术产品可能对自然环境和人类健康带来的生物安全问题，重组 DNA 技术或转基因生物的肯定和否定的争论至少已有 20 年以上的时间，已发表的文章及专著已不下千篇，召开的有关生物安全的国际会议也已不计其数。对转基因作物的生态风险评价，从理论上、概念上直到方法学上，在国际上都已有相应的发展，但在生物安全的方法学及对结果的分析上还有待进一步完善，尤其是在生态系统水平上，由于自身特有的复杂性，到底应该抓住哪些主要参数还有待摸索。正如专家指出的那样，由于生物技术产品风险的出现具有长期的滞后性，转基因生物的环境安全问题需要进行长期的系统研究。我国亟须将这方面的研究列入重点科研和投资项目计划，加强生物安全的研究和能力建设，提高公众的生物安全意识和我国的生物安全管理水平，有效地保护我国生物多样性、生态环境和人体健康，促进我国生物技术健康发展。

7. 经济全球化要求加强生物安全意识与管理

以基因工程为核心的现代生物技术的诞生仅有 20 年的历史，该技术在世界范围内已取得了突飞猛进的发展，并影响到生物学研究和应用的各个领域。许多国家都把生物技术的发展和研究列入 21 世纪经济发展最重要的领域之一，作为本国经济进一步发展和实现经济腾飞的主要关键技术。生物技术也成为未来国际竞争的重要技术和领域，在未来，谁掌握了世界一流的生物技术，谁就掌握了发展的主动权。因此，发展高新生物技术成了许多国家，特别是发达国家的重要发展战略，而且也投入大量的资金，生物技术产业全球范围内逐渐成为一个迅速崛起的支柱产业。

随着经济发展的全球化，生物技术及其产品市场的国际化也成了必然的趋势。不论人们喜欢与否，生物技术的发展和转基因产品的商品化和全球化是不可阻挡的潮流。目前许多国家已不再讨论是不是要发展转基因生物技术和产品，而是在讨论如何快速发展该技术及转基因产品，如何在世界的强大竞争中让本国的转基因产品占有一席之地。美国是生物技术及其产品的最大受益者，因此，大力发展和推广转基因产品是显而易见的。其他国家如南美洲各国、亚洲各国（包括中国在内），甚至一贯对转基因生物技术和产品表现比较保守的欧洲各国，也对转基因产品的控制有所放宽。可以预见，在未来的十年中，发展生物技术，争夺转基因产品的市场，将成为世界农产品进出口贸易的焦点之一。

生物技术的发展和转基因产品商品化推广已成为势不可挡的历史潮流，更多的转基因产品将会走进寻常百姓家，成为我们每天餐桌上的食品。因此，作为一个公民、一个生物学工作者，对转基因生物可能对人体健康、动物、植物以及生态环境所带来的不利影响要有一个正确的、科学的了解，避免盲目地对转基因产品产生恐惧甚至是抵触情绪。对于转基因生物及产品的使用、环境释放和商品化生产，包括中国在内的许多国家，都有一套有关生物安全的管理政策和措施，也有一套生物安全评价体系，应该认真学习和领会。从生物技术实验看，世界各国对生物技术管理的限制不断放宽，这并不是简单意义上的放松管理，而是随着生物技术的发展，人类对有关生物技术活动的经验和科学知识不断积累，对风险性和安全性评价产生新的认识，从而需要对确保人类健康和生态环境安全以及促进生物技术发展的管理平衡点做出新的调整。一些以前被认为具有危险性的生物或是有不确定性后果的活动，由于深入研究的结果，人们可以对其进行更可靠、更有把握的基因操作，因而减轻了原先的风险。因此，对生物技术及转基因产品生物安全的问题以及有关法规的了解，有助于人们客观正确地对待转基因生物技术及其产品，了解生物安全的评价和管理方法，避免和降低转基因生物带来的潜在风险，并且有助于减少甚至消除人们对转基因生物安全问题的恐惧心理。

第1章　遗传工程的分子生物学基础

从事转基因生物安全的研究，首先必须了解现代生物技术，尤其是基因工程和转基因技术。而这些技术的基础都是现代分子生物学，这些技术是现代分子生物学的具体应用。基因的结构和功能、基因的表达模式、基因的活动规律等的研究是对基因进行人工操作的基础，是有效获得转基因产品的基本途径，也是研究转基因生物安全的基础。

遗传工程，或者转基因技术所涉及的分子生物学内容包括：基因的基本概念和结构、基因的功能、基因的复制、基因转录和转录后修饰、蛋白质表达和表达后修饰、核酸和蛋白质的降解等。

1.1　基因的概念和结构

基因（gene）一词首先由丹麦植物学家 Johnson 提出，最初用来指奥地利遗传学家孟德尔遗传定律中的遗传因子。后来，美国著名遗传学家 Morgan 在研究果蝇时发现基因是以一定的线性次序排列在染色体上的。1953 年，Watson 和 Crick 发现了 DNA 的双螺旋结构，对于基因的结构有了进一步的了解，从而开启了现代分子生物学的大门。现在基因一词既可指负载在 DNA 链上的遗传信息，也可以指一段特定的染色体区，无论哪种含义，基因的基本组成都是 DNA。

DNA 分子是双螺旋结构，由反向平行的两条链构成，基本单位是核苷酸，由碱基、脱氧核糖和磷酸基团三部分构成。脱氧核糖相当于分子基底，第一位碳与碱基相连，第五位碳与磷酸基团相连，两个核苷酸相连则是通过脱氧核糖第三位碳上的羟基与另一个核苷酸的磷酸基团形成磷酸二酯键来完成（图 1.1）。碱基决定了核苷酸的性质，常见的碱基为 4 种，即腺嘌呤（A）、鸟嘌呤（G）、胞嘧啶（C）和胸腺嘧啶（T），碱基遵循互补配对原则，A 与 T 配对，G 与 C 配对，一条 DNA 链上的核苷酸顺序有唯一对应的配对链顺序（图 1.2）。

DNA 的一级结构就是指 DNA 的化学结构，即 4 种核苷酸的排列顺序。一级结构对高级结构的形成有很大影响，如发夹结构的产生就是由于一级结构中存在反向重复序列。

DNA 的二级结构是指双螺旋结构，其主要特点是：

（1）两条核苷酸链反向平行；

（2）脱氧核糖和磷酸基团交替连接，构成骨架；

（3）碱基排列在内侧，根据配对原则形成 DNA 双链。

双螺旋 DNA 进一步扭曲盘绕形成的特定空间结构就是 DNA 的高级结构，一般表现形式是正超螺旋和负超螺旋，它们和松弛的 DNA 可以在拓扑异构酶的作用下相互变化。

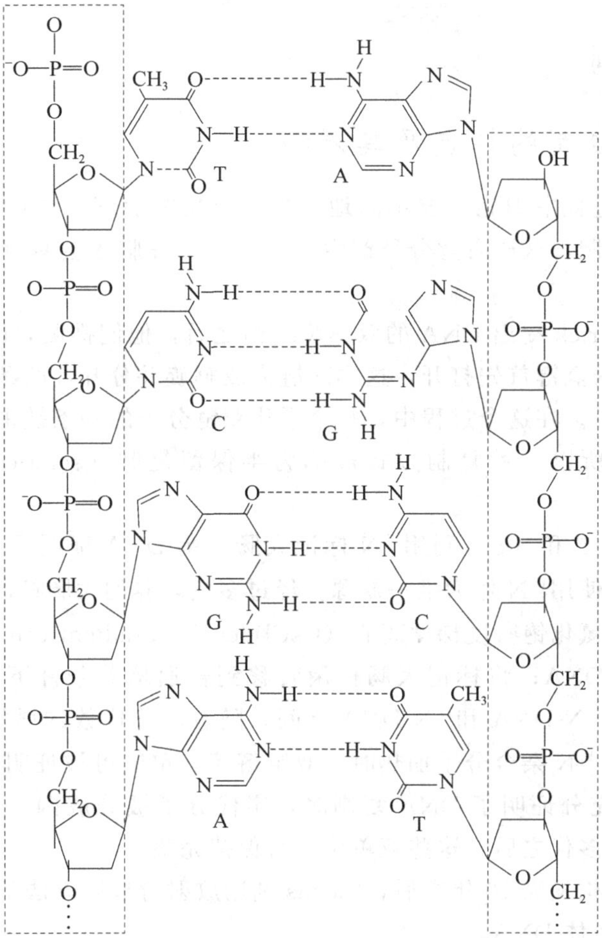

图 1.1　核苷酸链的 4 种碱基及其配对示意图

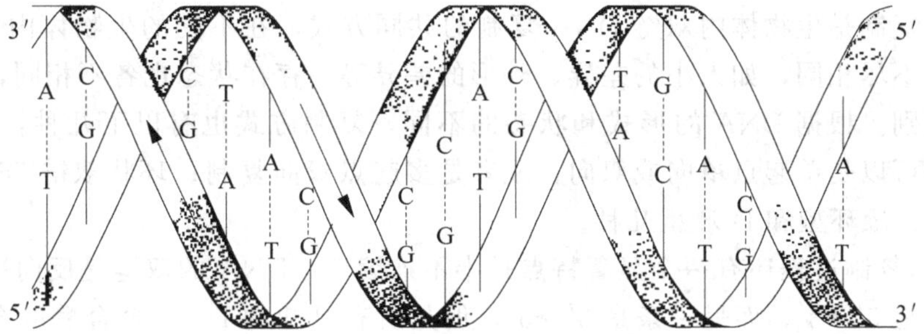

图 1.2　DNA 的二级结构——反向平行双螺旋

这样的基本结构是和 DNA 分子的基本功能相适应的：一级结构编码遗传信息；二级结构配对策略保证了 DNA 严格复制时得到的两个分子完全一样，这样进一步保证了 DNA 上携带的遗传信息能够被完整地传递下来；高级结构使 DNA 分子更加紧凑、稳定。

1.2 DNA 复制

1.2.1 DNA 复制的特点及其调控

生物生长发育过程中细胞需要不断地分裂，分裂之前细胞中的遗传物质，也就是DNA会提前进行复制，这样有丝分裂产生的两个子代细胞才会具有和亲本细胞一样的遗传信息。

在 Watson 和 Crick 提出 DNA 的双螺旋结构之后，他们推测，DNA 复制过程中双链上的碱基间配对的氢键首先打开，这样双链完成解旋并分开，两条链分别作为模板合成两个子代双链分子。在这个过程中，每个子代双链分子的一条链来自亲代，而另一条链则是新合成的，所以这种复制方式被称为半保留复制（semi-conservative replication）。

1958 年 Meselson 和 Stahl 利用^{15}N标记大肠杆菌 DNA 证明了 DNA 半保留复制。DNA 复制过程中，使用^{15}N作为唯一氮源，经过多代培养的大肠杆菌 DNA 中的氮就全部是^{15}N，此后经过氯化铯密度梯度离心（CsCl density gradient centrifugation）证明其密度大于未标记的 DNA；将标记大肠杆菌转移到普通培养条件下培养一代后，所有DNA 的密度都介于^{15}N-DNA 和^{14}N-DNA 之间，随着培养代数的增加，DNA 密度逐渐接近正常；当把^{14}N-^{15}N杂合分子加热时，双链解聚，单链可被证明分别为^{14}N链和^{15}N链。这一系列实验充分证明了 DNA 复制时，亲代分子被分成两个亚单位，构成子代DNA 的一半，经过多代之后，这些亚单位一直保持完整。

DNA 双螺旋结构发表 10 年之后，Cairns 利用放射自显影方法第一次观察到了正在复制的大肠杆菌染色体 DNA。

DNA 的半保留复制说明 DNA 在代谢上是稳定的，经过多代复制，DNA 仍然可以保持完整，存在于后代细胞中而不被分解。

半保留复制是生物体内双链 DNA 复制的共同方式，在不同的生物体内 DNA 分子的存在方式不尽相同，如大小的差异、外形的差异等，存在状态也各不相同，因此复制方式也有差别。根据 DNA 的形式和状态的不同，复制方式也有以下几种：线性 DNA双链的复制可以是单起点单向或双向，或者是多起点双向复制；环状双链 DNA 的复制可分为 θ 型、滚环型和 D-环型几种。

DNA 的复制过程还有一个显著特点是半不连续性。DNA 的双链是反向平行的，一条链的走向是 $5'\rightarrow3'$，而另一条是 $3'\rightarrow5'$，但是所有已知的 DNA 聚合酶的合成方向都是 $5'\rightarrow3'$。那么在 $3'\rightarrow5'$链正常连续延伸复制的同时，以 $5'\rightarrow3'$链作为模板的 DNA 复制是通过不断形成 $5'\rightarrow3'$的子代 DNA 片段，而后连接起来完成整个链的复制延伸。这种复制方式称为半不连续复制（semi-discontinuous replication），其中不连续的 DNA片段被称为冈崎片段（Okazaki fragment）（图 1.3）。

原核细胞中 DNA 的存在形式简单，染色体的复制和细胞分裂一般是同步的，其生长增殖速度取决于培养条件。对于不同细胞的 DNA，其延伸速度几乎是恒定的，决定

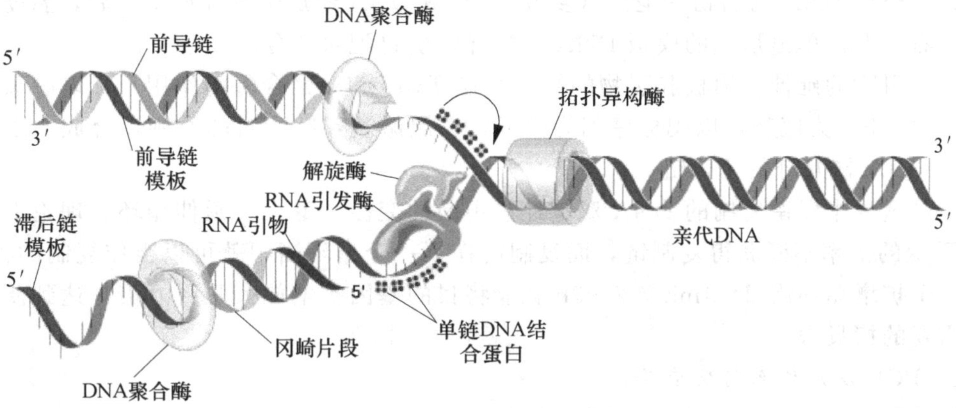

图 1.3　DNA 的复制特点——半保留复制和半不连续性

复制快慢的是复制叉的数量。快速分裂的细胞具有较多的复制叉，而分裂慢的细胞复制叉数量少，并且可能在两次复制之间有时间上的停顿。原核细胞的 DNA 复制的调控就是蛋白质和 RNA 对复制叉作用的过程。

真核细胞 DNA 复制调控就要复杂一些，包括三个调控水平：细胞周期水平的调控决定细胞是否进入复制期；染色体水平的调控决定不同染色体或同一染色体不同部位复制子的复制起始；复制子水平的调控决定单个复制子是否开始复制，这一调控水平是和原核细胞调控相一致的。

1.2.2　人工 DNA 复制——PCR

聚合酶链反应（polymerase chain reaction，PCR）是 20 世纪 80 年代开始应用的人工体外核酸扩增技术。在一个反应体系中加入所要研究的靶标基因序列和其他反应试剂，按照适当的程序控制反应体系温度变化，就可以在短时间内扩增百万倍，达到可以通过简单手段直接观察到的程度。PCR 具有特异性、敏感性、可重复性、高产率、快速、简便等特点，可以从微量样品中扩增出足够的 DNA 供分析研究和检验鉴定等。可以说，PCR 技术的出现是分子生物学研究的一座里程碑，是推动现代生物学研究的重要力量。

1）PCR 的基本原理

PCR 技术思路的起源是 1971 年提出的核酸体外扩增设想，1985 年美国 PE-Cetus 公司终于将这个想法实现了。PCR 技术在原理上同 DNA 的体内复制类似，在人工反应体系当中模拟 DNA 的复制条件，选择合适的缓冲体系，加入 DNA 合成所必需的模板 DNA、寡核苷酸引物、DNA 聚合酶和 4 种脱氧核苷单体，按照一定的温度控制程序，就可以实现 DNA 的体外扩增。

整个 PCR 反应过程由变性－退火－延伸三个反应步骤构成。

（1）模板 DNA 的变性：在加热到 93℃左右并保持一定时间后，反应体系中的 DNA 双链解离，成为两条单链，为模板和引物的结合做准备。

（2）模板 DNA 与引物的退火（复性）：模板 DNA 经加热变性成单链后，温度降至 55℃左右，保持单链形式的模板 DNA 与特异性引物配对结合。

（3）引物的延伸：模板和引物的结合物在 *Taq* DNA 聚合酶的作用下，以脱氧核苷单体（dNTP）为底物，以靶标序列为模板，按照碱基互补配对的原则，合成一条新的与模板 DNA 链互补的子代链。

经过这种半保留复制的 DNA 双链经过不断的变性一退火一延伸循环，理论上就可以按照 2^n 的倍率不断获得复制链，而复制链在下一个循环当中就可以当作复制的模板。完成一个扩增循环需 2～4min，2～3h 就能将目的基因扩增放大几百万倍，达到便于研究所需要的拷贝数。

2）PCR 反应体系与反应条件

标准的 PCR 反应体系包括如下成分：

10×扩增缓冲液	10μl
4 种 dNTP 混合物	各 200μmol/L
引物	各 10～100pmol
模板 DNA	0.1～2μg
Taq DNA 聚合酶	2.5U
Mg^{2+}	1.5mmol/L

双蒸或三蒸水至 100μl

参加 PCR 反应的物质主要有 5 种，即引物、酶、dNTP、模板和 Mg^{2+}。

引物是 PCR 特异性反应的关键，PCR 产物的特异性取决于引物与模板 DNA 互补的程度。理论上，只要知道任何一段模板 DNA 序列，就能按照互补配对原则设计出一条寡核苷酸链，使其作为引物，使用 PCR 方法就可将模板 DNA 在体外大量扩增。实验时，每条引物的浓度为 0.1～1μmol 或 10～100pmol，引物浓度偏高会引起错配和非特异性扩增，且可增加引物之间形成二聚体的可能性。

酶及其浓度影响产物的特异性和扩增效率。催化一个典型的体积为 100μl 的 PCR 反应约需酶 2.5U，浓度过高可能引起非特异性扩增，浓度过低则会降低合成效率，使得合成产物量减少。

dNTP 的质量与浓度和 PCR 扩增效率有密切关系。在 PCR 反应中，dNTP 应为 50～200μmol/L，并且 4 种 dNTP 的浓度相等（等摩尔配制）。任何一种浓度不同于其他几种时（偏高或偏低），会引起错配；浓度过低也会降低 PCR 产物的产量；浓度过高时，dNTP 能与 Mg^{2+} 结合，使游离的 Mg^{2+} 浓度降低。

模板（靶标基因）量与纯化程度是 PCR 成败与否的关键环节之一。在分离纯化过程中，需要将与 DNA 结合的脂类、蛋白质和其他成分完全去除，这样才能保证 DNA 在扩增过程中的解链和复性不受其他因素的影响。

Mg^{2+} 对 PCR 扩增的特异性和产量有显著的影响，在一般的 PCR 反应中，各种 dNTP 浓度为 200μmol/L 时，Mg^{2+} 浓度以 1.5～2.0mmol/L 为宜。Mg^{2+} 浓度过高会导致反应特异性降低，出现非特异扩增；浓度过低会降低 *Taq* DNA 聚合酶的活性，使反应产物减少。

3）PCR 反应特点

（1）特异性强。PCR 反应具有特异性是因为：①引物与模板 DNA 特异性结合；②链延伸过程中碱基互补配对原则；③*Taq* DNA 聚合酶可以忠实地完成合成反应；④靶标基因的特异性与保守性。

（2）灵敏度高。PCR 产物的生成量是以指数方式增加的，能将皮克（$1pg=10^{-12}g$）量级的起始待测模板扩增到微克（$1\mu g=10^{-6}g$）级水平；能从 100 万个细胞中检出一个靶标细胞；在细菌学中，最小检出率为三个细菌。

（3）简便、快速。PCR 反应用耐高温的 *Taq* DNA 聚合酶，一次性地将反应液加好后，即可在仪器中进行变性－退火－延伸循环，一般在 2～4h 完成扩增反应。扩增产物一般用电泳分析，无污染，易操作，且准确性好。

4）对标本的纯度要求低

DNA 粗制品和总 RNA 均可作为扩增模板，不需要进行过多的纯化。

1.3　DNA 转录及其调控

从 DNA 转录成为 RNA 是从基因到蛋白质的第一步，DNA 和转录出的 RNA，除了 T 被 U 替换以外，是完全一致的。转录是一个选择性的过程，随着细胞的不同生长发育阶段和细胞内外生长条件的不同，将转录不同的基因。

RNA 产生的起始位点称为启动子，启动子区控制着转录的起始，一个细胞中不同的基因有着不同的启动子以保证基因在不同的发育状态和环境状况中进行相应的表达。大量的蛋白质，即“转录因子”，与 DNA 的特异序列结合，启动并调节转录。转录因子与 DNA 结合既可以在启动子内部，又可以在基因上游。不同转录因子的出现决定了某个基因能否被转录和产生蛋白质，或者能够到达什么样的程度。

提供转录停止信号的 DNA 序列称为终止子，为 RNA 聚合酶提供终止信号的辅助因子（蛋白质）称为终止因子。另外，有一些因子可以阻止终止信号对酶的作用，使转录越过终止子继续进行，这类因子称为抗终止因子。

转录的过程包括模板识别、转录起始、通过启动子、转录的延伸和终止这样几个基本的步骤。

模板识别指酶、转录因子和启动子相互作用、相互结合的过程。当 RNA 链上第一个核苷酸键产生的时候转录就开始了。转录起始之后直到 9 个核苷酸片段形成称为通过启动子阶段，此时酶一直处于启动子区，新生 RNA 链和 DNA 模板链的结合比较松散，易脱落造成转录的意外结束。通过启动子区的时间表示一个启动子的强弱，时间越短则该启动子越强。一旦 9 个核苷酸成功合成后，酶离开启动子区，转录就进入了延伸阶段。RNA 链延伸到终止子时，RNA-DNA 杂合双链分开，模板 DNA 链重新和编码链结合，RNA 链释放出来，转录终止。

还有一些 DNA 序列被称为转录功能元件，位于基因的上游或者下游，也可能在内含子中。增强子又叫增强子序列，是真核基因中发现的含有特异结合位点的序列，能够强化基因转录起始；沉默子与其 DNA 上的特异结合位点可以下调转录活性；绝缘子是一段阻止相邻染色质区域不恰当相互作用的 DNA 序列。不同基因中这些调节子的组合和相对于启动子的位置都是不同的。

1.4 RNA 的转录后加工及其调控

一旦合适的转录因子和启动子结合，RNA 聚合酶就会产生单链的 RNA。单链 RNA 在细胞核内经过一系列的剪切、修饰等成熟过程，就变成了 mRNA。前体 RNA 中包含了非蛋白质编码的 RNA 区域（内含子），该区域从 RNA 链中被移除，只留下含有能被转录的信息区域（外显子），这种内含子的移除过程叫做拼接。此外，还有一些作用于 RNA 转录和翻译早期的过程，我们对此知之甚少，这些总称为 RNA 编辑，其结果就是 RNA 原始序列的变化。这些变化包括核苷酸和碱基的替代、插入及转移（表 1.1）。

表 1.1 RNA 的转录后加工过程及其生理功能

加工过程	推测的生理功能
加帽子反应	mRNA 从细胞核向细胞质转运、翻译起始
加 poly A 反应	转录终止、翻译起始和 mRNA 降解
RNA 的拼接	从 mRNA、tRNA 和 rRNA 分子中切除内含子
RNA 的切割	从前体 RNA 中释放成熟 tRNA 和 rRNA 分子

1.4.1 mRNA 的特征

原核生物 mRNA 的显著特点有：①由于其编辑成熟过程简单，在转录还没有完成的时候就启动了翻译程序，而 mRNA 的降解紧随着蛋白质的翻译过程，所以原核生物 mRNA 的半衰期非常短；②原核生物 mRNA 多数以多顺反子的形式存在，后面顺反子的翻译起始受到上游顺反子结构的调控；③原核生物 mRNA 的 5′端没有特殊结构，3′端没有或者只有较短的 poly A 结构。

与此相对应的，真核生物 mRNA（图 1.4）的特征是 5′端经过修饰具有一个“帽子”结构，这个结构可使 mRNA 免遭核酸酶的降解破坏，它也可能是蛋白质合成起始信号的一部分；除组蛋白外，真核生物 3′端都有 poly A 序列，长度 40～200 不等，是转录后加上去的，poly A 是 mRNA 进入细胞质的必须形式，并且它的存在提高了 mRNA在细胞质中的稳定性。

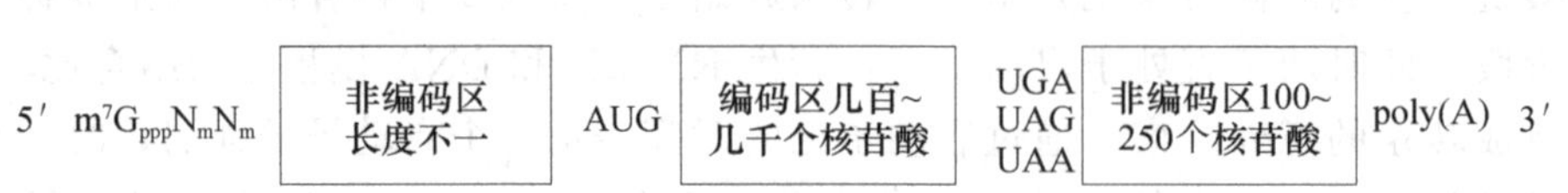

图 1.4 真核 mRNA 的结构模式

1.4.2 内含子的拼接、编辑和化学修饰

许多相对分子质量较小（106～185bp）的核内 RNA 以及与这些 RNA 相结合的核蛋白（ribonucleo-protein particle）参与 RNA 的拼接。核内小 RNA 识别前体 mRNA5′

端剪切点，再与其他因子形成拼接体（spliceosome），进行 RNA 前体分子的拼接。

真核生物的大部分基因都含有一个或多个内含子，并且一般来说其长度要长于外显子。RNA 转录过程中部分被移除是为了产生有功能的 mRNA，这一过程的发生有很多的可能组合，这就导致了同一原始 DNA 序列可以产生不同的 mRNA 并得到不同的蛋白质产物。这种转录后调控的形式叫做差异拼接或选择性拼接。由于选择性拼接使得同样的 DNA 双链可以得到不同的 mRNA，进而产生多种多样的蛋白质，因此中心法则的“一个基因，一个蛋白”的表述是不完全正确的，一个细胞的基因组成是不能用于预测其确切的蛋白质组成的。通过选择性拼接，极少数的基因可以产生大量的 mRNA 和蛋白质。选择性拼接改变转录的结构和编码的蛋白，影响蛋白质结合性质、细胞内定位、酶活、稳定性和翻译后修饰。选择性拼接可以使蛋白质完全丧失功能，也可以使蛋白质功能得到修饰，甚至是获得全新的功能。有证据表明，选择性拼接协调蛋白质表达中的有意变化，是多细胞生物产生复杂蛋白质组的关键机制。脊椎动物中约有 5%的基因能以这种方式进行拼接，保证各个同源蛋白质之间既具有相似的结构或功能域，又具有各自的特异性。到现在为止最极端的选择性拼接的例子是唐氏综合征细胞黏着分子的基因，它具有能够单独编码超过 38 000 个不同蛋白质的潜力。

在转运到细胞质中进行下面的翻译过程之前，mRNA 会在细胞核中经历一系列编辑和修饰过程。即使有了 RNA 内含子的剪切，但 DNA 的编码顺序还是没有发生本质变化。RNA 的编辑（editing）作为 mRNA 的一种加工方式，使得 mRNA 在编码顺序上不同于 DNA 模板，这就大大增加了基因编码蛋白质的数量。

mRNA 编辑的常见形式是单碱基突变，哺乳动物中单碱基突变实例见表 1.2。

表 1.2　哺乳动物中 RNA 编辑的实例

组　织	靶标 RNA	所改变的碱基	结　果
肝脏、肠	载脂蛋白 B	C→U	谷氨酰胺→终止子
肌肉	半乳糖苷酶	U→A	苯丙氨酸→酪氨酸
睾丸、肿瘤等	Wilms 肿瘤基因-1	U→C	亮氨酸→脯氨酸
肿瘤	神经纤维瘤基因-1	C→U	精氨酸→终止子
脑	谷氨酸受体蛋白	A→I	谷氨酸→精氨酸

此外，另一形式的 RNA 编辑是尿苷酸的添加或切除。利什曼原虫细胞色素 b 的 mRNA 上有很多尿嘧啶残基，但是在核基因上却没有相应碱基，这就是说在 RNA 编辑过程中存在着尿嘧啶添加的过程。实验证明，指导 RNA（guide RNA，gRNA）与 mRNA 前体的特定区域互补配对时存在一些未能配对的腺嘌呤，尿嘧啶就插入了这些腺嘌呤对应的缺口上完成了尿嘧啶添加。

有些 RNA 前体还有可能经历特定的化学修饰，主要的修饰途径包括甲基化、去甲基化、硫化、碱基的同分异构化、二价键的饱和化和核苷酸的替代。

1.4.3　RNA 干扰（RNAi）

在初始 RNA 转录物经历拼接、编辑和修饰过程时要避免酶的降解，同时有些分子会影响 RNA 转录的稳定性。有一类非常小（19～28 个核苷酸）的非蛋白编码的 RNA 分子可以通过同靶标 mRNA 转录子的特异性碱基配对的方式导致基因沉默，从而阻碍蛋白质的表达。小 RNA 介导的基因沉默在真核生物中被发现已经有 20 多年了，但是小 RNA 分子在基因表达调控过程中的基本作用直到最近才被解开。

目前认为 RNAi 的作用机制包括起始阶段和效应阶段。

（1）起始阶段：小的双链 RNA 进入细胞，被核酸酶 RNaseⅢ家族中特异识别 dsRNA的 Dicer 酶，逐步切割成长约 22nt 的由正反义链组成的双链小分子干扰 RNA，且每条单链的 3′端都带有两个突出的非配对碱基（多数是 UU）。

（2）效应阶段：小分子干扰 RNA 结合一个核酶复合物，形成所谓的 RNA 诱导的沉默复合物（RNA-induce silencing complex），该核酶复合物由内切核酸酶、外切核酸酶、解旋酶和同源 RNA 搜索活性蛋白四种成分组成。激活该复合物需要一个 ATP 依赖的将 siRNA 双链解开的过程，活化以后的 RNA 诱导沉默复合物定位到与小分子干扰 RNA 中的反义链互补的靶 mRNA 上，并在距离小分子干扰 RNA 3′端 12 个碱基的位置切割 mRNA，直接引起基因沉默。

1.5 蛋白表达及其调控

转录过程之后，在核糖体中进行的翻译过程将 mRNA 的信息转化为特定的蛋白质。蛋白质产生的最主要依据就是 mRNA 链的三联体密码子。三联体密码子是 RNA 中包含三个碱基的序列，这个序列可以指导核糖体产生一个特定的氨基酸单体然后装配成线型的氨基酸链并组成蛋白质。这些三联体遗传密码在所有生物体中是通用的，但是当多个密码子对应同一个氨基酸（即密码子的简并性）时，遗传密码的使用具有物种特异的偏好性。

翻译水平上的基因表达调控是一个非常重要，但没有完全被研究清楚的过程，这个过程比 DNA 的复制和转录更为复杂。真核生物中，翻译被分为三个不同的阶段：起始、延伸和终止。虽然所有的阶段都要经历调控机制，但多数情况下限速步骤是在起始阶段。

起始阶段，核糖体与 mRNA 结合并与氨酰-tRNA 生成起始复合物。一个 mRNA 转录子可以有几个翻译起始密码，这样一个蛋白质不同长度的片段可以由一个单独的 mRNA 翻译得到。有些哺乳动物的 mRNA 已经被证明了能够在其他的位置开始翻译，不仅仅限于标准的 AUG 起始密码子，这些起始密码子在 AUG 或 CUG 框内部或者外部的下游。所以这些 mRNA 的翻译会产生不同大小的多肽，也可能会得到不同功能的蛋白。

延伸是指核糖体沿 mRNA 的 5′端向 3′端移动，多肽从 N 端向 C 端合成。标准的肽链延伸方式是沿着 mRNA 一个密码子接一个密码子的翻译，但是也存在一些不常见的延伸方式，如框架移动。框架移动的翻译结果就是后读出的密码子不是先前的一系列的密码子，它们处在不同的三联密码阅读框中。

终止时，核糖体从 mRNA 上脱落，肽链合成立即终止，多肽链被释放到细胞质中。

1.5.1　三联体密码子

mRNA 上每三个核苷酸翻译成多肽上的一个氨基酸，这三个核苷酸就称为三联体密码子（表 1.3）。多肽的翻译从起始密码子 AUG 开始，沿 mRNA 的 5′→3′方向进行，至终止密码子结束，生成的肽链经过进一步加工就得到了最终的蛋白质产物。如果严格按照这个过程进行，蛋白质中氨基酸的序列完全是由 mRNA 上的核苷酸序列决定的，而 mRNA 序列又是 DNA 序列决定的，所以可以说蛋白质的合成是由基因决定的，这就是蛋白质表达的一个基本原则。

表 1.3　通用遗传密码及相应的氨基酸

第一个核苷酸 5′端	第二个核苷酸				第三个核苷酸 3′端
	U	C	A	G	
U	苯丙氨酸	丝氨酸	酪氨酸	半胱氨酸	U
	苯丙氨酸	丝氨酸	酪氨酸	半胱氨酸	C
	亮氨酸	丝氨酸	终止密码	终止密码	A
	亮氨酸	丝氨酸	终止密码	色氨酸	G
C	亮氨酸	脯氨酸	组氨酸	精氨酸	U
	亮氨酸	脯氨酸	组氨酸	精氨酸	C
	亮氨酸	脯氨酸	谷氨酰胺	精氨酸	A
	亮氨酸	脯氨酸	谷氨酰胺	精氨酸	G
A	异亮氨酸	苏氨酸	天冬酰胺	丝氨酸	U
	异亮氨酸	苏氨酸	天冬酰胺	丝氨酸	C
	异亮氨酸	苏氨酸	赖氨酸	精氨酸	A
	甲硫氨酸	苏氨酸	赖氨酸	精氨酸	G
G	缬氨酸	丙氨酸	天冬氨酸	甘氨酸	U
	缬氨酸	丙氨酸	天冬氨酸	甘氨酸	C
	缬氨酸	丙氨酸	谷氨酸	甘氨酸	A
	缬氨酸	丙氨酸	谷氨酸	甘氨酸	G

按照三个核苷酸成为一个密码子的原则，4 种核苷酸可以组成 4^3，即 64 个密码子，除 UAA、UGA 和 UAG 是终止密码子外，其他 61 个密码子对应 20 种氨基酸。除色氨酸只对应一个密码子外，其他的氨基酸均对应多个密码子，这种多个密码子编码同一种氨基酸的现象称为简并（degeneracy），同一氨基酸的密码子称为同义密码子（synonymous codon）。密码子的简并性降低了突变对生物的影响。密码子另外一个特点就是其通用性，各种生物基本上共用一套密码子。

1.5.2　蛋白质的加工和修饰

细胞中蛋白质产生之后，要经历一系列结构上的修饰以确保其具有合适的功能，并在真核细胞中被引入准确的区域。这些翻译后修饰是真核细胞蛋白质功能调控中的关键过程，各种类型修饰对修饰后蛋白质的生物活性、特异性和稳定性都具有深刻的影响。翻译后加工过程有以下几种。

（1）蛋白质的剪切：一些蛋白质被蛋白酶剪切，一些片段从多肽链的一端或两端被剪切下来，导致蛋白质变成更短的活性形式。蛋白酶可以将多肽链切成一些不同的片段，所有的或其中一些片段具有生物活性。

(2) 蛋白质折叠：从核糖体中释放出来的蛋白质也许需要被称为“伴侣”的特殊蛋白质协助才能折叠成为具有功能的三维结构。

(3) 化学修饰：多肽链中氨基酸单体可以通过附加新的化学基团而被修饰，修饰可能会影响蛋白质的折叠以及与其他蛋白质的相互作用。化学修饰一般发生在蛋白质表面的不同氨基酸位点上，包括糖基化、磷酸化、乙酰化、甲基化、泛素化、蛋白质SUMO化和蛋白质的瓜氨酸化等。一个蛋白质中的多位点修饰构成了一个复杂的调控过程，组成一个动态的“分子条码”。因此化学修饰是关系到蛋白质“功能缺失”和“功能获得”的过程，影响生物活性和蛋白质的稳定性。蛋白质上修饰基团的补充通常受到其相邻位点或相间位点化学修饰的调控。

最普遍的和了解最少的翻译后蛋白化学修饰是糖基化。蛋白质能够被一系列复杂的糖分子糖基化，在分化和发育的过程中，在不同的生理条件、细胞培养条件或者疾病状况下，蛋白质糖基化都会有所不同。当一个外源基因在不同有机体中表达时，糖基化的模式可能会有很大不同，这就会增加或减少蛋白质的生化或生物学活性，这就是同样的基因在不同作物中出现差异表达的原因。

许多蛋白质由于具有不同的活性区或活性位点而具有多种功能。大部分的蛋白质是串珠状的，这些珠子代表了长度 50～250 个氨基酸残基的区域，每一个区域都可能具有不同的生物化学功能。而一些蛋白质的活性表现在两个不同蛋白分子上的两个或更多区域之间的界面上。如果两个分子是一样的，这种结构就叫做“同源二聚体”，反之就是“异源二聚体”，所以在活性复合物中可能有多个不同的蛋白质。蛋白质形成二聚体和寡聚体（许多短的蛋白质相互连接形成蛋白质链）是很普遍的现象。通过干扰装配过程可以达到调控蛋白质的二聚体化和寡聚体化的目的。

1.5.3 蛋白质的降解

蛋白质降解（蛋白质水解）是去除旧的或损伤蛋白的一种有序的过程。蛋白降解由一些特殊的蛋白酶介导。蛋白酶范围很大，小的蛋白酶如细胞外的胰蛋白酶及细胞间的硫胱氨酸蛋白酶；大的如依赖 ATP 的多功能蛋白酶，称为蛋白酶体。蛋白质的降解由泛素介导，调节泛素依赖的降解过程被认为在调控细胞内蛋白的水平上有着重要的作用。

成熟蛋白 N 端的第一个氨基酸在蛋白质降解过程中起重要作用，当这个氨基酸是甲硫氨酸、甘氨酸、丙氨酸、丝氨酸、苏氨酸或缬氨酸时，蛋白质表现稳定，而为赖氨酸或精氨酸时则表现不稳定。

1.6 限制性内切核酸酶

限制性内切核酸酶（restriction endonuclease）是一类以 DNA 为底物，识别 DNA 中特定的核苷酸序列，并在一定条件下使每条链的一个磷酸二酯键断裂，产生具有 3′

羟基和5′磷酸基团DNA片段的内脱氧核苷酸酶。至今发现的限制性内切核酸酶有上千种，常用的有几十种。30多年前，研究噬菌体的宿主特异性的限制修饰现象时，限制性内切核酸酶被发现了。如果细胞内部的限制性内切核酸酶可以消化外源DNA，那么细胞就可以抵御病毒的侵染。首批被发现的限制性内切核酸酶包括来源于大肠杆菌的*Eco*RⅠ和*Eco*RⅡ，来源于*Haemophilus influenzae*的*Hin*dⅡ和*Hin*dⅢ。

根据酶的亚单位组成、识别序列的种类和是否需要辅助因子，限制性内切酶可分为4类，93%的限制性内切核酸酶为Ⅱ型。Ⅱ型酶识别回文结构序列，在回文序列内部或附近切割DNA，产生带3′-羟基和5′-磷酸基团的DNA产物。Ⅱ型限制酶一般是同源二聚体（homodimer），由两个彼此按相反方向结合在一起的相同亚单位组成，每个亚单位作用在DNA链的两个互补位点上。

Ⅰ型限制性内切核酸酶种类很少，只占1%，如*Eco*K和*Eco*B。

Ⅲ型限制性内切核酸酶种类更少，所占比例不到1%，如*Eco*P1和*Eco*P15。它们的识别位点分别是AGACC和CAGCAG，切割位点则在下游24～26bp处。在基因操作中，一般所说的限制性内切核酸酶，除非特指，均指Ⅱ型种类。

限制性内切核酸酶在DNA分子上具有特异的识别序列，在已纯化分类的3000种限制性内切核酸酶中，已发现了超过250种的特异识别序列。识别序列多数具有4～6个核苷酸，如*Dpn*Ⅰ、*Apy*Ⅰ和*Eco*RⅠ的识别序列分别是GATC、CCTGG和GAATTC。具有相同识别序列的不同酶称为同裂酶（isoschizomer），如*Bam*HⅠ和*Bst*Ⅰ具有相同的识别序列GGATCC。

限制性内切核酸酶识别的序列大多数为回文对称结构，切割位点在DNA两条链相对称的位置。*Eco*RⅠ和*Hin*dⅢ的识别序列和切割位点如下：

```
         ↓                           ↓
EcoRⅠ  GAATTC              HindⅢ  AAGCTT
        CTTAAG                      TTCGAA
             ↑                           ↑
```

有一些限制性内切核酸酶的识别序列不是对称结构，如*Acc*BSⅠ［CCGCTC（-3/-3)］和BssSⅠ［CTCGTG（-5/-1)］。识别序列后面括号内的数字表示在两条链上的切割位置：

```
            ↓                      ↓
AccBSⅠ  CCGCTC          BssSⅠ  CTCGTG
         GGCGAG                 GAGCAC
            ↑                        ↑
```

还有一些限制性内切核酸酶识别的序列呈间断对称，对称序列之间含有若干个任意碱基，如*Alw*NⅠ和*Dde*Ⅰ：

```
                ↓                 ↓
AlwNⅠ  CAGNNNCTG         DdeⅠ  CTNAG
        GTCNNNGAC                GANTC
           ↑                         ↑
```

限制性内切核酸酶具有特定的酶切位点，一般是识别序列内部的特定位点并在此处将双链DNA切开，产生特定的酶切末端，5′端为磷酸基团，而3′端为羟基。酶切末端有两种，一类是两条链断裂位置相同，DNA末端平齐，称为平末端；另一类则双链的切口不对称，其中一条链多出几个核苷酸，这类末端称为黏性末端，5′端突出的是5′黏性末端，3′端突出则是3′黏性末端。

主要参考文献

王镜岩，朱圣庚，徐长法. 2002. 生物化学. 第三版. 北京：高等教育出版社

阎隆飞，张玉麟. 1997. 分子生物学. 北京：中国农业大学出版社

杨岐生. 1994. 分子生物学基础. 杭州：浙江大学出版社

朱玉贤，李毅. 2002. 现代分子生物学. 第二版. 北京：高等教育出版社

Lewin B. 1998. Gene Ⅶ. Oxford，New York，Tokyo：Oxford University Press

Nelson D L，Cox M M. 2000. Lehninger Principles of Biochemistry. 3rd ed. New York：Worth Publishers

第2章　基因工程原理和实践

基因工程的研究和发展开始于重组DNA技术，基因工程是对携带遗传信息的分子进行设计改造并实施的分子工程。经过研究者几十年的不懈努力，基因工程技术本身已经日渐完善，形成了较为固定的流程，包括目的基因的分离纯化、基因重组、转化载体的制作和导入宿主细胞并表达。

基因工程既是生命科学基础研究的前沿，也是工程科学的新技术和新工艺。基因工程的发展促使分子生物学和生物化学的研究达到一个新的规模和高度，同时也带动了生物技术产业的兴起，基因工程的发展标志着人类已经进入了基因研究的新时代。

利用基因工程认识和改造生命世界时，预期的结果和预期之外的影响可能同时出现，所以深入了解相关原理和应用，可以为转基因生物安全性研究和评价提供理论基础，更加能够做到有的放矢。

2.1　重组DNA技术发展史上的重大事件

经过多年的发展，分子生物学研究取得了前所未有的进步（表2.1），其中的三大成就是：①遗传信息的携带者是DNA而不是蛋白质，这解决了遗传的物质基础问题；②DNA分子的双螺旋结构和半保留复制机制解决了基因的自我复制问题；③中心法则和操纵子学说成功破译了遗传密码，阐明了遗传信息的流动与表达问题。此后，DNA分子体外切割与连接技术及核苷酸序列分析技术的进步直接推动了重组DNA技术的产生与发展。重组DNA技术的核心就是使用限制性内切核酸酶和DNA连接酶对DNA分子进行体外操作。限制性内切核酸酶能够识别DNA上的特定碱基序列，并在特定位点切开DNA分子，而具有同样黏性末端的DNA片段可以通过末端的互补而接合起来。

表2.1　基因工程技术史上的重要事件

年份	事件
1869	莱茵河鲑鱼精子中分离出DNA
1944	实验证明DNA是遗传物质
1953	发现DNA双螺旋结构
1957	大肠杆菌中发现了DNA聚合酶Ⅰ
1959～1960	发现RNA聚合酶和mRNA，证明mRNA决定了蛋白质分子的氨基酸序列
1961	调节基因表达的操纵子模型
1964	多肽链上的氨基酸序列与该基因中的核苷酸序列存在着共线性关系
1965	酵母丙氨酸tRNA的全序列测定
1967	发现DNA连接酶
1970	分离得到第一种限制性内切核酸酶；发现逆转录酶

续表

年　份	事　件
1972	重组 DNA 技术的发明
1973	第一例细菌基因克隆
1975	DNA 序列测定技术
1978	在大肠杆菌中生产由人工合成基因表达的人脑激素和人胰岛素
1981	转基因小鼠和转基因果蝇诞生
1982	美国、英国批准使用第一例基因工程药物——人胰岛素；完成 λ 噬菌体 48 502bp 全序列测定
1983	第一例转基因植物；首次合成人工染色体
1986	GMO 首次在大田释放
1988	PCR 技术问世；人类基因组计划启动
1989	转基因抗虫棉获准进行田间试验
1992	欧共体 35 个实验室联合完成酵母第三染色体全序列测定
1994	第一批转基因番茄在美国上市
1996	酵母基因组全序列测定
1997	获得克隆羊
2000	完成拟南芥全序列测定
2001	完成人类基因组全序列测定
2002	完成水稻基因组全序列测定
2003	人类第 14 号、7 号和 Y 染色体先后被破译
2004	利用克隆技术获得人类胚胎干细胞
2005	获得黑猩猩基因组图谱和人类基因组的单核苷酸变异图谱
2006	人类所有染色体破译完成；利用干细胞培植出肝脏组织
2007	诱导分化细胞成为多能干细胞
2008	癌症相关基因的大规模发现
2009	FDA 批准世界首个转基因动物生产的药物 ATryn®

2.2 目的基因的分离

基因工程的主要目的是通过对具有优良性状的相关基因进行重组，获得具有高度应用价值的新物种或品种。为了达到这个目的，首先必须根据需要从现有生物的基因组中找到可用的基因，这样的基因我们通常称为目的基因，目的基因主要是结构基因。

从大量的核苷酸序列中挑选出很少的目的基因，是基因工程中的第一个难题。随着生物化学、分子生物学和分子遗传学的发展，很多基因都可以被分离或者合成出来，主要方法包括化学合成法、目的基因直接分离法和逆转录法。由于人工合成目的基因具有很大的局限性，目前目的基因的获取主要还是通过构建基因组 DNA 文库或 cDNA 文库的办法进行，而 PCR 技术的发明及发展，更是大大简化了构建和筛选 cDNA 文库的工作。

2.2.1 通过构建 cDNA 文库和基因文库分离目的基因

经过转录和转录后加工，每个基因都会得到一个相应的 mRNA 分子，经过逆转录就可产生对应的 cDNA（complementary DNA，互补 DNA），这样产生的 DNA 只含有编码序列，不具有启动子、终止子和内含子。某种生物基因组经转录和逆转录产生的各种 cDNA 片段分别与合适的克隆载体连接，通过转导储存在一种受体菌的群体中，这种包含某生物基因组全部 cDNA 的受体菌群体称为该生物的 cDNA 文库。随后通过分子杂交等方法从 cDNA 文库中筛选出含目的基因的菌株。用这个方法得到的目的基因只有编码区，进行相应的表达还需要加上启动子和终止子等元件。

如果使用限制性内切核酸酶直接将基因组 DNA 进行切割，将产生的一系列大小不一的 DNA 片段连入载体中，转导进入受体菌，这样构建的文库就是基因文库，之后用同样的办法也可以得到目的基因。

实际操作中，根据研究需要，针对两种文库的特性不同，需要选择不同的文库作为分离目的基因的对象。

2.2.2 用 PCR 方法从基因组中扩增出目的基因

聚合酶链反应（polymerase chain reaction，PCR）是以 DNA 的一条链为模板，在聚合酶的作用下，通过碱基配对使寡核苷酸引物向 3′端方向延伸合成模板的互补链。PCR 是目前分离和筛选目的基因的一种有效办法。已知目的基因两侧 20 个以上的核苷酸序列，则可设计和人工合成一对寡核苷酸链，扩增出含目的基因的 DNA 片段。

除了普通 PCR 以外，还有一些改进的 PCR 方法可以获得目的基因。

（1）逆转录 PCR（reverse transcripted PCR，RT-PCR）。RT-PCR 以 RNA 为模板，经逆转录获得与 RNA 互补的 DNA 链，即 cDNA，然后以 cDNA 链为模板进行 PCR 反应。

（2）锚定 PCR（anchored PCR）。该方法适合扩增那些只是知道一端序列的目的 DNA。

（3）反向 PCR（inverse PCR）。该方法适合于扩增已知序列两端的未知序列。

2.2.3 DNA 的化学合成

化学合成基因对那些用常规方法不易分离的基因尤其重要。基因合成的方法分为两大类。

1）基因片段的全化学合成

先合成一个基因的所有片段，相邻的片段间有 4～6 个碱基的重叠互补，在适当的条件下，经退火后，用 T4 DNA 连接酶将各个片段以磷酸二酯键形式连接成一个完整的基因。因为化学合成的 DNA 片段在纯化后其 5′端和 3′端都是羟基，所以在组建基因之前要将 DNA 片段的 5′端磷酸化。

2）基因的化学——酶促合成

此方法的特点是不需要合成组成完整基因的所有寡核苷酸片段，而是合成其中一些片段，相邻的 3′端有一短的序列相互补，在适当条件下，用大肠杆菌的 DNA 聚合酶 Ⅰ 大片段（Klenow 片段）去填补互补片段间的缺口，最后用 T4 DNA 连接酶连接及适当的限制性内切核酸酶切割后重组入载体。

2.3　基因重组

重组 DNA 的操作过程如图 2.1 所示。

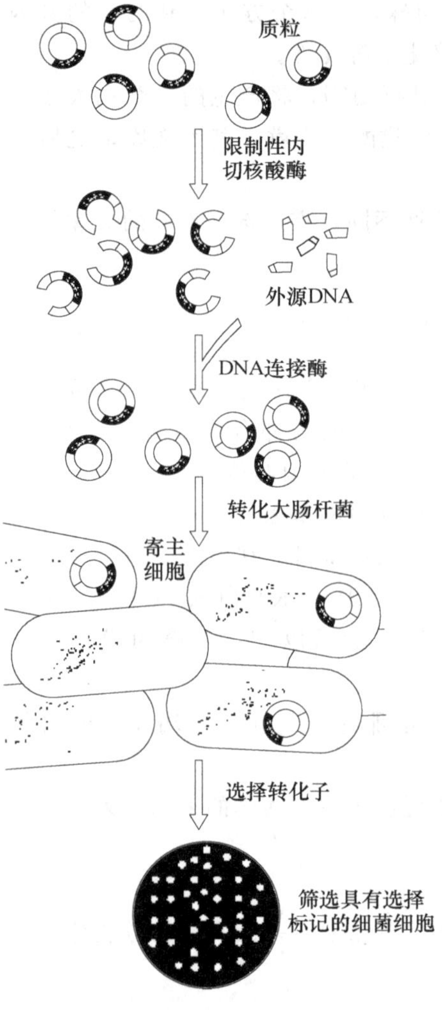

图 2.1　重组 DNA 操作过程示意图

目的基因在导入受体细胞之前，一般需要先把含有目的基因的 DNA 片段重组入合适的载体。为选择合适的克隆载体，我们必须注意以下三点。

（1）为了使目的基因能够在受体细胞中有效表达，应选用具有强启动子的表达载体，或者目的基因本身已具备在受体细胞中有功能的强启动子。

（2）选用的克隆载体应便于同含有目的基因的 DNA 片段进行连接。

（3）根据确定的受体系统，选用相应的克隆载体。

在选定克隆载体后，往往还需要对 DNA 片段末端进行适当的加工才能使目的基因顺利地进入载体。目前目的基因和载体重组的方法有以下四种。

（1）根据外源基因片段末端的性质同载体上适当的酶切位点相连，实现基因的体外重组。

（2）用限制性内切核酸酶切割后，载体和外源 DNA 片段不可能直接连接上时，可以通过几个方法解决：①在线状质粒的末端和外源 DNA 片段的末端用 DNA 连接酶接上含有限制性内切核酸酶酶切位点的接头，然后经过酶切再进行基因重组；②使用大肠杆菌 Klenow 片段部分补平 3′凹端，将无法匹配的 3′凹端变为黏性末端；③利用酶将 3′凹端补平或者切除，成为平末端，与平末端 DNA 分子进行重组。

（3）利用末端转移酶分别在载体酶切位点处和外源 DNA 片段的 3′端加上互补的同聚尾。

（4）PCR 为基因定向克隆和构建外源基因高效表达质粒提供了一个通用的方法，根据载体上的克隆位点设计 PCR 引物，使引物上带有与载体克隆位点相匹配的限制性内切核酸酶识别序列，通过 PCR 或 RT-PCR 直接产生可用于重组的外源基因片段。

2.4　基因工程载体

载体的功能就是负载基因，基因工程载体决定了外源基因的复制、扩增、传代和表达。作为基因工程载体应该满足以下条件：

（1）能够自我复制并能使插入的基因一起复制；

（2）有适当的限制性内切核酸酶切割位点；

（3）具有选择性标记；

（4）细胞内多拷贝，使外源基因可以扩增；

（5）可容纳较大的外源 DNA 片段插入；

（6）在细胞内的稳定性好，这样可以保证重组体稳定遗传。

现有的各种载体根据来源不同，可以分为细菌质粒载体、噬菌体和病毒载体及人工合成载体，每类载体各有其优缺点，在使用时应根据研究目的的不同而选择相应的载体。

2.4.1　质粒载体

质粒载体是最早发展起来的一类载体，是以质粒 DNA 为基础构建而成的，是微生物和植物转基因研究的主要载体。细菌质粒是存在于细胞质中的一类独立于染色体并能自主复制的遗传成分。大多数质粒是环形的双链 DNA 分子，常用的大肠杆菌质粒载体有以下几种。

1）pSC101 质粒载体

pSC101 是一种严紧型复制的低拷贝数的大肠杆菌质粒载体，平均每个寄主细胞仅有一到两个拷贝，分子大小 9.09kb，编码一个四环素抗性基因，具有 7 种限制性内切核酸酶的单切割位点。这种特性使它成为第一个被应用的真核基因克隆载体，但是严紧型复制的低拷贝则是其明显的劣势。

2）ColE1 质粒载体

ColE1 质粒是松弛型复制控制的多拷贝质粒。在寄主细胞生长停止时，ColE1 质粒仍然可以继续复制至拷贝数增加到 1000～3000 个，质粒 DNA 大约占细胞总 DNA 的 50%左右，这样随质粒进入细胞的外源 DNA 片段的产物也相应提高。

3）pBR322 质粒载体

该质粒是一种人工方法构建的质粒载体，来源于三个天然质粒（图 2.2），具有多种抗药性选择标记，有相对较低的分子质量，高拷贝，有多个限制性内切核酸酶单切割位点等。

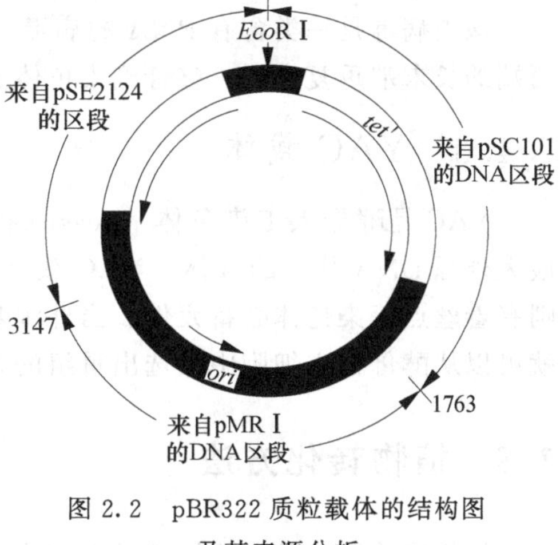

图 2.2　pBR322 质粒载体的结构图及其来源分析

4）pUC 质粒载体

pUC 系列质粒载体是目前基因工程研究中最常用的大肠杆菌克隆载体，包括 4 个部分：pBR322 质粒的复制起点、氨苄青霉素抗性基因（不含限制性内切核酸酶识别位点）、大肠杆菌 β-半乳糖苷酶基因的启动子及其编码 α-肽链的 DNA 序列和 β-半乳糖苷酶基因中靠5′端的一段多克隆位点（MCS）区段。其优点主要有：更小的相对分子质量和更高的拷贝数，可用组织化学方法检测重组体，多克隆位点区段可以将具有两种不同黏性末端的外源DNA片段直接克隆到载体上。

5）pGEM-3Z质粒载体

pGEM-3Z质粒载体具有两个来自噬菌体的启动子，为RNA聚合酶的附着提供了特异性的识别位点。

6）穿梭质粒载体

穿梭质粒载体（shuttle plasmid vector）是指一类人工构建的具有两种不同复制起点和选择标记，可在两种不同的寄主细胞中存活和复制的质粒载体。由于这类质粒载体可以保证外源DNA序列在不同物种的细胞间得到扩增，特别是能在原核和真核细胞之间往返穿梭，在基因工程研究中具有广泛的应用。

2.4.2 噬菌体和病毒载体

噬菌体是一类细菌病毒的总称，可在脱离寄主细胞的状态下保持生命，但是不能生长和复制。以下是几类典型的噬菌体和病毒载体。

1）λ噬菌体载体

λ噬菌体大小为48.5kb，是一种中等大小的温和噬菌体，具有如下特点：λ噬菌体含有线性双链DNA分子，两端各由12个核苷酸组成5′黏性末端，当λDNA进入宿主细胞后，互补黏性末端连接成为环状DNA分子，连接处称为cos位点；λDNA可以整合到宿主细胞染色体上，随染色体的复制而复制，当λDNA释放出来后，可以迅速增殖；λDNA分子上有多种限制性内切核酸酶识别序列，便于外源DNA的插入；λ噬菌体可以包装长度为原λDNA长度75%～105%的基因片段。

2）花椰菜花叶病毒载体

花椰菜花叶病毒（CaMV）中含有一个约8kb的环状双链DNA分子，由此构建的载体可用于十字花科和少数非十字花科植物的基因转移。

3）逆转录病毒载体

该类病毒是一类含有RNA的病毒，进入受体细胞后，RNA逆转录为DNA，通过两端的长末端重复序列，整合到染色体DNA上，成为原病毒。

2.4.3 YAC载体

YAC是酵母人工染色体（yeast-artificial chromosome）的缩写，它是目前能容纳最大外源DNA片段的载体。YAC载体具有两个臂，每个臂的末端有一个端粒，臂上则有着丝点等染色体必备元件。当外源基因片段连接进两个臂中以后，通过选择标记，就可以从酵母宿主细胞中筛选出重组的人工染色体。

2.5 植物转化方法

植物遗传转化的方法按其是否需要通过组织培养再生植株可分成两大类：第一类要

通过组织培养再生植株，常用的方法有农杆菌介导转化法、基因枪法；另一类不需要通过组织培养，目前比较成熟的主要是花粉管通道法。

2.5.1　农杆菌介导转化法

农杆菌普遍存在于土壤中，它能在自然条件下趋化性地感染大多数双子叶植物的受伤部位，并诱导产生冠瘿瘤或发状根。根癌农杆菌和发根农杆菌细胞中分别含有 Ti 质粒和 Ri 质粒，其上有一段 T-DNA，农杆菌通过侵染植物伤口进入细胞后，可将 T-DNA 插入到植物基因组中。因此，农杆菌是一种天然的植物遗传转化体系。将目的基因插入到经过改造的 T-DNA 区，借助农杆菌的感染实现外源基因向植物细胞的转移与整合，然后通过细胞和组织培养技术，再生出转基因植株。农杆菌介导法起初只被用于双子叶植物中，近年来，农杆菌介导转化技术在一些单子叶植物（尤其是水稻）中也得到广泛应用。

几乎所有双子叶植物都容易受到土壤农杆菌感染而产生根瘤。土壤农杆菌是一种革兰氏阴性土壤杆菌（*A. tumefaciens*）。其致瘤特性是由 Ti（tumor-inducing）质粒（图 2.3）介导的。农杆菌之所以会感染植物根部是因为植物根部损伤部位分泌出酚类物质乙酰丁香酮和羟基乙酰丁香酮，这些酚类物质可以诱导 *vir*（virulence region）基因的启动表达，*vir* 基因的产物将 Ti 质粒上的一段 T-DNA 单链切下，而位于根瘤染色体上的操纵子基因产物则与单链 T-DNA 结合，形成复合物，转化植物根部细胞。

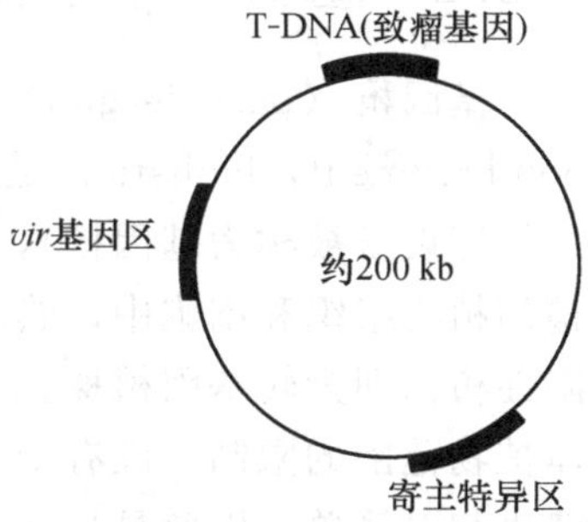

图 2.3　Ti 质粒的结构

Ti 质粒感染的植物诱导合成有机碱，但不能利用它们，其分解酶基因在 Ti 质粒上，分解产物为氨基酸和糖类，为根癌农杆菌提供氮源及碳源。

T-DNA 的详细整合机制（图 2.4）尚不清楚，但有两个环节是明确的：①T-DNA 的切除由 *vir* 区编码的特异性内切核酸酶完成，形成单链 T-DNA；②T-DNA 的整合可以是单拷贝的，也可以是多拷贝的，成串联形式排列，但整合位点的特异性尚未确定。

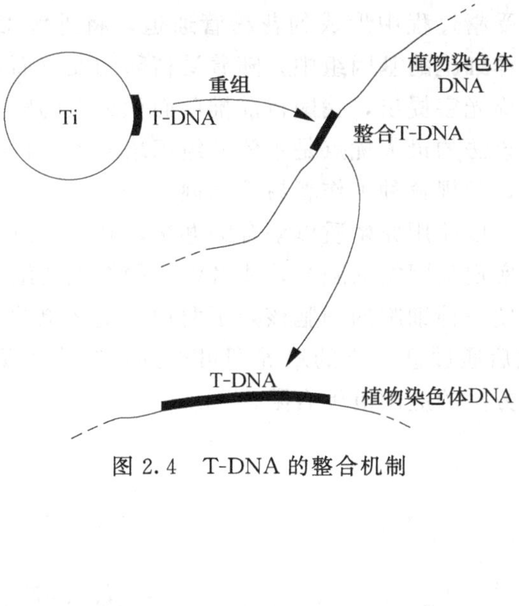

图 2.4　T-DNA 的整合机制

天然的 Ti 质粒不能作为表达载体使用，这是因为：①生长在培养基上的植物转化细胞产生大量的生长素和分裂素阻止了细胞再生长为整株植物，因此，必须除去生长素和分裂素基因；②有机碱的合成与 T-DNA 的转化无关，而且可能会影响植物细胞生长，因为有机碱的合成需要大量消耗精氨酸和谷氨酸，所以必须除去有机碱合成基因（*tmt*）；③Ti 质粒约为 200kb，重组操作非常困难，也很难找到单一的酶切位点；④Ti 质粒不能在大肠杆菌中复制，为了使重组质粒 DNA 大量扩增，须添加大肠杆菌复制子，加入植物细胞的筛选标记，使用植物细胞启动子及末端 polyA 信号，加入多聚人工接头以利于外源基因的克隆。

由于植物中一般不存在质粒，为了能利用农杆菌的 Ti 质粒转化植物细胞，设计出了共整合系统和双元载体系统，克服了在大的 Ti 质粒上进行分子重组操作的困难。

2.5.2　基因枪介导转化法

基因枪（particle gun）又称微弹轰击法（microprojectile bombardment，particle bombardment，biolistic）是一种直接转入的办法，利用火药爆炸或高压气体加速（这一加速设备被称为基因枪），将包裹了带目的基因的 DNA 溶液的高速微弹直接送入完整的植物组织和细胞中，然后通过细胞和组织培养技术，再生出植株，选出其中转基因阳性植株即为转基因植株。与农杆菌转化相比，基因枪法转化的一个主要优点是不受受体植物范围的限制，没有受体类型的限制，可控性好，操作简单，而且其载体质粒的构建也相对简单，因此是目前转基因研究中应用较为广泛的一种方法。但是这种方法的缺点也很明显：①裸露的 DNA 的转化效率较低，因而要辅之以高效率的组织培养系统；②基因枪转化率差异很大，一般为 0.1%～1%，相对于农杆菌介导的转化率要低得多；③基因枪转化成本高；④嵌合体比率大、遗传稳定性差。即使是这样，该方法在单子叶植物的遗传转化研究中也有相当广泛的应用。

2.5.3　花粉管通道法

花粉管通道法转化植物的主要过程是在授粉后向子房注射含目的基因的 DNA 溶液，利用植物在开花、受精过程中形成的花粉管通道，将外源 DNA 导入受精卵细胞，并进一步地被整合到受体细胞的基因组中，随着受精卵的发育而成为带有转基因的新个体。该方法由我国学者周光宇提出，我国目前推广面积最大的转基因抗虫棉就是用花粉管通道法培育出来的。该法的最大优点是不依赖组织培养人工再生植株，技术简单，不需要装备精良的实验室，常规育种工作者易于掌握。

此外，植物转化还可以使用原生质体融合的办法，其基本思想是将来源于不同物种的原生质体进行融合，实现基因组的融合，或者将一种细胞的细胞器，如线粒体或叶绿体与另一种细胞融合，使一种细胞的细胞核处于两种细胞来源的细胞质中，这就形成了胞质杂种（cybrid）。之后通过进一步的培养即可得到携带有外源基因的新植株。但是由于操作上的问题，该方法的应用范围有限。

2.6　转基因动物的制作方法

转基因动物的制作方法目前主要有逆转录病毒感染发育早期的动物胚胎、原核期胚胎的显微注射技术、精子载体技术、胚胎干细胞技术、PGC 技术、体细胞核移植技术和逆转录病毒载体感染 M_{II} 期的卵母细胞。其中原核注射技术、胚胎干细胞技术和体细胞核移植技术将成为今后家畜转基因最具前景的三大技术。

2.6.1　逆转录病毒载体感染早期发育的动物胚胎及 M_{II} 期的卵母细胞

该方法就是将目的基因整合到逆转录病毒（RNA 病毒）的原病毒上，然后将其直接注射到胚胎或是给动物的培养细胞接毒并与胚胎一起培养，以使病毒感染胚胎。这个方法的优点是外源基因整合率高、多属单拷贝整合、使用方便；缺点是目标基因的长度太小，最大允许长度是 8kb，基因组基因和表达载体基本上不能应用。此外，病毒导入动物体内的安全性问题也是很有争议的。

2.6.2　原核期胚胎的显微注射技术

这是将克隆 DNA 直接注射到受精卵的一个原核中，使外源基因整合到受体细胞染色体组上并发育成转基因动物的技术。原核注射技术的主要优点是外源基因转移率高，整合效率较高（小鼠为 6.40%，猪和羊分别为 0.98%、1%，而鱼类通常可达 10.75%）；主要问题是费用高，并可能在注射过程中对胚胎造成损伤等。

显微注射是目前应用较广泛、效果较稳定的转基因动物生产方法之一。

2.6.3　精子载体技术

该方法是直接用精子作为外源 DNA 载体的基因转移方法，是一项有争议的转基因技术。多数学者承认，有充分的实验证据证明动物精子可以结合 DNA。但是精子质膜能否吸收、转运外源 DNA，并允许 DNA 进入胞质，甚至到细胞核内，仍然存在争议。精子载体技术处理同种动物精子后检测到外源 DNA 的携带率变化幅度较大：小鼠达 65%～80%，人为 26%～39%，兔为 30%～35%，鸡为 6.3%～25%，牛为 39%～47%，羊为 27%～30%，猪为 0.3%～78%。精子载体技术的原理是将精清和精子表面的 IF-Ⅰ（inhibitory factor Ⅰ）洗掉，暴露出的 DNA 结合蛋白就可能将 DNA 转运到胞质中，DNA 甚至有可能通过精子颈部含有核孔的核膜处进入细胞核。这种方法在具体操作上分为体内外受精和胞质内单精子注射（intracytoplasmic sperm injection）。

2.6.4　胚胎干细胞技术

胚胎干（ES）细胞是早期胚胎经体外分化抑制培养建立的多能性细胞系，体外培养时保持未分化状态，可以传代增殖。ES 细胞在发育上类似于早期胚胎的团细胞，当被注入囊胚腔后可以参与包括生殖腺在内的各种组织嵌合体的形成，因此，将外源

DNA 导入胚胎干细胞就可以实现基因转移。当小鼠的 ES 细胞和有些小鼠畸胎癌细胞被植入正常发育的胚胎囊胚腔时，具有参与正常胚胎发育的能力，因此可将外源 DNA 通过磷酸钙沉淀法或逆转录病毒载体感染法转移到这些全能细胞中进行基因转移，在这些外源 DNA 中通常要连上一段选择性标记基因，如 *lacZ* 基因或新霉素抗性基因等。

胚胎干细胞技术比微注射及逆转录病毒法具有很多优越性：胚胎干细胞可以被克隆，这样转染后的胚胎干细胞可以筛选出含有整合外源基因的细胞克隆，得到很多遗传上相同的转基因动物；体细胞内的外源基因在基因组中具有相同的整合位点，可以发生定点整合；可以对胚胎干细胞进行定点突变［如基因敲除（knockout）］或使用逆转录病毒的插入诱导使其随机突变，产生大量具有插入突变的动物模型，用来研究人类疾病或某些特殊基因的作用。但是由于胚胎干细胞系制备很困难，胚胎干细胞的分离和培养中尚有许多困难未被解决，因此胚胎干细胞技术的应用范围有限；胚胎干细胞法对 DNA 的整合效率比较低，随着去核方法、供核细胞和受体卵母细胞的融合效率、激活以及重建胚培养等技术水平的提高，克隆技术在生产转基因动物方面将发挥巨大的作用。

2.6.5　PGC 技术

脊椎动物的原始生殖细胞（primordial germ cell，PGC）介导的转基因技术在原理和方法上与 ES 细胞技术相似，此技术也称生殖细胞转染法，就是将外源 DNA 导入生殖细胞就可以实现基因转移的方法。

2.6.6　体细胞核移植技术

体细胞核移植技术又称克隆技术，是以动物体细胞（包括成年动物体细胞、胎儿成纤维细胞等）为受体，将目的基因导入能传代培养的动物体细胞，再以这些动物体细胞为核供体，进行动物克隆，得到带有外源基因的转基因动物。随着动物克隆技术的不断发展，利用携带外源基因的培养细胞进行核移植的方法已经建立起来。

该技术产生个体的外源基因整合率为 100%，但是细胞核移植（特别是体细胞核移植）这一技术本身还不完善，除成功率低以外，尚存在畸胎、死胎、难产、新生动物死亡率高等一系列问题，动物克隆技术条件的优化还没解决。因此，今后仍需不断完善各技术环节，并加强相关基础理论的研究，使核移植技术能够真正用于科学研究、生产实践等领域，更好地造福于人类。

2.6.7　人工染色体载体技术

人工染色体载体包括 YAC（yeast artificial chromosome）、BAC（bacterial artificial chromosome）、MAC（mammalian artificial chromosome）和 PAC（P1 artificial chromosome）等，载体容量都在 1Mb 以上，远远高于病毒和质粒载体的容量，可以将目的基因的全套调控序列完全容纳过来，用以克服位置效应和拷贝数的影响，最大限度地获得外源蛋白质的高效表达。BAC 载体的优点与 YAC 相近，只是将人工染色体构建在细菌中，就可以方便地进行遗传改造，甚至同源重组。目前，已有该载体生产的转基因小鼠。MAC 重组载体将来自 YAC 的内源性染色体成分和来自 BAC 的非真核染色体成分有机地结合在一起，它可以将整个染色体导入到真核细胞中。目前，牛、羊中还没有应用人工染色体载体的先例。

2.6.8　脂质体载体技术

包埋于脂质体中的 DNA 已成功用于转化培养中的 L 细胞。脂质体载体技术转化培养细胞的效率远低于显微注射技术。此技术优于病毒是因为没有免疫副作用和可能的毒性，但存在无靶向性和无特异性的缺点，因此在转化种系细胞时，不大可能取代显微注射技术。但此技术用于体细胞的基因转移还是比较有效的，因此在基因治疗过程中，会得到比较广泛的应用。

2.6.9　电脉冲技术

将受精卵与外源 DNA 按一定比例混合后，放在电脉冲槽中，在一定强度的脉冲电压下，受精卵膜表面带电量及电荷性质变化引起膜分子构型改变，使外源 DNA 进入受精卵。此法在鱼类等水生动物中应用比较成功，整合率可达 4%～10%。

在前面植物转化方法当中介绍的基因枪法，由于其没有受体的特异性，所以也可以使用在转基因动物的研发过程当中。目前，基因枪法在多种哺乳动物的离体培养细胞、离体器官和其他组织，以及活体动物、鱼受精卵和果蝇胚的基因转移中获得成功。受体的动物成活率一般为 50%～97%，但外源基因整合率较低，仅为 5%～7%。

2.7　转基因生物研发的一般过程

转基因植物是研究得最为成熟的转基因生物，以转基因水稻研制（图 2.5）为例，转基因生物研发的基本过程包括如下步骤：

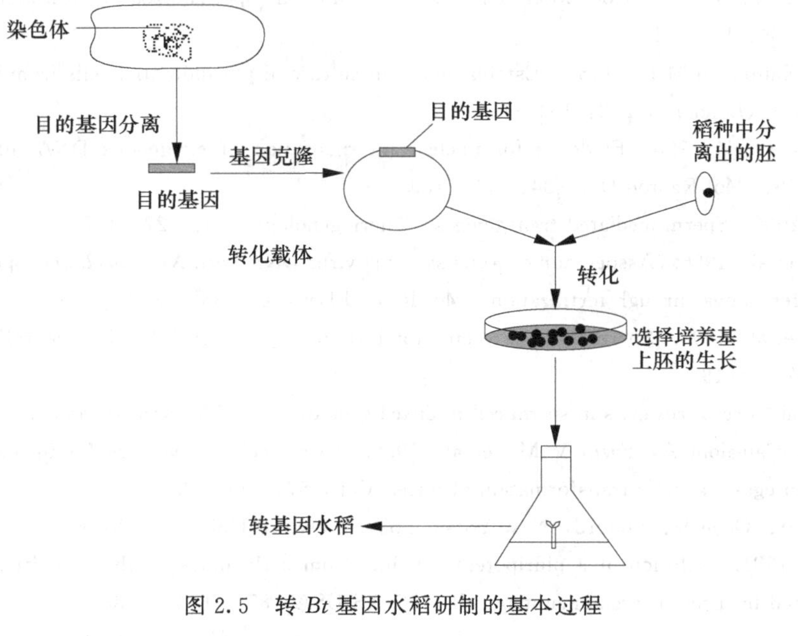

图 2.5　转 *Bt* 基因水稻研制的基本过程

（1）分离和培育水稻晶胚；
（2）分离基因或遗传因子；
（3）修饰基因，如 *Bt* 基因；
（4）增加启动子和终止子构造基因；
（5）克隆目标基因到转化载体中；
（6）基因枪介导法或农杆菌介导法；
（7）在选择性介质上培育晶胚以筛选出具有预期基因的转化晶胚；
（8）水稻植株再生以获取转基因水稻。

主要参考文献

程伟中，刘应伯，余其兴．1995．转基因动物的遗传修饰与应用．遗传，7（2）：42～48

卢圣栋．1993．现代分子生物学实验技术．北京：高等教育出版社

瞿礼嘉，顾红雅，胡苹等．1998．现代生物技术导论．北京：高等教育出版社，施普林格出版社

孙永新等．1992．以精子作为外源 DNA 载体通过人工授精途径生产转基因绵羊的研究．动物胚胎移植及有关生物技术国际学术研讨会论文集，27～131

吴乃虎．2001．基因工程原理．第二版．北京：科学出版社

曾申明．1996．家兔转基因胚胎生产新技术研究．北京：中国农业大学博士学位论文

朱玉贤，李毅．2002．现代分子生物学．第二版．北京：高等教育出版社

Arezzo F. 1989. Sea urchin sperm as a vector of foreign genetic information. Cell Biol Int Rep，13：391～404

Brackett P G，et al. 1971. Uptake of heterologous genome by mammalian spermatozoa and its transfer to voa through fertilization. PNAS，68（2）：353～ 357

Camaion A，et al. 1992. Uptake of exogenous DNA by mammalian spermatozoa：specific localization of DNA on sperm heads. J Reprod Fert，96：203～212

Castro F O，et al. 1991. Introduction of foreign DNA into the spermatozoa of farm animals. Theriogenlogy，34：1099～1110

Evans M J，Kaufmann M H. 1981. Establishment in culture of pluripotential cells from mouse embryos. Nature（London），292：154～156

Francolini M，et al. 1993. Evidence for unclear internalization of exogenous DNA into mammalian sperm cells. Mol Reprod Dev，34：133～139

Gandolfi F. 2000. Sperm-mediated transgenesis. Theriogenology，53：127～137

Habrová V，et al. 1996. Association of Rous sarcoma virus DNA with *Xenopus laevis* spermatozoa and its transfer to ova through fertilization. Mol Reprod Dev，44：332～342

Khoo H W，et al. 1992. Sperm cells as vector for introducing foreign DNA into zebrafish. Aquaculture，107：1～19

Lauria A，et al. Recent advances in sperm cell mediated gene transfer. Mol Reprod Dev，36：255～257

Lavitrano M，Camaioni A，Fazio V M，et al. 1989. Sperm cells as vectors for introducing foreign DNA into eggs：genetic transformation of mice. Cell，57：717～723

Lewin B. 1998. Gene Ⅶ. Oxford，New York，Tokyo：Oxford University Press

Martin G R. 1981. Isolution of a pluripotent cell line from early mouse embryos cultured in medium conditioned by a teratocarcinoma stem cells. PNAS USA，87：7634～7638

Nakanishi A，Iritani A. 1993. Gene transfer in the chicken by sperm mediated methods. Mol Reprod Dev，36：258～261

Nelson D L，Cox M M. 2000. Lehninger Principles of Biochemistry. 3rd ed. New York：Worth Publishers

Spadafora C. 1998. Sperm cells and foreign DNA：a controversial relation. Bio Essays，20：955～964

Sperandio S，et al. 1996. Sperm-mediated DNA transfer in bovine and swine species. Anim Biotechnol，7：59～77

Vos J M H. 1998. Mammalian artificial chromosomes as a tools for gene therapy. Curr Opin Enet Dev，8：351～359

Yang X W，Model P，Heintz N. 1997. Homologous recombination based modification in *Escherichia coli* and germline transmission in transgenic mice of a bacterial artificial chromosome. Nature Biotechnol，15：859～865

第3章　转基因生物技术的发展

随着现代生物技术的发展，运用转基因技术培育新的生物品种或者品系已经是完全可行的了。20世纪80年代，世界上第一个真正的转基因生物——含有抗生素抗性基因的转基因烟草的出现标志着人类对现代生物技术的利用进入了一个崭新的阶段。1994年，延熟番茄的正式商业化意味着人类大规模利用转基因生物的开始。

转基因技术的基础是重组DNA技术，这种技术的发展打破了自然界中的生物界限，不同的物种基因可以按照意愿进行重新组合，进而表达出正常情况下无法产生的性状，甚至创造出新的生物。目前，基因工程技术在动植物育种、医药、食品和环境保护领域已经有了广泛的应用，并已经产生了巨大的经济效益。

按照受体生物的类别，我们对转基因生物的发展做一个综合的了解。

3.1　转基因植物的发展

由于植物的研究相对比较透彻，而且植物本身作为实验材料更容易管理，所以转基因植物一直充当着现代生物技术研究的先锋。1983年，世界上第一例真正意义上的转基因生物就是含有抗生素抗性基因的转基因烟草。时至今日，转基因植物仍然是转基因生物中最大的类别，全世界已经研究成功的转基因植物估计超过35科120种，涉及粮食作物、蔬菜、水果和林木等。外源基因的表达性状多数涉及抗除草剂、抗虫、抗病、抗逆、品质改良、发育调控及药物生产等方面。

3.1.1　转基因作物的发展现状

农业生物技术应用国际服务组织（International Service for the Acquisition of Agri-biotech Applications，ISAAA）自1996年起对全球转基因作物种植的各方面情况进行逐年报道。ISAAA的报告显示，1996年，全球转基因作物的种植面积为170万hm^2，此后每年种植面积的增加都保持在13%左右，到2007年面积达到1.143亿hm^2，是1996年种植面积的65倍；2008年，转基因作物的种植面积更是达到1.25亿hm^2，是种植转基因作物13年来增幅最大的一年（图3.1）。

从种植转基因植物的国家来看，2008年种植转基因作物的国家的数量达到25个，其中包括15个发展中国家和10个发达国家，按照种植面积排列如下：美国、阿根廷、巴西、印度、加拿大、中国、巴拉圭、南非、乌拉圭、玻利维亚、菲律宾、澳大利亚、墨西哥、西班牙、智利、哥伦比亚、洪都拉斯、布基纳法索、捷克、罗马尼亚、葡萄牙、德国、波兰、斯洛伐克和埃及，前8个国家的种植面积都超过100万hm^2。美国以及紧跟其后的阿根廷、巴西、印度、加拿大和中国继续成为全球转基因作物的主要种植国，美国的种植面积是6250万hm^2（占全球转基因作物面积的50%）。

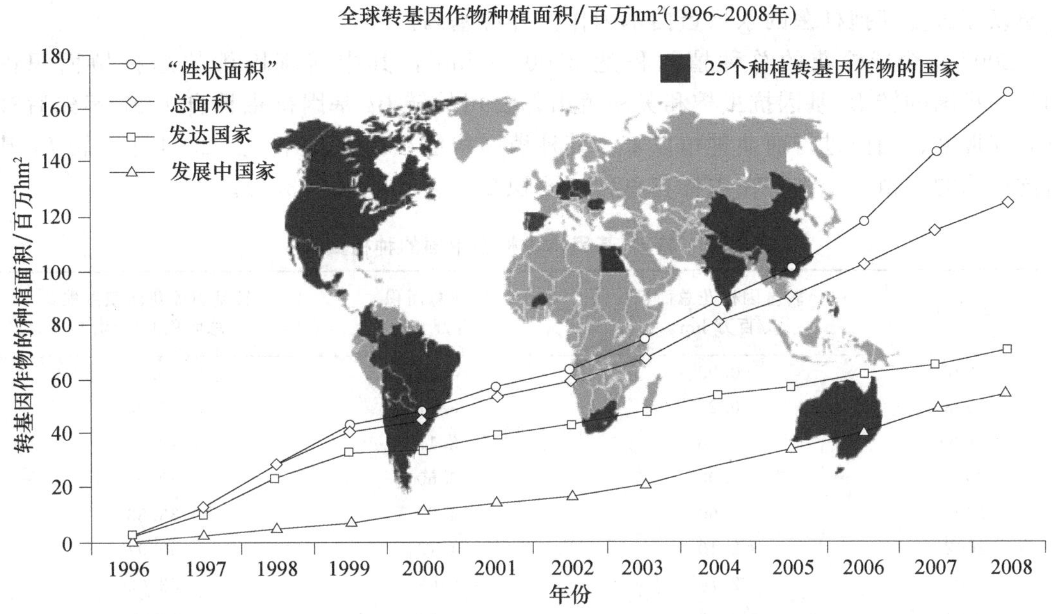

图 3.1　1996～2008 年间世界转基因作物的种植面积/百万 hm^2

资料来源：Clive James，2008

2007 年和 2008 年之间"明显"增长 9.4%，即 1070 万 hm^2，相当于实际增长 15%或 2200 万"性状面积"。

1996～2008 年，由于发展中国家种植转基因作物的持续增长，全球转基因作物种植面积比例不断增加。2007 年，发展中国家种植面积占全球转基因作物种植面积的 43%（4940 万 hm^2），2006 年和 2007 年间发展中国家种植面积增长 21%（850 万 hm^2），明显高出发达国家的 6%（380 万 hm^2）。

从种植作物特性来说，1996 年至今，抗除草剂生物技术产品、抗虫作物这两大类转基因作物一直占主导地位。2008 年，抗除草剂的转基因大豆、玉米、油菜和紫苜蓿的种植面积占全部 1.25 亿 hm^2 的 63%（0.79 亿 hm^2）。复合性状转基因作物的种植面积增长迅速，达到 23%，明显高于具有单一性状的抗除草剂转基因作物的 9%和抗虫转基因作物的 6%。

从物种角度看，转基因大豆是近年来最主要的转基因作物，种植面积 6580 万 hm^2，占全球转基因作物面积的 53%；玉米 3730 万 hm^2，占全球转基因作物面积的 30%；棉花 1550 万 hm^2，占全球转基因作物面积的 12%；油菜 590 万 hm^2，占全球转基因作物面积的 5%。

目前世界范围内商品化面积和规模最大的四种转基因作物为大豆、玉米、棉花和油菜，而中国主要的转基因作物为棉花、水稻和小麦。中国虽然已经批准了几种转基因植物的商品化种植，但实际上在国内进行商品化生产的只有转基因抗虫棉花。

棉花是中国最重要的经济作物之一，而棉铃虫（*Helicoverpa armigera* Hübner）是棉花的最主要害虫之一。传统化学杀虫剂的使用是以前控制棉铃虫的常用方法，但是大量的使用导致棉铃虫产生抗药性，并导致中国北方棉区的棉铃虫大暴发。为了更好地对棉铃虫进行综合治理，自 1991 年起，中国开始利用转基因技术研制转基因抗虫棉，主要以苏云金芽孢杆菌的杀虫蛋白基因作为外源基因。

2007 年全球棉花的总种植面积达 3500 万 hm^2，其中转基因棉的总种植面积占 43%。我国的转 *Bt* 基因抗虫棉和美国孟山都公司的转 *Bt* 基因抗虫棉自 1997 年先后被农业部批准在国内进行商业种植以来，其种植面积也在稳步上升，至 2004 年，转 *Bt* 基因抗虫棉的种植面积维持在占棉花总种植面积 2/3 的水平（表 3.1）。

表 3.1　转 *Bt* 基因抗虫棉在中国的种植面积

年　份	转基因棉花总面积/百万 hm^2	棉花总面积/百万 hm^2	转基因棉花面积占棉花总面积的比例/%
1997	0.03	4.49	0.67
1998	0.23	3.87	5.94
1999	0.58	3.17	18.30
2000	1.08	3.60	30.00
2001	1.60	4.73	33.83
2002	2.10	4.12	50.97
2003	2.70	5.09	53.05
2004	3.70	5.60	66.07
2005	3.30	5.10	64.71
2006	3.50	5.41	64.70
2007	3.80	5.50	69.09
2008	3.80	5.76	65.97

现在，我国已经审定数百个国产抗虫棉品种可以进行商业化种植，仅 2007 年一年就批准了 242 个转基因棉花品种进行商业化种植（另外还有 6 个孟山都公司的转基因棉花品种续申请也被批准）。

3.1.2　转基因林木的发展现状

林木的基因导入技术和组织培养技术的不成熟限制了林木基因工程的发展，造成了转基因林木发展的相对滞后。1986 年，Parson 等证实了杨树可以进行遗传转化操作，使得外源基因引入林木基因组的研究取得重大突破，这意味着林木转基因研究进入了实际操作阶段。目前已有杨树（*Poplus* spp.）、火炬松（*Pinus taeda* Linn.）、桉树（*Eucalyptus* spp.）等 20 多个树种进行了遗传转化研究，100 多种转基因林木获得成功，200 多种转基因木本植物进行着不同类型的田间试验，以及多个转抗虫基因、转病毒基因树种进行生产性试验或商业化种植。

同转基因作物一样，目前已进行转化的林木转基因主要包括抗虫、抗病、抗除草剂、抗逆、生殖发育调控和性状改良等方面。

林木虫害是最重要的森林生物灾害，将现代生物技术运用于林木虫害防治是林木转基因研究较早的课题。抗虫基因的类型主要有苏云金芽孢杆菌毒蛋白（或内毒素 Bt-toxin）基因、蛋白酶抑制剂（PI）基因、外源凝集素（lectin）基因和昆虫神经毒素基因。

我国的林木转基因研究开展相对较早。20 世纪 90 年代初就有报道显示转 *Bt* 基因欧洲黑杨植株研制成功，转化植株中有Bt蛋白表达，并表现出杀虫活性——15%的转基因植株对杨尺蠖的校正死亡率为80%～96%，部分植株对舞毒蛾5～9d内的校正死亡率高达100%，存活昆虫的生长和发育也明显受到抑制。胡建军等通过对1993年新疆扦插试验林的调查研究证明了转基因试验林分中转基因植株和健杨、未转化的欧洲黑杨的叶片平均损失率（分别为5%～19%、7%～15%）远低于周围对照林分的叶片损失率（80%～90%），说明转基因植株能有效地控制林分的虫口密度，使非转基因植株在某种程度上得到转基因植株的保护。2002年，抗食叶害虫的‘欧黑抗虫杨12号’和‘创新杨1号’这两种转基因杨树正式推向市场，成为我国第一批商业化种植的转基因林木种。

为解决昆虫易对单个抗虫基因产生耐受性问题，双价转基因杨树的研究也在转化手段有所突破之后迅速开展。例如，部分改造*Bt CrylAc*基因与慈菇蛋白酶抑制剂（API）基因构建的双抗虫基因成功地转入毛白杨，获得了转双抗虫基因毛白杨；用农杆菌介导二次转化法将蛋白酶抑制剂基因（*PI*）导入含*Bt*基因的转基因欧洲黑杨，杀虫试验结果表明含有双抗基因植株的抗虫能力明显高于仅含*Bt*基因的植株。此外，使用其他基因，如昆虫特异性蝎毒素*AaIT*基因、凝集素基因对杨树进行遗传转化也获得了成功。

抗病转基因林木的研制成功要早于抗虫转基因林木。1986年，美国首次获得了一株抗病转基因植株。抗病转基因植株的原理是将编码植物病毒的外壳蛋白基因导入植物细胞中去，植物叶片细胞中积累的病毒外壳蛋白，能抑制侵染病毒的复制，从而减轻病毒症状或推迟病害发生的时间。针对根癌农杆菌（*Agrobacterium tumefeciens*）引起的冠瘿瘤的抗病转基因植物则是通过转入T-DNA上激素合成基因的正义链引起该基因的沉默而到达抗病的目的。此外，将杨树花叶病毒（PMV）外壳蛋白基因转化到杨树中，经过育种过程得到抗病无性系；将杨李痘病毒（PPV）外壳蛋白基因导入杏（*Armeniaca vulgaris* Lam.）中可得到抗病转基因杏；将*glu*和*chi*基因转入欧洲板栗（*Castamea sative* Mill.）中，使得植株提高了对樟疫霉（*Phytophthora cinnamomi* Sacc.）引起的真菌病害的抗性；将兔*np*-1基因导入毛白杨使得转基因植株组织提取液可以不同程度地抑制枯草芽孢杆菌（*Bacillus subtilis*）等多种微生物的生长。

现代转基因技术在林木上的另一个应用就是调控生殖发育过程。将*DT-A*基因转入银灰杨×大齿杨［*P. canescens*（Ait.）Smith×*P. grandidentata* Michx.］中，转基因植株表现为雄性不育。用基因工程手段培育提早开花的林木可大大加速遗传改良的进程，Weigel和Nilsson得到的表达了拟南芥*LEAFY*基因的转基因欧洲山杨×美洲山杨（*P. tremula* L.×*P. tremuloides* Michx.），花期明显提前。

在林木抗逆方面，转基因技术同样发挥着重要作用。环境污染和大气层破坏导致的臭氧含量变化是森林树木的一个重要胁迫。臭氧可以破坏植物体内抗氧化剂的防御机制，破坏细胞膜、降低叶绿素的活性及RuBP羧化酶和氧化酶的活性，进而降低植物的光合作用，使植物体过早地衰老，同时降低植物体对其他胁迫的抗性。臭氧胁迫的最基本的问题是其强氧化性，所以引入抗氧化剂基因，如超氧化物歧化酶（SOD）基因和谷胱甘肽（GSH）基因等，可以起到抗逆效果。Arisi等成功将拟南芥的*Fe-SOD*基因导入杨树，发现转基因杨树叶绿体中 Fe-SOD 活性高于对照 58 倍，杨树的抗冻性也明显提高。土壤的盐渍化和沙漠化是限制森林树木生长生存的另一个重要因素，即利用基因工程手段改善植物的耐盐性方面的研究已经取得了重大的发展：美国已经获得了转 Na^+/H^+ 逆向转运蛋白基因的杨树；国内通过转化山菠菜碱脱氢酶、磷酸山梨醇脱氢酶基因获得耐盐杨树的研究正在进行之中。尽管抗逆转基因林木的研究也在大面积开展，但是与抗虫、抗病转基因研究相比，还是相对薄弱的。

对于林木生产来说，一个非常重要的方面是林木的材性，提高林木的生长速率，改良林木的木材性状是林木育种的重要目标。关于林木材性的研究主要集中在和品质相关的木材纹理、木材学性质、木材比重、木质素合成等方面。植物细胞次生壁的主要成分是木质素，木质素是植物生长过程中的重要物质，但是从人类利用林木的角度来看，木质素则是造纸工业的一个制约因素。在制浆过程中，大量的资金和技术用于去除木质素，在去除过程中还需要使用大量的化学药品，消耗大量的能源。经过研究者的不断努力，利用基因工程手段获得了通过表达反义 RNA 抑制木质素合成的杨树植株，为改良木材材性提供了一条有效途径。将豆科植物的阳离子过氧化物酶基因（*Shpx6a*）转入欧洲山杨，转基因植株木质素的含量降低 10%～20%。Jouanin 发现由于基因沉默使得再生杨树苗中 35S 启动子作用的咖啡酸-*O*-甲基转移酶（COMT）活性降低为零，木质素含量降低 17%，而在肉桂酰乙醇脱氢酶（CAD）启动子作用下的 COMT 转基因杨树苗的纤维素含量增加，木质素缩合程度也提高，更加不利于纸浆加工。

转白杨（*Populus tremuloides* Michx.）香豆酸 CoA 连接酶（*Pt*4CL1）基因的美洲山杨生长 10 个月植株中，木质素减少 45%，纤维素增加 15%，叶、根和茎生长速度加快；转 *GS* 基因杨树体内的谷氨酰胺合成大量增加，植物的可溶性蛋白及叶绿素含量也相应增加；转 *COMT* 基因欧洲山杨×美洲山杨的木质素含量下降了 17%，木质素的结构也有显著改变，更容易通过工业手段降解，纤维素含量也有所提高。

深入认识林木形成的分子基础，更有助于进行有目的的基因操作。来自林木本身、更适合林业应用特点的外源基因会更多地被分离和鉴定出来，培育出符合经济和生态环境建设需要的林木新品种。这些无疑会促进新的转基因林木品种的产生，它们的田间试验会越来越多，应用范围也会逐年扩大。对遗传改良林木的田间试验与商品化所带来的对人类和生态环境的可能影响要采取适当的防范措施，制定有关的政策和法规进行监督，使其在充分发挥生物技术所带来的巨大经济效益的同时，将其带来的负面影响降至最低。

3.2 转基因动物研究进展

动物转基因技术是通过现代生物学手段将外源 DNA 导入动物的基因组，进而影响其基因型和表型的一类技术。其主要的技术手段包括重组 DNA 技术和胚胎生物技术，是人类有目的、有计划地改变动物遗传组成的过程。作为这类技术产物的转基因动物，其基因组中应具有稳定的整合外源基因，在一定程度上改变动物的遗传组成，并且能够在表型上有所体现。

转基因动物研究的开始一般认为是从 1971 年 Brackett 等利用精子将外源 DNA 转

入兔卵母细胞开始。之后，1982 年 Palmiter 等将大鼠生长激素基因导入小鼠受精卵获得超级小鼠，随着研究的不断深入，转基因兔、绵羊、猪、牛、山羊等都获得了成功，转基因动物的科研价值、社会效益和经济效益逐渐显现。

3.2.1 动物转基因技术的研究进展

转基因动物的研究稍晚于转基因植物，但发展很快。转基因动物的技术发展开始于 1971 年发表的利用精子将外源 DNA 转入兔卵母细胞，之后陆续发展出显微注射、病毒转染、电脉冲法、胚胎干细胞法等一系列技术，大大丰富了转基因动物的制作手段，为转基因动物研究起到了极大的推动作用（表 3.2）。

表 3.2 动物转基因技术的主要研究进展

进 展	参考文献
利用精子将外源 DNA 转入兔卵母细胞	Brackett et al.，1971
病毒 DNA 注入附植前囊胚产生转基因小鼠	Jaenisch，1974
MoM LTV 转染附植前胚胎产生转基因小鼠	Jaenisch，1975
外源转染生殖系	Jaenisch，1976
小鼠的原核注射	Cordon et al.，1980
小鼠原核注射转染生殖系	Gordon et al.，1981
	Brinster et al.，1981
原核注射产生的转基因小鼠整合和表达外源基因	Costantini et al.，1981
	Evans et al.，1981
多能干细胞系的建立	Martin，1981
表达人生长激素的转基因小鼠生长迅速	Palmiter et al.，1982
通过原核注射产生转基因兔、绵羊和猪	Hammer et al.，1985
由胚胎干细胞产生生殖系嵌合体	Gossler et al.，1986
核移植产生转基因绵羊	Willadsen，1986
胚胎干细胞的同源重组	Thomas et al.，1987
核移植产生转基因牛	Prather et al.，1987
小鼠的基因打靶	Schwartzberg，1989
	Thompson et al.，1989
利用精子载体产生转基因小鼠和猪	Lavitrano et al.，1989
	Gandolfi et al.，1989
原核注射产生转基因牛	Roschlau et al.，1989
利用精子载体产生转基因牛	Schellander et al.，1995
利用培养的胚胎细胞进行核移植产生绵羊	Campbell et al.，1996
非人类灵长动物胚胎干细胞系的建立	Thomson et al.，1996
利用转染的细胞进行核移植产生转基因绵羊	Schnieke et al.，1997
利用原始生殖细胞产生转基因嵌合体猪	Piedrahita et al.，1997
通过 GFP 选择胚胎产生转基因小鼠	Takada et al.，1997
通过转染胎儿成纤维细胞核移植产生转基因牛	Cibelli et al.，1998

续表

进展	参考文献
利用准型逆转录病毒产生转基因牛	Chan et al., 1998
利用基因打靶技术生产转基因克隆羊	McGreath et al., 2000
敲除 α-1,3-半乳糖苷转移酶基因的胎儿成纤维细胞克隆猪诞生	Lai et al., 2002
利用慢病毒载体制备转基因绵羊	Clark et al., 2003
利用基因敲除的方法获得了 α-1,3-半乳糖苷转移酶基因灭活的转基因牛	Yutaka et al., 2003
研制出可产蛛丝蛋白（“生物钢”）的转基因山羊	Lazaris et al., 2003
获得了转菠菜 Δ-12 去饱和酶基因的转基因猪	Saeki K et al., 2004
培育出了转有大鼠硬脂酰辅酶 A 去饱和酶基因的转基因山羊	Reh et al., 2004
获得了转绵羊生长激素基因的转基因绵羊	Amdas et al., 2005
利用 RNAi 技术针对引起牛疯牛病和羊瘙痒病的 *PRN P* 基因序列设计有效的 siRNA，获得一头转基因羊胎儿	Golding M C et al., 2006
获得了转线虫 *fat*-1 基因（ω23 去饱和酶基因）的体细胞克隆猪	Lai et al., 2006
培育出在乳腺中特异表达人溶菌酶的转基因山羊	Maga et al., 2006
获得能够表达重组溶菌酶的转基因山羊	Maga et al., 2006
通过精子微注射猪卵获得了整合人重组促红细胞生成素的转基因猪	Park J K et al., 2006
通过基因打靶技术将牛的 *PRN P* 基因双位点灭活，获得了存活两年以上的转基因牛	Richt et al., 2007

3.2.2 转基因动物的应用

在基础生物学研究中，转基因动物可用于研究真核细胞的基因转录和表达调控以及个体发育的分子调控规律，建立诊断和治疗人类疾病的动物模型。在生产中，转入生长激素基因或关键代谢酶基因，可以提高动物产品的生产效率和质量；在动物抗病育种中，可以提高动物对疾病的抵抗力；用动物血液或泌乳系统作为生物反应器，生产药用蛋白或珍贵蛋白，目前已有多种具有生物活性的人类蛋白质可以从转基因动物的乳汁中获得，这些动物包括小鼠、大鼠、家兔、猪、羊等；此外，人类也期待通过转基因动物生产可用于人体器官移植的动物器官。

1. 转基因动物用于基因功能的基础生物学研究

研究真核细胞的基因转录和表达调控以及个体发育的分子调控规律已有若干进展。目前，已生产出基因敲除的转基因小鼠 800 余种，这些小鼠的主要用途就是研究基因的功能。在小鼠中进行基因定位整合研究，主要依赖小鼠胚胎干细胞，而在其他动物中一直未得到稳定的胚胎干细胞系，尚未实现基因定位整合。体细胞克隆技术的出现使得我们不必再依赖胚胎干细胞来进行基因定位整合实验。英国的 McCreath 等报道，对胎儿成纤维细胞进行基因定位整合试验，成功地将标记基因和抗胰蛋白酶基因定向地整合到绵羊的原胶原蛋白基因座上，并用该细胞克隆得到了两只绵羊。这一研究结果标志着现在已有一种比制作基因定位整合小鼠更为直接的方法来实现基因定位整合，用同源重组的方法准确地改变某一个内源基因，尤其是把基因定位整合方法同 Cre 系统等位点特异性基因重组方法以及常规遗传学方法结合使用时，不仅可以研究基因的功能，还可以用来研究某个代谢通路甚至某一个生物学问题。总而言之，在未来的时间内，转基因动物的研究不会局限于生产某一种对农业或医学有重大经济价值的动物品系或品种，越来越多的研究将针对生物学本身。

2. 转基因动物在医学领域中的应用

医学科学研究已发展到从分子水平上认识人体的生理和疾病阶段，而转基因技术在某些方面已经显示出其他方法难以替代的作用。

1）建立诊断和治疗人类疾病的转基因动物模型

转基因动物模型可以模拟人类疾病的发生和发展，并为试验各种可能的治疗方法提供一个有效的方案。在动物转基因技术问世之前，发现自然突变体几乎是遗传学家获取遗传疾病模型的唯一途径，目前，遗传学家可以通过精确地失活某些基因或增强某些基因的表达来制作各种各样的研究人类疾病的动物模型。全世界已建立了 30 多种人类遗传疾病的鼠模型，如 AIDS、老年性痴呆、原发性高血压、糖尿病、镰状细胞贫血症等，其结果为诊断乃至治疗人类类似的疾病积累了宝贵的资料。

人类在认识诸如 AIDS 这类疾病的病理形成上进展极为缓慢，原因在于没有合适的动物模型用以研究 HIV-1 对宿主细胞的感染以及随后的发展过程，因此也难以制订有效的诊断、治疗、预防措施。动物转基因技术的应用为解决这类研究所需的动物模型提供了极大的方便。Synder 等将人 CD4 融合基因导入家兔基因组，成功地制作了可用于研究 HIV-1 感染宿主细胞的动物模型，在出生的 271 只仔兔中检出 5 公 2 母共 7 只转 hCD4 阳性兔，其中 5 只公兔的外周血浆淋巴细胞（PBL）中均能检测到 hCD4 mRNA 及蛋白质，而两只阳性母兔却检测不到；在 5 只阳性公兔的 F_1 代 PBL 中均可检测到 hCD4 的表达产物。这些模型的建立无疑会加速人类对 AIDS 的认识，并采取适当的措施预防和治疗疾病。

2）生产人类器官移植用途的转基因猪

异源器官移植（xenotransplantation）可能是解决人类移植器官短缺的有效途径。利用转基因动物作为组织器官的来源，其供量大、费用低廉，有着广阔的产业化前景。目前对人类器官移植供体动物研究较多的是猪，因为猪不同发育时期的器官，如心脏、肾等与人的器官在大小和生理上比较接近，极有可能代替患者的某些器官；同时，猪的妊娠期短，产仔数多，后代生长快，也不存在伦理学方面的问题。

然而器官移植时出现的超急性排斥反应极大地阻碍了这一进程，细胞基因定位整合技术和克隆猪的技术均已获得成功，这将会在解决器官移植中产生的超急性排斥反应中发挥重大作用。近几年研究发现，造成这种现象的原因是猪细胞表面的一个通过 α-(1，3) 连接的半乳糖表位，人体中约有 1% 的免疫球蛋白认识这个表位并发生交叉反应。因此，阻断超急性免疫排斥反应的最直接办法，是把猪基因中的 α-1,3-半乳糖苷转移酶基因敲除，这样猪细胞的表面就不会表达这个表位（α-1,3-GT），能最大限度地减少超急性免疫排斥。

假如能将 α-1,3-半乳糖苷转移酶基因敲除同时表达可以延缓补体系统的其他基因，猪的器官也许真的可以成为人体器官移植代用品的丰富来源。据报道，White 等将一种转基因猪的心脏移植给 10 只猴子，该心脏要比普通心脏在猴子体内跳动的时间长 60d。Lai 等将敲除 α-1,3-半乳糖苷转移酶基因（α-1,3-GT）的胎儿成纤维细胞作为核供体，去核卵母细胞为受体，338 枚核移植重构胚移植给 3 头母猪后，产下 7 头仔猪，4 头成活，且不带有 α-1,3-GT 基因。它的成功使在人类器官移植中，不受限制地使用猪的器官作为供体成为现实。

猪器官用于人的移植时人们也担心移植的器官会将猪内源逆转录病毒（porcine endogenous retrovirus，PERV）传递到人类。最近 Khazal 等对 160 例曾接受过活猪不同组织治疗的患者进行了 PERV 检查，研究者采用 RT-PCR 和免疫杂交（immunoblot）的方法对来自患者的血清进行了分析，结果表明，160 例无一例出现病毒血症（viremia），用 PERV 特异性引物对来自 159 例患者外周血单核细胞 DNA 进行了 PCR 扩增，没发现一例 PERV。这无疑更增加了人们从事猪器官用于人的研究的信心。

3）*应用转基因动物乳腺生物反应器生产药用蛋白*

利用转基因动物生产的药用蛋白主要是通过三种途径。一是通过血液，DNX 公司通过转基因（人的血红蛋白基因）猪来生产人血红蛋白。二是通过尿腺。转基因动物不论公母和年龄都能产尿，并且尿中几乎不含脂肪和其他蛋白质，易纯化。Kerr 和 Wall 获得能在尿液中表达人生长激素的转基因小鼠，含量高达 0.5g/L。三是通过乳腺。泌乳是动物的一种生理活动，对动物健康没有影响；乳腺摄取、合成、分泌蛋白质的能力很强；能对重组蛋白质进行多种翻译后加工，包括 β-羟基化、糖基化和 γ-羟基化等，同时能将重组蛋白折叠成有功能的构象，因此乳腺成为公认的生产重组蛋白质的理想器官。动物乳腺，是一个具有高度合成和分泌能力的器官。动物乳汁中，除了无机盐、脂类、糖类、维生素、类固醇外，还有酪蛋白、乳球蛋白、免疫球蛋白、乳铁蛋白、溶菌酶、乳清蛋白等各种蛋白质成分。乳腺生物反应器，就是通过基因转移技术，将乳腺特异表达的外源基因构件整合到哺乳动物基因组中后，乳腺能够生产外源蛋白质的动物。乳腺生物反应器选择的主要动物是猪、兔、绵羊、山羊和奶牛。一般来说，牛奶和猪、羊奶蛋白质的年产量分别在 200kg 以上和 50kg 左右，显示动物乳腺具有高效生产蛋白质的能力，为我们利用动物乳腺生产各种高附加值的产品，特别是药用蛋白质提供了高效和高质量的加工机制。

利用动物乳腺生产药用蛋白质，是转基因动物研究主要目的之一。把转基因动物开发成“动物生物反应器”，即把动物作为廉价的、活的制药厂，不仅可以直接生产出具有高活性且容易提取的蛋白质，而且投资少、效益高、无公害。几十只转基因动物就相当于目前一家大型制药厂的批量生产能力。现在外源蛋白一般局限于动物的乳腺内表达。这样做的原因是对动物影响小，动物乳腺对蛋白质的翻译后加工类似于人体，容易得到天然活性高的产品，且患者可以直接饮用。另外用转基因动物生产稀缺的生化药品，成本低廉，只及用微生物方法生产的 0.1%～1%。1987 年，美国科学家 Gordon 等从转基因小鼠的乳汁中获得了人类的 tPA 蛋白，首次展示了动物乳腺生产外源蛋白质的发展前景。以色列科学家用显微注射技术将人的白蛋白基因引入山羊的受精卵中，结果得到了一只含有人白蛋白基因的小公山羊，当时其身价高达数百万美元。英国罗斯林研究所培育的含有治疗血友病药物原料的转基因山羊，售价达50万英镑，约合80多万美元。

动物乳腺生物反应器与细菌和真核细胞系统生产生物蛋白质相比具有明显的优势，其表达的外源蛋白质广泛，从小分子多肽，如降（血）钙素到大分子的F-Ⅷ因子；从分泌型蛋白质到内膜蛋白质、多聚蛋白、二价抗体、甚至三价的（血）纤维蛋白原等都能在动物乳腺中生产。其优越性具体体现为以下几点。

（1）生产成本低。成本的投入主要是技术成本和基因的产权、实验仪器和实验耗材以及家畜的饲养成本。目前，500万人民币的预算就可以开展这项工作，一旦获得表达理想的转基因家畜，一只动物的产值往往超过上亿美元。

（2）产量高。实践中发现，外源蛋白在乳腺中的表达量能够超过1g/L，可以满足商业开发。如转基因猪生产F-Ⅷ的量为3g/L，人活性蛋白C的量为1g/L；绵羊乳腺表达人AAT蛋白的能力高达35g/L，表达（血）纤维蛋白原的量为5g/L；转基因奶牛生产人白蛋白的能力达到了2.4g/L。外源蛋白在乳腺中的表达理想水平应当为2g/L，即一头年产奶10t的转基因奶牛，平均每年可以生产20kg左右的目的蛋白质产品。对于F-Ⅷ（市场总需求量304g）、F-Ⅸ（4kg）、AT-Ⅲ（21kg）、C蛋白（10kg）等市场总需求不超过20kg的药用蛋白质，1头这样的转基因奶牛就可以解决了。

（3）产品纯化简易。家畜的乳汁可以机械化收集，乳清分离可以使用传统奶酪生产中的成熟技术，经过经典工艺处理后，乳清中的主要蛋白质只剩下外源蛋白质，可以采用层析技术分离得到纯度为99%的蛋白质产品。避免了细菌和细胞表达系统中去除细胞杂的蛋白质、产品浓缩等复杂工作。

（4）产品质量高、安全性好。由于外源DNA充分利用了动物蛋白质生物合成途径，外源基因的表达、翻译和蛋白质的后加工都按真核生物的自然途径完成，终产物经过糖基化、磷酸化和多聚体分子的生成过程，结构与天然的蛋白质分子相同，临床上具有相同的生物活性。山羊乳腺中表达的AT-Ⅲ蛋白和猪乳腺表达的活性蛋白C糖基化就非常成功。

目前，已有约10种基因在大动物上得到高效表达，表达水平在1g/L以上，其中，凝血酶Ⅲ、抗胰蛋白酶和葡萄糖苷酶已进入临床实验阶段。

第一代用于制作动物乳腺生物反应器的目标基因，是几种源于血液的产品。后来，从实践中发现动物乳腺表达外源基因的能力的确很高，产品分离的技术并没有原先担心的那样困难。1997年，第二代动物乳腺生物反应器研发成功，生产的产品，包括抗体、激素、受体、细胞因子、疫苗、营养药物和食品等10类蛋白质，几乎覆盖了所有单位价值较高的蛋白质产品。由于体细胞克隆技术的出现，利用体细胞进行基因定位整合的技术也获得成功，已经生产出了实现外源基因靶向整合的绵羊。基因定位整合技术可以使目的基因直接插到乳蛋白基因调控结构的下游，将cDNA作为乳蛋白基因的一个外显子插入其中，即可获得高水平表达（表3.3）。

表 3.3　利用动物乳腺生物反应器生产人药用蛋白的美欧市场评估和 R&D 现状

公　司	药　品	用　途	R&D 阶段
美国 Genzyme Transgenics Corp	抗凝血酶	动脉移植等	临床Ⅲ期；山羊 14g/L
	蛋白酶抑制因子	呼吸窘迫综合征等	临床Ⅰ期；山羊 20g/L
	蛋白酶原激活因子	肺栓、心肌梗死等	临床前期；山羊 6g/L
	路易斯单抗	乳腺癌、肺癌等	蛋白质纯化；山羊 14g/L
	抗癌抗体	结肠癌等	提高表达量；山羊 0.5g/L
	可溶性受体 CD4	艾滋病等	转基因鼠 8g/L
	胰岛素原	糖尿病	转基因鼠 20g/L
	抗胰蛋白酶	肺纤维囊肿等	临床Ⅱ期完成，绵羊 12g/L
	血纤维蛋白原	外科创伤等	临床前期，绵羊 6g/L
英国 PPL Therapeutics plc	活性蛋白 C	深部静脉血栓等	转基因鼠 5g/L
	凝血因子Ⅷ	A 型血友病	转基因鼠 3g/L
	葡萄糖苷酶	肌肉糖原贮积病	临床Ⅲ期，转基因兔 5g/L
	酯酶抑制因子	心肌梗死等	临床前期，转基因兔 3g/L
荷兰 Pharming B. V.	胶原蛋白	类风湿等	转基因奶牛 1g/L
	酯酶抑制因子	心肌梗死等	临床前期，转基因兔 3g/L
	胶原蛋白	类风湿等	转基因奶牛 1g/L
	血清白蛋白	烧伤、血量扩积等	转基因鼠 35g/L

注：引自美国商业交流公司、Genzyme 公司和 D&MD 医药投资发展公司报告。

进入 21 世纪，转基因动物乳腺生物反应器的研究和应用的发展趋势为：①体细胞克隆的方法将逐步取代显微注射法，生产转基因动物的成本将大幅度下降；②因为奶产量很高，奶牛将取代其他动物成为主要生产工具；③除医用产品外，一些重要的工业蛋白质将被列入开发的名单之中；④用动物乳腺去生产市场上已有的产品，进行传统工艺——大肠杆菌发酵和真核细胞培养生产医用蛋白质的改造。

构建乳腺特异性表达载体使用较多的启动子有牛、绵羊、山羊的珠蛋白上游调控区，牛 β-乳球蛋白基因启动子（bBLG），绵羊 β- 乳球蛋白基因启动子（oBLG），小鼠乳清酸性蛋白启动子（mWAP），大鼠乳清酸性蛋白启动子（rWAP）以及兔乳清酸性蛋白启动子（rWAP）。上述几种上游调控区的特点是 β-珠蛋白基因启动子驱动下游基因的表达与转基因插入位点无关，表达水平与整合的拷贝数呈正相关，但其调控的表达特异性地发生在红细胞内；bBLG、oBLG 具有较强的驱动下游基因表达的能力，所驱动的表达似乎也不表现位置效应；小鼠、大鼠以及兔 WAP 基因具有很强的驱动下游基因表达的能力，每毫升乳汁中的表达量可达数毫克甚至 10mg 左右，但其缺点是表达的特异性较差。除了乳汁外，血液中也有相当水平的表达，对动物可能会有某些不良的影响。目前已有多种具有生物活性的人类蛋白质可以从转基因动物的乳汁中获得，这些动物包括小鼠、大鼠、兔、猪、绵羊、山羊等，获取的重组蛋白包括 tPA、α_1-AT，活性蛋白 C、has、bGH、hAFP、LAtPA 等。

4）转基因动物生产人类营养医疗用品（或保健品）

营养医用品或称营养保健品是食品或食品组成分，并有医疗和保健的功能，包括预防和治疗疾病。据 DeFelice 和美国商业信息研究所估计，美国在 21 世纪初的营养医用品市场约为 2500 亿美元，而欧洲将超过这个数字，目前全球营养医用品市场的平均增长率超过 187%，其中营养医用蛋白的发展潜力最大，已经成为营养医用品的支柱。而转基因技术同样也可以成为这些产品的动物工厂（表 3.4）。

表 3.4　利用转基因动物生产人营养保健品研究现状

公司名称	营养保健品	主要功能	R&D 阶段
Pharming B. V.	人乳铁蛋白	抗胃肠道感染、铁、锌等载体	临床前期，转基因奶牛 1.5g/L
	人溶菌酶	抗胃肠道感染	转基因奶牛 1.2g/L
PPL Therapeutics plc	人胆盐刺激脂酶	助脂消化	临床前期，转基因奶牛 2g/L
Genzyme Transgenics Corp	人催乳素	提高免疫力	临床前期，转基因奶牛 1g/L
Wyeth-Ayerst	人乳清白蛋白	苯丙酮尿症	转基因奶牛 5g/L
GelaGen	人免疫球蛋白	提高免疫力	转基因奶牛 0.5～2.5g/L
	人乳清过氧化酶	提高免疫力等	
	人分泌性抗体	尿道感染、蛀牙等	转基因奶牛 3g/L

3. 转基因在动物生产中的应用

1）对动物进行基因改良，促进动物生长，提高畜产品品质和产量

现代畜牧业发展迅速，品种品系更新换代比较快。目前主要的研究都集中在如何改变遗传性状、提高生长速度、增加单位产量以及改善产品质量。

自从将大鼠的 *GH* 基因导入小鼠基因组得到巨型小鼠之后，牛、绵羊及人的 *GH* 基因也先后导入小鼠基因组，得到的转基因小鼠在快速生长期（5～11 周龄）生长速度达到对照组小鼠的 4 倍。外源 GH 调节生长的机理被认为是可以刺激宿主动物胰岛素样生长因子的合成与分泌。转 *bGH* 基因猪日增重增加，饲料转化率提高。

以往对动物进行基因改良，主要是提高增重速度和节约饲料。由于技术体系的局限性，只能给动物增加 1～2 个基因，而且新增加的基因整合位点和表达水平都不可控制，研究项目多半都没有达到预期的目标。通过转基因体细胞克隆技术，为动物的基因改良提供了新的机遇。

国际学术界正在广泛讨论动物基因修饰的方案，提出了许多目标基因。同农业生产相关的第一个目标基因是敲除朊病毒（prion）基因，它与羊瘙痒病和疯牛病有关。第二个是乳球蛋白基因。乳球蛋白是牛、羊奶中的成分之一，人和多数哺乳动物的奶中都不存在这种蛋白质，这种蛋白质的缺点是影响乳酪的产量，同时也会引起少部分人对奶产生过敏反应，因此，若把乳球蛋白基因敲除或置换掉，奶的品质就会提高。第三个是人的乳糖酶基因。乳糖酶是人小肠分泌的一种酶，主要功能是把鲜奶中的乳糖降解成葡萄糖和半乳糖，便于肠黏膜吸收，有相当一部分人的乳糖酶基因活性很低，这部分人不能大量饮用牛奶。否则的话，未被分解的乳糖不能通过肠黏膜，会积聚在肠道之中，如此一来，由于渗透压的关系会在肠道中造成水分滞留，肠道中细菌发酵乳糖时又产生大量气体，会造成肠道不适。在动物乳腺中表达乳糖酶基因可以就地将乳糖分解成葡萄糖和半乳糖，而不影响奶的其他特性，这一设想已用小鼠实验得到证明，移植到牛和羊中

应当可行。Bernard 用乳腺特异性表达启动子（α-乳清蛋白基因启动子）与大鼠乳糖酶基因 cDNA 构建了表达载体并通过显微注射制作了转基因小鼠，乳糖酶使小鼠乳汁中的乳糖含量减少 50%～85%，而脂肪和其他蛋白质的含量则没有变化，吃这种低乳糖奶的小鼠能正常发育。这种情况一旦出现在奶牛上，必然会减轻或消除人服用后出现的乳糖酶缺乏症。其他常被提到的研究目标还有生产“人源化牛奶”，就是用人的乳蛋白基因取代牛的乳蛋白基因，生产出成分接近人奶的牛奶。

2）动物抗病育种

在对各种动物的抗病基因转移研究中，以对鸡的抗病效果较为显著。通过克隆特定病毒基因组中的某些编码序列，修饰后转入畜禽基因组，如果转基因在宿主基因组中能够表达，那么畜禽对该种病毒的感染就会具有一定的抵抗能力，或者应能够减轻该种病毒侵染时为机体带来的危害。1989 年美国农业部以禽白血病病毒（ALV）为载体获得了抗 ALV 的新品系鸡。将 MX1 基因转移到鸡细胞中，使鸡获得了对禽流感的抗性；将马立克氏病病毒（MDV）mRNA 互补的一段寡核苷酸转移至鸡体内也获得阳性鸡。将克隆的小鼠 *Mx* 基因的有义链和反义链插入处于复制感受态的禽逆转录病毒载体中，并以之转染鸡胚胎成纤维细胞（CEF）。结果表明，只有经插入有义链的逆转录病毒载体转染的 CEF 才能产生 Mx 蛋白，同时表明经插入有义链逆转录病毒载体转染的 CEF 对人流感病毒、禽流感病毒的感染具有抵抗作用，而对包被的 RNA 病毒、疱疹性口炎病毒（VSV）无抵抗作用。因此，利用转基因技术提高动物的抗病性也具有广阔的应用前景。

3.2.3 中国转基因动物研究进展

中国政府和科学界对转基因动物的研究和应用十分重视。在国家“七五”技术攻关计划中首先设立了“动物个体表达系统研究”的课题，启动了转基因动物的研究。在农业部的“七五”生物技术重点项目中，又设立了“动物转基因技术研究”的课题。1987 年，首期“863”计划生物技术领域研究项目开始实施时，把“猪的基因工程育种”列为重要项目之一，一直坚持到 20 世纪末。在“九五”期间，“863”生物技术研究计划又把“动物乳腺生物反应器研究”增列为重大项目，给予重点支持。在“十五”期间，国家“863”计划课题又资助了“体细胞克隆牛与转基因体细胞克隆牛生产技术体系”项目。国家“十一五”科学技术发展规划当中强调将发育与生殖研究作为一项重大科学研究专项，在动物克隆方面实现重大突破。

1）动物乳腺生物反应器

由于动物乳腺表达外源基因具有表达量高、产品生物活性好和原料成本低等优点，在第一阶段研究中，普遍的倾向是选择那些用量大和需要翻译后加工的蛋白质产品。这一方面是为了发挥动物乳腺的优势，同时也是为了不与现有的其他基因表达体系产生竞争。

2）转基因实验动物研究

1984～1987 年，中国科学院遗传所的陆德裕等分别把人 β-珠蛋白、生长激素、大肠杆菌 *galk* 和 *gpt* 基因转入小鼠。2000 年，中国农业大学生物技术国家重点实验室研究将“生物钢”蛋白基因在老鼠的乳腺中进行表达。华中农业大学和中国农业大学合作，研究用转基因小鼠乳腺表达人瘦蛋白。

使用克隆的 α-GT 基因构建反义 RNA 表达结构，生产出转基因小鼠，并通过杂交的方法可以得到基因纯合的小鼠品系。经过对小鼠的各种组织进行 RT-PCR 和免疫荧光组织化学检测，证明各种组织 G 抗原的表达量都有不同程度的下降。特别值得指出的是，转基因小鼠的红细胞在人血清中的裂解率比对照组下降了 50%以上，说明减少 G 抗原的表达量可以降低人的天然抗体对猪的器官的攻击。此外，用 *FASL* 基因生产出的转基因小鼠的脑组织被移植到患有帕金森症的大鼠脑组织中后，小鼠的组织可以耐受大鼠免疫系统的攻击，大鼠的病情明显好转。

用 *DAF* 基因生产出转基因小鼠，利用人血浆体外灌注系统对部分小鼠进行抗超急性排斥反应（HAR）的检验。实验结果证明，对照小鼠的心脏在灌注人的血浆之后，心脏和心电活动的持续时间平均为 110min，而不同转基因小鼠个体心电和心跳的持续时间可以达到 130～260min。这个实验说明，表达 *DAF* 基因可以抑制人血浆中天然的免疫物质对小鼠心脏组织的毒杀作用，小鼠的研究为生产转基因猪提供了理论依据。

3）转基因家畜研究

国内最早的一头体细胞转基因家畜是克隆牛，但是其在诞生后不久即死亡。转基因克隆牛是中国“863”重大科研项目——动物乳腺生物反应器工程实现产业化的关键所在。2002 年 10 月 13 日，中国首例转基因克隆牛在深圳诞生，但因喂奶不慎，首例克隆牛在降生 1 小时 20 分钟后因呛奶而不幸夭折。

2003 年 10 月 17 日降生 4 天的世界上第一头转有人岩藻糖转移酶基因的体细胞克隆牛“岩娃”在其出生地山东省梁山县通过专家鉴定。“岩娃”同时创造了在同一头牛中转有 3 种（人岩藻糖转移酶基因、绿色荧光蛋白基因和新霉素抗性基因）不同外源基因的世界先例。“岩娃”是国家级计划课题“体细胞克隆牛与转基因体细胞克隆牛生产技术体系”项目的科技成果之一，自第一头体细胞克隆奶牛“鸾娃”降生以来，这一项目先后有 28 头体细胞克隆牛和转基因体细胞克隆牛降生。

中国农业大学陈永福教授课题组用 CMV 启动的 *neo* 和 *gfp* 基因构件分别转染羊（和牛）的颗粒细胞后，筛选得到阳性细胞后直接进行克隆，体外发育的克隆囊胚均表达 *gfp* 基因。阳性胚胎移植到受体，2000 年 2 只转基因克隆绵羊出生了。

中国科学院遗传与发育生物学研究所与扬州大学合作，将促红细胞生成素基因和人乙型肝炎表面抗原基因导入山羊，获得了两种乳腺特异性表达的转基因山羊。

我国台湾畜产试验所联合台湾大学畜产系、中兴大学生命科学系和屏东科技大学兽医系与畜产系的研究也使克隆羊成功自然繁殖，并且外源基因可传给下一代，2002 年 7 月 5 日取自一头高泌乳量母羊的体细胞成功克隆了两头羊，分别命名为“宝吉”和“宝祥”。在另一个试验中，对来自和“宝祥”同一个先驱者母羊的体细胞，外加了供治疗人类 A 型血友病用的“第八凝血因子”的外源基因，在 2004 年 3 月 10 日也成功复制出台湾第一个确定带有外源基因的克隆羊，取名“宝钰”。“宝钰”于 2004 年 11 月 26 日配种怀孕，2005 年 4 月 25 日分娩，产下一只小公羊，而这只小公羊体内已检测出确定含有人类第八凝血因子的外源基因，成功证明转基因的克隆动物也可以顺利成长、交配、怀孕和分娩。

4）转基因禽类的研究

对于家禽，用常规的方法进行转基因较困难。因为鸟类的繁殖系统有别于其他动物，卵的受精是在排卵时发生的。受精卵从输卵管排出需要 20 多小时，其间已经卵裂，产出时的卵已有 6000 个细胞。目前对于转基因鸡的操作分产出前和产出后，产出前操作是受精后第一次卵裂前取出单细胞的卵，在体外进行转基因操作，然后用代用蛋壳作为培养器在体外进行培养孵化。

转基因禽类生产转基因鸡可以改进现有品种的遗传特性，如增加对病毒及球虫病的抗性，提高喂食效率，降低鸡蛋中的脂肪含量和胆固醇水平，提高鸡肉质量，等等。目前，已经获得了转入禽类白血病病毒（ALV）的外壳蛋白基因 *env* 的转基因鸡。实验证明，获得的转基因鸡对禽类白血病病毒具有一定的抗性。

5）转基因淡水鱼类研究

鱼类是脊椎动物门中种类最多的一个类群，怀卵量大，体外受精，体外发育，在进行研究时易于操作和观察，易于培育和饲养，是发育生物学研究的良好实验动物。鱼又是人类的重要蛋白质来源，人们一直在寻求和培育生长快、饵料省、抗逆性强的养殖对象，基因工程技术为这一目标打开了一条新的途径。

中国科学院水生生物研究所首次将人生长激素基因（*hGH*）转入鱼，制作出了提高生长速度、增加抗逆性以及为发育生物学和插入突变提供研究的材料——转基因鱼。当前我国的转基因鱼已达到国际先进水平。另外，使用鱼类自身的基因元件构建转基因鱼，可以解决基因表达强度问题和推广转基因鱼的环境和伦理道德问题。

自 1984 年以来中国科学院水生生物研究所先后进行了泥鳅、鲤鱼、鲫鱼等的转基因研究。目前，已成功地构建了“全鱼”转基因表达载体，并通过中试，所培育的快速生长转“全鱼”*GH* 基因鲤鱼群体已进入子二代，为基因育种实用化提供了科学依据。

2002 年“转基因黄河鲤鱼”首次在公众面前亮相，这种转基因黄河鲤鱼是带有草鱼生长激素基因的转基因鲤鱼，具有草鱼生长速度快的特点。这种鱼一年内就可长两三斤，速度比普通鲤鱼要快近 1.5 倍，味道鲜美，且具有蛋白质含量较高、脂肪含量相对较低的优点。

由于鱼类易于逃逸、扩散，因此转基因鱼的生态安全性问题是很值得研究的问题，需研究转基因鱼对生态系统的压力及外源基因的扩散问题，只有解决了生态安全性问题，才能真正使转基因鱼广泛应用于渔业生产。

6）转基因贝类研究进展

因为具有繁殖快、繁殖量大且遗传均一性好等特点，贝类是研究转基因动物理想的模型材料。到目前为止，关于贝类的转基因工程主要集中在鲍上，主要是以提高养殖鲍的生长速度，缩短养殖周期为主。研究表明鲍的体内有与哺乳动物生长激素相类似的促生长的激素分子。美国斯坦福大学克隆了红鲍的β-肌动蛋白基因启动子，并构建了带有该启动子、荧光素酶基因和鲑鱼生长激素基因的表达质粒，将重组质粒导人鲍的卵子，获得快速生长的转基因鲍。将抗菌肽基因导入贝类中，可使贝类抗病能力提高。

利用精子作为外源基因的转移载体，将外源基因先“装载”到精子细胞中，通过人工授精将外源基因导入受精卵，获得能表达β-半乳糖苷酶的转基因鲍的幼体。研究表明脂质体介导精子载体可有效地将目的基因通过受精转移进卵子。相对于电脉冲法，脂质体精子载体法对精子的损伤更小，方法更温和，效率更高。由于精子直接将外源基因导入雌原核，外源基因整合的机会远远高于微注射法（一般不超过5%），将为大量生产转基因动物提供有力的工具。

转基因海胆的研究也在进行之中，其主要目的在于探讨外源基因在胚胎发育过程中的整合、表达和行为，探讨分子发育生物学的基础理论问题。在应用研究方面，转基因扇贝、虾蟹的研究亦在起步或酝酿之中。

3.3 转基因微生物研究进展

20世纪80年代以来，现代生物技术迅速发展，在医药、农业、食品、化工、环境和能源等领域发挥了巨大的经济效益和社会效益。自1982年美国FDA批准了世界上第一例基因工程药物重组人胰岛素的正式生产以来，以基因工程药物为主的各种基因工程产品陆续实现商品化生产。20世纪80年代中期以来，农业生物基因工程技术成为国内外研究的热点，进入90年代后，其发展更为迅速，应用前景更被看好。转基因微生物在农业生产、食品加工、医药生产以及环境保护等领域得到了广泛的应用，可以作为生物反应器用于各种酶制剂、维生素、激素、抗生素等食品、药物和饲料添加剂的生产，如奶酪生产中使用的凝乳酶，饲料中使用的植酸酶以及养殖业中使用的牛生长激素（BST）和猪生长激素（PST）等，大部分来自转基因微生物，一些人用和兽用基因工程疫苗为转基因微生物产品，转基因微生物还用于生产生物农药和生物肥料，在农作物生产中发挥重要的作用。

世界各国获准进入田间释放的重组微生物是已经登记环境释放的遗传工程体的重要部分，美国EPA、USDA批准释放的转基因微生物约有50例，包括Ecogen、Novartis、Mycogen和Research Seed等高科技公司生产的转*Bt*基因遗传工程菌以及提高苜蓿共生固氮和产量的转基因根瘤菌等商品化产品。

中国转基因微生物的研究和应用的重点在农业方面，到2000年为止，在国家“863”计划资助下，共分离克隆了杀虫、防病、固氮等新基因89个，构建各类工程菌51株，其中5种菌剂获准进入田间试验，6种经安全性评估后进入环境释放。

3.3.1 转基因微生物在农业生产领域的应用

在传统农业生产中，微生物对病、虫、草、鼠害的生物防治、植物生长发育的调节、化学农药残留的生物降解，以及生物固氮等方面都发挥着巨大的作用。随着基因工程技术的迅速发展，农业微生物基因工程逐渐成为国内外研究的热点，并被认为具有很好的应用前景。应用于农业生产上的转基因微生物主要为转基因微生物农药、转基因微生物肥料，以及利用转基因微生物生产饲料酶。

1. 转基因微生物农药

在农业生产上，过量使用化学农药已造成了环境污染、食物残毒、病虫害抗药性产生等方面的问题，因此，对于具有高度专一性和选择性、对人畜和天敌安全、有利于保护生态环境的微生物农药的开发利用引起了人们的重视，但以往生产上应用的菌剂都来自传统选育方法得到的自然菌株，往往存在防治对象狭窄、效果难以稳定持久等方面的不足，基因工程则为这些菌株的遗传改良提供了有效手段。

目前，中国是世界上农业重组微生物环境释放面积最大、种类最多和研究范围最广的国家，所取得的成就受到各国科学家的广泛关注和高度重视。先进高效的发酵技术将大大提高生物农药的产量、质量和效益，基因工程使生物农药的开发具有突破性。应用基因工程可以对微生物农药进行基因重组，提高其生物活性，并提高发酵水平和质量，或将某种控制杀虫活性基因转移到安全易培养的细菌中，使其生产更加容易。病毒制剂目前还只能通过活体培养进行生产，其产量因受到虫源的限制，一般产量很低，而新的生物技术将使病毒制剂生产采用游离细胞培养的生产工艺，不仅使产量无限扩大，而且使产品质量稳定并提高。生物技术不仅能帮助开发生物农药，提高产量和质量，而且能改进生物农药。最近 20 年，国内外在防病杀虫转基因微生物的研究方面取得了一系列突破性进展，转基因微生物制品先于转基因植物进入商业化应用，其中重要的有防治虫害的 Bt 高效工程菌剂、转基因病毒制剂、防治植物霜冻的无冰核活性工程菌、防治果树根瘤病的入射土壤工程菌 S1026 等。目前，我国的转基因微生物农药主要有苏云金芽孢杆菌基因工程制剂和转基因病毒制剂，一批拥有自主知识产权的重组微生物农药产品已初具产业规模，转 *Bt* 基因重组杆状病毒、高毒广谱杀虫工程菌、棉铃虫核型多角体病毒杀虫剂等多种基因工程微生物杀虫剂经农业部安全性审批获准进入田间释放或中间试验。重组猪生长激素、高效表达植酸酶的重组毕赤酵母以及其他几种基因工程疫苗也获准进入中间试验或环境释放阶段。

1）转基因 *Bt* 菌剂

苏云金芽孢杆菌（简称 *Bt*）杀虫剂是公认的一类无公害的生物农药，也是目前国内外生产量最大、应用面积最广的微生物杀虫剂。1981 年 Schnepf 分离出了第一个 *cry* 基因，此后，全世界从 *Bt* 中发现并正式命名的 ICP 基因已有 42 大类 250 多种。

美国 Mycogen 公司将苏云金芽孢杆菌的杀虫蛋白基因导入荧光假单胞菌，并在其发酵生成晶体蛋白后将菌体细胞灭活，用这种“生物微囊”技术加工的菌剂对紫外线的抵抗力可提高 36 倍，自 1991 年起已有 MVP、M-Trak 及 M-Peril 等多个产品获准登记，用于防治小菜蛾等蔬菜害虫、马铃薯甲虫和玉米螟等。美国作物遗传国际公司（Crop Genetics International）将 *Bt* 基因导入能在玉米植株维管束内繁殖的内生菌中，杀虫毒素可随细菌的繁殖而不断增殖，用该菌处理玉米种子后，玉米螟的侵害率显著降低。此外，拓宽杀虫范围、加快杀虫速度的转基因病毒制剂也于 20 世纪 90 年代初期进入大规模环境释放阶段。

中国在 *Bt* 分子生物学的研究中也取得了很多成果。1997 年以来，中国自行克隆并经国际命名的新的杀虫蛋白基因达 28 种，占国际同期新发现 *Bt* 基因总数的 1/3，防治小麦全蚀病工程菌荧光 93、防治水稻白叶枯病工程菌 Du728 和 SL3751、转不同特异 Bt 杀虫晶体蛋白基因和增效基因以延缓害虫抗性产生的高效广谱工程菌 BMB820Bt、转 Bt 杀虫晶体蛋白基因并兼有杀虫与防病作用的重组荧光假单胞菌和枯草芽孢杆菌等已进入中间试验或环境释放阶段，高产广谱工程菌 WG001 已于 2000 年批准进入商业化生产。华中农业大学生命科学院微生物农药国家工程研究中心、农业部农业微生物重点实验室研制的苏云金芽孢杆菌高毒力菌株 YBT-1520 获国家发明专利；福建农林大学生物技术中心研制的苏云金芽孢杆菌遗传改良工程菌 TS16 等杀虫剂获化学工业部的农药生产证和农业部的农药登记证和出口证；南开大学生命科学院微生物学系进行了苏云金芽孢杆菌广谱基因工程菌的构建及新型高效菌株 15A3 的研究与开发，其成果已通过验收和鉴定。

2）转基因病毒杀虫剂

目前世界上有记载的昆虫病毒超过 1000 种，已开发投入市场的产品有 30 多种。中国也研制了 20 多种病毒杀虫剂，但除了棉铃虫核多角体病毒（HaSNPV）有较为广泛的应用外，其他病毒杀虫剂的应用规模都很小。进一步提高病毒杀虫剂的杀虫效果、缩短作用时间是发展病毒杀虫剂的两个关键因素。

中山大学通过基因工程途径改良杆状病毒杀虫剂，构建了含全期启动子和表达蝎子 AalT 毒素基因的重组粉纹夜蛾（*Trichoplusiani*）核多角体病毒 TnNPV-SX35-AalT（简称 TnAT35），使病毒的杀虫速度提高一倍以上（专利申请号：97114311.0），这是中国构建的第一株对害虫具有迅速麻痹作用的基因工程杆状病毒。中山大学还与荷兰农业大学合作，采用在虫体内进行病毒重组，以及经过虫体-细胞反复扩增和纯化重组病毒的策略，成功构建出缺失 *egt* 基因和既缺失 *egt* 基因又表达蝎子迟缓毒素并表达标记蛋白 GFP 的系列重组甜菜夜蛾（*Spodoptera exigua*）核多角体病毒 SeXD，这是首次构建成功的重组甜菜夜蛾核多角体病毒。生物测定结果表明，TnAT35 可感染甜菜夜蛾、银纹夜蛾（*Argrogramma agnata*）和棉铃虫（*Helicoverpa armigera*）等的幼虫。与同种野生型病毒相比，受感染幼虫提早 2d 停食，致死时间平均缩短 1～2d，取食量减少 2 倍以上，田间应用试验与室内测定结果相符。缺失 *egt* 基因的 SeMNPV（命名为 SeXD1）与野生型病毒相比，受感染幼虫的取食量减少 37%。这一重组病毒不但可用作生物杀虫剂，有广阔的应用前景，而且可用于病毒的传播和流行病学的研究。这部分研究内容已纳入国家“973”计划课题“农作物重大病虫害成灾机理及调控基础研究”。

3）防治植物霜冻的转基因工程菌

植物霜冻的起因是低温等气象因素，但是，研究表明冰核活性细菌可以诱发并加重植物霜冻。在正常情况下，由于过冷作用的存在，植物可以耐受－6℃以上的低温而不发生霜冻；而在冰核活性细菌的作用下，植物在－5～12℃即可发生霜冻。所以，利用无冰核活性细菌的生态位和营养竞争关系可以在一定程度上减少冰核活性细菌的数量，从而有效减轻植物霜冻的发生。防治植物霜冻的无冰核活性工程菌于 1982 年研制成功，1987 年进入田间试验，防治草莓霜冻效果达 70%以上。

4）防治病害的转基因工程菌

土壤杆菌素 84 是由 pAgK84 质粒上的基因编码和表达的，在同一质粒上还有抗土壤杆菌素 84 和负责细菌接合转移的编码基因。pAgK84 质粒能够转移到病菌中并产生对土壤杆菌素 84 的抗性而导致生物防治失效。为克服这一缺陷，研究人员通过酶切去除 pAgK84 质粒中负责细菌接合转移的编码基因及其相邻的 *Eco*RⅠ片段，又经同源交换构建成不能进行接合转移但其余表现型和行为与 K84 自然菌株一致的工程菌 K1026，增强了生物防治效果的稳定性。1991 年和 1992 年，这种新构建的工程菌以 NoGall 为商品名在澳大利亚和美国获准登记，成为世界上第一例商品化生产的植物病害生物防治基因工程细菌制剂，目前已在澳大利亚、美国、加拿大、日本和西欧的一些国家推广应用。

5）对昆虫病原真菌的遗传改良

在国际记载的 800 多种昆虫病原真菌中，应用效果最好的是白僵菌（*Beauveria*）和绿僵菌（*Metarhizium*）。这类微生物杀虫剂具有能多次感染害虫引起流行病的优点，但也存在侵染过程易受环境因素影响、毒力发挥较慢等不足。

昆虫真菌分子生物学和生物技术研究在国内外起步稍晚，但近年来某些关键技术已取得突破。中国在国际上首次建立了球孢白僵菌（*B. bassiana*）的农杆菌转化体系，并从该菌中克隆了类枯草杆菌蛋白酶基因（*Bbpr1*）、几丁质酶基因（*Bbchit1*）和真菌孢子形成相关基因。新构建的含有前两种基因的工程菌较单一 *Bbpr1* 基因工程菌杀虫毒力提高近一倍，侵染致病时间缩短近一半。

2. 转基因微生物肥料

环境中长期大量施用化学肥料特别是化学氮肥可引起一系列不良的环境后果，如土壤板结、肥力下降、耗费能源、污染环境等。土壤中的一些微生物具有生物固氮、溶解磷钾等方面的能力，可以直接作为生物肥料或提高作物对一些养料的吸收和转化利用效率。利用转基因技术对外源固氮基因及其调控元件进行转移，构建新的重组固氮微生物是利用转基因微生物的另一个热点领域，其中联合固氮菌由于具有在禾本科作物上的固氮活性且能促进植物生长而成为国内外开发研究的热点。美国 Research Seeds 公司的转基因中华苜蓿根瘤菌（*Sinorhizobium meliloti*）‘RMBPC-2’已于 1997 年获准进行有限商品化生产，这是美国环保署批准进入商品化生产的第一例属间重组固氮微生物。

中国科研工作者已分离鉴定出 10 余株高固氮活性的菌株，同时，采用多种途径构建了一系列耐铵、高效固氮工程菌株，比野生菌有更好的节肥增产效果。其中包括吸氢酶基因 *hup*、三叶草素基因 *tfx*、竞争结瘤基因 *nfeC*、脯氨酸脱氢酶基因 *putA* 和结瘤基因 *nod* 的多株工程菌，部分菌株室内条件下固氮效率和竞争结瘤能力有明显提高；也包括一些和固氮相关的调控基因，如固氮酶正调控基因 *nifA*、一般氮代谢调节基因 *ntrC*、*ntrA*、*glnB*、四碳二羧酸转移酶基因 *dctA*、固氮酶负调控基因 *nifL*、固氮酶活性抑制基因的突变基因 *draT* 以及铵运输蛋白基因 *amT*、*nrgA*、*mebI* 等。

3. 应用转基因微生物生产饲料酶制剂

酶是由生物体产生的、具有生物催化活性的一类蛋白质，生物体内的反应一般都需要在酶的作用下完成。对于酶的人工利用很早就在酿酒等食品生产中应用。动物在消化饲料的过程中，仅仅利用自身的内源性酶，如淀粉酶、胃蛋白酶、胰脂酶、蔗糖酶、乳糖酶、麦芽糖酶等，是不能充分利用动物饲料的。因此，充分利用现有饲料来源，开发新的非常规饲料，同时也为减少动物排泄物对环境的污染，研制和生产外源性饲料酶已成为饲料工业中的一个重大课题。工业化的饲料用酶主要利用微生物发酵来生产，利用基因工程技术，可以大大提高各种饲料酶的活性、稳定性和耐热性等。用基因工程菌生产饲料酶的基本过程是：首先将可表达特异序列编码的cDNA进行克隆和分离，再将cDNA转入作为表达载体的某个菌株，该菌株要符合低成本、大规模发酵生产和高水平表达等特点，最后再通过低成本的酶纯化方法来分离纯化的重组饲料酶。近年来已发现，某些丝状真菌如黑曲霉（*Aspergillus niger*）、米曲霉（*A. oryzae*）和无花果曲霉（*A. ficuum*）就具有这种低成本生产各种重组蛋白（包括酶）的表达系统。

3.3.2 转基因微生物在食品生产领域的应用

直接使用转基因微生物作为食品的例子目前还没有出现，但是将转基因细菌和真菌生产酶用于食品生产和加工已经比较普遍，如奶酪生产中使用的凝乳酶、啤酒和饮料生产中的淀粉酶，以及面包等食品生产中的蛋白酶等。

利用转基因微生物生产酶制剂的主要目标是加强酶制剂的加工特性，转基因微生物生产的酶制剂较传统方法得到的产品，具有产量高、品质均匀、稳定性好、价格低廉等优点。

利用基因工程技术改良菌种生产的第一种食品酶制剂是凝乳酶。目前被核准使用的转基因微生物凝乳酶产品有三种，其基因表达的宿主分别为*A. niger*、*K. lactis*及*E. coli* K12。基因工程凝乳酶产品的纯度高且含100%凝乳酶（小牛胃萃取液仅含70%～90%凝乳酶），以其所制造的干酪在收率与品质上均优于以小牛胃凝乳酶制造的乳酪（朱文深，2001）。美国Purdue大学农业政策和技术评定中心主任和农业经济学教授Marshall Martin认为，美国有2/3～3/4的奶酪在生产过程中使用了遗传工程凝乳酶。

3.3.3 转基因微生物在药物生产领域的应用

基因工程制药改变了传统的制药方式，可以利用转基因动植物和转基因微生物来生产药物，将原本难以大量获得的细胞因子、激素和酶类等的基因经重组技术导入大肠杆菌、酵母等微生物或植物细胞中，通过发酵或细胞繁殖的方式生产大量的多肽或蛋白质药物，实现规模化生产。

目前应用最广泛的基因工程药物是人胰岛素，估计发达国家中2/3糖尿病患者治疗所用的胰岛素是基因工程产物。1979年，美国基因技术公司将人工合成的人胰岛素基因重组入大肠杆菌中成功合成了人胰岛素，该技术于1982年进入市场，发展至今已取得了很好的市场效益。从1982年重组胰岛素批准上市至1999年间，有近40种基因工程蛋白质药物投放市场，主要用于治疗癌症、血液病、艾滋病、乙型肝炎、丙型肝炎、细菌感染、骨损伤、创伤、代谢病、外周神经病、矮小症、心血管病、糖尿病、不孕症等疑难病。

3.3.4 转基因微生物在其他领域的应用

转基因微生物除了在农业生产、食品生产和药物生产方面发挥着重要作用之外，在环境保护、传统工业改造以及新能源的开发与利用等方面也有着巨大的应用潜力。

1）环境保护

转基因微生物在环境保护领域当中的应用主要是利用基因工程的方法构建工程菌，对工业和生活产生的废弃物进行处理，达到治理环境的目的，与此同时还可以得到具有经济意义的副产品。

1980 年美国授予的第一个生物遗传工程专利就是一种可吞噬石油的微生物，这一专利的一个主要用途就是清除海洋中泄露的石油。

工业废水的污染主要原因在于其中含有的重金属和有机物。通过基因工程的办法，可以提高工程菌对重金属和（或）有机物的抗性及结合和（或）分解能力，在清理工业废水和生活污水中的重金属方面发挥重要作用，如现在已经筛选出的转金属硫蛋白 MT 相似基因的衣藻品系、转 *p450* 基因的基因工程藻，以及同时处理重金属和有机污染物的基因工程藻等。

2）传统工业改造

传统的工业过程几乎都是通过高温高压手段以达到目的的耗能过程，应用转基因技术可以在某些情况下达到降低能耗的目的。苏云金芽孢杆菌病毒杀虫剂的生产就是将苏云金芽孢杆菌毒蛋白基因转移到大肠杆菌体内，通过大量表达和发酵达到大规模生产的目的，这样的过程投资少、能耗低，符合可持续发展的要求。

利用转基因技术构建新的工程菌，可以使很多化工原料的产品质量和产量得到显著提高。例如，采用基因工程菌发酵生产头孢菌素 C，发酵单位达到 2.8 万以上，已赶上国际先进水平；利用工程菌株生产聚羟基丁酸作为原料制造的塑料产品可以被自然环境中的微生物分解，有效地消除了白色污染。

英国《工业微生物学和生物技术》杂志报道，美国加利福尼亚州的一家公司对大肠杆菌进行基因改造，使它能够产生大量色氨酸，并能将色氨酸转换成靛蓝染料的前体吲哚酚，后者暴露在空气中就能变成靛蓝，对牛仔布染色的效果与化学合成的靛蓝染料并无不同。

3）新能源开发

基因工程技术还可以应用于新能源的开发和利用领域。利用转基因手段制造的工程菌可以提高发酵效率，使之分解纤维素和木质素，以稻草、木屑、植物秸秆、食物的下脚料等作为原料生产酒精。

3.4　基因工程疫苗

基因工程疫苗代表了一种预防传染性疾病的新途径，有利于提高人类和动物的福利，减少抗生素的使用和病原体的传播。现在很多疾病通过传统的治疗方法是很难根除的，但食用型和注射型的疫苗，却能够实现快速免疫，基因工程疫苗还可开发利用于癌症的治疗、自身免疫疾病和过敏。基因工程疫苗有很多好处，如成本低、生产简单、质量高、热稳定性好、可生产多价疫苗等。但是，另一个方面，关于基因工程疫苗注射进入人体或动物体内被吸收、存活和降解的机制还缺少科学研究，具有不确定性，注射以后对免疫系统的影响、组织分布、持续性、基因工程疫苗是否会泄露进入环境等环节都需要进一步的研究。

3.4.1　基因工程疫苗的利用

一个基因工程疫苗含有一个带有很强病毒启动子的细菌质粒、一个编码免疫蛋白的基因和一个转录终止序列。质粒是生长在细菌中，在盐溶剂中纯化和溶解，然后通过肌肉注射微量的 DNA 加速蛋白表达的活性，以达到最终减少免疫反应、抗击病毒的作用。

基因工程疫苗领域在最近的发展很快。2003 年，为了保护加拿大秃鹫这种濒危物种不受西尼罗病毒的感染，美国疾病控制中心（CDC）推出了一个实验性的动物用的基因工程疫苗；在加拿大，一种传染性造血器官坏死病病毒（IHNV）基因工程疫苗(Apex-IHN)由加拿大 Aqua 卫生公司开发，在 2005 年 7 月 15 日由加拿大食品检查局授权并投放市场；另外，一个实验性的人类基因工程疫苗已经进入临床实验的第一阶段，然而关于其生物安全的方面还没有进行系统的调查，在疫苗进入商业化之前的管理标准阶段时，这些方面就会变的尤为重要。

哺乳动物和鱼类的防御系统主要是白细胞，白细胞大部分都分布在淋巴器官中，如胸腺、脾脏和肾脏中，除此之外，其他的几个组织也可以捕获防御细胞和蛋白质（如肺、皮肤、肠道和腮）。免疫系统消除病原体包括适应性防御机制和先天性防御机制两种，注射几分钟后，先天性防御机制就被启动了，而适应性防御机制消除病原体则需要 2～3 周。

先天性防御机制包括：①细胞防御因素（如防御肽、补体成分、活性氧自由基、干扰素及受体）；②白细胞，如单核细胞、巨噬细胞、树突状细胞、清除血管内皮细胞和粒细胞。细胞防御因子的数量和活性会随着先天性防御的活性增加而增加，基本上人体和动物中所有的器官和组织都包含能够先天防御的细胞和组件。

有报告称质粒 DNA 注射进入机体内会很快降解，降解的产品被当作养料吸收利用或以尿的形式排出。在老鼠中，细胞核酸酶负责 DNA 的降解。在以前的实验中，基本上 100％的质粒 DNA 在鲑鱼的血液内都会在 1h 之内降解，降解主要是是由于核酸酶的活性造成的，已知的核酸酶抑制因子可以抑制基因工程疫苗的降解。虽然基因工程疫苗在血液中迅速降解，但是注射部位的肌肉组织里还是会有少量完整的基因工程疫苗存在，还有一部分的 DNA 被运送到其他的一些器官，如肾脏和肝脏。

免疫的效果取决于注射元件、宿主细胞的活性和由白细胞产生的细胞因子的免疫反应。总体来说，体液免疫（抗体的产生过程）分解细胞外病原体产生的感染，主要是通过酶、自由基和导致生物膜溶解的物质。免疫过程是先天性防御、适应性防御、体液防御和细胞防御之间的相互作用，如防御素和抗体会促进抗病毒的效果并且活化的细胞会使细胞外的病毒退化，为了增加消除病原体的可能，很多防御分子显示出高度的多样性，基因组中单核苷酸的多型现象，导致了蛋白质氨基酸序列的突变，一些突变增加了致病结构的亲和性，因此导致了清除病原体的可能性。基因工程疫苗会促进先天性防御、适应性防御、体液防御和细胞防御的活化，这对抗击病毒病原体十分重要。

表达免疫刺激蛋白的必要条件就是基因工程疫苗（纯化的质粒 DNA）被宿主细胞

吸收，然后转入细胞质并被转运进入细胞核。关于受体吸收 DNA 的几种主动或被动的机制已经研究清楚了，吸收的过程是通过细胞的内吞作用（包括吞噬作用和胞饮作用）发生的。胞饮作用出现在所有的细胞类型且通过很多不同的途径产生，如内含蛋白介导的内吞作用、窖蛋白介导的内吞作用、内含蛋白独立的内吞作用、窖蛋白独立的内吞作用和胞饮作用。巨噬细胞、粒细胞和枝状细胞所实施的都是吞噬作用（吞噬死细胞、细菌和大分子化合物），并且在人类和动物体内的许多部位出现，尤其是巨噬细胞伴随着血液流动，作为网状内皮系统中的一个重要因素，与清洁细胞一起共同发挥作用，这些清洁细胞导致了质粒 DNA 的吸收和降解。哺乳动物的肝脏是主要的清洁器官，鱼的脏器中具有此项功能的是肾脏和心脏。

这种内吞作用通常使得 DNA 完全降解，尤其当 DNA 被转运到溶酶体时，这类作用更加完全。然而，微量的 DNA 会逃过这种内吞作用和降解，这时 DNA 会通过核膜进入细胞核，而细胞核是转录发生的场所，部分 DNA 会被转录。

转运载体被普遍地应用于增加转基因的产量并且用于与基因工程疫苗的连接，这些载体包括人工合成多聚物、阳离子脂质体复合物和分子偶联体。其主要的优势就是在内质网的辅助下，富集 DNA，抑制脱氧核糖核酸酶活性和避免 DNA 的内吞。除这些优势外，低水平的转染与 DNA（病毒）感染的病毒传递也时有发生，进行有效的基因转移还需要克服很多的障碍。因此，细胞内的转运包括避免内吞和介导基因工程疫苗核运输的细胞质过程，这些问题都需要更多的研究。

3.4.2 基因工程疫苗的研究进展

基因工程疫苗可分为兽用和人用两种类型。兽用基因工程疫苗的研究与开发，在病原方面涉及细菌、病毒和寄生虫，疫苗使用对象包括牛、马、猪、羊、犬、禽、兔、鱼和其他野生动物。疫苗的类型有：使用 rDNA 技术研制和生产的灭活细菌、病毒和寄生虫亚单位疫苗；通过插入或缺失一个或多个基因所修饰的活的微生物疫苗，即基因缺失活疫苗；使用携带有编码免疫抗原的重组外源基因的活载体疫苗，即基因重组活疫苗等三大类。

1）兽用重组基因工程疫苗的类型

重组亚单位疫苗是指将保护性抗原基因在原核或真核细胞中表达，并将基因产物——蛋白质或多肽制成疫苗。这种亚单位疫苗安全性好，不含传染性材料，接种后不会发生急性、持续或潜伏感染，可用于不宜使用活疫苗的一些情况。这些疫苗减少或消除了常规灭活疫苗或活疫苗难以避免的热原、变应原、免疫抑制原和其他有害的反应原，可以用于高度危险性和致病性病原体、外来病病原体、难以培养或不能培养病原体的免疫预防。此外，这类疫苗稳定性好，便于保存和运输，产生的免疫应答可以与感染所产生的免疫应答相区别，更适合于疫病的控制和消灭计划。但重组亚单位疫苗也存在一些缺点：产品研究和开发费用较高，为非复制性免疫原，比复制性完整免疫原的免疫原性差，需要多次接种才能起到有效的保护作用。

基因工程活疫苗包括基因缺失活疫苗和基因重组活疫苗。基因缺失活疫苗是通过基因工程技术将致病微生物基因中负责毒力的一个或多个基因缺失，同时可插入标记基因，制成弱毒活疫苗。基因重组活疫苗是利用基因重组技术将编码免疫抗原的外源基因克隆到无毒的表达载体如病毒、细菌上，制成载体活疫苗。这两种疫苗作为活疫苗有一些共同的特点，其优点是：疫苗株能在动物体内有限增殖，引起相当于亚临床自然感染的免疫刺激强度，使机体产生坚强而持久的免疫力；与灭活疫苗相比，其用量小，使用成本低；与常规弱毒活疫苗相比，因已切除或不携带有毒力基因，因此毒力更低，且在遗传特性上更稳定，不会发生毒力返强现象；可以利用宿主特异性载体，如鸡痘病毒，表达一种或多种外源保护性抗原（如鸡新城疫血凝抗原），接种动物后可以达到一针防多病的目的。但基因工程活疫苗的研究和开发成本通常都较高。

大肠埃希氏菌 K88、K99 抗原和 LTB 类毒素单价或多价亚单位疫苗已在中国、美国、加拿大等国家批准上市，该疫苗用基因工程技术构建成不产生肠毒素而产生 K88、K99 和 LTB 抗原的大肠埃希氏菌株培养物，经灭活后制成，疫苗优于野生菌株培养物灭活疫苗。与野生菌株相比，制备抗原所用的重组菌株实现了多基因拷贝表达，提高了抗原的产量；疫苗不含有大肠杆菌内毒素，克服了常规灭活疫苗接种动物后偶有的过敏反应这一不足；用一个菌株表达多种抗原成分，简化了生产工艺。

已获得批准注册的亚单位疫苗还有传染性生血坏死性病毒 gP 和 Vp2 抗原亚单位灭活疫苗、绵羊绦虫亚单位灭活疫苗等。另外，还有出血性败血症病毒、口蹄疫病毒、鱼结节性病毒、伪结核棒状杆菌、流产布鲁氏菌、多种泰勒虫等病原的亚单位疫苗已在进行野外试验或已获得专利。中国军事医学科学院等单位将猪致病性大肠杆菌的 K88、K99 柔毛质粒导入非致病性大肠杆菌，成功地制备成双价大肠杆菌疫苗。我国对日本血吸虫病亚单位疫苗、牛流行热亚单位疫苗、牛布鲁氏菌亚单位疫苗和牛传染性鼻气管炎亚单位疫苗等的研究也取得了较好的进展。

各国政府对基因工程活疫苗的注册和野外释放的审批持慎重态度，对基因重组载体活疫苗的审批更为严格。已批准注册的基因插入或缺失活疫苗有多杀性巴氏杆菌 *Lox A* 基因缺失疫苗、肠炎沙门氏菌 *Aro A*、*Aro L* 和 *Sefa* 基因缺失疫苗、鼠伤寒沙门氏菌 *Aro A* 基因缺失疫苗、绵羊流产沙门氏菌 Stm 反转变异疫苗、胸膜肺炎放线杆菌 *APX* 基因缺失疫苗、气水假单胞菌基因缺失疫苗、鹦鹉热衣原体 *NTG* 基因突变株疫苗、伪狂犬病病毒 *TK* 基因缺失疫苗等。已注册的基因重组载体活疫苗有：牛病毒性腹泻病毒载体活疫苗，载体为痘苗病毒；狂犬病病毒基因重组活疫苗，载体为痘苗病毒哥本哈根等。另有牛瘟病毒、牛流行性白血病病毒、牛鼻气管炎病毒、口蹄疫病毒、兔病毒性出血症病毒等基因工程活疫苗和鸡痘-新城疫二联基因工程活疫苗已被批准进行野外试验。

鼠伤寒沙门氏菌可以感染多种动物，甚至引起死亡，并能通过食物链传播给人。灭活疫苗不能产生足够的抗感染免疫，常规减毒菌株因在环境中可以存活而污染食物。因此，多家研究单位采用修饰技术对具有良好免疫原性的减毒变异株的必需基因 *Aro A* 基因进行缺失处理，使基因缺失菌株只能在添加有一定的维生素和氨基酸的培养基中才能生长，而在缺乏这些必需维生素的人或动物体内不能增殖。这种疫苗已在奶牛和鸡上进行了野外试验，证明具有良好的安全性和效力，其产品已被多个国家批准注册。

伪狂犬病病毒为 α 疱疹病毒，能引起多种动物的伪狂犬病，猪是自然宿主。伪狂犬病遍布世界主要养猪国家，给畜牧业造成了巨大的经济损失，免疫接种是防治伪狂犬病的主要手段。灭活疫苗安全性好，但免疫效力低；弱毒疫苗免疫效果好，在伪狂犬病的防治中起着重要作用，但也存在缺点：弱毒疫苗毒力可能返强，并导致疾病流行；未经充分致弱或过度致弱的疫苗株不仅不能诱导足够的免疫保护反应，反而可能引起疾病或免疫抑制；弱毒疫苗株可引起潜伏感染，部分接种猪排毒期可持续数年之久。由于弱毒疫苗存在以上缺点，一些国家已不允许使用弱毒疫苗。*TK* 基因缺失疫苗是在 BUK 弱毒疫苗株基础上利用基因工程技术对伪狂犬病病毒的主要毒力基因 *TK* 基因进行缺失后构建而成，其毒力与 BUK 株相比大大降低，对猪安全，并能提供有效的保护。该疫苗已成为商品化的基因工程疫苗。其他的单基因缺失疫苗、双基因或多基因缺失疫苗，以及基因重组疫苗正在进行野外试验或处于研制之中。我国研制的伪狂犬病 *gC* 和 *gI* 基因缺失疫苗也已开始应用。

狂犬病是由狂犬病病毒引起的人及所有温血动物的人畜共患性传染病，防治动物的狂犬病主要是用疫苗作预防性免疫接种。用灭活的脑组织疫苗可能引起变态反应，而用活的弱毒细胞疫苗则存在安全性问题，例如，有的弱毒株对狐狸有较好的安全性和免疫力，但对啮齿动物具有致病性，且可能毒力返强。1984 年 Kieny 等和 Wiktor 等分别以痘苗病毒为载体，构建了狂犬病病毒糖蛋白的重组疫苗，随后又构建了以其他动物痘病毒为载体的狂犬病病毒糖蛋白的重组疫苗。20 世纪 80 年代末至 90 年代初，在比利时、法国、美国和加拿大等国，用痘苗病毒狂犬病病毒糖蛋白重组疫苗对野生红狐、浣熊和臭鼬进行了大规模的食饵口服免疫试验，取得了良好的免疫效果。该疫苗已被多个国家批准注册，可能于野生动物免疫接种。

带有 K88、K99987P 或 F41 纤毛抗原的产肠毒素大肠埃希氏菌可以引起仔猪的严重腹泻，以致死亡。用基因重组技术构建成可以产生 K88 和 LTB 抗原，但不产生肠毒素的大肠埃希氏菌株，经培养冻干后制成疫苗，该疫苗已在我国实现商品化生产。

在中国的“863”计划中，对猪瘟、猪囊虫病、鸡新城疫、鸡传染性法氏囊病、鸡马立克氏病、鸡传染性支气管炎、鸡传染性喉气管炎、禽流感及鸡产蛋下降综合征等病原，在病毒载体的构建、免疫原性基因的分离鉴定、克隆和表达以及基因表达产物的生物学功能等方面正在进行研究，有的活载体疫苗的研究已取得了较好的进展。其中禽流感活载体疫苗和鸡传染性法氏囊病活载体疫苗免疫鸡后能抵抗同源强毒的攻击，鸡马立克氏病三价基因工程疫苗接种鸡能产生良好的免疫保护作用，鸡传染性喉气管炎病毒的 *gB* 基因已在重组鸡痘病毒感染的鸡胚成纤维细胞中稳定表达。例如，华中农业大学、四川农业大学已成功研制出猪伪狂犬病基因缺失疫苗；宁夏大学研制出的犊牛、羔羊腹泻双价基因工程疫苗已批准生产；哈尔滨兽医研究所构建的鸡传染性喉气管炎病毒 *gB* 基因的重组禽痘病毒疫苗、上海复旦大学合成的口蹄疫多肽疫苗已进入田间安全试验阶段。扬州大学农学院构建了马立克氏病毒 *gB* 基因的重组禽痘病毒。哈尔滨兽医研究所利用杆状病毒表达的禽流感病毒 HS 亚型血凝素（HA）和神经氨酸酶（NA）基因的亚单位疫苗及以脂质体转染技术构建的 H7 亚型禽流感病毒、血凝性基因重组的鸡痘病毒，均能使鸡产生良好的免疫保护作用。HS 和 H7 亚型 HA 基因重组禽痘病毒载体疫苗也即将获得成功。

2）人用病毒工程突变株与重组减毒活疫苗

研制减毒活疫苗的基本途径是通过生物技术手段改变病毒毒力相关基因，在保持其免疫原性基本不变的情况下使其毒力降低。人用基因工程疫苗包括工程减毒疫苗株、杂合减毒株和病毒载体重组株三种主要类型。

1986 年，第一例基因工程疫苗重组乙肝疫苗由 Merck 公司开发成功并获准在欧洲上市，其他如口蹄疫病毒抗原、流感疫苗等都可用转基因的方法生产。中国在人用基因工程疫苗的研制方面取得明显进步，哺乳动物基因工程乙肝疫苗于 1992 年投放市场，预防痢疾的冻干口服福氏、宋内氏痢疾双价活菌苗于 1998 年上市，口服重组 B 亚单位/菌体霍乱疫苗于 2000 年上市，血吸虫疫苗、出血热疫苗等正在进行临床试验。

主要参考文献

包振民，胡景杰. 1999. 精子载体法在海洋贝类转基因研究中的应用. 见：范晓等. 海洋生物技术新进展. 北京：海洋出版社. 45～57

陈永福. 2001. 转基因动物. 北京：科学出版社

国家“十一五”科学技术规划. 2006

国民经济和社会发展第十个五年计划科技教育发展专项规划（科技发展规划）. 2001

黄大昉. 2001. 农业微生物基因工程. 北京：科学出版社

贾士荣，郭三堆，安道昌. 2001. 转基因棉花. 北京：科学出版社

刘谦，朱鑫泉. 2001. 生物安全. 北京：科学出版社

苏晓华，张冰玉，黄烈健等. 2003. 转基因林木研究进展. 林业科学研究，16（1）：95～103

田颖川，李太元，莽克强. 1993. 抗虫转基因欧洲黑杨的培育. 生物工程学报，9（4）：291～297

伍宁丰，范云六. 1991. 含苏云金芽孢杆菌杀虫蛋白基因的杨树工程植株的建立. 科学通报，9：705～708

徐海根，薛达元，王长永等. 2008. 中国转基因生物安全性研究与风险管理. 北京：中国环境科学出版社

薛达元. 2005. 转基因生物风险与管理——转基因生物与环境国际研讨会论文集. 北京：中国环境科学出版社

薛达元. 2006. 转基因生物环境影响与安全管理——南京生物安全国际研讨会论文集. 北京：中国环境科学出版社

赵世民，祖国诚，刘根齐. 1999. 通过农杆菌介导法将兔防御素 NP-1 基因导入毛白杨（*Poplus tomentosa*）. 遗传学报，26（6）：711～714

Eyestone W H. 1998. Techniques for the production of transgenic livestock. *In*：Clark A J. Animal Breeding：Technology for the 21st Century. Amsterdam：Harwood Academic Publishers. 167～183

Glare T，O'Callaghan M. 2000. Bacillus Thuringiensis：Biology，Ecology and Safety. Chrichester：John Wiley & Sons Ltd

Hammet R E，et al. 1985. Production of transgenic rabbits，sheep and pigs by microinjection. Nature，315：680～683

James C. 2006. GM Crops：The First Ten Years - Global Socio-Economic and Environmental Impacts. ISAAA Briefs No. 36. ISAAA：Ithaca，New York

James C. 2007. Global Status of Commercialized Biotech/GM Crops：2007. ISAAA Briefs No. 37.

ISAAA：Ithaca，New York

Khazal P，et al. 1999. Search for cross-species transmission of porcine endogenous retrovirus in patients treated with living pig tissue. Science，285：1236～1241

Lai L，et al. 2002. Production of α-1,3- glactosyl- transferase knockout pigs by nuclear transfer cloning. Science，295：1089～1092

McCreath K J，et al. 2000. Production of gene-targeted sheep by nuclear transfer from cultured somatic cells. Nature，405：1066～1069

Palmiter R D，et al. 1982. Dramatic growth of mice that develop fom eggs microinjectd with metallothionein-growth hormone fusion genes. Nature，300：611～615

Schnepf E，et al. 1998. Bacillus thuringiensis and its pesticidal crystal proteins. Microbiology and Molecular Biology Reviews，62：775～806

Suraokar M，Bradley A. 2000. Genetics review：targeting sheep. Nature，405：1004，1005

Wall R J. 1999. Biotechnology for the production of modified and innovative animal products：transgenic livestock bioreactors. Livestock Production Science，59：243～255

Weigel B L，Nilsson H G. 1995. Modification of reproductive development of Populus tremuloides. Nature，377：495～500

Wu K M，Guo Y Y. 2005. The evolution of cotton pest management practices in China. Annual Review of Entomology，50：31～52

第4章　转基因食品对健康的潜在风险

随着世界人口的急剧膨胀，粮食成为目前世界上最受关注的问题之一。人类通过农业现代化和绿色革命，大大提高了粮食产量，但是同时产业能耗也随之增大，并伴随着大量的污染。农业的现代化同时还造成了作物品种的单一化，以及农业生物多样性、农田生物多样性的下降。如果不采取可持续发展战略，那么在不久的将来，人口、粮食、环境问题就会更加突出。通过现代生物技术解决世界粮食问题，大力发展转基因生物就是希望借助科学的力量实现可持续发展，正是应对世界粮食问题的方法之一。

转基因生物能够突破现有物种限制，按照设计者的意愿改造生物，生产出具有所需品质的作物，如高产、抗病虫害、优质等性状，甚至是新的物种。从效率上看，应用现代生物技术也可以大大缩短育种时间，快速选育出符合要求的新品种或物种。

1983年世界上第一例转基因作物，含有抗生素抗性基因的转基因烟草研制成功；1993年，Calgene公司研制的延熟番茄 FLAVR SAVR^{TM} 成为首例被批准商业化。而今，在世界范围内，转基因作物已经不再仅仅是新闻媒体、科研工作者和行政决策者的关注对象，而是一个比较成熟的新兴行业市场，尽管转基因作物是否存在潜在的影响这一点并没有得到全面的论证和客观的结论。我们需要面对的现实就是，转基因作物的品种和种植面积正在世界范围内大幅度增加，正在深深影响着世界贸易和农业发展，转基因食品也已经在不知不觉中进入了千家万户。

4.1　转基因食品商业化生产现状

4.1.1　美国转基因食品的商业化现状

美国在转基因生物的研究、发展，种植、销售和推广上，都是全球领先的，并且，美国在其国家农业发展战略上，已经把发展转基因生物放在重中之重的位置。为此，美国转基因食品上市销售采取的是备案制，转入受体内转基因物质只要通过美国环保署（EPA）或动植物健康检验局（APHIS）的相关批准，并且生产商只要向食品药品管理局（FDA）完成咨询程序，提交有关转基因食品安全性报告，FDA如果没有发现特殊的安全问题，就不再进行特别的与常规食品不同的监督（表4.1）。

表4.1　美国FDA公布的已完成咨询程序的生物技术食品名录（截至2002年）

年　份	公司名称	转基因新品种	目的基因及来源
2002	Monsanto Co.	抗草甘膦油菜 Oilseedrape (Canola)	修饰的 *EPSPS* 基因及 Glyphosate oxidoreductase（GOX）来源于 *Agrobacterium* sp. strain CP4，*Ochrobactrum anthropi* strain LBAA
	Monsanto Co	抗虫（鳞翅类）棉花	*Cry2ab*；*Cry1ac* 基因，来源于 *Bacillus thuringiensis* subsp. *kumamotoensis*，*Escherichia coli* transposon，Tn5

续表

年　份	公司名称	转基因新品种	目的基因及来源
2001	Monsanto Co	抗虫（鞘翅类）玉米	修饰的 *Cry3Bb1* 基因，来源于 *Bacillus thuringiensis* subsp. *kumamotoensis*
	Dow AgroSciences LLC	抗虫（某些鳞翅类）及抗草胺膦除草剂玉米	*Cry1F* 蛋白；Phosphinothricin acetyltransferase（PAT），来源于 *Bacillus thuringiensis*、*Streptomyces viridochromogenes*
2000	Aventis Crop Science	雄性不育玉米	*Barnase* 基因，来源于 *Bacillus amyloliquefaciens*
	Aventis Crop Science	抗草胺膦除草剂水稻	草胺膦乙酰转移酶，来源于 *Streptomyces hygroscopicus*
	Monsanto Co	抗草甘膦玉米	5-enolpyruvylshikimate-3-phosphate synthase *EPSPS* 基因，来源于 *Agrobacterium* sp. strain CP4
1999	Agritope Inc.	果实延迟成熟番木瓜	S-腺苷甲硫氨酸水解酶，来源于 *E. coli* 噬菌体 T3
	BASF AG	植酸酶油菜	植酸酶基因，来源于曲霉菌 *Aspergillus niger* var. van Tieghem
	Rhone-Poulenc Ag Company	抗溴苯腈油菜	腈水解酶基因，来源于 *Klebsiella pneumoniae* subsp. *ozaenae*
1998	AgrEvo，Inc.	抗草胺膦大豆	草胺膦乙酰转移酶基因，来源于 *Streptomyces viridochromogenes*
		抗草胺膦甜菜	草胺膦乙酰转移酶基因，来源于 *Streptomyces viridochromogenes*
	AgrEvo，Inc.	抗虫、抗草胺膦玉米	*cry9C* 基因，来源于 *Bacillus thuringiensis* subsp. *tolworthi*，*bar* 基因来源于 *Streptomyces hygroscopicus*
	AgrEvo，Inc.	雄性不育、育性恢复、抗草胺膦油菜	雄性不育基因 *barnase*、育性恢复基因 *barsar*，来源于 *Bacillus amyloliquefaciens*；草胺膦乙酰转移酶基因，来源于 *Streptomyces viridochromogenes*
	Calgene Co.	抗虫、抗溴苯腈棉花	*Cry* Ⅰ*A*（*c*）基因，来源于 *Bacillus thuringiensis* subsp. *kurstaki*；腈水解酶基因，来源于 *Klebsiella pneumoniae* subsp. *ozaenae*
		抗虫番茄	*Cry* Ⅰ*A*（*c*）基因，来源于 *Bacillus thuringiensis* subsp. *kurstak*
	Monsanto Co.	抗草甘膦玉米	修饰的 *EPSPS* 基因，来源于玉米
	Monsanto Co	抗虫、抗病毒土豆	*Cry*Ⅲ*A* 基因，来源于 *Bacillus thuringiensis*（*Bt*）subsp. *tenebrionis*；土豆卷叶病毒复制酶基因，来源于土豆
	Monsanto Co	抗虫、抗病毒土豆	*Cry*Ⅲ*A* 基因，来源于 *Bacillus thuringiensis*（*Bt*）subsp. *tenebrionis*；土豆病毒 Y 外壳蛋白基因，来源于土豆
	Monsanto Co. /Novartis	抗草甘膦甜菜	*EPSPS* 基因，来源于农杆菌 *Agrobacterium* sp. strain CP4，头部修饰的草甘膦氧化还原酶，来源于 *Ochrobactrum anthropi*
	Pioneer Hi-Bred	雄性不育玉米	DNA 腺嘌呤甲基化酶基因，来源于 *E. coli*
	加拿大萨斯卡岑大学	抗磺酰脲亚麻	乙酰乳酸合成酶基因，来源于拟南芥
1997	AgrEvo，Inc.	抗草胺膦油菜	草胺膦乙酰转移酶，来源于 *Streptomyces viridochromogenes*
	Bejo Zaden BV	雄性不育 radicchio rosso	*Barnase* 基因，来源于 *Bacillus amyloliquefaciens*
	Dekalb Genetics Corp.	抗虫玉米	*Cry* Ⅰ*A*（*c*）基因，来源于 *Bacillus thuringiensis*（*Bt*）
	DuPont	高十八烯酸（油酸）大豆	编码 δ-12 去饱和酶的 *GmFad2-1* 基因的正义抑制

续表

年　份	公司名称	转基因新品种	目的基因及来源
1997	Seminis Vegetable Seeds	抗病毒南瓜	黄瓜花叶病毒、花叶病毒、西瓜花叶病毒 2 的外壳蛋白基因
	夏威夷大学/康奈尔大学	抗病毒番木瓜	番木瓜 ringpot 病毒外壳蛋白基因
1996	Agritope Inc.	延迟成熟番茄	S-腺苷甲硫氨酸水解酶，来源于 *E. coli* 噬菌体 T3
	Dekalb Genetics Corp.	抗草胺膦玉米	草胺膦乙酰转移酶，来源于 *Streptomyces viridochromogenes*
	DuPont	抗 Sufonylurea 棉花	乙酰乳酸合成酶基因，来源于烟草（tobacco），*Nicotiana tabacum* cv. Xanthi
	Monsanto Co.	抗虫土豆	*Cry*Ⅲ*A* 基因，来源于 *Bacillus thuringiensis*（*Bt*）
	Monsanto Co.	抗虫玉米	*Cry*Ⅰ*A*（*b*）基因，来源于 *Bacillus thuringiensis* subsp. *kurstaki*
		抗虫玉米	*Cry*Ⅰ*A*（*b*）基因，来源于 *Bacillus thuringiensis* subsp. *kurstaki*
		抗草甘膦、抗虫玉米	*EPSPS* 基因，来源于 *Agrobacterium* sp. strain CP4；草甘膦氧化还原酶基因，来源于抗草甘膦品系的 *Ochrobactrum anthro*；*cry*Ⅰ*A*（*b*）基因，来源于 *Bacillus thuringiensis* subsp. *kurstaki*
	Northrup King Co.	抗虫玉米	*Cry*Ⅰ*A*（*b*）基因，来源于 *Bacillus thuringiensis* subsp. *kurstaki*
	Plant Genetic Systems NV	雄性不育和育性恢复油菜	雄性不育基因 *barnase*、育性恢复基因 *barstar*，均来源于 *Bacillus amyloliquefaciens*
	Plant Genetic Systems NV	雄性不育玉米	雄性不育基因 *barnase*，来源于链球菌 *Bacillus amyloliquefaciens*
1995	AgrEvo Inc.	抗草胺膦油菜	草胺膦乙酰转移酶，来源于 *Streptomyces viridochromogenes*
	AgrEvo Inc.	抗草胺膦玉米	草胺膦乙酰转移酶，来源于 *Streptomyces viridochromogenes*
	Calgene Inc.	月桂酸改良油菜	12：0 酰基载体蛋白 thioesterase 基因，来源于加利福尼亚月桂属 *Umbellularia californica*，California bay
	Ciba-Geigy Corp.	抗虫玉米	*Cry*Ⅰ*A*（*b*）基因，来源于 *Bacillus thuringiensis* subsp. *kurstaki*
	Monsanto Co.	抗草甘膦棉花	*EPSPS* 基因，来源于 *Agrobacterium* sp. strain CP4
	Monsanto Co.	抗草甘膦油菜	*EPSPS* 基因，来源于 *Agrobacterium* sp. strain CP4
	Monsanto Co.	抗虫棉花	*Cry*Ⅰ*A*（*b*）基因，来源于 *Bacillus thuringiensis* subsp. *kurstaki*
1994	Asgrow Seed Co.	抗病毒南瓜	西瓜花叶病毒 2、南瓜（Zucchini）黄花叶病毒外壳蛋白基因
	Calgene Inc.	Flavr Savr™番茄	反义多聚半乳糖醛酸酶基因，来源于番茄
	Calgene Inc.	抗溴苯腈除草剂棉花	腈水解酶基因，来源于 *Klebsiella pneumoniae* subsp. *ozaenae*
	DNA Plant Technology Corp.	延迟成熟番茄	氨基环丙烷羧酸合成酶基因片段，来源于番茄
	Monsanto Co.	抗草甘膦大豆	*EPSPS* 基因，来源于 *Agrobacterium* sp. strain CP4
	Monsanto Co.	延迟成熟番茄	氨基环丙烷羧酸脱氨酶基因，来源于 *Pseudomonas chloraphis* strain 6G5
	Monsanto Co.	抗虫土豆	*Cry*Ⅲ*A* 基因，来源于 *Bacillus thuringiensis*（*Bt*）subsp. *tenebrionis*
	Zeneca Plant Science	延迟果实软化番茄	多聚半乳糖醛酸酶基因片段，来源于番茄

其实，美国积极发展转基因农业技术是为了维持其农业大国地位。美国农产品在

20 世纪 90 年代初激烈的国际竞争中出口量下降，为清除美国农产品占领国际市场的障碍，美国在通过主导关贸协定乌拉圭回合谈判、积极推行自由贸易政策的同时，将较其他发达国家占绝对优势的生物技术应用于农业，制定了以提高产量与质量、降低生产成本为目标的转基因农业战略，以继续维持其世界农业强国与农产品出口第一大国的地位。于是在 1991 年 2 月，“美国竞争力总统委员会”在其“国家生物技术政策报告”中提出了“调动全部力量进行转基因技术开发并促进其商品化”的方针。1996 年，罗马世界粮食首脑会议达成了面向 21 世纪世界粮食安全保障的“罗马宣言”之后，美国通过推进转基因农产品商业化，迅速扩大其种植规模，加速了转基因农业的战略步骤。

自转基因作物开始商业化以来，美国一直是世界上转基因作物种植面积最大的国家，种植面积超过全球转基因作物种植面积的一半。美国的零售食品中有 60%以上含转基因成分，90%以上的大豆、50%以上的玉米是转基因的，转基因产品已经占到美国农业和食品出口的 35%。

4.1.2 欧盟转基因食品的商业化现状

由于接连遭遇食品安全危机，欧盟对于转基因食品的市场化采取了非常谨慎的态度，几乎没有成员国大面积种植转基因作物，在欧盟市场内销售的转基因食品主要来自进口，特别是从美国、加拿大和阿根廷进口。1998 年部分国家以欧盟现有的法规与风险管理制度不足以确保转基因食品对环境和人体健康的安全为由，对转基因作物实施了临时禁令。根据 90/220/EEC 指令的规定，批准转基因食品上市必须在欧盟理事会获得特定多数表决才能批准，因此事实上从 1998 年以来，欧盟已经基本没有批准转基因食品。

截至目前，获得欧盟的批准可以商品化的转基因食品共有 20 种（表 4.2）。

表 4.2 欧盟批准的转基因食品

品　系	作　物	转基因性状	申请者	日　期
GST 40/3/2	大豆	抗虫、抗除草剂	Monsanto	1996.04.03
Bt 176	玉米	抗虫、抗除草剂	Ciba-Geigy	1997.01.23
TOPAS 19/2	油菜	抗除草剂	AgrEvo	1997.06.24
MS1/RF2	油菜	抗除草剂	Plant Genetic Systems	1997.06.24
MS1/RF1	油菜	抗除草剂	Plant Genetic Systems	1997.06.24
GT 73	油菜	抗除草剂	Monsanto	1997.11.21
MON 810	玉米	抗虫	Monsanto	1998.02.06
T 25	玉米	抗除草剂	AgrEvo	1998.02.06
Bt 11	玉米	抗虫	Novartis	1998.02.06
MON 809	玉米	抗虫	Pioneer	1998.10.23
Falcon GS 40/90	油菜	抗除草剂	Hoechst/AgrEvo	1999.11.08
Liberator L62	油菜	抗除草剂	Hoechst/AgrEvo	1999.11.08
MS8/RF3	油菜	抗除草剂	Plant Genetic Systems	2000.04.26
1445	棉花	抗除草剂	Monsanto	2002.12.19
531	棉花	抗虫	Monsanto	2002.12.19

续表

品　系	作　物	转基因性状	申请者	日　期
pRF69/pRF93	球形芽孢杆菌	维生素 B_2	F. Hoffmann-La Roche	2000.03.23
Bt 11	玉米	抗虫	Syngenta	2004.05.19
NK 603	玉米	抗除草剂	Monsanto	2004.10.26
GA 21	玉米	抗除草剂	Monsanto	2006.01.13
MON 863	玉米	抗虫	Monsanto	2006.01.13

4.1.3　中国转基因食品的商业化现状

中国的转基因技术研究始于 20 世纪 80 年代初期，目前中国已经形成了较为完整的研究开发体系。在 2000 年以前，中国至少有 90 家研究机构在从事转基因的研究和开发工作。因此，在国际上中国的生物技术、转基因方面水平较高，而且在某些方面也达到了国际先进水平。2008 年，中国启动了“转基因”重大专项，计划投入资金的总金额达 35 亿美元，这将大大推进中国转基因方面的研究及其商业化进程。中国正在成为具有除北美洲外世界上最强大的植物生物技术研究能力的国家，也是除北美洲之外发展中国家中现代转基因作物研究能力最强的国家。

每年进入我国居民食物链的转基因食品已经超过千万吨，主要集中于进口的大豆、玉米和油菜等品种，进口大豆中约有 70%以上为转基因大豆。2002 年我国转基因食品有关法令颁布后，大豆进口量相对减少。2001 年我国大豆产量为 1540 万 t，大豆进口量为 1394 万 t；2002 年我国大豆产量为 1690 万 t，大豆进口量为 1132 万 t，同比下降 19%；2003 年，我国进口大豆迅速上升达 2074 万 t；2004 年，大豆进口量为 2023 万 t，略有下降。此后，我国大豆进口量逐年上升，2005 年为 2659 万 t，2006 年为 2827 万 t，2007 年达 3082 万 t，2008 年全年累计进口大豆 3744 万 t。

4.2　DNA 的人体暴露

在日常生活中，人类事实上是持续暴露在有机体 DNA 下，包括吸入如细菌、病毒和花粉等小颗粒有机体，取食含有微生物或动植物残体的食物，以及接受各种注射剂等。据统计，人体每天可摄取 0.1～1g DNA。在正常情况下，人体是具有保护宿主细胞，利用、降解或转移外来 DNA 分子的机能的。例如，血液中的细菌 DNA 可激发免疫系统的活性，胃肠道中的死亡细菌同样不断的释放出 DNA，其中大部分被消化，而小部分可以被人体吸收利用。

转基因食品中的基因被认为与其他食物中的基因是化学等同的，但在转基因过程中的修饰和蛋白质相互作用方面可能存在差异。

4.2.1　食品中的 DNA

所有未经加工的食物中存在着大量的 DNA 分子，根据加工程度的不同，各种大小不同的 DNA 分子片段可能出现在消费产品中，在未加工或许多种类的已加工食物中证明DNA分子的持续性存在是对转基因生物食品安全性评价的第一步，也是转基因生物检测和监测的重要方面。应用灵敏的PCR技术已经可以证明DNA分子在多种食物中的广泛存在，包括玉米片和巧克力等加工食品。然而，可以用PCR手段检测出来的DNA片段的大小为100～400个核苷酸，这个大小范围明显小于具有完整蛋白质编码及序列的单个转基因，而且这一范围内的DNA占总DNA的比例也无法精确定量。还有许多研究已经证实了食品中DNA存在的持久性，如罐装的食物、粗粉状食品、谷物等。进一步的加工通常会使DNA变小，甚至在某些深加工食品中检测不到相关DNA分子。表4.3列出了DNA在食品中和消化过程中有关转基因安全性的相关问题。

表4.3 对食物和GIT中DNA的认识和相关问题的理解

位置/过程	涉及安全性评价且缺少详细说明的问题
食品中的DNA	① DNA在多种类型未加工食物源中的数量、比例、稳定性和降解程度 ② 加工和储存对DNA的影响 ③ 细胞在保护和降解DNA方面的作用 ④ 在复杂的食物中以上各点的复合效应
胃肠道中的食物DNA	① 在胃肠道中，依据其功能、食物源或者前加工等而划分的不同类别中的DNA数量、比例、稳定性和降解程度 ② 降解机制和食品中DNA的相互关系 ③ 上皮或细菌细胞的降解机制、降解速率和DNA可利用率之间的关系 ④ 上皮或细菌细胞的DNA暴露率的量化 ⑤ 上述参数在种内和种间的变化
胃肠道中宿主细胞的DNA水平基因转移	① 在宿主组织和细胞内DNA扩散机制、转运途径和降解机制 ② 从胃肠道到动物血液对DNA扩散的定量研究 ③ DNA侵入后在细胞中的位置、翻译以及消除机制 ④ DNA侵入宿主细胞的整个过程中可能产生的生物学效应
胃肠道中的DNA水平基因转移	① 在胃肠道不同部分中，DNA的数量、比例、位置以及DNA性质及其对细菌的暴露频率 ② 哺乳动物的胃肠道中微生物的多样性、功能、变异性和种群动态 ③ 宿主、微生物和食物因素可影响细菌摄入食物中的DNA ④ 跟踪相关受体菌摄入DNA的方法及模型的研究和发展 ⑤ 胃肠道中摄入的细菌可能存在的生物效应

4.2.2 消化系统中DNA的稳定性

大多数进入消化系统中的自由DNA都会经历由胰腺、肠腺和肠内细菌释放的酶的消化降解过程，低pH的胃酸也可对DNA分子进行化学降解，不同哺乳动物中残留的DNA碎片将根据其不同的降解效率随排泄物或食物残渣排出体外，如在猪粪便中检测到玉米DNA。很少有关于食品DNA在成人6～8m长的消化道中消化行为方面的研究。有研究表明尽管一些DNA碎片成功通过了小肠，但并没有在以转基因大豆为食物的志愿者的排泄物中检测到转基因。

总体上，对胃肠系统中DNA降解方面的研究仍需要克服很多方法上的难点。摄取含DNA的食物，DNA将会出现在组织或细胞内，每种食物源、制备条件和宿主生理机能都将对消化道中 DNA 的降解效率起决定性作用。

4.2.3　人体细胞中重组 DNA 的水平转移

通过食物进入到宿主肠细胞或组织中的 DNA 摄取途径被认为是转基因食品进入人体的最重要途径。正常情况下，食物中的大量自然存在的 DNA 会同宿主肠细胞或组织发生相互作用，评价转基因生物的食品安全性必须在这一背景下进行，需要评价的是这种定性的或者定量的基因改变是否会对宿主细胞或组织产生更高的风险或影响。

宿主肠细胞暴露在食物中的 DNA 下，理论上，由转基因食物向胃肠道上皮细胞的潜在的基因流是可能发生的，但是目前没有实验证明这种基因流的发生。缺乏实验证据的原因可能是检测手段的问题。小肠总表面积（微绒毛）大于 40m^2，约包含 1000 亿个黏膜细胞，用现在的可用方法检测进入个别黏膜细胞的罕见基因流事件是不可能的。人体胃肠道的大多数上皮细胞寿命低于 10d，小肠黏膜细胞的寿命更是只有 1～2d，肠细胞的持续脱落加上胃肠道中水平基因流的低频率，使得一般风险评价研究认为这类水平基因流对宿主的效应较低。

人类食用包含大量基因的自然食物产品，如果其中一些基因随意地插入人体细胞并表达，将很可能产生负面效应。进入并在肠道中经历降解的 DNA 的多样性高得令人吃惊。例如，由鸡肉和两种蔬菜组成的一道简餐中含有多于 100 万特异的、1000bp 的 DNA 片段和多于 1000 万个特异的、100bp 的 DNA 片段。假设一顿正餐包含 50 种不同的食物源，则不同组成的 DNA 片段的暴露量在 5000 万～50 000 万之间［这一粗略计算并没有将微生物（食入或存在于肠中的）释放的高度多样的 DNA 考虑进去］。因此，我们可以得到人类是持续地及自然的暴露在一个基因多样性范围在 5 千万到 50 亿之间，尺寸范围约 100～1000bp 的特异 DNA 结构的环境中。

然而，食品中 DNA 摄入和整合到上皮细胞中这样潜在的事件仍然不是很清楚，许多研究已经表明，食品中的 DNA 可穿过胃肠道中的腔细胞，并可在哺乳动物的血液和组织中被检测到。由胃肠道吸收的食物 DNA 可在小鼠的白细胞、脾、肝脏和肾脏中检测到，同时也可在其后代的大脑、眼、肝脏和心脏中检测到，喂食大豆叶的后代小鼠的肝脏和脾中也可以检测到相应的 DNA。据估计，约 0.1%～1%的饮食中的 DNA 是由胃肠道吸收的，对这一过程的精确测量是复杂的，因为胃肠道的吸收要几个小时后才发生，而与此同时，摄入的 DNA 还要经历连续的转运、降解和消除的过程。有一点可以确定，那就是食品中的 DNA 可到达血液并且与不同宿主细胞和组织接触，由此可以认定一些偶然发生的水平转移事件是存在的。因而，转基因安全的评价必须从胃肠系统随机摄入 DNA 的情况开始。

这种以基因为中心的理论分析可能仍然忽略了水平基因流当中潜在的高级序列基因结构和重要染色体修饰的标记效应。对食物中 DNA 在胃肠道中的存在形式和生物过程上了解的不足导致目前对转基因食物安全性评价缺乏科学基础，常常以专家的意见、经验和推理作为最终的结论。

4.3 转基因食品对健康的潜在风险

4.3.1 转基因食品健康风险的概念

现代生物技术在农业上的应用被认为是解决人口剧增所导致的食品资源匮乏的最有前途的良方。然而，基因修饰生物（GMO）在给人们带来巨大的经济与社会效益的同时，其安全性也引起了争议。现代生物技术包括：①体外核酸技术，包括重组 DNA 技术及直接将核酸注入细胞或细胞器的技术；②不同分类学来源细胞的融合技术。现代生物技术突破了天然生理性的生殖或重组界限，不属于传统的育种和选择技术的范畴。重组 DNA 技术的应用是一次育种技术上的飞跃，它使人们可以找到决定某个特定优点的基因并将其插入另一种生物的基因组中而不考虑他们是否同种系，从而使得基因可以在所有的生物体中转移，产生显然不同于传统有性杂交方法所生产的作物。目前对出现的新组合和性状在不同遗传背景下的表达、对环境和人类的影响还缺乏认识，有些甚至是一无所知。因此在使用 GMO 作物以前对其进行生物安全性评价是十分必要的。

我们通常认为传统食品是安全的，所以在转基因食品出现之前，很少有食品是通过科学的评价方法来确定其健康风险的。针对转基因食品的安全性，我们首先需要明确的是食品安全的定义和评价方法，需要比较转基因食品和对应的传统食品之间的异同，并据此来判断其安全性。

转基因食品产生潜在健康影响可能的原因包括预期效应和非预期效应，即指人们通过基因修饰所预期得到的性状以及由于基因插入而导致的额外特性。非预期效应的产生并非是现代生物技术所特有的，传统的育种技术也会有非预期效应的存在，非预期效应的性质也可能是有害的、中性的甚至是有益的。转基因生物出现非预期效应的可能原因是：①DNA 序列的插入引发受体基因的破坏或沉默，沉默基因的激活或者受体基因组表达范式的改变；②插入基因及其表达产物影响受体生物代谢过程，包括代谢途径的改变和代谢产物的改变等。

4.3.2 与基因表达产物（非核酸物质）相关的健康影响

利用体外核酸技术可以使植物表达出不属于自身的新物质，这种新成分本身可能是传统食物的成分，如蛋白质、脂肪、糖类、维生素，如果外源基因表达产物是酶类，那么其所催化的酶促反应的代谢产物也归为新物质。

新蛋白质的毒性是食品安全的一个重要方面，如果蛋白质是没有安全食用历史的蛋白质的类似物时，需要进行动物经口毒性实验，对新蛋白质的急性毒性和慢性毒性进行研究。转基因植物中可能由于新基因的转入产生新的非蛋白质物质，同样，这些没有安全食用史的非蛋白质物质的安全性同样需要经过科学实验来评价。

大的生物技术公司对自主研发的转基因植物进行了一些安全性研究，对蛋白的安全性就是从这些方面考虑的。Monsanto 公司的 *Bt* 棉表达的 Bt 毒蛋白可被哺乳动物很快地消化，与非转基因棉相比，其棉籽和棉籽油的质量以及抗营养成分没有显著的改变，并且分别用含有5%～10%、10%和20%棉籽的饲料喂养大鼠、鹌鹑和鲇鱼28d、8d和10周，也没有发现有任何显著的变化，证明这种Bt棉是安全的。Noteborn和Kuipe等对转苏云金芽孢杆菌基因*cry1A*番茄进行了大鼠、小鼠的离体和活体试验，在这两种条件下受试动物并未出现任何病理反应，生长发育完全正常。急性毒性试验也未发现受试动物有任何病理性改变。

90d喂养试验结果表明，受试动物的所有检测指标均处于正常范围之内，由此表明这种转基因产品是安全的。美国孟山都公司有关人员利用大鼠和奶牛30d喂养试验、肉鸡45d喂养试验、斑马鱼75d喂养试验及小鼠急性毒性试验，对转耐草甘膦除草剂基因大豆的食品安全性进行评价。他们在上述所有研究中发现转基因大豆与普通大豆一样，对上述动物无任何毒害作用，已检测的所有指标与对照相比均无明显差异。因此转耐草甘膦除草剂基因大豆作为食品是安全的，可以投放市场。该公司有关人员还对延迟成熟的转基因番茄进行了小鼠急性毒性试验，剂量为602mg/kg体重，它超过了平均日进量的5000倍，结果并未发现转基因番茄对小鼠有任何有害的影响。

我国的研究者对转基因抗软化番茄进行了30d喂养试验，检测在试验剂量下是否对动物产生毒作用，实验中采用断乳Wistar大鼠，以10 000mg/kg、5000mg/kg、2500mg/kg剂量抗软化番茄对大鼠灌胃染毒30d，对照组喂养正常饲养。观察指标包括临床检查：动物的一般表现、体重、中毒症状及死亡情况，血常规、血生化（ALT、AST、尿素氮、肌酐、血糖、胆固醇、总蛋白质、白蛋白、白蛋白/球蛋白），脏器系数（对各剂量组动物肝、脾、肾称重，计算脏器系数），病理解剖（大体观察及病理组织学检查肝、脾、肾、胃及十二指肠）。在试验期间，三个剂量组试验动物生长发育良好，体重、脏器系数等指标与对照组比较，差异均无显著性（$P>0.05$）；血常规、血生化指标均在正常值范围之内；病理组织学检查未见异常。最终认为在上述试验剂量和条件下，抗软化番茄对大鼠各项观察指标未产生明显毒性作用。

陈松等用棉籽粉喂养大鼠28d、喂养鹌鹑8d的动物实验表明，各组转基因动物的体重、食物利用率与对照相比，无显著差异，受试动物生长发育及行为正常、无死亡。对大鼠的肝、肾、胃、盲肠、结肠、小肠及睾丸进行组织切片检查，均未见病理性改变，大鼠肝、肾、睾丸的重量比，以及血液中谷丙转氨酶活性和尿素氮水平均在正常范围内，转基因与对照组相比无明显变化，由此他们认为转*Bt*基因抗虫棉棉仁粉经脱棉酚处理后，对动物无毒害作用，因而与常规棉仁粉一样，可作为畜禽饲料资源。

张宁等分别以环磷酰胺和氟化钠作为阳性诱变剂，以普通棉的棉籽粉及棉籽油作对照进行小鼠和斑马鱼急性毒性试验、微核试验和小鼠精子畸变试验表明，转*Bt*基因抗虫棉与普通棉的棉籽粉及棉籽油对小鼠体细胞和性细胞均未显示出诱变活性，且无剂量效应。转*Bt*基因抗虫棉与普通棉一样，对斑马鱼外周血红细胞微核率无明显影响。鱼类饲料中添加常规量的转*Bt*基因抗虫棉棉仁粉不会诱发微核产生。

4.3.3　蛋白质可能的致敏性

引起食物过敏的主要食品包括花生、大豆、牛奶、鸡蛋、鱼类、贝类、小麦和坚果等，90%以上的过敏反应是由这八大类常见致敏食品而引起的，而几乎所有的食物致敏原都是蛋白质。转基因技术应用于动植物中，在提高植物产量，改善植物品质，增强植物抗病虫害能力的同时，也会产生一些预期之外的新的蛋白质。这些蛋白产物有可能导致人体产生过敏反应甚至是中毒。

转基因技术引起转基因食品产生致敏蛋白的方式有以下几种：

（1）转入基因本身编码已知的过敏蛋白；

（2）转入基因是编码已知过敏蛋白基因的一部分；

（3）转入基因编码蛋白同已知过敏蛋白存在序列上的同源性，并会产生类似的免疫反应；

（4）转入基因表达蛋白属于一个含有过敏蛋白的蛋白质家族；

（5）转入基因及其表达引起受体生物基因表达的改变，如沉默基因的激活等，导致新的过敏蛋白的产生。

但是对于上述情况，传统的评价方法不适合用来评价转基因食品的安全性，特别是对于致敏性的评价更是如此，因此，包括转基因食品在内的食用植物的致敏性评估需要一套有针对性的方案。1988年，国际食品生物技术委员会（the International Food Biotechnology Council，IFBC）开始建立包括致敏性在内的转基因食品安全性的评估标准和评估程序；1996年，IFBC与国际生命科学研究会（the International Life Sciences Institute，ILSI）制定了评估遗传改良食品致敏性的树状分析策略，着重分析转入基因的来源、与已知致敏原序列的相似性、表达产物与已知过敏患者血清中特异IgE抗体的免疫学反应和重组蛋白质的理化特性等；1996年，联合国粮农组织（FAO）及世界卫生组织（WHO）生物技术和安全联席专家咨询会议（Joint FAO/WHO Consultation on Biotechnology and Food Safety）推荐把"实质等同性"作为转基因食品安全性评估的原则，包括基因来源、分子质量、序列相似性、耐热和耐加工稳定性、耐消化性等评估指标；2000年6月，FAO/WHO植物源性转基因食品安全联席咨询会（Joint FAO/WHO Consultation on Safety Aspects of Genetically Modified Foods of Plant Origin）讨论了转基因食品的安全问题，进一步发展和完善了IFBC/ILSI提出的遗传改良食品致敏性树状评估策略；2001年，FAO/WHO生物技术食品致敏性联席专家咨询会议（Joint FAO/WHO Expert Consultation on Allergenicity of Foods Derived from Biotechnology）进一步发展和完善了已有评估程序，公布了新的转基因食品潜在致敏性树状评估策略（图4.1）。

美国孟山都公司用这种树状分析法评估了耐草甘膦转基因大豆的潜在过敏性，发现转入大豆的EPSP酶与已知过敏原无明显的序列同源性，在模拟的哺乳动物消化系统中该酶能很快地被消化降解，因此这种转基因大豆不存在过敏性。同年，该公司有关人员对表达1-氨基环丙烷-1-羧基脱酰胺酶（ACCd）的延迟成熟转基因番茄进行类似研究，结果也发现该蛋白质在模拟哺乳动物消化系统条件下很容易发生降解，因此这种转基因番茄不存在过敏性。

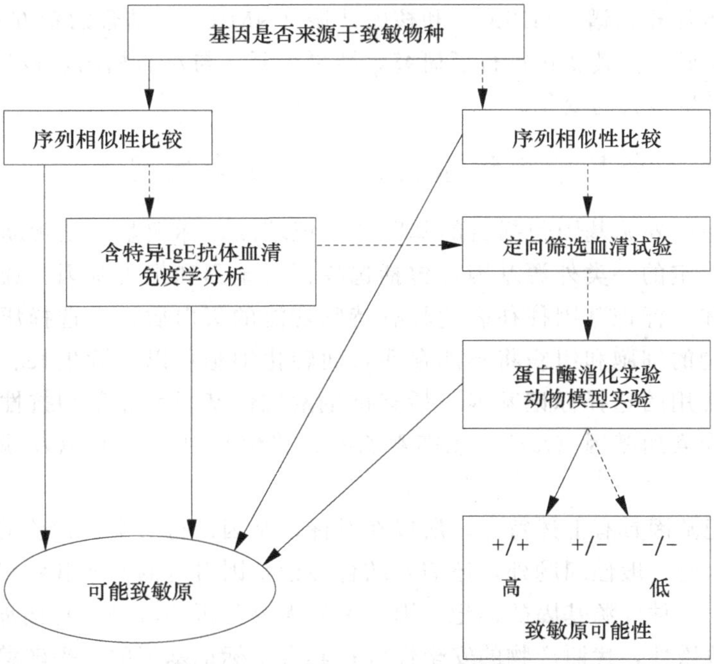

图 4.1　FAO/WHO 2001 年食品致敏性评估的树状分析步骤

注：虚线表示阳性；实线表示阴性

4.3.4　食品关键成分相关的安全问题

食品的关键成分包括关键营养素或关键抗营养因子，是指某一种食品中对整个膳食有重要影响的物质。这些物质可以是主要成分（如作为营养物质的脂肪、蛋白质、糖类或酶的抑制剂或抗营养因子）或是微量成分（如矿物质和维生素）。关键毒素指植物中已知存在的具有毒理学重要性的物质，如一些毒性和含量对健康有重要影响的物质（如马铃薯中的茄碱和小麦中过量的硒）。经过转基因过程，食品中具有营养学重要性的物质或者能够影响食品安全性的物质水平是否发生改变，可能对转基因食品的安全性产生影响，如果这些关键成分发生改变则可能会对人体健康产生影响。

研究表明，Calgene 公司的 FLAVR SAVR^{TM} 延熟番茄的主要营养成分（如维生素 A 和维生素 C）没有改变，番茄碱等天然毒素没有显著变化，也没有发现有害的多效性。在一个 7d 的大鼠饲喂实验中，没有发现不良影响。对一种转基因抗虫番茄的食品安全研究中，用相当于一个人日耗 2kg *Bt* 番茄量的 Bt 蛋白饲喂 Brown Norway 雄性大鼠、小鼠和兔子，未产生全身不良反应。在对一种抗烟草花叶病毒（TMV）转基因番茄的食品安全性评价中，转基因和非转基因番茄相比，糖碱、糖类、有机酸、多酚类含量都没有明显变化，诱变性也没有差别。

美国孟山都公司有关人员对转草甘膦抗性基因大豆与常规对照大豆种子之间的关键性营养成分进行了比较研究，结果并未发现两者存在差异。另外，他们对延熟的转基因番茄与普通番茄的关键性营养成分也进行了比较研究，也未发现有明显差异。Noteborn 等利用高效液相色谱（HPLC）和核磁共振（NMR）相结合的新方法对转 *Bt* 基因抗虫番茄的基本成分及其变化进行了研究，结果表明，与对照相比，转基因番茄在主要营养成分上未发生很大的变化。

4.3.5 转基因食品中标记基因的生物安全性问题

转基因食品的外源基因包括目的基因和标记基因。标记基因是帮助对转基因生物体进行筛选和鉴定的一类外源基因，包括选择标记基因和报告基因，通常是和目的基因一起转入受体。标记基因往往表达具有特殊功能的蛋白质，在选择压力下，不含标记基因及其产物的细胞和组织将不能存活，而转化细胞可以继续生长、分裂，并最终分化为植株。常用的选择标记基因包括有抗生素抗性基因和除草剂抗性基因。常用的报告基因有荧光素酶基因（*luc*）、氯霉素乙酰转移酶基因（*car*）以及绿色荧光蛋白基因（*gfp*）等。

正因为标记基因具有上述特点，所以在对标记基因进行安全性评价的时候除了要考虑外源基因转入的一般性问题外，还需要结合标记基因自身的性质和特点进行针对性的评价。评价作为一种外源基因的标记基因，首先需要分析的就是其直接毒性，表达蛋白的直接毒性、致敏性，代谢产物的安全性等；其次是标记基因的水平转移、降解和多效性。由于一般标记基因选择的是抗生素抗性基因，如果没有异常表达，则对人体没有直接的毒性。由于转基因食品中标记基因的化学组成无异常，而在食品中的含量甚微，因此可以认为标记基因 DNA 本身不会对人体产生直接毒害作用，至于表达产物则需经过长期的数据收集分析后才能得到结论。

目前还没有关于标记基因相关的安全性评价的阳性结果，但是不能放松对标记基因的次生效应的分析，应按照个案处理（case-by-case）方式，采用“实质等同性”原则进行评价分析。

4.4 转基因食品风险评估的方案

4.4.1 消化道作为转基因食品风险评估的第一目标

通过化学的方法揭示转基因食品产品的毒性和致敏性是很难的，而转基因食品中量极少但有害的生物因子却可以很容易的根据其对健康造成的危害而检测出来。个体与生物活性蛋白的最直接接触面就是消化道，大部分的蛋白质都具有免疫原性，这些蛋白质会引发肠道和体内黏膜系统的过敏反应。一旦这种反应发生，那么影响的范围除了消化系统外，对其他内部器官的大小、结构、功能同样也会产生影响，尤其是幼年的或者快速生长的人类和动物。不论转基因食品中的外源基因是否能够在人类或者动物肠道内以活性形式存在，也不论其是否能够进入肠道或体细胞的基因组内并产生一定的影响，上述的评价都是必须要进行的。在进行转基因食品健康评价时，需要尽可能通过可靠的方法进行一系列的逐步检测，尽可能考虑到所有可能的影响，这是在任何转基因作物生产的食品/饲料被允许进入人类/动物的食物链以前的必须步骤。

已有研究证明 35S CaMV 启动子在人的肠上皮样细胞中具有生物活性，外源基因在肠道的表现就应该受到更多的重视。

4.4.2　关于转基因作物和食品健康评估的建议方案

在任何转基因作物被认为是潜在安全之前，转基因必须通过基础的模型研究进行识别和选择。选择的主要标准是确保所选择的基因确实会在转基因植物体内正常的发生作用，并且外源基因和其蛋白产品必须对人体和动物没有任何毒理效应。因此转基因产品必须与转基因植物分离开来，并且明确地显示出其化学和生物成分与外源基因来源生物中的基因及其表达产物的一致。需要强调的是，所有的安全性研究必须是在分离的转基因产品上实施，而不是大肠杆菌重组体上。

一些生物技术公司实施的关于转基因安全性的研究表明，通过体外检测，所有的转基因产品会很快的在模拟肠道环境实验中分解。显然，一个转基因蛋白质能否在肠道中很快地分解为氨基酸和小肽以及其致敏性和毒性都不可能忽略，因此转基因作物的安全问题是不能够完全保证的。然而，与生物技术公司实施的安全评估不同的是真正的蛋白质消化应该是在体内肠道中进行检测，而不是在体外模拟的试管中进行。蛋白质在消化道内消化与在试管中消化的最重要的不同是胰蛋白酶的利用，在体内，转基因产品与肠道壁和食物的结合降低了蛋白酶对转基因蛋白质（尤其是一些广泛适用的转基因凝集素和各种苏云金芽孢杆菌 Bt 毒素）的活性，因此，以体外检测为基础的关于转基因安全性的研究只是评价当中的一个小部分。此外，一个外源基因蛋白质在大肠杆菌体内或者在转基因植物中表达的结构、范式和稳定性都是不同的，因此，通过大肠杆菌重组实施的植物转基因蛋白的消化性评估的实验结果从科学上也是无法得出明确的结论的，也仅仅只是评价的一个参考。从进化的尺度上讲植物和真核细菌的亲缘关系很远，因此不能够为了在转基因植物中检测植物蛋白的含量而使用细菌重组体。

1）化学成分分析

任何一个风险评估的第一步应该是采用恰当的、准确的方法对转基因植物进行化学分析，虽然这样的分析和对比最后得到的结果很可能是转基因作物和非转基因作物具有"实质等同性"，但是这仍然是安全性评价的重要一步，能够为接下来的生物风险评估的实施做好准备。一些经典或者最新的检测其主要成分或微量成分的方法有蛋白质组学方法、指纹图谱、代谢谱分析、外源 DNA 表达的稳定性分析（包括基因构建、启动子、抗生素标记基因）等。

2）通过动物进行营养和毒性测试

转基因食品的评价需要在特定的条件下通过一些实验动物摄食进行长期或短期的营养和毒理检测，目的是找出以转基因食物为食的动物的毒性反应。因此评价转基因食品需要设计动物实验用于建立转基因作物在生长、代谢、器官的发育、免疫和内部功能的影响，强调以转基因生物为主的饮食会怎样影响动物大肠的结构和功能以及内部的菌群，这些功能的正常才能够保证幼年的实验动物成长为健康的成体。食用转基因产品和非转基因产品的健康状况的不同至少会从动物营养的角度上显示出转基因作物的安全性。

3）长期代谢观察

成分研究和动物实验是转基因风险评估的前两步。接下来，需要对实验室或者野外的动物实施长期的代谢、免疫、生殖方面的研究，并且需要特殊的条件限制。然而，关于这项评估目前还没有一个合适的框架，如果没有任何短期或长期的以动物为对象的风险评估显示出任何危害，那么就需要在志愿者身上进行临床研究。需要说明的是，大部分临床研究实施的志愿者都是健康状况良好的，但是也不能够排除转基因食品对老年人、孩子和患者的严重影响。人类临床实验的结果并不能代表所有的人口，尤其是有将近40%的人口有肠道系统疾病，这都是需要考虑到评估当中。因为一旦转基因作物释放，转基因食品进入人类的食物链，就很难再除去了，这是一个不可逆的过程。

4.4.3　问题和结论

目前这种安全性研究很少的情况下，缺少转基因食品不安全的证据并不能够证明其是安全的，尤其是因为所有由独立研究机构实施的关于转基因安全的研究，显示出了转基因食品一些潜在的令人担忧的生物影响。

基于以上的这些问题，目前的转基因粮食和食品所面临的最大问题是是否有一个坚实的科学基础。联合国粮农组织（FAO）认为目前想要养活全世界的人口，以现在的食品和粮食是不够的，在未来，转基因食品可能会非常需要。但是找到可靠又安全的生产转基因食品的技术方法或者证明现有技术方法的安全性是重中之重，转基因食品的安全性是需要通过生物方法严格检测的，如果没有恰当的、透明的、独立的检测手段，质疑转基因食品安全性的声音是不可能消除的，那么转基因食品的使用和推广就很难被大众接受。

主要参考文献

贾士荣. 1997. 转基因食品中标记基因的安全性评价. 中国农业科学，30（2）：1～15

王晓军等. 2001. 转基因食品抗软化番茄30d喂养试验. 卫生毒理学杂志，15（2）：117

王忠华，夏英武. 2000. 转基因植物中报告基因 *gus* 的表达及其安全性评价. 生命科学，12（5）：207～209

薛达元等. 2004. 转基因基因食品安全研究. 见：陈锡文，邓楠. 中国食品安全战略研究. 北京：化学工业出版社. 791～874

A Joint FAOPWHO Expert Consultation on Allergenicity of Foods Derived from Biotechnology. 2001-01-22. Evaluation of allergenicity of genetically modified foods. http://www.who.int/fsf/GM-food/Consultation—an2001/report20.pdf

A Joint FAOPWHO Expert Consultation on Biotechnology and Food Safety. 1996-10-04. Biotechnology and food safety. http://www.fao.org/es/ESN/food/pdf/biotechnology.pdf

FDA. 1994. Secondary direct food additives permitted in food for human consumption: food additives permitted in feed and drinking water of animals; Aminoglycoside 3′-phosphotransferase II. Federal Register，(59)：26700～26711

Fuchs F L. 1993. Purification and characterization of microbially expressed neomycin phosphotransferase-Ⅱ protein and its equivalence to the plant expressed protein. Bio Technology，(11)：1537～1542

Fuchs R L，et al. 1994. Commercialization of soybeans with the roundup readyTM gene. *In*：Jones D D. Proceeding of the 3rd International Symposium on the Biosafety Results of Field Tests of Genetically Modified Plants and Microorganisms. Oakland，California：The University of California. 233～244

Fuchs R L，et al. 1996. Safety evaluation of glyphosate-tolerant soybeans. *In*：OECD. Food Safety Evaluation. Paris：OCED. 61～70

Fuchs R L，Berberich S A，Serdy F S. 1992. The biosafety aspects of commercialization insect resistant cotton as a case study. *In*：Casper R，Landsmann J. Proceeding of the 2nd International Symposium on The Biosafety Results of Field Tests of Genetically Modified Plants and Microorganisms. Braunschweig，Germany：Biologische Gundesanstaltfür Lanund Forstwirtschaft. 171～178

Kuiper H A，Noteborn H P J M. 1996. Food safety assessment of transgenic insect-resistant Bt tomatoes. *In*：OECD. Food Safety Evaluation. Paris：OCED. 50～57

Metcalfe D，et al. 1996. Assessment of the allergenic potential of foods derived from genetically engineered crop plants. Critical Reviews in Food Science and Nutrition，(36)：S165～S186

Metcalfe D. 1992. The nature and mechanisms of food allergies and related diseases. Food Technology，(5)：136～140

Mitten D H，et al. 1992. Safety assessment and commercialization of transgenic fresh tomato food products，transgenic cotton products and transgenic rapeseed oil products. *In*：Casper R，Landsmann J. Proceeding of the 2nd International Symposium on The Biosafety Results of Field Tests of Genetically Modified Plants and Microorganisms. Braunschweig，Germany：Biologische Gundesanstaltfür Lanund Forstwirtschaft. 179～184

Momma K，et al. 1999. Quality and safety evaluation of genetically engineered rice with soybean glycinin：analyses of the grain composition and digestibility of glycinin in transgenic rice. Bioscience，Biotechnology，and Biochemistry，63 (2)：314～318

Nielsen C R，et al. 2005. Dietary DNA in blood and organs of Atlantic salmon (*Salmo salar* L.). Rur Food Res Technol，221：1～8

Nordlee J A，et al. 1996. Investigations of the allergenicity of Brazil nut 2S seed storage protein in transgenic soybean. *In*：OECD. Food Safety Evaluation Paris：OCED，151～155

Noteborn H P J M，Kuiper H A. 1994. Safety assessment strategies for genetically modified plant products：a case study of Bacillus turingiensis-toxion tomato. *In*：Jones D D. Proceeding of the 3rd International Symposium on the Biosafety Results of Field Tests of Genetically Modified Plants and Microorganisms. Oakland，California：The University of California. 199～207

Noteborn H P，et al. 2000. Chemical fingerprinting for the evaluation of unintended secondary metabolic changes in transgenic food crops. J Biotechnol，77 (1)：103～114

Redenbaugh K. 1992. Safey assessment of genetically engineered fruits and vegetables：a case study of FLAVR SAVRTM tomato. Florida：CRC Press. 263～271

Sampson H A. 1992. Food hypersensitivity：manifestation，diagnosis，and natural history. Food Technology，(5)：141～145

WHO. 1993. Health aspects of marker genes in genetically modified plants. Report of a WHO Workshop. Geneva：WHO. 61

WHO. 1995. Application of the principles of substantial equivalence to the safety evaluation of food components from plants derived by modern biotechnology. Report of a WHO Workshop. Geneva：WHO. 11

第 5 章　转基因生物的生态风险

转基因生物体中包含有来源于不同物种的基因，可以表达出新的性状，使转基因生物体具有某些特定的功能。转基因生物体的成功是人类改造自然的一个标志性成果，但是转基因生物的实际应用和释放带来的生物安全问题，尤其是对于生态系统的影响，还是一个认识的并不透彻的方面。从理论上分析，以重组 DNA 为基础的转基因技术，由于技术手段本身的问题和生物体复杂性的原因，本身就存在着一定程度的不稳定性。重组 DNA 可能发生水平的转移，进入到其他生物体或者组织中；也可能发生垂直方向的转移，导致外源基因掺入目标受体之外的生物体中。也就是说，转基因生物中的重组 DNA 存在着一定的生态风险。在基因表达的过程中，外源基因也可能影响其他基因的表达，或者外源基因表达产物参与生物体代谢过程，这些可能的过程都会引发非预期效应，进而对生态环境产生影响。

已经有一些实验室实验和大田观察，在一定程度上证实了这些生态风险的存在，通过这些研究结果可以更加直观地了解转基因生物的生态风险。深入分析转基因生物中外源基因的表达和移动情况，就可以抓住探索转基因生物的生态风险产生机制的线索。

5.1　转基因生物对生态环境的影响

引进转基因（GM）农作物等新技术时，必须评价其对生态系统的潜在影响。与发达国家农民相比，热带国家的农业生产者更加紧密地依靠生态系统服务。转基因作物在田间种植，与周围的生态系统接壤，遗传工程的环境影响必须全面地进行评价。

以下列出目前讨论的最重要的可能的负面影响，部分已经得以印证。

(1) 转基因农作物潜在的环境影响。

(2) 细胞内（遗传）水平：

- 破坏遗传资源（特别是基因、基因组合、种子、品种等）；
- 不受控制的基因流到其他的物种。

(3) 种群水平：

- 由于性状改变，物种无意或者偶然的发生变化（意外的基因流）；
- 次生害虫的产生；
- 抗性群落的产生，降低转基因的作用；
- 危害受保护的/濒危的物种（自然保育）。

(4) 生态系统水平：

- 由于主要生产者的基础均质化，农业生物多样性的下降（集中生产数量相对较小的实物、特性和品种）。

（5）生态系统服务的丧失：

• 破坏自然界原有的生物防治；

• 授粉服务的减少；

• 影响产于土壤营养物质回收和土壤肥力维护的土壤生物（可以是减少土壤耕种等正面的影响，或是负面的）。

（6）对于农业生产系统：

• 减少杀虫剂的使用，土壤耕作和环境污染；

• 威胁非转基因作物的生产，减少未来的选择；

• 通过适应当地的环境条件，使得支持和研发新品种（如多样性）的做法丧失或者减少；

• 在以前不可能生产（如由于高度胁迫、缺水等）的地区生产粮食或者农产品；

• 在时间和空间上重排农业生产系统，以及由此带来的土地管理成果。

5.1.1 转基因生物的靶标效应

目前应用范围最广的抗虫转基因植物是转 *Bt* 基因抗虫棉花，其主要靶标生物是鳞翅目昆虫。

Bt 毒素的杀虫作用机制包括伴孢晶体的溶解、原毒素的激活、毒素与受体结合、细胞膜穿孔的形成和细胞裂解等几步。当 Bt 蛋白被昆虫摄入中肠后，在碱性环境下溶解，并在蛋白酶的作用下被消化成 55～70kDa 的活性片段；活性片段可以穿过围食膜到达中肠上皮细胞，并与其上的特异性受体结合，在细胞质膜上快速形成穿孔；孔洞的形成导致维持细胞膜功能的离子梯度被破坏，导致柱状细胞吸水膨胀、细胞膜非极性化，最终细胞裂解、中肠崩溃、昆虫死亡。

转 *Bt* 基因植物当中表达 Bt 蛋白的活性片段，可以持续高效的表达杀虫晶体蛋白，使得靶标害虫长期暴露于 Bt 蛋白的选择压力之下。靶标害虫对转 *Bt* 基因植物选择压的适应，转 *Bt* 基因植物对靶标害虫抗性发育和进化的影响及其程度，共同构成了转 *Bt* 基因植物的一类生态风险。

迄今为止，在实验室选择条件下对 Bt 毒素产生抗性的鳞翅目害虫有烟芽夜蛾（*Heliothis virescens*）、甜菜夜蛾（*Spaloptera exigua*）、海灰翅夜蛾（*S. littoralis*）、粉纹夜蛾（*Trichoplusiani*）、欧洲玉米螟（*Ostrinia nubilalis*）、地中海粉螟（*Anagasta kuehniella*）、粉斑螟（*Cadra cautella*）、向日葵斑螟（*Homoeosoma electellum*）、印度谷螟（*Plodia interpunctella*）和枞色卷蛾（*Choristoneura fumiferana*），而小菜蛾在田间也表现出了对 Bt 毒素的抗性。

靶标害虫对转基因植物的适应速度主要取决于害虫野生种群中抗性等位基因的频率，很多生态学和遗传学因素会影响靶标害虫对转 *Bt* 基因植株进化出抗性的速率。这些因素包括：

（1）每年暴露于转基因作物中 Bt 蛋白害虫的世代数；

（2）每一世代中，害虫种群暴露于转基因作物中的 Bt 蛋白的百分比；

（3）由 Bt 蛋白引起的害虫杂合个体的死亡率；

（4）成虫活动和交配的模式；

（5）幼虫的移动；

（6）在Bt蛋白存在和不存在的条件下，携带抗性等位基因害虫个体的适合度。

5.1.2 转基因生物的非靶标效应

转基因植物释放到自然环境中，对目标害虫产生作用的同时，也可能对环境中的非靶标生物产生直接或者间接的影响。非靶标效应是转基因植物生态风险的主要内容之一，也是研究最多的方面之一。非靶标效应的产生可能有以下三个方面的原因：①非靶标生物不是转基因植物的直接作用对象，转基因作物达到预期效果的同时会使得生态系统中出现一些缺口——生态位的空缺或者是处于某个生态位的生物数量改变，这都会对与之存在竞争、寄生、共生等相互关系的其他非靶标生物的生长发育产生影响；②转基因生物的制作过程中的非预期效应（unintended effect）可能会导致转基因植株的生理生化特征产生一定程度的改变，这类改变也会对生态系统中的部分植食者和分解者产生一定的影响；③转基因生物的释放使得农药、除草剂等化学品的使用量发生变化，间接影响其他非靶标生物。

1）抗虫转基因植物对非靶标生物的影响

转*Bt*基因抗虫棉是目前中国商业化种植面积最大的转基因植物，转*Bt*基因抗虫棉释放的目的是为了有效地控制棉铃虫（*H. armigera*），但除此之外，棉田中的其他鳞翅目害虫，也会被毒杀或者控制；但是对于有些鳞翅目害虫如甜菜夜蛾（*Mamestra persicariae*）、小地老虎（*Agrotis ypsilon*）和斜纹夜蛾（*Spodoptera litura* Fabricius），却没有明显的不利影响。此外，转*Bt*基因植物花粉在自然情况下，也基本不会对养殖的家蚕和柞蚕的生长和发育有显著影响；转*Bt*基因玉米花粉在一定程度上影响黑脉金斑蝶（*Danaus plexippus*）幼虫的生长和发育。

刺吸式口器昆虫也是大田常见害虫，以蚜虫、粉虱、蓟马和盲蝽为主。TWN组织的研究发现，生物技术棉田中刺吸式害虫的出现比较多，而且存在时间较长，与非转基因种植的农民相比，种植转基因作物的农民需要多喷药一至两次。近年来国内的大田调查结果也表明，转*Bt*基因抗虫棉田中刺吸式昆虫的数量高于或者显著高于常规棉田。刺吸式昆虫已经成为转*Bt*基因抗虫棉田的主要害虫，对棉花生产产生重要影响。

转基因作物在控制靶标害虫的同时也可能对害虫的寄生性和捕食性天敌产生直接或间接的不利影响。寄生性天敌如齿唇姬蜂和侧沟绿茧蜂，由于其与寄主的关系比较密切，所以影响程度相应也大一些。实验室条件下，转*Bt*基因抗虫棉对以棉铃虫为寄主的寄生蜂的生长、发育和繁殖都有不利影响；大田调查的结果也说明转*Bt*基因棉对棉铃虫的寄生性天敌的发育和种群变化有不利影响。捕食性天敌如草蛉、瓢虫、食蚜蝇和蝽等，则多是在幼虫阶段捕食害虫，而在成虫阶段则是兼性或专性取食植物，这样的特点决定了捕食性天敌同样可能直接或间接的受到转基因植物的影响。转基因棉对于捕食性天敌的相对丰度没有明显的影响，但是用取食转基因棉叶的棉铃虫饲喂的捕食性天敌的结茧和成虫孵化都明显的减少，而对幼虫期长度、成虫体重和生育力则只有轻微影响，这是由于转基因棉叶片当中的Bt毒素对棉铃虫幼虫早期的毒杀以及存活下来的幼虫的低营养状态导致的。

转基因蛋白质会随着根系分泌物进入土壤，生活在植物体内和植物体表的生物、直接或间接以转基因抗虫棉为食的生物、土壤中的生物等都可能受到转基因植物所表达的毒素蛋白的影响。此外，抗虫转基因植物对鱼类、哺乳动物和鸟类的非靶标效应研究也有报道。理论上，鱼类、鸟类和哺乳动物都不在Bt蛋白的作用范围之内，所以转*Bt*基因植物不会对这些动物产生明显的不利影响。

2）抗除草剂转基因植物对野草抗除草剂特性进化的影响

转基因耐除草剂作物的大规模释放和商业化种植使得农业生产更大地依赖有限的几种除草剂，随着这种选择压力的增大，有可能在未来发展出新的具有除草剂抗药性的野草品种。阿根廷已经出现了抗镇草宁的杂草，并且变得越来越普遍，此类杂草导致除草剂用量的进一步增加，不少农民已开始重新使用2，4-D除草剂来处理难于控制的杂草。

5.1.3 外源基因逃逸

转基因生物的大规模释放后必须要考虑外源基因逃逸的风险，产生外源基因逃逸风险的可能原因和类型可以概括为：①转基因方法本身存在着不稳定性，容易发生基因重组，导致外源基因逃逸；②释放环境中存在和转基因生物有一定亲缘关系的物种，对于转基因植物来说则有非转基因栽培品种、野生近缘种和杂草这样几个大类，GMO与这些不存在生殖隔离的物种间的亲和过程会导致外源基因的逃逸；③GMO种子无意的遗撒或扩散造成外源基因的逃逸；④GMO的营养体参与无性繁殖或者个体再生，导致外源基因的逃逸。

目前转入作物的特性以抗除草剂的为最多，其次是抗虫和抗病毒。转基因作物与其野生亲缘种之间的杂交是转基因逃逸的主要形式，转基因作物与其野生亲缘种间杂交的可能性受许多因素影响，如二者不能存在生殖隔离、生长地点相同、可以有效传粉或授粉等。

转基因逃逸造成的最严重的生态学风险就是杂草和野生近缘种的问题。栽培植物很大一部分是由杂草驯化而来，很难保证转基因植物释放的环境中不存在可以与之杂交的杂草品种或野生近缘种。一旦外源基因逃逸到杂草品种或野生近缘种中，则会大大提高它们对除草剂或病虫害的抗性，加速抗性进化的速度，威胁整个农业生态系统。

我国是大豆、水稻和油菜这三种作物的起源中心，这三种作物也是目前转基因植物中的几个大的类群，释放这三类转基因作物对我国遗传资源的潜在影响非常大。一旦发生外源基因逃逸到野生品系中，后果相当严重，可能会直接威胁我国的粮食安全，甚至是国家安全。

5.1.4 外源基因在生态系统中的积累

转基因生物不仅仅会以个体的形式进入生态系统，释放的转基因生物经过一系列的生理生态过程，最终会以一定的形式进入到土壤中，外源基因也会随之一同进入土壤，通过这种方式影响生态系统。转基因植物及其产物进入土壤以后，可能会与土壤微生物发生相互作用，影响一些微生物的活动过程。

（1）转基因植物中的 DNA 转移到土壤中自然生长的微生物体中（水平基因转移）；

（2）重组使得一些细菌的功能有所改变；

（3）长期持续种植转基因作物所导致的重组事件，将会改变微生物的代谢途径；

（4）重组 DNA 和基因产物（蛋白质）会流入作为饮用水源的地下水中；

（5）转基因植物材料进入土壤将会刺激植物病原微生物具有比非病原体更强的竞争力。

5.1.5　转基因生物入侵

转基因生物的释放往往带有一定的目的性，同时一般会释放进特殊环境或者配合其他的一些手段综合使用。这样的过程总会伴有一定的选择压力，在这种情况下，转基因生物具有明显的选择优势和进化优势。但是当这种选择压力不存在时，转基因生物是否还具有进化上的优势这个问题仍然存在争论。

我们可以用外来种入侵的经验来类比转基因生物体对自然生境的入侵风险。外来种可能会对生物多样性造成危害，那么转基因生物会不会产生同样的问题，或者说转基因生物是不是具有同样的生态风险，则是转基因生物风险的核心问题之一。目前，还没有研究证明转基因生物在自然环境中具有进化优势，从而造成实际上的生物入侵。但是也有研究证据表明，*Bt* 基因提高了转基因甘蓝型油菜在田间的适合度，但是能否造成实际上的入侵还没有明确证实。在这种情况下，一般认为外源基因增加了转基因生物体在不稳定环境中存留的可能性，具有潜在的生态风险。

转基因生物的生态风险来源于对外源基因转入受体生物体内的过程以及之后外源基因活动行为的不确定性。一些生态风险，如转基因生物的靶标效应和非靶标效应，更多的是转基因过程和外源基因的表达造成的，但是目前的研究还不能完全揭示其中的机制。目前的研究暂时只能从基因流的层面上解释转基因生物的生态风险：水平基因流可以导致新的具有转基因特征的微生物产生，可以导致外源基因在生态系统中的累积，等等；垂直基因流的发生可能形成转基因生物的入侵等。外源基因通过基因流发生的逃逸既是一种生态风险，同时也可以被认为是多种生态风险（如转基因生物入侵、转基因的生态积累和部分转基因生物的非靶标效应等）的产生根源。

5.2　水平基因流——重组 DNA 的生物安全

转基因生物（GMO）中重组 DNA 潜在的非预期水平基因流对健康和生态环境的影响目前还是一个争论焦点。还没有研究证实转基因生物中的重组 DNA 的水平基因流可以产生优势有机体和细菌。目前的研究缺少对转基因生物体中 DNA 水平流现象的观测和证明，其原因可归纳为以下三点：

（1）缺少有代表性的模式系统，包括受体细胞、细菌、传播环境和重组 DNA 等；

（2）水平转移的重组 DNA 缺少选择优势，因此，这种罕见的宿主细胞或细菌中的转移几乎不能通过对有限样本的调查工作发现；

(3) 由于技术手段的限制，缺乏调查研究与细胞动态变化和细菌进化相关的水平基因流过程的敏感方法。

与自然界中高级有机体中的大部分基因相比，转基因生物体中的重组 DNA 经常呈现的某些特性可使得外源基因更可能在非预期宿主或细菌细胞受体中被替换和表达。从表 5.1 列举的转基因特性可以看出，尽管常规的本地植物的基因并没有在细菌基因组中检测到，但是确实有出现植物外源基因水平基因流过程的可能。

表 5.1　各个生物过程中重组 DNA 的水平转移风险

生物学或生物技术过程	重组 DNA 的特性和转移风险
目的基因重组及载体序列的构建	具有与其他微生物高度相似的序列，可能发生基因重组
转基因单元的构建	虽然只有目的基因表达的性状是必须的，但是转入的基因单元具有多种特性，这些特性可能在受体生物种中传播，甚至产生进一步扩散
基因表达和蛋白质组成的改变	由非特异性启动子（从微生物病原体中分离得到）驱动的，在新宿主中修饰特性的表达可能发生水平转移。密码子和启动子修饰可能改变表达水平和蛋白质性状（如 mRNA 的加工和编辑、转录后修饰），影响蛋白质组成、功能、稳定性以及在某些非预期受体中的定位
转基因结构插入另一个基因组	转基因源宿主和受体宿主的基因表达和调控系统的差异，可能导致转基因结构在新宿主中发生非预期的改变，如基因转录水平、mRNA 修饰、翻译过程、翻译产物的组成、翻译后修饰以及蛋白质的稳定性、活性和降解等
转基因进入细胞器	由于细胞器基因组与细菌等微生物的基因组织和调控存在一定程度的相似性，所以非预期细菌受体中转基因特性的同源重组和功能表达，以及细胞器中转基因的高拷贝数量，都在一定程度上提高了非预期受体的外源基因暴露率
转基因结构的大范围释放	转基因生物连续的大范围培养、加工和消费可能导致低频率的水平基因流事件不断发生，而实验室尺度模型得到的水平基因流频率不能很好地解释野外水平基因流的发生和影响

5.2.1　重组 DNA 在不同环境中的潜在影响

商业化转基因作物的大范围耕种和消费必然导致重组 DNA 在环境中一定程度地持续释放，有机体（如作物）脱落的组织或细胞，或它们的腐烂碎片都可以连续释放出重组 DNA。DNA 的释放是一个自然的过程，不仅仅针对转基因生物体，因此，讨论重组 DNA 对环境的影响是应该放在常规有机体也同样不断释放 DNA 的背景下进行。

所有细胞的遗传物质都是长链的 DNA 分子，在细胞死亡或凋亡的过程中，长链 DNA 分子被切割成为小片段，完成这一过程需要核酸酶（Nuclease 或 DNase）的催化。被释放的 DNA 通过常规的持续降解和循环进入生态系统中的各个营养级。目前，有研究证明有机体基因组 DNA 和实验室研究中的 DNA 在有机体间进行交换，这表明，一些或很少量的 DNA 碎片可被整合到环境受体生物的基因组当中。

侵入或整合到有机体基因组中的大多数外源 DNA 具有毒性，这是由于它们会干扰宿主细胞生物和基因组的机能。水平基因流过程中包含了很多这样的侵入或整合过程，这些过程是长期随机发生的，且发生比例相当低。对多细胞有机体来说，发生在非性细胞的水平基因流事件将会随着有机体的死亡而消失；而发生在性细胞或单细胞有机体的水平基因流事件将会遗传给后代。评估被转化的宿主有机体的长期存活率和适合度是预测转化细胞在数量上蔓延或最终死亡的基础。

在这些自然发生的水平基因流背景下，与生物安全相关的重组 DNA 问题包括以下三点：

(1) 转基因生物体释放的重组 DNA 是否会改变宿主细胞和细菌的被转化的能力，是否会改变宿主的适合度；

(2) 水平基因流过程和重组 DNA 在被转化细胞种群中的存在模式能否被准确预测；

(3) 目前可获得的科学文献和以水平基因流过程为基础的经验知识是否允许开展全面的、科学的基因流评价。

对重组 DNA 的水平基因流进行科学评价时，转基因的供体是生物安全评价的起点，所以对其性质和特征的了解是十分重要的。例如，如果重组 DNA 的蛋白质编码区已经在与接受转基因的生物体的同种自然环境中以一定频率出现，那么这种转基因生物在这种自然环境中的生态风险就很难评估和预测；如果重组 DNA 的序列在自然条件下出现，则评价水平基因流的生态风险时只需要考虑重组 DNA 改变基因组位置、序列和调控等而导致的潜在生物效应即可。由此可见，定义和理解转基因生物体中新的基因组成效应是水平基因流风险评价中的关键因素。

考虑到基因流在环境中的效应需要经过多个层次才能体现出来，所以，在实际评价操作中，以效应显现或缺失为基础的风险评价由于水平基因流事件的频率低而变得更加难以观察或监测。

5.2.2　原核细胞中重组 DNA 水平基因流

水平基因流进入病原微生物或环境微生物中将导致一系列潜在的、不可预料的效应，这样的非预期效应已经被认为是一种重要的、潜在的生物安全问题。DNA 从死亡或者凋亡的有机体中连续释放出来是一种普遍现象，微生物在有机物质的氧化还原和 DNA 的降解过程中起着非常重要的作用。因此，在人体胃肠道和农业环境中存在的微生物面对着持续的 DNA 暴露过程。

一般情况下，DNA 片段将作为微生物的营养源，而在一些罕见情况下，外源 DNA 可能被整合到微生物基因组中去。许多实验观察表明在实验室可观测的条件下，细菌可结合来自于其生存环境中的 DNA 分子，细菌基因组的嵌合基因也表明染色体 DNA 的水平转移已经在进化尺度上有所体现。正是这种进化尺度上的稳定事件导致了细菌基因组的变化，而对细菌基因组的比较分析可以用来定义并量度水平基因流。在这个定义中，基因流的发生时间尺度是百万年，而作为转基因生物安全性评价当中的基因流的时间尺度则很有限，一般为几小时到几天，所以目前还没有实验室研究证明细菌水平基因流的频率。

在未来，转基因嵌入到转基因生物体中的方式很可能不断增加，这要归因于新基因结构的发展。人工合成的具有两种不同功能的或多种功能的蛋白质可以通过新的蛋白质编码基因的连接和重组而获得，如可产生新药物或化学物的转基因植物正处于研发中，并且已经进入野外实验阶段。一种合理的、可被实验验证的假说被提出来了，即这些新植物品种中的某些植株可能释放出重组基因，重组基因一旦进入新的宿主细菌将可能导致某种选择优势。如果未来转基因生物体生产的趋势依然持续进行，进入细菌的重组DNA的水平基因流将可能导致更大的生物安全问题。

关于DNA在环境中的存在和变化、暴露的细胞或微生物是否会整合环境中的DNA、何时整合、怎样整合等问题，我们仍然有很多认识不全面、不清楚的地方。这种认识和了解的缺乏也是推动新假说的出现并促进数据收集的一种动力。合理的假设基础和多种信息源已经被应用于帮助重组基因潜在水平基因流的评价中。目前风险假设的基础由下述4部分组成：

（1）由转基因生物的研发者提供的实验室测试数据；

（2）文献中可获得的实验数据；

（3）已经出版的相似生物系统的观察结果和研究经验；

（4）对能产生最大效应的结果进行推测。

发生在自然界中的水平基因流过程仍没有很好的被认识，并且在未来很多年内，这种积累仍然是必需的，尤其是在能够做出对重组DNA效应缺失的精确预测之前。

5.3 垂直基因流——外源基因逃逸的理论基础

水平基因流的实质是DNA的重组，多发生于转基因生物及其碎片和微生物之间，我们也称之为水平基因转移（horizontal gene transfer）。与之相对应的垂直基因流则是针对和转基因生物有一定亲缘关系的生物种群的，这种风险的关键在于含有无意扩散的转基因成分最终通过杂交后代稳定遗传。一般情况下，除非特殊说明，基因流都是指垂直基因流。转基因生物垂直基因流的潜在生态风险研究多以固着生活的植物为研究对象，所以下面以转基因植物为例，介绍垂直基因流的相关内容。

5.3.1 基因流的概念

基因流（或基因漂移）原是群体遗传学中的概念，是指一个孟德尔遗传群体的遗传物质（基因）向另一个孟德尔遗传群体移动的现象。基因流可以发生在一个群体的个体之间、同一地域相邻近的不同群体之间、不同地域的群体之间和具有不同亲缘关系的物种之间。

基因流是自然过程，其自身并没有风险，生物进化就是由于基因流和生殖隔离的相互作用才得以产生。因为基因流可以导致同一物种内的不同个体间或不同物种之间遗传物质的交换，所以基因流可以造成转基因植物的外源基因向其非转基因植物品种和野生近缘种（包括杂草类型）逃逸，而带来不可预测的生态风险。

5.3.2 外源转基因逃逸的对象

通常，转基因逃逸，特别是通过花粉介导（pollen mediated）的转基因逃逸并不是可以发生在任何植物种类之间，而只能发生在与转基因植物有一定亲缘关系的物种中。转基因可逃逸到三种不同类型植物中：转基因植物的非转基因栽培品种、野生近缘种和杂草类型。

1）栽培植物品种

栽培植物品种（cultivar），是人类对野生植物种经过长期栽培和驯化形成的植物类型。通常一个栽培品种内的遗传变异较小，与转基因植物品种属于同一种类型，它们之间几乎没有生殖隔离，可以进行自由交配和形成完全可育的杂种及后代。外源基因通过花粉漂移从转基因植物逃逸到非转基因栽培品种非常容易，主要取决于该品种的异交率、外界环境条件和传粉媒介等。外源基因向其非转基因栽培品种的逃逸主要造成品种的混杂。

2）野生近缘种

野生近缘种，是指与栽培植物具有一定亲缘关系的野生植物种类，包括栽培植物的祖先种和其他野生种。通常栽培植物与其野生近缘种有一定的杂交亲合能力，并能产生部分可育的杂种及其后代。外源基因逃逸到野生种的频率，取决于转基因植物及其野生近缘种的杂交亲合能力、异交率、传粉媒介以及外界环境条件。外源基因逃逸到野生近缘种并在野生近缘种的群体中存留和传播，均可能会改变野生近缘种的生态适合度和入侵能力，进而带来不可预测的生态后果和环境安全问题。

3）杂草类型

杂草类型，是指与栽培植物属于同一生物学物种，伴生在栽培植物农田中或发生在农田附近的半野生或野生类型。杂草类型一般不能长期生存于自然环境，需要人类活动的干扰。由于杂草类型具有强烈的落粒性（shattering）和野生习性，并与栽培植物竞争水分、阳光和其他营养资源以及生存空间，故往往造成栽培植物减产。

通常栽培植物的杂草类型产生于栽培植物与其野生近缘种的种间杂交及后代分离、栽培植物品种间杂交及后代的分离和栽培品种的返祖遗传突变。由于栽培植物的杂草类型伴生于农田内，而且与栽培植物保持一定水平的异交（杂交），故外源基因向杂草类型逃逸的可能性很高，带来杂草管理方面的问题和一定的生态后果。

通常，通过花粉介导的转基因逃逸可能性的大小，与转基因植物及其非转基因植物、杂草类型和野生近缘种的亲缘关系和系统学关系密切。

5.3.3　外源转基因逃逸的途径

通常基因流可以通过三种不同的形式来实现，即通过花粉漂移、种子传播（或扩散）和无性繁殖器官的移动来进行遗传物质的交换。不同传播途径的特点见表 5.2。

表 5.2　不同途径导致的基因流及其特点

基因流类型	花粉飘移	种子传播	无性繁殖体（多年生）
频率	常见	常见	不常见
影响基因流的因素	受物种亲缘关系远近的影响	不受物种亲缘关系远近的影响	受物种亲缘关系远近的影响
影响基因流距离的因素	受植物的遗传特性如异交率和自然条件如花粉传媒的影响	受种子传播的因子如风、水流，动物运动以及人类活动影响	受营养体传播因子如风、水流，动物运动以及人类活动的影响
是否产生杂交	产生杂交（频率）	最终产生杂交	可能最终产生杂交

1）*花粉漂移*（pollen flow）

凡是能通过有性繁殖而产生后代的被子植物都具有雄性和雌性生殖器官，雄性生殖器官的雄蕊可以产生大量雄配子体花粉粒。花粉粒萌发形成精细胞，与雌性生殖器官胚囊中的卵细胞和中央细胞产生接合（双受精）而产生下一代。通常，雌性生殖器官是固着式的（即不运动的），而花粉需要移动到雌蕊柱头上才能萌发产生受精过程。花粉的这种移动过程称为传粉（或授粉），花粉的运动又称为花粉漂移。花粉漂移需要一定的媒介来帮助完成，可以由风、昆虫、动物和水等媒介的运动和携带来实现。最常见的是风媒传粉和虫媒传粉，是基因流非常有效的方式。花粉可以产生长距离漂移。

2）*种子传播*（seed dispersal）

所有种子植物都会产生种子，并依靠种子的传播或散布扩大该物种的分布范围。不同的物种都有各自的种子传播方式，如靠成熟时的爆裂或弹射等来传播，但是这种单靠自身力量来传播种子的距离和效果是有限的。借助外力如风、水、动物等的运动来进行种子的传播是植物在长期进化过程中形成的种子传播策略。通过这些媒介可以将种子传播到很远的地方。当种子从一个植物群体传播或扩散到另一个群体并长期存在时，就可能改变这个群体的遗传结构和基因频率，导致一定的生态和进化后果。栽培植物种子传播在很大程度上靠人为的因素，通过种子交换、交易、运输等方法可以将栽培植物的种子传播到不同的生态环境。转基因植物的商品化种植以后，通过人为的因素，可使转基因植物传播到不同的地区和不同的农业生态系统中。

3）*无性繁殖体移动*（movement of vegetative organ）

多年生植物种类除依靠种子繁殖外，其营养器官如块根、块茎、珠芽、枝条、分蘖和地下茎等，都可以离开植株而独立生存和自我繁殖。这些营养器官可以靠外力的作用如风、水、动物携带和人为的因素传播到距离植株很远的地方形成独立的无性繁殖体或克隆。这种通过无性繁殖器官或营养器官的移动，也是许多植物物种产生基因流的重要方式。通过人为的因素并结合有性繁殖进行传播的，可以达到非常有效的基因流目的。

5.3.4　花粉介导基因流的潜在影响

基因流是一种自然过程，是随时发生的进化过程的一部分。因此，从本质上说，基因流是一类广泛存在的自然事件，不应该产生任何潜在的无法预料的生态风险，因为在维管植物（高等植物）进化中这种过程发生了几千年，甚至主要驯化作物和它们的野生近缘种之间的基因流也持续发生了几千年的。如今，还没有关于这样的基因流引发大的负面环境影响或灾难的报道。

然而，如果一个基因有很强的适合度优势，就像转入具有高表达水平和单一功能的基因（如抗虫 *Bt* 转基因）一样，这个基因将会通过作物-野草或作物-野生种这样的杂交或基因渗入方式在杂草或野生种群中快速传播。即便是转基因作物有很低频率的基因流，在合适的选择作用下，外源基因也可以很快地在杂草或野生种群中聚集和扩散。种质介导的基因流也可以在作物和野生近缘种中大范围扩散，主要通过种子在地区间进行人为转运和交换来实现。限制某种外源基因传播的策略需要考虑花粉粒在空气中及种子在转运和储藏时的扩散和寿命。

评估外源基因逃逸引起的潜在影响，特别是逃逸到野生种群和杂草种群中的情况，应该考虑特异转基因特征的选择优势。外源基因逃逸到不同的受体中所引起的影响可能在类别和级别上有很大的不同。外源基因从转基因作物逃逸到非转基因作物中，同逃逸到杂草和野生近缘种中相比，会产生完全不同的影响。在后者中，不同的外源基因特征在不同环境条件下将会对野生种群产生不同的影响。理论上，只有在进化过程中具有选择优势的和可以改变受体个体或种群适合度的外源基因会在基因流的作用下在野生种群或杂草种群中坚持下来并快速扩散。所以，个案评估原则（case-by-case principle）在外源基因逃逸及其环境影响的生物安全评价中应该被严格执行，并且个案评估原则还依赖于受体的类型。不同外源基因流引起的潜在的或预知的影响将在下面讨论。

1. 作物-作物基因流

从一块转基因作物农田到临近种植非转基因作物品种农田的基因流很容易发生，转基因作物和非转基因作物间传粉介导的外源基因移动频率主要依赖于作物的交配系统和花粉数量。在同样的空间维度，同一个花粉源，同样的气候条件下，自花授粉作物具有较低的基因流频率，而远交作物则有相对高的基因流频率。在实际情况下，如果不同的种植者或国家因为销售或管理的原因想要从常规品种中区别出转基因作物，那么理解花粉和种质介导的作物-作物基因流是很有用的。这会有助于评定不同作物品种中作物-作物基因流引起影响的程度。例如，种植水稻具有高的自花授粉率，相邻植株或大田间的异花授粉很少发生（少于 1.0%）。在意大利进行的实验表明，从抗除草剂转基因水稻品种到邻近的非转基因植株的花粉介导基因流为 0.05%～0.53%。在中国也是一样，当植株种植在邻近大田时，从抗虫转基因水稻到其非转基因副本中的基因流平均频率是 0.02%～0.80%。更早期，相似的研究也表明邻近的杂交水稻和传统品种间的基因流频率明显不同，杂交水稻基因流频率高很多。水稻中基因流的不对称模式说明频率由花粉受体的远交率决定，进一步的研究显示转基因水稻花粉供体空间距离仅仅增加几米，基因流频率就会显著降低。这些发现一致说明小的隔离距离就可以保持种植在种质保存地的栽培水稻的纯度。在美国，为了生产合格种子出售给农民的水稻植株必须同其他水稻品种有 6m 左右的隔离。异花授粉物种如玉米的作物-作物基因流引起的影响会更加严重，墨西哥传统玉米品种被污染引发的世界范围内的争论就是一个反映。关于作物-作物外源基因流影响的预测非常多，下面介绍其中的一部分。

1）非转基因作物的污染

当外源基因从转基因作物转移到非转基因副本中时，无论是通过种质、营养体还是花粉介导，主要的问题都是转基因作物和常规作物品种的混合。如果人类食用或用作动物饲料的非转基因作物的种子或营养器官中出现外源基因或其产物，同时这个外源基因被设计用来改变作物的成分，那么这种污染可能会恶化目前的食品/饲料安全性问题。到目前为止，已经有大量的抗虫或者抗除草剂转基因作物或其产物通过各种途径进入食品中，最知名的例子之一就是 Starlink™ 转基因玉米（transformation event CBH-351；OECD unique identifier ACS-ZMØØ4-3）是唯一被核准在动物饲料中使用的品种。2000 年，墨西哥玉米面豆卷的外层中检测出了 Starlink™ 玉米中的 Bt 毒素（Cry9C），引发了大规模的产品召回。经过三年不懈的努力，这种外源基因在美国食品中依旧可检测出来，最近的评估表明环境中的Starlink™玉米总量被低估了，没有令人信服的数据表明污染水平进一步降低了。另一个例子是美国的除草剂耐受的长粒转基因水稻（transformation event LLRICE601；OECD unique identifier BCS-OSØØ3-7）成分在被批准商业化之前就出现在欧洲（http://www.foeeurope.org/GMOs/rice_contamination.htm）、亚洲和非洲多个国家（http://www.radiomundoreal.fm/rmr/?q=en/node/20338）的日用品中。2008年2月的一份报告显示，2006～2007年，一种未经批准的转基因玉米（Event 32 or E-32；a "sister" event to HERCULEX™ RW *Insect Protection* [OECD identifier DAS-59122-7]）出现在美国种植的陶氏农业科技研发的已经商业化的三种杂交玉米中（http://www.dowagro.com/newsroom/corporatenews/2008/20080222a.htm）。这些例子证明了作物-作物基因流的问题，带来了保持转基因作物及其非转基因副本隔离的挑战。非转基因作物的污染，特别是有机农业产品，通常会造成社会、经济和伦理方面的问题。大范围的、长距离的作物-作物基因流会改变转基因和非转基因作物的种植布局。转基因种子或营养体混入到非转基因作物中会导致地区或国际贸易争端，也会引起法律争议。非转基因作物基因流的明显上升会增加向杂草或野生水稻种群基因转移的机会。在这些例子中，转基因作物混合或污染的水平是至关重要的，不同国家开始接受非转基因产品中混有少量偶然出现的出口国家法律许可的商业化转基因产物。

2）改变传统作物的遗传多样性

转基因作物的大面积种植会对传统作物的遗传多样性产生潜在的威胁，作物遗传多样的丧失会降低繁育高产和抗逆作物品种的能力。对于遗传侵蚀的关注包括两个层次。首先，由于传统作物品种被商业化转基因优势品种不断的替代，转基因作物的大面积种植会引起传统作物品种的快速丧失。例如，经过十年的种植，中国抗虫转基因棉的种植面积占全国棉花种植总面积的70%，印度抗虫转基因棉的种植面积超过全国棉花种植总面积的40%，北美洲的转基因大豆和转基因油菜也是处于同样的状态。然而，关于传统作物物种遗传多样性丢失的争论已经代替了先前的关于在现代农业中引入转基因作物以改良作物品种和农业环境的争论。其次，如果外源基因具有选择优势，那么转基因作物中外源基因通过基因流向非转基因的传统作物种中扩散可能改变传统变种的完整性。在种植和结实过程中，包含任何有益外源基因的杂合子会在选择过程中逐渐积累直至最终代替传统变种的原始基因型。

3）农耕实践的改变

一些转基因特征需要特别的管理办法来保持。例如，转基因*Bt*作物的推荐管理办法就是应用高浓度/避难所策略，即转基因作物中Bt毒素维持一个高浓度的同时还要保证一定比例的非转基因作物的存在，作为靶标害虫的寄主，非转基因作物和转基因作物之间充分靠近以保证两个地块的害虫可以相互交配。广泛存在的基因流造成环境特征的差异，将会改变Bt毒素在转基因种群中的浓度，提高对Bt的抗性进化，降低高浓度/避难所策略的有效性。保存种子使下一代Bt和非Bt植物混合的方法可以使这个过程加快。抗虫植物在全球的种植面积大约是1200万hm^2，且在不断上升。此外，含有Bt毒素的可以应用的或正在研发的植物变种的范围正在扩大，包括棉花、玉米、番茄、茄子、大豆、油菜、马铃薯、苹果、花生和花椰菜。有更多的昆虫暴露在 Bt 毒素之下，可能的后果就是任何管理上的失败都会在短时间内扩展到多种作物和国家地区，另一个基因流带来的后果是产生地理斑块。剩余的表达 Bt 毒素产生害虫抗性的植物，不论是栽培种还是野生近缘种，都会破坏地区范围内的农耕操作。粗放的种植除草剂抗性转基因作物也会加速农耕实践的改变，用选择性除草剂代替传统的广谱除草剂，或进行人工除草。

4）药用和工业用转基因作物

关于药用转基因作物的一个主要问题是当它们混入传统作物进入食物链后，它们可能伤害人类或其他物种。一些转基因作物被修饰用来做生物反应器，生产药物产品或工业用化学物质。例如，用转基因稻米生产药物。人们希望这些转基因作物不适合人类消费，因为之前没有任何安全使用记录。从这些转基因作物到一般人类食物链的基因流会产生一些不利影响和公众关心的问题。产生疫苗蛋白的基因通过基因流转入非转基因作物，原植物或杂交植物进入人类食物供应体系都是公众关心的问题。新的问题是由基因流产生的，因为一个蛋白质在一种粮食作物中的表达会显著不同于在其他作物中，这说明一个在大豆中对人类安全的蛋白转入豌豆中就可能变成一个潜在的过敏源。必须谨慎的确认未来的改变营养水平的转基因作物（如金色稻米）可以被一般人安全地吸收。

2. 作物-野生近缘种和作物-杂草基因流

生态学研究表明一些转基因作物在自然生态系统中是可育的，并且可以和它们的野生近缘种杂交。最主要的环境问题是除草剂耐受或抗虫抗病转基因作物中的转基因通过基因流转移到野生种或杂草中造成新的入侵杂草。植物也可以被修饰成为具有很多其他特性的基因如快速生长（表达特异生长激素的基因）、高产（增加种子产量）和可在新栖息地生存（抗旱或耐寒）的基因。理论上，作物-野生近缘种或作物-杂草外源基因流产生的潜在环境问题很大程度上是由外源基因向野生种或杂草种群的基因流大小和转基因特征在自然选择中具有的选择优势或劣势决定的。当整合了具有选择优势的转基因特征的种群在相应的选择压下（如害虫袭击或干旱、盐分压力），种群会有很好的表现，并由此导致意想不到的环境问题。必须指出的是，作物-野生种或作物-杂草基因流是不断重复出现的，或者它们的种子保留在当地土壤种子库中。外源基因流的频率会因为不同年份或季节中的转基因作物向其周围环境中的基因流的重复发生而得到放大。这和向栽培种的外源基因流是不同的。如果作物被利用了或消费了，那么外源基因就不会在作物种群中积累。如果作物被当作种子利用，那么被污染的种子可能会传播和扩散到不同的区域。因为这些独特的特征，作物-野生种基因流的直接后果是外源基因向野生种群中不断的流动改变了野生种或杂草的遗传整合。此外，如果外源基因具有选择优势特征，那么这样一个外源基因进入野生近缘种就会改变野生近缘种的适合度，导致野生近缘种或杂草种群的变化（上升或下降），或者外源基因在野生近缘种或杂草种群中的快速积累和扩散，这些改变将会导致不同的环境问题。

一个整合了外源基因的野生种群的命运有不同的可能性。一方面，如果外源基因可以通过表达有利的特性（如抗虫、耐旱或提高生长能力等）来增加野生近缘种的适合度，那么外源基因流将会在种群中保持并快速传播。表达外源基因的个体会在同不表达外源基因的个体的竞争中胜出。这个过程会提升转基因个体的增加和入侵速度，引发不同程度的杂草问题。随着抗除草剂作物（最有名的是转基因油菜）的出现，公众强烈关注可以抗多种除草剂的超级杂草的产生。另一方面，如果外源基因降低了受体野生近缘种的适合度，那包含有这种劣势外源基因的个体的频率就会逐渐降低。基因流和附近转基因作物基因渗入的反复发生会加速这个过程，可能导致当地种群的灭绝。在世界许多地方，农业生态系统中和农业用地与自然栖息地的边缘，野生近缘种种群被作物田地所包围，这种效应已经通过作物-野生近缘种基因流发生了。

如果外源基因是选择中性的，不改变野生近缘种的适合度，就像那些编码营养成分和品质特征的基因只是有利于人类的口味或者健康状况，流出这种外源基因可能不会对野生近缘种的种群动态有多大的影响。在这种情况下，这种基因流对环境的影响可能很低。作物-野生种或作物-杂草基因流引发的环境后果是深刻的和需要长期定义的。

仍然有许多基因流和适合度改变过程的生物机制有待理解。这里所列出的只是一些作物-野生近缘种基因流的假设或预测的后果，虽然大多数从来没有被发现或证实，但却是全世界普遍讨论的问题。以科学为基础的研究应该按照个案评估原则评价这样的问题是否会在现实中发生，以及衡量这些问题发生的规模。

1）*产生新杂草*

杂草种群广泛侵染农田，与作物竞争资源，会造成作物产量的重大损失。此外，杂草还可以通过引入不良种质、毒素或过敏原以降低作物的商业品质或营养价值，无论他们是源于自然，还是转基因植物。任何表达转基因的杂草或野生近缘种群会产生相同的严重管理问题，就像目前非转基因副本的经验一样。作物-野生近缘种外源基因流可能加剧杂草化，导致已经存在的杂草有更大的持久性和侵染性。另一方面，转基因作物有可能获得杂草基因导致作物品种的持久性和侵染性。因此，杂草化相关的基因流主要是以下两个方面：①侵入农田并在其中持续存在的野生种或杂草，如野生稻或野生油菜，可能成为更有效的和更具有侵略性的杂草；②转基因作物或转基因作物和野生近缘种之间的杂种，在整合了具有抗生物的和非生物胁迫的外源基因后，可能成为更有效的和更具有侵略性的杂草。这些问题都有一个前体假设，即转基因作物中的外源基因对作物、杂草和野生种具有适合度优势。

一些有害杂草［如英国的野芥子（*Sinapis arvensis*）］的种子可以在土壤中保存长达 35 年。这个观察的重要性在于在一个大的英国研究中检测一种野芥子和抗除草剂的油菜杂种，当杂种不发芽时，植物花粉中检测不到外源基因，因此，是外源基因流导致了这个重要的杂草除草剂抗性。可能影响的侵袭的性状包括生育、营养体的活力、耐受大范围环境条件，和可育材料的品质和扩散范围。作物及其杂草种群之间的基因流相对较高，因为杂草种群与作物同种，通常由同一作物品种，或由作物及其野生近缘种的杂交后代分化而来。

外源基因从转基因作物中循环或连续流出会导致外源基因在同一野生近缘种中堆积。加拿大油菜变种之间的异花授粉导致三倍体抗除草剂变种的产生，野生油菜被认为是加拿大 Alberta 20 种最普通的杂草之一，发生在小麦或大麦田中。除草剂耐受性在杂草中的积累会明显提高杂草控制的难度。

2）其他适合度相关的外源基因的影响

在许多情况下，外源基因不编码具有进化选择优势的性状，这些类型的外源基因不会在杂草或植物的野生种群中保留和蔓延。因此，这种外源基因的外流是不大可能导致环境问题，因为外源基因在种群中的频率将维持在非常低的水平。同样，负载适合度成本的外源基因（在形式上表现为存活率和生育力的降低），将不太可能被传递到寄主后代中。许多营养品质、加工质量和粮食成分相关的性状对作物的野生近缘种可能具有选择中性甚至是负效应。例如，*psy*、*crti* 和 *gt1* 基因增加黄金稻米中维生素 A（β-胡萝卜素）的含量，反义 *Wx* 基因可以改善稻米的口感。

这些外源基因通过基因流逃逸到杂草或野生近缘种中可能会造成有限的环境问题。与上述案例相反，野生近缘种和杂草种群的适合度可能会因为具有生物胁迫（如昆虫和病害）抗性、非生物胁迫（如干旱和盐度）耐受种子或营养繁殖体产量增加的外源基因的进入而得到提升。根据当地的环境条件，这些类型的“提高适合度”的外源基因流向临近的受体可缓解杂草或野生种群的生态压力，如限制本地丰度或限定其生境。如果外源基因受体种群已经是一种杂草或在整合特定外源基因性状后更具侵略性，那么它可能会在自然栖息地中更具侵略性。例如，如果野生稻或杂草稻吸收了具有耐盐和快速生长性状的外源基因，那它就会侵入盐碱地。转基因作物基因流的另一个问题是外源基因导致的适合度优势的范围，以及这是否会影响种群动态。这在很大程度上取决于虫害和病害调节野生近缘种种群的程度。因此，野生种群的基础生态研究有助于解决这个问题。在野生向日葵中，单一 *Bt* 基因的表达导致美国内布拉斯加州大田生长的实验植物的昆虫幼虫损害降低，生育力提高。因此，如果某些外源基因可以提高野生种或杂草的适合度，那么评价以下几点就很重要了：①产生更多入侵杂草的潜力；②对非靶标物种（如益虫）的任何可能的伤害；③基因流对抗虫和抗草甘膦作物任何可能的影响。

3）转基因除草剂抗性的传播

转基因除草剂抗性可以很容易通过基因流被野生种和杂草所获得。无论是在发达国家还是发展中国家，由于缺乏农业劳动力和农耕方法的变化（如水稻的种植由移栽苗变为直接播种），农田中杂草的控制越来越依赖于除草剂。这个转变已经导致了严重的杂草问题，由于杂草幼苗同水稻幼苗竞争，抑制水稻幼苗的生长（如中国东北严重发生的杂草稻）。被杂草严重入侵的稻田变得无法利用，因为杂草和作物非常相似，其在土壤种子库中长时间保存使得其很难根除。因此，可以负担得起除草剂费用的水稻种植者都急于采取抗除草剂水稻品种，即使这一策略的好处持续的世代数可能很少。种植抗除草剂水稻品种必将在短时间后使控制杂草的情况变得更复杂，因为不同类型的除草剂抗性是一个显性孟德尔遗传性状，可以很容易的通过异花授粉传播到杂草稻中。如果同样的除草剂反复使用，转基因抗除草剂杂草稻将十分强壮。模拟研究表明除草剂抗性有可能在持续种植水稻 3～8 年后成为杂草稻种群的常见性状。转基因油菜的种植情况与此类似。通过循环的基因流，不同的抗除草剂外源基因被发现在同一个杂草品种中积累，相同的外源基因预计也将会被邻近的任何种类的杂草所获得。

因此，抗除草剂的新基因将很可能在杂草中传播，特别是在杂草管理已经很困难的地区。一般情况下，大多数提高适合度的性状将不会在杂草种群中快速传播。自花授粉的野生种或杂草可以以很低的速率获得外源基因，一旦外源基因流发生，那些具有很大适合度优势的自花授粉植物的后代的数量会在后代中快速上升。在哥斯达黎加，一个除草剂抗性水稻品种通过基因流衍生出来的快速发展的抗草甘膦杂草稻已经成为一个主要的经济问题。因此，一些水稻科学家已提出建议，抗除草剂水稻不应该在没有严格的管理准则和有效的生物隔离技术的情况下广泛使用。

4）野生种质遗传多样性的丢失

作物的野生近缘种被认为是遗传多样性的宝贵资源，即使这些野生近缘种是杂草，种质资源专家认为这些多样性库应避免种群的灭绝和遗传“沼泽”——作物基因的大量流入导致的结果。对有些人来说，外源基因在作物近缘种的野生种质中出现就代表了“污染”或“基因污染”。

外源基因对遗传多样性的非预期效应有两种情况。第一，理论上，提高适合度的外源基因会产生选择性清除，其中部分作物基因组是联系在一起的，这些外源基因取代了相应的部分野生基因组。这一过程在自花授粉物种中比较常见，其中有性繁殖中等位基因的混合和稀释有更大的潜力。在大多数自花授粉植物中快速选择性清除的潜力似乎不大，这是因为：①很少有具有适合度优势的外源基因能够在野生种群中导致选择性清除；②花粉介导的基因流的程度很低。然而，大量流向野生近缘种的外源基因流会对野生种质产生威胁。第二，在某些情况下，大量涌入的降低适合度的外源基因可能有助于种群下降，甚至当地的小的、孤立的种群灭绝。在100个个体或更多个体的种群中，适合度降低的外源基因的频率会由于自然选择的净化力而减少。因此，目前的资料表明，自花授粉转基因作物基因流可能不会威胁到野生种和杂草的遗传多样性。

如果在没有特殊外源基因的情况下，植物种群的存活受到影响，那么基因流可能会影响遗传多样性。生物多样性可能受到具有竞争优势的外源基因表达的威胁，通过遗传侵蚀而丢失多样性也许还没有被很好地认识到。尽管这是一个自然发生的过程，但是转基因农业通过基因流的方式可以显著的改变这一过程的正常影响。大面积的种植转基因作物和持续不断的补充种植转基因作物，都会导致外源基因被不断引入环境中。

主要参考文献

黄志良. 2001. 基因工程的应用及其安全性管理. 生物学杂志，18（6）：32～35

贾士荣，金芜军. 2003. 国际转基因作物的安全性争论——几个事件的剖析. 农业生物技术学报，11（4）：1～5

钱迎倩，田彦，魏伟. 1998. 转基因植物的生态风险评价. 植物生态学报，22（4）：289～299

钱迎倩等. 1999. 转基因作物在生产中的应用及某些潜在问题. 应用与环境生物学报，5（4）：427～433

薛达元．2005．中国转基因水稻的环境风险与管理对策．见：薛达元等．转基因生物风险与管理．北京：中国环境科学出版社．95～101

Baack E J，et al．2008．Selection on domestication traits and quantitative trait loci in crop-wild sunflower hybrids．Molecular Ecology．17（2）：666～677

Bates S L，et al．2005．Insect resistance management in GM crops：past，present and future．Nature Biotechnology，23：57～62

Celis C，et al．2004．Environmental biosafety and transgenic potato in a centre of diversity for this crop．Nature，432：222～225

Chamberlain D，Stewart N C．1999．Transgene escape and transplastomics．Nature Biotechnology，17：330，331

Daniell H，et al．1998．Containment of herbicide resistance through genetic engineering of the chloroplast genome．Nature Biotechnology，16：345～348．DOI：10．1038/nbt0498-345

Daniell H．2002．Molecular strategies for gene containment in transgenic crops．Nature Biotechnology，20：581～586

Ellstrand N C，Prentice H C，Hancock J F．1999．Gene flow and introgression from domesticated plants into their wild relatives．Annual Review of Ecology and Systematics，30：539～563

Grant V．1981．Plant Speciation．2nd ed．New York，USA：Columbia University Press

Gressel J．1999．Tandem constructs：preventing the rise of superweeds．TRENDS in Biotechnology，17：361～366

Gura T．1999．Biotechnology：new genes boost rice nutrients．Science，285（5430）：994，995．DOI：10．1126/science．285．5430．994

Hatti-Kaul R，et al．2007．Industrial biotechnology for the production of bio-based chemicals：a cradle-tograve perspective．TRENDS in Biotechnology，25（3）：119～124

Huang C Y，Ayliffe M A，Timmis J N．2003．Direct measurement of the transfer rate of chloroplast DNA into the nucleus．Nature，422：72～76

Huang J，et al．2005．Insect-resistance GM rice in farmers' fields：assessing productivity and health effects in China．Science，308：688～690

James C．2006．Global Status of Commercialized Biotech/GM Crops：2006．ISAAA Brief No．35．International Service for the Acquisition of Agri-Biotech Applications（ISAAA）．Ithaca NY，USA

Lu B R．2006．Identifying possible environmental hazard from GM rice in China to inform biosafety assessment．*In*：Proceedings of 9th International Symposium on the Biosafety of Genetically Modified Organisms，24～29．Jeju Island，South Korea，106～110

Mercer K L，et al．2007．Stress and domestication traits increase the relative fitness of crop-wild hybrids in sunflower．Ecology Letters，10：383～393

Ortiz-Garcia S，et al．2005．Absence of detectable transgenes in local landraces of maize in Oaxaca，Mexico（2003-2004）．Proceedings of the National Academy of Sciences USA，102：12338～12343

O'Callaghan M，et al．2005．Effects of plants genetically modified for insect resistance on non-target organisms．Annual Review of Entomology，50：271～292

Quist D，Chapela I．2001．Transgenic DNA introgressed into traditional maize landraces in Oaxaca，Mexico．Nature，414：541～543

Raven P H．2005．Transgenes in mexican maize：desirability or inevitability? PNAS，102：13003，13004

Rieger M A，et al. 2002. Pollenmediated movement of herbicide resistance between commercial canola fields. Science，296：2386～2388

Stewart C N，Halfhill M D，Warwick S I. 2003. Transgene introgression from genetically modified crops to their wild relatives. Nature Reviews of Genetics，4：806～817

Ye X，et al. 2000. Engineering the provitamin A（beta-carotene）biosynthetic pathway into（carotenoid-free）rice endosperm. Science，287：303～305

第6章　转基因生物风险评价：方法和案例

转基因生物的风险评估（risk assessment）是指估计转基因生物体可能造成的损害的种类、可能性和程度的措施。

转基因生物安全性评价是进行技术安全管理和科学决策管理的需要，安全性评价的结果是制定必要的安全监测和控制措施的工作基础，也是决定该项转基因生物技术的工作是否可以开展以及如何开展的科学依据。通过转基因生物安全性评价，可以明确转基因生物技术及其产品是否会危害人类健康和环境安全，让公众了解现代生物技术和转基因产品，消除不必要的疑虑，从而进一步推动现代生物技术健康稳定的发展。

6.1　转基因生物风险评价的一般原则和方法

转基因生物的风险评价一般遵循以下原则。

1）*科学原则*（science-based principle）

客观的评价转基因生物的安全性，首先要遵循的就是科学原则，实验设计需要认真严谨，实验方法合理，对实验结果的分析客观、严谨。这样的结果才是真正具有说服力的，同时，这样的结果对于进一步优化转基因生物，尽量降低转基因生物的风险具有参考价值。

2）*个案评估原则*（case-by-case principle）

转基因生物的研发目的不同，生产方法、目的基因来源、功能，受体生物的生存环境都不可能完全相同，因此，要对转基因生物及其产品进行评估，必须针对每个产品个案在特定环境中产生的具体风险进行评估。例如，转 *Bt* 基因抗虫棉花的安全性评估工作中，在中国需要考虑转 *Bt* 基因抗虫棉对家蚕的影响，而在美国则不需要这项工作。

3）*逐步评估原则*（step-by-step principle）

转基因生物的开发需要经过多个环节，在进行安全性评估过程中，过程的安全性也是必须考虑的，在转基因生物开发的每一步都需要对中间产品的安全性进行相应的评价，只有在认为安全可靠的情况下才可以进入下一个步骤。

4）*熟悉性原则*（familiarity principle）

联合国环境规划署（UNEP）对熟悉性的定义为：对亲本和转基因生物、转基因生物的预定用途及潜在的接受环境的知识和经验的熟悉程度。也就是说，在对转基因生物进行安全性评价时，我们必须尽量多地获取有关外源基因、常规亲本、转基因生物以及释放环境各个方面的知识。这条原则的使用事实上是为了保证安全性评价的完整性，同时又考虑了进行安全性评价的时间成本。

5）*实质等同原则*（substantial-equivalent principle）

这条原则主要针对转基因植物的食品安全性，主要内容是以转基因植物的受体植物为对照，充分考察转基因植物和受体植物在毒理学、生理生态和营养水平等方面的异同，借此判断转基因植物和非转基因植物是否具有实质上的等同性。

以上几条评估原则是现阶段被广泛认可的，目前的转基因生物安全性评价也基本上遵循这样的几条原则。另外，由于政治、经济和一些社会因素，不同的国家在进行转基因生物安全性评价过程当中可能还使用一些其他的原则。

转基因生物的安全性取决于插入基因的性状、最终生成的生物体、要释放进入的环境以及转基因生物与环境的相互作用。风险评估特别要注意转基因产品生成的过程，分析转基因产品内基因产物可能引起的风险和基因转移的可能性。

在《生物安全议定书》附件三中设定了风险评估的方法（见本章附录1），并对其中所需要考虑的要点也做出了相应的建议。

欧盟2001/18/EC指令与《生物安全议定书》基本相符，并且明确了一些可行的细节。在该指令中规定，为了对转基因生物有意环境释放的做法带来的潜在风险进行个案评估，必须建立合理的程序和一致的标准。在其附录中详细而且明确地规定了具体的程序和标准。

在同一指令中也规定，在每一次释放转基因生物之前都必须进行环境风险个案评估。同时也应当及时考虑由于其他转基因生物和环境相互作用而带来的潜在长期积累的不良后果。在对含有耐抗生素基因进行风险评估时，更要对涉及此类基因的问题给予特别的重视。

鉴于欧盟在这方面研究的先进性和严格性，其风险评估方法也是我们借鉴学习的主要来源。

根据上述原则和建议，风险评估的一般方法应该包括以下几点：

（1）鉴别出可能产生负面作用的转基因生物的性状；

（2）评估每个负面作用的潜在后果；

（3）评估每个已经识别出的潜在负面作用出现的可能性；

（4）估算由每个已经识别出的转基因生物性状可能构成的风险；

（5）对于转基因生物有意环境释放或投放市场所采取的监控风险管理的策略；

（6）判断转基因生物的整体风险。

具体来说，在我国转基因生物试验需要从上一试验阶段转入下一试验阶段时，试验单位应当向国务院行政主管部门提出申请。试验单位提出该申请时，应当提供风险评估材料。风险评估方法参照欧盟2001/18/EC指令与《生物安全议定书》的相关规定。如果风险评估由申请方自行做出，需要由国家主管部门审批，并由转基因生物安全委员会进行审查其风险评估材料，审查合格后，由国务院行政主管部门批准转入下一个试验阶段。

6.2 转基因经济作物的风险评价

6.2.1 转基因棉的风险评价

虽然国家农业转基因生物安全专家委员会批准了若干种转基因植物的商品化，但是转基因棉花是我国除转基因抗病毒烟草（已经不再种植）以外唯一进行实际商品化种植的转基因植物。转基因抗虫棉在中国的种植范围非常广，种植面积约为国内棉花总种植面积的 70%。

国家环境保护部南京环境科学研究所曾于 2002 年 6 月发布了一份转基因抗虫棉在中国田间生物安全评价的综合报告，其论据和观点来自中国科学家已经进行的实验研究，是比较客观和准确的。

1. 转基因棉花中 Bt 杀虫蛋白的时空表达及其对害虫的控制效果

目前转基因棉花中广泛使用 CaMV 的 35S 启动子，该启动子能够在大多数植物组织中启动转基因的表达，它也能引导转基因在除成熟花瓣和花粉外所有的棉花组织中的表达。很多研究发现，转基因在不同植物品种和不同组织及部位有不同的表达量。由于转 *Bt* 基因棉最早在美国和澳大利亚商品化，而且种植面积比较大，因而，两国科学家对棉花中 Bt 蛋白表达情况的研究开展的比较早。研究发现 Bt 蛋白的表达受遗传（插入位点、基因构成、遗传背景的基因型、遗传上位性和体细胞突变）和环境（温度、湿度等）因素影响。并且在整个生长季节中，*Bt* 棉的杀虫功效是不断变化的，从植株生长的中间阶段开始，就可以在田间发现存活的害虫。Bt 蛋白的表达水平在整个生长季节中呈下降的趋势、*cry1A* 基因转录的不稳定性、棉花体内丹宁浓度的变化以及植物-毒素间的相互作用等因素都可以影响 *Bt* 棉的杀虫效率。

国内的实验室也针对国产的 *Bt* 棉开展了此类研究工作，研究发现杀虫蛋白的表达量在棉花发育过程中有明显的时空动态变化。在室内进行的生物测定实验发现棉铃虫幼虫校正死亡率与其杀虫蛋白表达量呈高度正相关。但是，在田间，由于受多种因素的影响，*Bt* 棉杀虫的田间表现与 Bt 杀虫蛋白含量的关系与实验室研究结果有一定的差异。抗虫棉在中国存在的最大问题是，它能够有效地控制第二代棉铃虫，而对第三、第四代棉铃虫的控制效果不好。并且，当靶标害虫——棉铃虫被控制住以后，其他的非靶标害虫的为害情况加剧，并可能会从棉田次要害虫逐步上升为主要害虫。

2. 靶标害虫对 *Bt* 棉产生抗性进化的风险评价

害虫摄食 *Bt* 棉后，在肠中碱性条件下 Bt 毒素的二硫键打开，在胰蛋白酶的作用下形成有活性的毒性核心片段，与昆虫中肠上皮细胞的特异性受体结合形成穿孔，造成细胞崩解，消化系统破坏，最终导致害虫死亡。目前转基因棉花所使用的 *Bt* 基因都是经过人工改造过，能够持续高效地表达单一的杀虫晶体蛋白，由于长期暴露于表达高浓度 Bt 蛋白之下，转 *Bt* 基因的作物商业化种植以后，可能会促进害虫抗性的快速进化。

国内很多研究者研究了国产 *Bt* 棉和美国孟山都公司的 *Bt* 棉对靶标害虫的控制效果。用转 *Bt* 基因抗虫棉在室内饲喂棉铃虫初孵幼虫，连续饲喂 11 代和 17 代后，幼虫对 Bt 杀虫蛋白 CrylAc 的抗性指数分别提高到原来的 4.0 倍和 7.1 倍，转 *Bt* 基因抗虫棉对棉铃虫的抗性也由高抗下降为抗和中抗；用 *Bt* 棉叶片饲喂已经产生早期抗性的采集自山东阳谷和河南新乡的棉铃虫初孵幼虫，接种 5d 后平均死亡率较敏感品系下降 16%～29%，我国黄淮流域主栽棉区的棉铃虫已对转 *Bt* 基因抗虫棉产生了一定程度的抗性。实验室研究证明了棉铃虫对 CrylAc 蛋白抗性是由单个不完全隐性基因控制的。用单雌系 F_2 代法，检测河北省邱县转 *Bt* 基因抗虫棉（新棉 33B）大田的棉铃虫自然种群中抗性等位基因的频率，发现当地仅种植了 1 年的 *Bt* 棉，棉铃虫抗性等位基因频率已达 5.8×10^{-3} 以上。

国外研究者也对相同问题进行了研究。有研究者采用基因突变的方法研究美国棉铃虫和烟芽夜蛾对转 *Bt* 基因抗虫棉抗性的问题，结果表明每 350 个棉铃虫当中就有一个携带了抗性基因；而应用抗性治理模型计算害虫对转 *Bt* 基因抗虫棉的抗性频率则发现，美洲棉铃虫在不进行抗性治理的情况下，可在 3～4 年内对转 *Bt* 基因抗虫棉产生抗性；澳大利亚科学家研究发现，如果没有避难所，Bt 棉大面积种植的有效时间为 3～4 年，如采用包括避难所在内的抗性延缓技术则可种植数十年。

3. *Bt* 基因逃逸的风险

Bt 基因逃逸的最重要途径是转基因花粉的逃逸，转基因花粉的传播距离是风险评价的一个关键问题。研究花粉扩散距离的办法有：①以特定转基因特征作为指标，以产生抗虫植株的最远距离作为转基因花粉扩散的距离；②以转基因花粉为目标，在不同距离上收集和鉴定转基因花粉，以转基因花粉出现概率降为 0 的距离作为转基因花粉的最大扩散距离。前一个方法由于需要通过子代特性来证明，这就在其中加入了受体出现的可能性和杂交频率等多个因素，结果往往低估了转基因花粉的扩散距离。

有的研究指出，在一定实验条件下，至少需要 1mi① （1609m）以上的距离才能实现完全的保护；而另一些研究则表明，100ft② （约 30m）的隔离距离是完全安全的。国内研究者以对害虫抗性为指标，发现 50m 的隔离距离足以使花粉的传布距离降到零，同时他们以是否具备除草剂抗性的表型指标研究了一种抗除草剂转基因棉花的转基因花粉散布的距离，认为 50m 的隔离距离已经足够使转基因逃逸的概率降为零。对一种抗 2，4-D 的转基因棉花的花粉扩散距离的研究认为 100m 的隔离距离可以使转基因逃逸的频率降为零。但是，这些研究都有同一个局限性，那就是，转基因作物释放的面积也可能会影响到转基因花粉的传播距离。如今国内外转基因棉花的释放面积都是非常大的，50m 或 100m 的隔离距离恐怕不足以控制转基因花粉的扩散。虽然，澳大利亚的研究人员认为 20m 的非转基因棉花的缓冲带足够限制转基因花粉的传布，但也同时指出，这个数字仅适用于小面积的释放。风力和风向在棉花花粉扩散过程中并不重要，关于隔离距离的多个研究结果的差异主要在于该地区昆虫种群的差异以及棉花种植面积的差异。

4. Bt 棉花对非靶标生物体影响的风险

转基因植物释放到自然环境中，对目标害虫产生作用的同时，也可能对环境中的非靶标生物产生直接或间接的影响，如死亡或发育异常等。非靶标效应的研究是目前转基因植物风险评价的主要内容之一，也是研究最多的方面之一。

1） Bt 棉花对鳞翅目昆虫的影响

转 *Bt* 基因抗虫棉是目前中国商业化种植面积最大的转基因植物，转 *Bt* 基因抗虫棉

① 英里，1mi＝1.609 34km

② 英尺，1ft＝0.3048m

释放的目的是为了有效地控制棉铃虫（*H. armigera*），但是在此之外，棉田中的其他鳞翅目害虫，如棉红铃虫（*Pectinophora gossypiella* Saunders）、玉米螟（*Ostrinia furnacalis*）、棉造桥虫（*Anomis flava*）、棉卷叶虫（*Sylepta derogata* Fabricius）及大豆夜蛾（*Pseudoplusia includens*）等，也会被毒杀或者控制。但是对于有些鳞翅目害虫，如甜菜夜蛾（*Mamestra persicariae*）、小地老虎（*Agrotis ypsilon*）和斜纹夜蛾（*Spodoptera litura* Fabricius），却没有明显的不利影响。

蝶类和家蚕等鳞翅目昆虫也是转 *Bt* 基因抗虫植物的非靶标昆虫，有不少研究者将目光聚焦在这个方面。转 *Bt* 基因玉米花粉对黑脉金斑蝶（*Danaus plexippus*）的影响的研究引起了很大的社会反响。但是从科学的角度看，该研究中没有具体的花粉剂量和毒素浓度、没有取食选择性实验、没有合适的对照，也没有提供自然条件下花粉沉降与马利筋和黑脉金斑蝶的时空重叠信息，无法从该实验结果中看出实际可能出现的情况。转 *Bt* 基因抗虫棉花粉在自然情况下，也基本不会对养殖的家蚕和柞蚕的生长和发育有显著影响。

2）Bt 棉对刺吸式昆虫的影响

在鳞翅目害虫之外，刺吸式口器昆虫也是棉田常见害虫，如棉蚜（*Aphis gossypii*）、红蜘蛛（*Tetranychus cinnabarinus*）、棉蓟马（*Thrips tabaci*）、棉盲蝽（*Lygus lucorum*）、棉叶蝉（*Empoasca biguttula*）、白粉虱（*Trialeurodes vaporariorum*）和棉粉虱（*Bemisia tabaci*）等。近年来大田调查的结果表明，转 *Bt* 基因抗虫棉田中刺吸式昆虫的数量高于或者显著高于常规棉田（表 6.1）。刺吸式昆虫已经成为转 *Bt* 基因抗虫棉的主要害虫，对棉花生产产生重要影响。

表 6.1　历年来转 *Bt* 基因抗虫棉田刺吸式昆虫种群消长调查一览

调查时间	调查地点	转 *Bt* 基因抗虫棉品系	结　果	文　献
2000～2001	新疆	MD-80	棉蚜、棉盲蝽增加	孙长贵等，2002
2000～2001	湖北	GK-19	棉蚜、烟粉虱增加，棉蓟马无明显变化	邓曙东等，2003
1998～2000	山东	33B	棉蚜、棉叶螨、烟蓟马、烟粉虱增加	王风延等，2003
2000～2001	湖北	GK-19	烟粉虱增加	徐静等，2003
2000～2001	江苏沿海	中棉 29	变化不显著	徐文华等，2003
2001～2002	山西盐湖	33B	棉叶螨、棉蓟马、棉盲蝽和烟粉虱发生数量高	秦引雪，2006
2002～2003	江苏	GK-22	烟粉虱增加	周福才等，2005
2002	新疆莎车	GK-19	烟蓟马数量无显著差异	李号宾等，2007a
2002	新疆莎车	GK-19	棉盲蝽数量无显著差异	李号宾等，2007b
2002	长江中下游	GK-22、苏抗 103	棉蚜、棉叶螨和棉盲蝽等均无显著差异	张龙娃等，2005
2003	安徽萧县	33B	叶螨发生量高	方诗龙等，2004
2003	山东德州	33B	棉盲蝽数量出现阶段性增多	张明辉等，2006
2004	江苏扬州	科棉 1 号 科棉 4 号	绿盲蝽、叶蝉数量无显著差异	韩波等，2005
2004	新疆莎车	GK-19	棉蓟马、蚜虫显著增加，棉叶螨数量明显下降	徐遥等，2004
2005～2006	江苏沿海	鲁棉研 23	棉盲蝽增加，但未达显著	徐文华等，2007
2004	江苏沿海	GK-22	烟粉虱虫口密度略高	周福才等，2006
2006	江苏	GK-12 中棉所 32	棉蚜种群增加	李进步等，2007

3）Bt 棉对天敌的影响

在研究棉田害虫种群特征的时候，天敌物种的数量和种群大小也是一项重要的指标。在农业害虫综合治理（integrated pest management，IPM）当中，天敌具有非常重要的作用——抑制害虫种群数量，这种作用是生态系统长期以来协同进化产生的。转基因作物的推广种植对于这样一个系统的影响也是安全性评价的一个重要方面。

转 *Bt* 基因抗虫棉中表达的 Bt 蛋白的作用谱仅限于以棉铃虫为代表的鳞翅目害虫，所以多数研究是以鳞翅目害虫，尤其是棉铃虫的寄生蜂作为重点研究对象。实验室研究结果表明，混有 Bt 蛋白的人工饲料饲喂的棉铃虫幼虫作为寄主，则棉铃虫齿唇姬蜂（*Campoletis chlorideae* Uchida）适合寄生的时间显著延长，且随着 Bt 蛋白浓度的增加，棉铃虫齿唇姬蜂幼虫和成虫的体重下降，成虫寿命缩短，幼虫期延长；齿唇姬蜂、侧沟绿茧蜂对用转 *Bt* 基因抗虫棉饲养的棉铃虫的寄生率、羽化率明显低于常规棉，蜂茧重和蜂重也显著降低；寄生蜂 *Cotesia marginiventris* 在用常规大豆和常规棉花叶片饲养的大豆夜蛾幼虫上发育的速度显著快于用转基因棉花饲养的。可见，实验室条件下，转 *Bt* 基因抗虫棉对以棉铃虫为寄主的寄生蜂的生长、发育和繁殖都有不利影响。将棉铃虫卵及 2 龄、3 龄幼虫接种到大田种植的棉花上，接种 48h 后将卵与各龄幼虫带回室内饲养，结果发现，棉铃虫各世代中，齿唇姬蜂对常规棉田棉铃虫卵和幼虫的寄生率均显著高于转 *Bt* 基因抗虫棉田，也就是说寄生性天敌比较排斥转 *Bt* 基因抗虫棉上定殖的寄主。利用“Y”形嗅觉仪研究棉铃虫寄生性天敌对于棉花气味的行为反应发现，转 *Bt* 基因抗虫棉对棉铃虫寄生性天敌有排斥反应。大田调查的结果也说明转 *Bt* 基因抗虫棉对棉铃虫的寄生性天敌的发育和种群变化有不利影响。

捕食性天敌如草蛉、瓢虫、食蚜蝇和蝽等，则多是在幼虫阶段捕食害虫，而在成虫阶段则是兼性或专性取食植物，这样的特点决定了捕食性天敌同样可能直接或者间接的受到转基因植物的影响。研究表明，转基因棉对于捕食性天敌的相对丰度没有明显的影响，但是用取食转基因棉叶的棉铃虫饲喂的捕食性天敌的结茧和成虫孵化都明显的减少，而对幼虫期长度、成虫体重和生育力则只有轻微影响，这是由于转基因棉叶片当中的 Bt 毒素对棉铃虫幼虫早期的毒杀以及存活下来的幼虫的低营养状态导致的。

4）Bt 棉对膜翅目昆虫的影响

苏云金芽孢杆菌制剂对膜翅目昆虫没有毒杀活性，因此对蜂类是安全的。但是，转 *Bt* 基因抗虫植物中所表达的是一种活化状态的毒素蛋白，与苏云金芽孢杆菌制剂的杀虫机制有较大不同，并且转 *Bt* 基因植物表达产生的 Bt 活性毒素蛋白也与苏云金芽孢杆菌所产生的 Bt 活性毒素蛋白不是同一种蛋白。例如，含有相同 *Cry1Ab* 基因的不同转基因玉米品种，由于在启动子等方面存在差异，会表达出分子质量不同（36kDa、40kDa 和 60kDa）的一系列 Cry1Ab 蛋白质。由于转 *Bt* 基因的抗虫棉花和玉米等已经分别在我国和其他很多国家进行大规模的商业种植，因此，测试转 *Bt* 基因抗虫植物对蜜蜂等膜翅目昆虫的安全性是非常必要的。

在实验室中，用浓度为 20μg/ml 的纯化 Cry1Ac 毒素蛋白制剂饲喂意大利蜂 *Apis mellifera* 的幼虫和成虫（这个浓度是大田种植的转基因棉花花粉和花蜜中 Cry1Ac 表达量的 100 倍），处理组蜜蜂的死亡率与对照组之间没有出现显著差别。将 Cry1Ba 活性毒素蛋白分别以 10 mg/g、2.5 mg/g 和 0.25mg/g 的浓度混入人工配制的花粉食物中饲喂蜜蜂成虫 7d，然后将受试蜜蜂放回各自的蜂房中进行常规喂养。结果发现，处理组与对照组蜜蜂在食物消耗速度和存活率上没有显著差异。

在半大田实验条件下，用含有浓度分别为 0.066% 和 0.332% Cry3B 蛋白的糖浆（糖浆中的 Cry3B 蛋白浓度相当于转 *Bt* 基因玉米花粉中 Bt 蛋白表达量的 400 倍和 2000 倍）饲喂蜜蜂蜂群，同时蜜蜂可以自由采集环境中的植物花粉，试验持续了 58d。试验结果显示，处理组蜜蜂幼虫的死亡率和干重与对照组没有显著差别，两组蜂群的健康状况也没有显著差异。

5）*Bt* 棉对土壤生物的影响

植物生长过程中会不断的和土壤发生物质交换，所以对转基因生物进行安全性评价时，其对土壤中生物的影响也应该包含其中。2000 年，美国 EPA 将转基因作物对土壤生态系统的影响列为风险评价的重要组成部分。目前研究的土壤动物包括土壤原生动物、线虫、弹尾目昆虫和大型土壤无脊椎动物（如蚯蚓），其中原生动物是监测转基因植物对土壤生物种群影响的最敏感指标。

已经有文献报道转基因蛋白质会随着根系分泌物分泌出来并进入土壤中，转基因抗虫棉也可能会向土壤中分泌 Bt 蛋白。这样，生活在植物体内和植物体表的生物、直接或间接以转基因抗虫棉为食的生物、土壤中的生物等都可能受到转基因植物所表达的毒素蛋白的影响。研究发现，将转 *Bt* 基因抗虫棉的棉叶和茎秆混入土壤后，初期蛋白分解速度很快，但是分解半衰期至少 56d，土壤中脲酶、酸性磷酸酯酶、转化酶和纤维素酶活性由于转 *Bt* 基因抗虫棉组织的加入而有所上升，而土壤芳基硫酸酯酶受到抑制。但是，在实验室可控条件下对两种土壤弹尾虫 *Folsomia candida* 和 *Xenylla grisea* 的研究发现，几种 Bt 杀虫蛋白 Cry1Ab、Cry1Ac、Cry2A 和 Cry3A 对这两种土壤弹尾虫的生存和繁殖行为都没有产生显著的不利影响。两种转基因棉花（转 *Cry1Ab* 基因棉花和转 *Cry1Ac* 基因棉花）及其非转基因棉花对一种弹尾目昆虫（*F. candida*）和螨（*Oppia nitens*）的生长（以体长为指标）和生殖（以每个实验生物所产子代数目为指标）也不存在显著影响。

当 Cry1Ac 或 Cry1Ab 毒素蛋白的浓度达到 0.05μg/g 土壤，或者将来自 *B. thuringiensis* subsp. *kurstaki*（Btk）、*morrisoni strain tenebrionis*（Btt）和 *israelensis*（Bti）的 Bt 杀虫蛋白溶解于液体基质中时，对土壤微生物群落或者特定的土壤微生物（8 种革兰氏阴性菌，5 种革兰氏阳性菌，1 种蓝细菌；2 种接合菌，1 种子囊菌，2 种半知菌和 2 种酵母菌；绿藻和硅藻）没有显著影响。转 *Bt* 基因抗虫棉对细菌和真菌生长繁殖有促进作用，对放线菌、好气固氮菌和钾细菌数量没有显著影响。

6）Bt 棉对其他生物的影响

除了上述生物类群外，转 *Bt* 基因抗虫棉对鱼类、哺乳动物和鸟类的非靶标效应研究也有报道。12 周的鲤鱼（*Cyprinus carpio*）慢性毒性试验结果表明，含抗虫棉棉仁粉和含对照‘泗棉 3 号棉’棉仁粉的两组鲤鱼在增重率、特定生长率、饵料系数、成活率等营养学指标以及对鲤鱼的血象、生化、遗传、病理组织等毒理学指标之间均无显著性差异。转 *CryIA*（*c*）基因抗虫棉与普通棉的棉籽粉及棉籽粉油对小鼠体细胞和性细胞均未显示出诱变活性，对斑马鱼外周血红细胞微核率也没有显著影响。转 *Bt* 基因抗虫棉棉仁粉在大鼠和鹌鹑短期喂养试验中未发现毒性效应。转 *Bt* 基因抗虫棉花种子对哺乳期水牛（*Murrah buffaloes*）的生长和健康状况没有显著的不利影响。理论上，鱼类、鸟类和哺乳动物都不在 Bt 蛋白的作用谱之内，所以转 *Bt* 基因植物不会对这些动物产生明显的不利影响，上述实验结果也证明了这一点。

6.2.2 转基因大豆的风险评价

转基因大豆因为其特殊性，所以风险评价从三个方面进行介绍与讨论：①转基因逃逸；②对土壤微生物的影响；③对大豆固氮作用的影响。

1）转基因逃逸

中国是栽培大豆的起源中心，而在野外，野大豆的分布非常广，遗传资源也非常丰富。从黑龙江北部（52°～55°N）到广东、广西北部（近于 24°N）。东起黑龙江抚远（135°E），西北到甘肃景泰（104°E），西南到西藏察隅（97°E），以及台湾北部都有分布。虽然大豆是自交植物，表面上看似乎可以不用担心基因流和基因污染问题，但是野生大豆在自然界存在自然杂交现象，栽培大豆也能与野生大豆进行杂交，这种现象的存在就要求研究者必须考虑转基因逃逸的风险，并对其进行相应的评价。

国内学者根据对野大豆种群遗传多样性的研究，揭示了野大豆间存在较高程度的异交。因此要采取一种谨慎的态度对待转基因大豆的释放。一旦转基因大豆进入环境，其与野大豆进行基因交流并将转基因向野生遗传背景扩散的可能是存在的。

日本研究者在一个栽培大豆与野生大豆异交率的设计实验中根据同工酶标记的研究发现，有 17.4%（4/23）的野生大豆植株上的种子是杂交的，而每株植株上种子的杂交率平均为 0.73%。尽管杂交率比较低，但栽培大豆与野生大豆是能够在自然条件下杂交的这一现象被进一步证实。虽然栽培大豆以自交为主，异交率通常小于 1%，但在适宜条件下，某些品种的异交率可以超过 2.5%。2001 年和 2002 年密西西比三角洲地区进行的两次大豆不同栽培品种间的杂交实验，第一次实验结果表明在 0.9m 处的杂交率为 0.41%，5.4m 处的杂交率为 0.03%；在第二次实验中，有 66.5%的植株产生了含杂交后代的种子，种子的杂交率为 0.65%～6.32%，平均为 1.8%。

2）对土壤微生物及植物健康的影响

根据加拿大贸易与持续发展国际中心（ICTSD）的一份有关遗传修饰作物的调查报告显示，美国科学家业已发现，在 Roundup Ready（RR）系列抗除草剂的作物田中，由于大量使用草甘膦（glyphosate）除草剂，已经引起土壤微生物群落和植物的健康状况的改变。有确凿的证据支持了这样一个结论，即在多年栽种 RR 大豆的田间，根际镰刀霉菌落所占比例呈上升趋势。这种情况是由向作物喷洒草甘膦除草剂而诱发植物根系分泌物所引起的，而增加的根际镰刀霉将可能会影响植物患病的可能性。据英国的《新科学家》杂志介绍，位于加拿大萨斯喀彻温省半干旱草原农业研究中心的 Myriam Fernandez 发现某些在春天播种前使用草甘膦的田地中的小麦更容易受镰刀霉枯萎病的影响。并且研究发现，当把含草甘膦的成分添加到培养基中以后，能够使镰刀霉的生长加快。

3）对固氮作用的影响

自从推广使用抗除草剂转基因大豆以来，除草剂的使用量大大地增加了。英国政府发布的一个转基因调查报告①也指出抗除草剂转基因大豆的使用使得单位面积除草剂的用量连年增加。毫无疑问，RR 大豆对草甘膦除草剂有抗性，但是有研究表明，与固氮作用密切相关的共生细菌 *Bradyrhizobium japonicum* 对草甘膦是敏感的。草甘膦在大豆中并不能马上降解，研究发现由于长期施用草甘膦除草剂，草甘膦可以在大豆根瘤部位以较高浓度存在。研究表明，草甘膦对大豆的生物量和固氮作用有负面的影响，并且导致大豆对缺水更加敏感。在干旱胁迫或在土地贫瘠的情况下，这种影响的后果将更加恶劣。

6.2.3　转基因油菜的风险评价

对转基因油菜可能导致生态风险的最大担心是转基因逃逸，造成基因污染或形成难以控制的获得外源抗逆性的超级杂草。

1998 年，加拿大 Alberta 省转基因油菜田间发现了能够抗三种除草剂——草甘膦（glyphosate）、固杀草（glufosinate）和保幼酮（imidazolinones）的油菜自播植物，其中抗草甘膦和抗固杀草的特性来自转基因油菜，而保幼酮抗性来自传统育种培育的抗性油菜。1999 年，加拿大 Saskatchewan 省的 11 块地的田间也确认了抗多种除草剂油菜自播植物的存在，并且在相邻油菜地的小麦田间也发现了能抗除草剂的转基因油菜自播植物。以上情况出现的原因就是基因流，可能是花粉漂流的结果，也可能是蜜蜂传粉或其他动物搬运种子或花粉的结果。

国外转基因油菜的田间释放比较早，也比较多，所以对转基因油菜的研究报道也比较多，尤其是集中在基因流的研究上。综合转基因油菜基因流的研究情况，可以发现释放面积会影响转基因花粉的扩散距离（表 6.2）。

表 6.2　油菜的释放面积影响传粉距离

面　积	距　离	花粉密度
$75m^2$	47m	0.000 33%（Scheffler et al，1993）
$400m^2$	200m	0.0156%（Scheffler et al，1995）
	400m	0.0038%（Scheffler et al，1995）
$10hm^2$	360m	地边缘密度的 10%（Timmons et al，1995）
	1500m	22 花粉粒/m^3（Timmons et al，1995）
$25\sim100hm^2$	3000m	可检测（Rieger et al，2002）

除油菜外，与之亲缘关系很近的芸薹属作物也进行了不少转基因操作，研究同样发现，在人工授粉的条件下，杂草中的黑芥和埃塞俄比亚芥与转基因抗除草剂白菜杂交后均产生抗性后代；栽培种中白菜类作物与转基因白菜的杂交抗性后代的频率为 100%，甘蓝型油菜为 9%，芥菜类为 0.03%～6.7%，结球甘蓝和萝卜未获得抗性后代。而在田间自然条件下，与对应的非转基因白菜的杂交率为 1.6%，与芜菁的杂交率为 2.5%，

① GM science review panel. 2003. GM science review：first report

与甘蓝型油菜的杂交率为0.17%。研究进一步利用人工授粉，检验了杂种一代与其他品种间的杂交情况，发现转基因白菜与相应的非转基因品种、芜菁、甘蓝型油菜以及芥菜的杂种二代中都有抗性个体，其存在比例仍然比较高，并且抗性基因在不同种植物中的传递能力不同。

6.3　转基因粮食作物的风险评价

6.3.1　转基因水稻的风险评价

栽培稻共有两种，亚洲栽培稻和非洲栽培稻，其基因组为AA（$2N=24$），亲缘关系较近并容易与栽培稻发生基因交流的基因组同为AA的其他种类均为野生稻，分布于全世界各大洲的热带和亚热带地区，其中多年生普通野生稻（*O. rufipogen*）和一年生普通野生稻分布于亚洲，多年生长雄蕊野生稻和一年生短舌野生稻分布于非洲，多年生展颖野生稻分布于拉丁美洲，一年生南方野生稻分布于澳大利亚北部和新几内亚。栽培稻和这6种野生稻间具有较高的杂交亲合能力。有研究发现野外采集的特产与中国台湾的野生稻（*Oryza rufipogon* ssp. *formosana*）的性状逐渐向栽培稻接近，并且其种子和花粉的育性大大降低。根据10年的同工酶数据发现野生稻的遗传资源不断被侵蚀，原因可能是由于栽培稻（*O. sativa*）向野生稻（*O. rufipogon*）的基因渐渗。

中国也是水稻（*Oryza sativa*）的起源中心之一，中国水稻栽培的历史悠久，栽培面积面积占世界稻作面积的1/4。在野外主要存在着三种野生稻：普通野生稻（*O. rufipogen*）（分布于台湾、福建、湖南、广东、广西、海南和云南等）、疣粒野生稻（*O. meyeriana*）（分布于台湾、海南、云南）和药用野生稻（*O. officinalis*）（分布于广东、广西、云南、海南）。在中国，栽培水稻与普通野生稻的杂交可以自然发生，但尚无实验证据表明其与其他两种野生稻具有杂交亲合性。例如，转*bar*基因水稻和药用野生稻（*O. officinalis*）间没有基因流发生。

虽然花粉竞争可以减缓基因流的过程，但是仍然不能阻止转基因水稻与野生近缘种的基因流。Song等研究了一种栽培品种——‘明恢-63’与普通野生稻（*O. rufipogon*）间在田间发生的基因流，他们利用SSR分子标记鉴定了杂种的存在，在随机抽取的23 776个后代幼苗中发现了296株杂交种，并且发现基因流与风向关系密切，并随距离的增大而显著降低，43.2m以外就没有杂交种的存在。

根据刘志城等的研究结果，Bt水稻田里的个别非靶标害虫的数量有增加的趋势，研究者发现，稻田的优势捕食性天敌——蜘蛛（spider）基本上不受转基因水稻的影响。但是，靶标害虫的存在对Bt水稻产生耐受性的风险。

6.3.2　转基因玉米的风险评价

有关转基因玉米生物安全的争论主要集中于两个事件：一是墨西哥本土玉米品种被转基因玉米污染，二是Bt玉米对黑脉金斑蝶幼虫有致死效应的发现。这两个事件反应的生态风险分别是转基因玉米的非靶标效应和转基因逃逸并对生物多样性产生影响。此外，外源基因表达的蛋白质可以通过玉米根系分泌物进入根际土壤，也可以通过植物残留组织的形式进入土壤或在土壤中存留相当长的时间，造成转基因成分在生态系统的积累，参与生物地球化学循环，使更多非靶标生物有接触到外源基因表达蛋白并受其影响的可能。

1）墨西哥玉米受污染事件

2001 年 9 月，墨西哥政府报告说 Oaxaca 州的玉米受到一种没有被批准在墨西哥种植的转 *Bt* 基因玉米的污染，该研究测定了来自 Oaxaca 州 22 个村庄的玉米样品，发现其中的 15 个的污染率在 3%～10%。由于墨西哥是玉米的起源中心，玉米种质资源特别丰富，而且在野外分布多种与玉米能够自然杂交的亲缘野生种——玉米草，因此该事件引起世人的极大关注。接着，墨西哥裔美籍科学家 Chapela 与其学生 Quist 在 *Nature* 上报道了墨西哥玉米受到基因污染的分子证据。2002 年 1 月 23 日，墨西哥环境部门公开了一个研究报告，确认了墨西哥玉米受到转基因污染的事实。2002 年 4 月 11 日，*Nature* 发表声明，说要收回这篇证据不足的文章，并发表了若干科学家，包括 Metz 和 Futterer 以及 Kaplinsky 等对该文的研究方法提出的质疑，同时也发表了 Quist 和 Chapela 撰文对质疑的回答，并给出了 DNA 杂交的证据，再次肯定了转基因在墨西哥玉米中的存在。由于 Quist 和 Chapela 指出，他们发现的其中两个序列与目前市场上的 Novartis 的转基因玉米有关，所以这几位作者都对这一点进行了质疑，但未涉及 CaMV 启动子的 PCR 阳性结果。

2002 年 4 月 23 日墨西哥政府再次确认了本土玉米品种受转基因污染的事实，国家生态研究所所长 Exequiel Ezcurra 指出，平均来讲有 8%的植物受到污染，而在有些地方，污染甚至超过 10%（http://binas. unido. org/binas）。

2003 年 10 月 9 日，在墨西哥城举行了一个记者招待会上发布了有关部门于 2003 年 1 月和 7～8 月进行玉米普查的结果，研究发现在墨西哥 9 个州的玉米田里的玉米含有转基因成分，其中包括在美国已经被禁止用于人类食品的 Starlink 玉米，甚至有的植株含有 2～4 种转基因成分，而有意思的是当地农民播种这些玉米时用的是自己仓储的种子，主要用于家庭消费。被发现的转基因成分有以下几种：*Bt-Cry9c* 基因（存在于 Aventis 的 Starlink 玉米中）、*Bt-Cry1Ab/1Ac* 基因（存在于 Monsanto 公司的 YieldGard，Novartis 公司的 Knockout 以及 Mycogen 公司的 NatureGard 转基因玉米中）、*Bt-Cry1C* 基因（存在于 Mycogen y Ecogen 的转基因玉米产品中）及 *CP4EPSPS* 基因（存在于 Monsanto 公司 Round-up Ready 抗除草剂玉米中）。

2）Bt 玉米的花粉对黑脉金斑蝶幼虫的致死效应

Losey 等在著名的科学杂志 *Nature* 上发表了一个实验室水平上简单但影响深远的实验。作者以撒有与自然界同样密度的转 *Bt* 基因玉米花粉的马利筋叶片喂饲大斑蝶，并以同样条件的正常玉米花粉和不加花粉的马利筋作为对照。每张叶片上放上 5 条三日龄的幼虫，每个实验重复 5 次。4d 后记录马利筋叶片的消耗量、虫子的成活率及幼虫的重量。

喂有 Bt 玉米花粉马利筋叶片的幼虫第 2 天就有 10%以上死亡，4d 后死亡率为 44%，而两个对照全部存活。幼虫对不同处理的马利筋叶片摄取量也明显不同；摄取不加花粉的叶片量最大，而加 *Bt* 花粉的叶片摄取量少了很多。由于叶片摄取量少，幼虫生长缓慢，实验结束时摄食 *Bt* 花粉叶片的幼虫重量平均只有无花粉叶片的一半。作者认为这虽是实验室的结果，但有深层的内涵。因有成亿数量的大斑蝶每年从美国的东北部经过中西部到墨西哥中部 Oyamel 森林中越冬，这一点最近已被用稳定性同位素的实验证明了。中西部是美国的玉米种植带，大斑蝶迁移经过的时间是 6 月末到 8 月中，此时是蝴蝶幼虫叶片喂饲阶段，又是玉米扬花季节。如果实验结果能适用于大田，则对大斑蝶物种生存可能造成重大的威胁。

上述那篇 *Nature* 文章发表以后，争论比较大，美国科学院院报（PNAS）专门发表了若干篇研究论文讨论了 *Bt* 玉米花粉对黑脉金斑蝶的影响问题，认为主要问题是 Losey 等的文章中所用的转基因玉米的 Bt 蛋白在花粉中的含量比较高，这类品种不久将退出市场，而且实验是在实验室内进行的，是否能够代表田间水平大受怀疑，因为作者所用的叶片表面花粉粒的浓度远大于田间情况。有研究指出，黑脉金斑蝶确实每年都要在玉米扬花季节从美国和加拿大向墨西哥迁徙，途中会经过玉米种植带。但是，黑脉金斑蝶并不会聚集在玉米田周围产卵，在自然地和耕作地的黑脉金斑蝶数量没有区别，而且玉米花粉的传播距离比较有限，落在马利筋杂草叶片的花粉粒的浓度达不到致死浓度，况且还有可能被风吹雨打去。

但是，几乎与 Losey 等的工作同时，美国 Iowa 州立大学的昆虫学家在网上公布了类似的大田实验的结果（http://www.pme.iastate.edu/info/monarch.htm）。实验用的 Bt 玉米包括同属于 Novartis 种子公司的花粉含高浓度 Bt 蛋白的品种——Event 176，也包括花粉含低浓度 Bt 蛋白的玉米品种——‘Bt11’。他们用的马利筋叶片是玉米田内或田边收集的，用的大斑蝶的幼虫是刚孵化出来的。实验结果说明无论是花粉中含高浓度 Bt 蛋白的品种还是低浓度 Bt 蛋白的品种，都对黑脉金斑蝶的幼虫产生致死影响，而非转基因玉米花粉处理的幼虫没有一个死亡的。

另外，从转基因玉米植株根系分泌进入土壤的 Bt 蛋白，能够与土壤表面活性颗粒结合并被保护不会降解，而这种结合状态的 Bt 蛋白仍然有杀虫活性。并且，转基因玉米植株的残留组织中的外源基因也会在自然界中存留相当长的时间，Sims 和 Holden 报道其能存留 15～47d，而 Zawhlen 等则报道能够存留 200d 以上。转 *Cry1Ab* 基因玉米对蚯蚓 *Eisenia foetida* Savigny 的死亡率和体重没有显著影响。在转 *Bt* 基因玉米和非转基因母本玉米的根际土壤中，以及混有转 *Bt* 基因玉米和非转基因母本玉米的土壤中原生动物和线虫数目均没有显著性差异。转 *Cry1Ab* 基因玉米与非转基因玉米根际土壤中的可培养细菌和真菌的数目之间没有显著差异。混有转 *Bt* 基因玉米的土壤中可培养细菌和真菌的数量以及涉及植物残体分解的土壤酶活性与混有亲本非转基因玉米的土壤之间没有显著差异。至今未有对土壤非靶标生物负面影响的报道。

6.3.3 转基因小麦的风险评价

在欧美，田间存在多量的野生小麦和山羊草，可以与栽培小麦在田间条件下发生自然的基因交流。有研究表明普通小麦（*Triticum aestivum*）可与圆柱山羊草（*Aegilops cylindrica*）形成杂种，该杂种只能作为花粉受体形成回交一代（BC_1），但是 BC_1 的可育性增加，雌雄可育性分别为 4.4%和 1.8%，可以同时作为花粉的供体和受体来产生回交二代（BC_2），BC_2 代的可育性继续增大，雌、雄可育性及自交可育性分别为 18.0%、8.9%及 6.9%。最近在俄勒冈（Oregon）州东部地区完成的一个田间调查显示，在田间存在普通小麦与圆柱山羊草的杂交种，所有杂交种主要是 F_1 代，圆柱山羊草经常是作为花粉受体，并且在采集的 754 株杂交植株中 44%产生了回交的种子，在三年的调查当中，共发现 1%的回交率，研究结果增加了人们对转基因小麦释放后基因流的担心。

我国虽然不是小麦的起源地，但在田间有分布较广的近缘种——节节草（*Ageilops tauschii*），为麦田杂草或生于荒芜草地。山羊草属在我国经常作为栽培小麦的优良遗传资源来栽培，为栽培小麦提供抗性资源。国外研究报道比较多的能够与小麦产生杂交和回交后代的圆柱山羊草（*A. cylindrica*）在国内也有栽培。

6.4　转基因林木的风险评价

目前，我国研究最多的转基因林木是转基因杨树，主要研究几种在外源基因的遗传稳定性和非靶标效应两方面，我们以转基因杨树的风险研究为例，探讨转基因林木的风险评价体系和方法。

1. 外源基因在转基因植物中遗传稳定性方面的研究

外源基因在转基因植物中的分布、行为和可能的功能是安全性评价的一个重要方面，经过研究认为如下。

1）转基因稳定存在

经 PCR 分子生物学试验结果表明，转基因欧洲黑杨在大田种植 7 年后，*Bt* 基因仍然在转基因植株中稳定存在。

2）*Bt* 基因是一显性基因

在转基因杂交后代中遵从孟德尔遗传规律。这表明转基因在 F_1 代群体中以单位点显性方式遗传，也从另一个侧面反映 T-DNA 是单拷贝插入杨树基因组的。

3）基因改造过程可能改变生理代谢

基因改造和组织培养过程可能在一定程度上影响了原有基因的表达，改变了转基因植物的某些生理特性，尤其是次生物质的代谢，进而影响转基因植物抗逆、抗病等性状。这些生理改变可能会影响该转基因植物与其他动植物或微生物的关系，进而影响原来生态环境的生态系统结构。实验发现转基因雌株在杂交时普遍存在落花、早期落果的现象，可能就是基因改造影响了转基因植物的次生物质代谢。

2. 转基因杨树对非目标生物的影响方面

1）大面积种植转基因杨树可能会对非目标昆虫产生影响

$1hm^2$ 转基因杨树和非转基因杨树之间群落结构和多样性差别不大，而 $16.7hm^2$ 的转基因纯林和混交林之间无论从群落结构还是多样性上都有较大的差异，说明大面积种植转基因杨树可能会对非目标昆虫造成影响，但这种影响还有待于进一步研究。营造转基因林在多大的规模下对害虫抑制作用最好，对非目标昆虫影响最小，是需要深入研究的课题。

2）*转 Bt 基因杨树对非靶昆虫的影响*

由于 *Bt* 主要作用于鳞翅目昆虫，而对膜翅目影响不大，在抑制鳞翅目昆虫的同时，有利于其他食叶昆虫，转基因纯林中杨叶蜂为优势种，而在转基因与非转基因混交林中以杨扇舟蛾为优势种。在转基因纯林中杨叶蜂能不能造成明显的经济损失？还需要进一步进行监测和研究。不同杨树种类对杨叶蜂的抗性是不一样的，为了避免其他非鳞翅目食叶害虫的大量危害，在转基因时应采用对非鳞翅目食叶害虫有抗性的种类或品系。

转 *Bt* 基因纯林的多样性和均匀性都较高，有利于系统的稳定性，但瓢虫数量明显较少，而新疆转基因林群落中的瓢虫比非转基因杨树林多，蜘蛛的数量是纯林中较多。所以转 *Bt* 基因杨树对天敌的影响还需进行详细研究。

3）*应用避难所防止害虫对转基因树产生抗性*

营造转基因与非转基因林木的混交林是防止害虫对转基因林木产生抗性的途径之一，这为敏感害虫群体设置了庇护所，通过保护敏感群体而限制了抗性个体的发展，在不采用昆虫防治措施的条件下，确保大量敏感性昆虫总是与附近的一些抗性昆虫交配，达到防止抗性群体产生的目的。研究表明转 *Bt* 基因纯林抑制目标食叶害虫的作用较好，但由于有利于其他非鳞翅目害虫，则总被害率与 1∶1 的混交林之间差异不显著，后者是否足以使其长期有虫但不成灾又能有效地防止抗性的产生？还需要进一步进行长期的监测和研究。

4）*不同抗性转基因杨对昆虫群落结构和组成的影响*

河北农业大学林学院研究了不同抗虫性的转基因 741 杨节肢动物群落的组成结构及节肢动物群落、害虫亚群落、天敌亚群落的丰富度、优势度、均匀度和多样性指数，并对不同抗虫性转基因 741 杨的节肢动物群落进行相似性分析。结果表明，转基因 741 杨能明显降低群落中食叶害虫的数量；同时，使群落中食叶害虫优势种的优势度降低，随抗虫性的增强，害虫亚群落的多样性指数和均匀度有不同程度的增高。对不同抗性的转基因 741 杨，抗性越强的杨树林所形成的节肢动物群落与非转基因杨树林节肢动物群落的相似性越低。

5）*转 Bt 基因欧洲黑杨对土壤微生物的影响*

研究结果表明转基因植株（No. 12、153 和 172）与非转基因植株（健杨、ck2 和 ck3）之间的细菌总数、放线菌和霉菌无显著差异；转基因林地与非转基因林地（邻近和健杨林地）之间的细菌总数、放线菌和霉菌无显著差异。说明转基因欧洲黑杨对土壤微生物系统没有明显的影响。

总之，转基因林木对环境的影响研究还处于初级阶段，有大量的问题需要进一步深入研究，研究的关键是在什么情况下可能会对环境造成不利影响，以及应该如何防止不利影响的产生。

主要参考文献

魏伟，钱迎倩，马克平. 1999a. 转基因作物与其野生亲缘种间的基因流动. 植物学报，41 (4)：343～348

魏伟，钱迎倩，马克平. 1999b. 害虫对转 *Bt* 基因作物的抗性进化及其管理对策. 应用与环境生物学报，5 (2)：215～228

薛达元. 2002. 转 *Bt* 基因抗虫棉环境影响研究的综合报告. 国家环保总局南京环境科学研究所/绿色和平

薛堃. 2008. 转 *Bt* 基因抗虫棉对棉蚜非靶标效应的生理生化机制研究. 北京大学博士学位论文

中国农业百科全书总编辑委员会农作物卷编辑委员会. 1991. 中国农业百科全书（农作物卷）. 北京：农业出版社

AGBIOS. 2002. Essential Biosafety. 2nd ed. CD-ROM. Merrickville, Ontario (Canada): AGBIOS

Ahl G P, et al. 1995. Interaction of an insect tolerant maize with organisms in the ecosystem. Proceedings of the key biosafety aspects of genetically modified organisms, 309: 50～53

Andow D A, Hilbeck A. 2004. Science-based risk assessment for nontarget effects of transgenic crops. Bioscience, 54: 637～649

Australia New Zealand Food Authority. 2001. Draft Risk Analysis Report, Application A386, Food Derived from Insect-Protected, Herbicide-Tolerant Bt-11 Corn

Benbrook C. 2002. Economic and environmental impacts of first generation genetically modified crops: lessions from the United States. International Institute for Trade and Sustainable Development (IITSD)

Dalton R. 2001. Transgenic corn found growing in Mexico. Nature, 413: 337

Eastham K, Sweet J. 2002. Genetically modified organisms (GMOs): the significance of gene flow through pollen transfer. Environmental Issue Report No. 28. Copenhagen: European Envirnment Agency (EEA).

Gahan L J, Gould F, Heckel D. 2001. Identification of a gene associated with Bt resistance in Heliothis virescens. Science, 293: 857～860

Gould F, Tabashnik B. 1998. Bt-cotton resistance management. *In*: Mellon M, Rissler J. Now or Never: Serious New Plans to Save a Natural Pest Control. Cambridge: Union of Concerned Scientists. 67～106

Griffitts J S, et al. 2001. Bt toxin resistance from loss of a putative carbohydrate-modifying enzyme. Science, 293: 860～864

Kaplinsky N, et al. 2002. Maize transgene results in Mexico are artifacts. Nature, 416: 601

Kjellsson G, Simonsen V, Ammann K. 1997. Methods for Risk Assessment of Transgenic Plants: II Pollination, Gene-Transfer and Population Impacts. Basel: Birkhauser Verlag, 1～308

Losey J E, Rayor L S, Carter M E. 1999. Transgenic pollen harms monarch larvae. Nature, 399: 214

Metz M, Futterer J. 2002. Suspect evidence of transgenic contamination. Nature, 416: 600, 601

Multi-Authors. 2002. Conflicts around a study of Mexican crops. Nature, 417: 897, 898

National Research Council. 2000. Genetically Modified Pest Protected Plants: Science and Regulation. Washington D C: National Academy Press

Olsen K M，Daly J C，Tanner G J. 1998. The effect of cotton condensed tannin on the efficacy of the Cry1Ac δ-endotoxin of Bacillus thringiensis. *In*：Broadbeath Queensland. Proceeding of the 9th Australian Cotton Conference. 337～342

Orson J. 2000. Gene stacking in herbicide tolerant oilseed rape：lessons from the North American experience. English Nature Research Report No. 443. English Nature：Peterborough

O'Callaghan M，et al. 2005. Effects of plants genetically modified for insect resistance on nontarget organisms. Annual Review of Entomology，50：271～292

Quist D，Chapela I H. 2001. Transgenic DNA introgressed into traditional maize landraces in Oaxaca，Mexico. Nature，414：541～543

Saxena D，Flores S，Stotzky G. 1999. Insecticidal toxin in root exudates from Bt corn. Nature，402 (6761)：480

Saxena D，Stotzky G. 2000. Insectidal toxin from Bacillus thuringiensis is released from roots of transgenic Bt corn *in vitro* and *in situ*. FEMS Microbiol Ecol，33：35～39

Stokstad E. 2001. First light on genetic roots of Bt resistance. Science，293：778

United Nations Environment Programme (UNEP). 1995. Nairobi，Kenya：UNEP International Technical Guidelines for Safety in Biotechnology

附录 1：《卡塔赫纳生物安全议定书》附录Ⅲ

风 险 评 估

目标

1. 本议定书所规定的风险评估的目标是确定和评价改性活生物体在可能的潜在接收环境中对生物多样性的保护和可持续使用产生的不利影响，同时亦顾及对人类健康构成的风险。

风险评估的用途

2. 风险评估的结果，除其他外，系供主管部门就改性活生物体作出知情决定。

一般原则

3. 应以科学上合理和透明的方式进行风险评估，并可考虑相关的国际组织的专家意见及其所订立的准则。

4. 缺少科学知识或科学共识不应必然地被解释为表明有一定程度的风险、没有风险、或有可以接受的风险。

5. 应结合存在于可能的潜在接收环境中的未经改变的受体或亲本生物体所构成的风险来考虑改性活生物体或其产品（即源于改性活生物体并经过加工的材料，其中含有凭借现代生物技术获得的可复制性遗传材料的可检测到的新异组合）所涉及的风险。

6. 风险评估应以具体情况具体处理的方式进行。所需资料可能会因所涉的改性活生物体、其预定用途和可能的潜在接收环境的不同而在性质和详细程度方面彼此迥异。

方法

7. 在风险评估进程中一方面可能会需要提供可在评估进程中予以确定和要求提供的关于具体对象的进一步资料；另一方面关于其他对象的资料在某些情况下则可能不相关。

8. 为实现其目标，有必要在风险评估工作中酌情采取下列步骤：

(a) 鉴别与在可能的潜在接收环境中可能会对生物多样性产生不利影响的改性活生物体相关的任何新异基因型和表型性状，同时亦顾及对人类健康构成的风险；

(b) 在顾及到所涉改性活生物体暴露于可能的潜在接收环境的程度和暴露类型的情况下，评价产生这些不利影响的可能性；

(c) 评价一旦产生此种不利影响而可能会导致的后果；

(d) 根据对所认明的产生不利影响的可能性及其后果进行评价，估计改性活生物体所构成的总体风险；

(e) 就所涉风险是否可以接受或可设法加以管理的问题提出建议，包括视需要制订此类风险的管理战略；

(f) 在风险程度无法确定的情况下，可要求针对令人关注的具体问题提供进一步资料，或采用适宜的风险管理战略和（或）在接收环境中对所涉改性活生物体进行监测。

供考虑的要点

9. 风险评估应视具体情况计及与以下诸项特性相关的详细科学技术资料：

（a）受体生物体或亲本生物体。受体生物体或亲本生物体的生物特性，如有关生物分类状况、通用名称、起源、起源中心和遗传多样性中心等方面的资料，应提供此种资料，并附上有关所涉生物体可赖以存活或增生的各种生境的说明；

（b）供体生物体。供体生物体的生物分类状况和通用名称、来源及有关的生物特性；

（c）媒体。媒体的特性，包括其可能的标识及其来源或起源，以及其宿主范围；

（d）植入和（或）改变的特点。所植入的核酸的遗传特性及其特定功能，和（或）所引入的改变的特点；

（e）改性活生物体。改性活生物体的标识，以及有关改性活生物体的生物特性与受体生物体或亲本生物体的生物特性之间的差别；

（f）改性活生物体的发现和鉴别。建议采用的发现和鉴别方法及其特殊性、敏感性和可靠性；

（g）与预定用途相关的资料。与改性活生物体的预定用途相关的资料，其中包括与受体生物体或亲本生物体相比属于新的或经改变的用途；

（h）接收环境。关于所处位置、地理、气候和生态诸方面特点的资料，其中包括有关可能的潜在接收环境的生物多样性和起源中心的相关资料。

附录 2：农业部《转基因植物安全评价指南（试行）》

2007 年 9 月发布

一、总体要求

（一）分子特征

从基因水平、转录水平和翻译水平，考察外源插入片段的整合和表达情况。

1. 表达载体相关资料

（1）目的基因与载体构建的物理图谱

详细注明表达载体所有元件名称、位置和酶切位点。

（2）目的基因

详细描述目的基因的供体生物、结构（包括基因中的酶切位点）、功能和安全性。

供体生物：如 *Bt* 基因 *cry1A* 来源于苏云金芽孢杆菌 XX 菌株。

结构：完整的 DNA 序列和推导的氨基酸序列。

功能：生物学性状，如抗鳞翅目昆虫。

安全性：从供体生物特性、安全使用历史、基因结构、功能及有关安全性试验数据等方面综合评价目的基因的安全性。

（3）表达载体其他主要元件

启动子：供体生物来源、大小、DNA 序列（或文献）、功能、安全应用记录。

终止子：供体生物来源、大小、DNA 序列（或文献）、功能、安全应用记录。

标记基因：供体生物来源、大小、DNA 序列（或文献）、功能、安全应用记录。

报告基因：供体生物来源、大小、DNA 序列（或文献）、功能、安全应用记录。

其他表达调控序列：来源（如人工合成或供体生物名称）、名称、大小、DNA 序列（或文献）、功能、安全应用记录。

2. 目的基因在植物基因组中的整合情况

采用 PCR、Southern 杂交等方法，分析外源插入片段在植物基因组中的整合情况，包括目的基因和标记基因的拷贝数，标记基因、报告基因或其他调控序列删除情况，整合位点等。

外源插入片段的 PCR 检测：片段名称、引物序列、扩增产物长度、PCR 条件、扩增产物电泳图谱（含图题、分子质量标准、阴性对照、阳性对照、泳道标注）。

外源插入片段的 Southern 杂交：植物基因组总 DNA 限制酶切，提供两种以上能明确整合拷贝数的、具有特异性杂交条带的限制性内切核酸酶图谱。文字描述至少包括探针序列位置、内切酶名称、特异性条带的大小、图题、分子质量标准、阴性对照、阳性对照、泳道标注。

外源插入片段的全 DNA 序列：实际插入受体植物基因组的全长 DNA 序列和插入位点的两端边界序列。提供 PCR 验证时相应引物名称、序列及其扩增产物长度。

3. 外源插入片段的表达情况

（1）转录水平表达（RNA）

采用RT-PCR或Northern杂交等方法，分析主要插入序列（如目的基因、标记基因等）的转录表达情况，包括表达的主要组织和器官（如根、茎、叶、种子等）。

RT-PCR检测：引物序列、扩增产物长度、RT-PCR条件、扩增产物电泳图谱（含图题、分子质量标准、阴性对照、阳性对照、泳道标注）。

Northern杂交：探针序列位置、特异性条带的大小、Northern杂交条件、杂交图谱（含图题、分子质量标准、阴性对照、阳性对照、泳道标注）。

（2）翻译水平表达（蛋白质）

采用ELISA或Western杂交等方法，分析主要插入序列（如目的基因、标记基因等）的蛋白质表达情况，包括表达的主要组织和器官（如根、茎、叶、种子等）。

ELISA检测：描述定量检测的具体方法，包括相关抗体、阴性对照、阳性对照、光密度测定结果、标准曲线等。

Western杂交：相关抗体名称、特异性条带的大小、Western杂交条件、杂交图谱（含图题、分子质量标准、阴性对照、阳性对照、泳道标注、样品和阳性对照的加样量）。

（二）遗传稳定性

主要考察转基因植物代际间目的基因整合与表达情况。

1. 目的基因整合的稳定性

用Southern或PCR手段检测目的基因在转化体中的整合情况，明确转化体中目的基因的拷贝数以及在后代中的分离情况，提供不少于3代的试验数据。

2. 目的基因表达的稳定性

用Northern，RT-PCR，Western等手段提供目的基因在转化体不同世代中转录（RNA）和（或）翻译（蛋白质）水平表达的稳定性（包括不同发育阶段和不同器官部位的表达情况），提供不少于3代的试验数据。

3. 目标性状表现的稳定性

用适宜的观察手段考察目标性状在转化体不同世代的表现情况，提供不少于3代的试验数据。

（三）环境安全

1. 生存竞争能力

提供在自然环境下，转基因植物与受体关于种子活力、种子休眠特性、越冬越夏能力、抗病虫能力、生长势、生育期、产量、落粒性等适合度变化与杂草化风险评估等的试验数据和结论。

若受体植物为多年生草类（饲草、制种用的草坪草）或目标性状增强生存竞争力（如抗旱、耐盐等），应根据个案分析的原则提出有针对性的补充资料。

2. 基因漂移的环境影响

（1）受体物种的相关资料

如果存在可交配的野生近缘种，提供野生近缘种的地理分布范围、发生频率、生物学特性（生育期、生长习性、开花期、繁殖习性、种子及无性繁殖器官的传播途径等）以及与野生近缘种的亲缘关系［包括基因组类型、与栽培种的天然异交结实性（%）、杂种 F_1 的育性及其后代的生存能力和结实能力］的资料。

如果存在同一物种的可交配植物类型，需提供同一物种植物类型的分布及其危害情况。

（2）外源基因漂移风险

对于存在可交配的野生近缘种或存在同一物种可交配的植物类型，又无相关数据和资料的，可设计试验评估外源基因漂移风险及可能造成的生态后果，如基因漂移频率、外源基因在野生近缘种中的表达情况、目的基因是否改变野生近缘种的生态适合度等。

3. 转基因植物的功能效率评价

提供自然条件下转基因植物的功能效率评价报告。如为有害生物抗性转基因植物，则需要提供对靶标生物的抗性效率试验数据。

抗性效率指抗有害生物转基因植物所产生的抗性物质对靶标生物综合作用的结果，一般通过转基因品种与受体品种在靶标生物数量变化、危害程度、植物长势及产量等方面的差别进行评价。抗病虫转基因植物需提供在室内和田间试验条件下，转基因植物对靶标生物的抗性生测报告、靶标生物在转基因及受体品种田季节性发生危害情况和种群动态的试验数据与结论。

4. 有害生物抗性转基因植物对非靶标生物的影响

根据转基因植物与外源基因表达蛋白特点和作用机制，有选择地提供对相关非靶标植食性生物、有益生物（如天敌昆虫、资源昆虫和传粉昆虫等）、受保护的物种等其他非靶标生物潜在影响的评估报告。

5. 对植物生态系统群落结构和有害生物地位演化的影响

根据转基因植物与外源基因表达蛋白的特异性和作用机制，有选择地提供对相关动物群落、植物群落和微生物群落结构和多样性的影响，以及转基因植物生态系统下病虫害等有害生物地位演化的风险评估报告等。

6. 靶标生物的抗性风险

靶标生物的抗性是指靶标生物由于连续多代取食转基因植物，敏感个体被淘汰，抗性较强的个体存活、繁殖、逐渐发展成高抗性种群的现象。抗病虫害转基因植物需提供对靶标生物的作用机制和特点等资料，转基因植物商业化种植前靶标生物的敏感性基线数据，抗性风险评估依据和结论，拟采取的抗性监测方案和治理措施等。

（四）食用安全

按照个案分析的原则，评价转基因植物与非转基因植物的相对安全性。

传统非转基因对照物选择：无性繁殖的转基因植物，以非转基因植物亲本为对照物；有性繁殖的转基因植物，以遗传背景与转基因植物有可比性的非转基因植物为对照物。对照物与转基因植物的种植环境（时间和地点）应具有可比性。

1. 新表达物质毒理学评价

（1）新表达蛋白资料

提供新表达蛋白质（包括目标基因和标记基因所表达的蛋白质）的分子和生化特征

等信息，包括分子质量、氨基酸序列、翻译后修饰、功能叙述等资料。表达的产物若为酶，应提供酶活性、酶活性影响因素（如 pH、温度、离子强度）、底物特异性、反应产物等。

提供新表达蛋白质与已知毒蛋白质和抗营养因子（如蛋白酶抑制剂、植物凝集素等）氨基酸序列相似性比较的资料。

提供新表达蛋白质热稳定性试验资料，体外模拟胃液蛋白消化稳定性试验资料，必要时提供加工过程（热、加工方式）对其影响的资料。

若用体外表达的蛋白质作为安全性评价的试验材料，需提供体外表达蛋白质与植物中新表达蛋白质等同性分析（如分子质量、蛋白测序、免疫原性、蛋白活性等）的资料。

(2) 新表达蛋白毒理学试验

当新表达蛋白质无安全食用历史，安全性资料不足时，必须提供急性经口毒性资料，28d 喂养试验毒理学资料视该蛋白质在植物中的表达水平和人群可能摄入水平而定，必要时应进行免疫毒性检测评价。如果不提供新表达蛋白质的经口急性毒性和 28d 喂养试验资料，则应说明理由。

(3) 新表达非蛋白质物质的评价

新表达的物质为非蛋白质，如脂肪、碳水化合物、核酸、维生素及其他成分等，其毒理学评价可能包括毒物代谢动力学、遗传毒性、亚慢性毒性、慢性毒性/致癌性、生殖发育毒性等方面。具体需进行哪些毒理学试验，采取个案分析的原则。

(4) 摄入量估算

应提供外源基因表达物质在植物可食部位的表达量，根据典型人群的食物消费量，估算人群最大可能摄入水平，包括同类转基因植物总的摄入水平、摄入频率等信息。进行摄入量评估时需考虑加工过程对转基因表达物质含量的影响，并应提供表达蛋白质的测定方法。

2. 致敏性评价

外源基因插入产生新蛋白质，或改变代谢途径产生新蛋白质的，应对其蛋白质的致敏性进行评价。

提供基因供体是否含有致敏原、插入基因是否编码致敏原、新蛋白质在植物食用和饲用部位表达量的资料。

提供新表达蛋白质与已知致敏原氨基酸序列的同源性分析比较资料。

提供新表达蛋白质热稳定性试验资料，体外模拟胃液蛋白消化稳定性试验资料。

对于供体含有致敏原的，或新蛋白质与已知致敏原具有序列同源性的，应提供与已知致敏原为抗体的血清学试验资料。

受体植物本身含有致敏原的，应提供致敏原成分含量分析的资料。

3. 关键成分分析

提供受试物基本信息，包括名称、来源、所转基因和转基因性状、种植时间、地点和特异气候条件、储藏条件等资料。受试物应为转基因植物可食部位的初级农产品，如大豆、玉米、棉籽、水稻种子等。同一种植地点至少三批不同种植时间的样品，或三个不同种植地点的样品。

提供同一物种对照物各关键成分的天然变异阈值及文献资料等。

（1）营养素。包括蛋白质、脂肪、碳水化合物、纤维素、矿物质、维生素等，必要时提供蛋白质中氨基酸和脂肪中饱和、单不饱和、多不饱和脂肪酸含量分析的资料。矿物质和维生素的测定应选择在该植物中具有显著营养意义或对人群营养素摄入水平贡献较大的矿物质和维生素进行测定。

（2）天然毒素及有害物质。植物中对健康可能有影响的天然存在的有害物质，根据不同植物进行不同的毒素分析，如棉籽中棉酚、油菜籽中硫代葡萄糖苷和芥酸等。

（3）抗营养因子。对营养素的吸收和利用有影响、对消化酶有抑制作用的一类物质。如大豆胰蛋白酶抑制剂、大豆凝集素、大豆寡糖等，以及玉米中的植酸，油菜籽中的单宁等。

（4）其他成分。如水分、灰分、植物中的其他固有成分。

（5）非预期成分。因转入外源基因可能产生的新成分。

4. 全食品安全性评价

大鼠 90d 喂养试验资料。必要时提供大鼠慢性毒性试验和生殖毒性试验及其他动物喂养试验资料。

5. 营养学评价

如果转基因植物在营养、生理作用等方面有改变的，应提供营养学评价资料。

（1）提供动物体内主要营养素的吸收利用资料。

（2）提供人群营养素摄入水平的资料以及最大可能摄入水平对人群膳食模式影响评估的资料。

6. 生产加工对安全性影响的评价

应提供与非转基因对照物相比，生产、加工、储存过程是否可改变转基因植物产品特性的资料，包括加工过程对转入 DNA 和蛋白质的降解、消除、变性等影响的资料，如油的提取和精炼、微生物发酵、转基因植物产品的加工、储藏等对植物中表达蛋白质含量的影响。

7. 按个案分析的原则需要进行的其他安全性评价

对关键成分有明显改变的转基因植物，需提供其改变对食用安全性和营养学评价的资料。

二、阶段要求

以下规定是申请该阶段时所需材料的基本要求。

（一）申请中间试验

1. 提供外源插入序列的分子特征资料。

2. 提供每一个转化体的转基因植株自交或杂交代别及目的基因和标记基因 PCR 检测的资料。

3. 按《转基因植物及其产品食用安全评价导则》（NY/T1101-2006）提供受体植物、基因供体生物的安全性评价资料。

4. 提供新表达蛋白质的分子和生化特征等信息，以及新表达蛋白质与已知毒蛋白质和抗营养因子氨基酸序列相似性比较的资料。

5. 提供抗虫植物表达蛋白质和已商业化种植的转基因抗虫植物对靶标害虫作用机制的分析资料，评估交互抗性的风险。

（二）申请环境释放

1. 申请中间试验提供的相关资料，以及中间试验结果的总结报告。

2. 提供每个转基因株系中目的基因的 PCR 检测图，并注明转基因株系的代别和编号。

3. 提供每个转基因株系中目的基因和标记基因整合进植物基因组的 Southern 杂交图和插入拷贝数，并注明转基因株系的代别和编号。

4. 提供目的基因在转录水平或翻译水平表达的资料。

5. 提供转基因株系遗传稳定性的资料，包括目的基因和标记基因整合的稳定性、表达的稳定性和表型性状的稳定性。

6. 抗病虫转基因植物，提供目标蛋白的测定方法，植物不同发育阶段目标蛋白在各器官中的含量，以及对靶标生物的田间抗性效率。

7. 新蛋白质（包括目标基因和标记基因所表达的蛋白质）在植物食用和饲用部位表达含量的资料。

8. 提供靶标害虫对新抗虫植物和已商业化种植的抗虫植物交互抗性的研究资料。

9. 提供对可能影响的非靶标生物的室内生物测定资料。

10. 提供目标性状和功能的评价资料。如抗虫植物应明确靶标生物种类并提供室内或田间生测报告。

（三）申请生产性试验

1. 申请环境释放提供的相关资料，以及环境释放结果的总结报告。

2. 提供转化体外源插入片段（如目的基因和标记基因等）整合进植物基因组的 PCR 检测图、Southern 杂交图和插入拷贝数，并注明供试材料的名称和代别。

3. 提供目的基因和标记基因翻译水平表达的资料，或目标基因（被 RNAi 等方法所干涉的基因）在转录水平或翻译水平表达的资料。

4. 提供该转化体遗传稳定性至少 2 代的资料，包括目的基因整合的稳定性、表达的稳定性和表现性状的稳定性。

5. 提供该转化体个体生存竞争能力的资料。

6. 提供该转基因植物基因漂移的资料。

7. 提供目标性状和功能的评价资料。如，抗虫植物应提供田间试验条件下，靶标生物在转基因及受体品种田季节性发生危害情况和种群动态的试验数据。

8. 提供靶标生物对抗病虫转基因植物的抗性风险评价资料。

9. 提供对非靶标生物和生物多样性影响的评价资料。

10. 提供新表达蛋白质体外模拟胃液蛋白消化稳定性试验资料。

11. 必要时提供全食品毒理学评价资料。

（四）申请安全证书

1. 汇总以往各试验阶段的资料，提交环境安全和食用安全综合评价报告。

2. 提供外源片段的全长 DNA 序列和插入位点的两端边界序列。

3. 提供该转化体遗传稳定性至少 3 代的资料，包括目的基因整合的遗传稳定性、表达的稳定性和表现性状的稳定性。

4. 提供该转化体个体生存竞争能力、自然延续或建立种群能力的资料。

5. 提供该转基因植物基因漂移的资料。

6. 提供至少 2 年对目标性状和功能的田间评价资料。

7. 提供靶标生物对转基因植物所产生抗病/虫物质的敏感性基线资料，抗性风险评估的依据和结论；拟采取的靶标生物综合治理策略、抗性监测方案和治理措施等。

8. 提供至少 2 年对非靶标生物和生物多样性影响的评价资料，以及转基因植物生态系统下病虫害地位演化的风险评估报告。

9. 提供完整的毒性、致敏性、营养成分、抗营养因子等食用安全资料。

10. 如为续申请，则需要提供上次批准期限内的商业化种植数据和环境影响监测报告。

第7章　转基因生物风险管理

转基因技术发展伊始，各种相关研究和管理机构就着手制定相应的风险管理原则和机制，目的是规范相关研究行为，更好、更合理地利用转基因技术。但是直到现在，相关的管理政策和机制也不能说达到了完善的程度，其中最主要的原因是生物本身是一个复杂系统，以传统的还原论方法，采用层层解构的方式研究转基因生物，也不能清楚地认知外源基因在生物体内的活动，这其中的不确定性决定了风险管理必须以预防为基本原则。在这个共识之下，各个国家或者国际组织，或基于本身科研、经济等方面的考虑，或从政治观点出发，制定了不尽相同的转基因生物风险管理框架或体制。

7.1　风险管理的定义、目标和要求

《卡塔赫纳生物安全议定书》第16条是有关风险管理的内容，具体条款表述为：

1. 缔约方应参照《公约》第8（g）条的规定，制定并保持适宜的机制、措施和战略，用以制约、管理和控制在本议定书风险评估条款中指明的、因改性活生物体的使用、处理和越境转移而构成的各种风险。

2. 应在必要范围内规定必须采取以风险评估结果为依据的措施，以防止改性活生物体在进口缔约方领土内对生物多样性的保护和可持续使用产生不利影响，同时亦顾及对人类健康构成的风险。

3. 每一缔约方均应采取适当措施，防止于无意之中造成改性活生物体的越境转移，其中包括要求于某一改性活生物体的首次释放之前进行风险评估等措施。

4. 在不妨碍以上第2款的情况下，每一缔约方均应做出努力，确保在把无论是进口的还是于当地研制的任何改性活生物体投入预定使用之前，对其进行与其生命周期或生殖期相当的一段时间的观察。

5. 缔约方应开展合作，以期：

(a) 确定可能对生物多样性的保护和可持续使用产生不利影响的改性活生物体或改性活生物体的某些具体特性，同时亦顾及对人类健康构成的风险；

(b) 为处理此种改性活生物体或其具体特性采取适当措施。

在这里，明确指出什么是转基因生物（改性活生物体）的风险管理，以及转基因生物风险管理的目的和意义。

所谓转基因生物（改性活生物体）的风险管理就是在对GMO/LMO的生态风险和人类健康风险进行评估的基础上，制定并实施一系列适当的机制、措施和战略，来控制和管理上述风险。风险管理的基础必须是在对GMO/LMO进行科学的风险评估；目标就是要防止GMO/LMO对生物多样性保护、可持续使用以及人类健康产生不利影响；

同时，在《议定书》中还提供了风险评估的建议办法，以便让风险管理的基础更加科学、稳固。如果说风险评估是一个严格意义上的科学程序，那么风险管理就融入了一些社会和政治因素。

7.2 转基因生物风险管理的理论基础——科学不确定性

7.2.1 科学上的不确定性和复杂性

将任何一个活体有机物或者转基因DNA释放进入一个新的地点或生态系统时，首先要考虑其对环境和健康的影响。一些假设的有益或有害的效应，由于缺乏相关的研究，所以科学支持的程度也不同。现在，关于证明和反对这些假设性观点的研究也很少，没有过硬的数据是不可能评估环境和健康影响的，更不能给出暴露水平的建议了。

1）早期风险预警研究的必要性

在欧盟环境署（European Environment Agency，EEA）的报告《未雨绸缪——预防原则1896～2000》（*Late lessons from early warnings: the precautionary principle 1986～2000*）中，描述了14个案例，都是由于缺乏预防措施而造成对人类、生态系统和经济上的损失，抗生素抗性基因水平转移就是其中的一个案例。在所有14件案例中，持不同意见的科学家们的预测结果所显示的问题已经越来越明显，而这些科学家往往被一些主流科学家和有利益关系的人边缘化。近些年，通过A. Pusztai博士（转雪花莲凝集素基因马铃薯饲喂大鼠，导致大鼠的体重及器官重量明显减轻、免疫系统受损）和I. Chapela博士（墨西哥玉米受污染事件的最初报道者）的故事，我们已经直接地经历了一些基因工程相关的案例。

欧洲环境署的报告强调要从过去的失败中吸取教训，并且要留心早期的关于风险的科学证据。这份报告描述了有害性科学证据的缺乏是怎样被误读为其在科学上和政策上都是安全的证明，并最终造成了人类、生态和经济的损失。例如，在合成雌激素己烯雌酚（synthetic oestrogen diethylstilbestrol，DES）事件的整个过程中，政府是确信其安全性的，没有转入胎儿的风险。但事实是合成雌激素己烯雌酚从1947年开始就因为其会导致怀孕妇女流产而被禁用，而所有的药物企业、科学家和管理者从来都没有给出DES具有危害性的预告。早在1938年的时候，就有报道说DES会对实验室的小鼠产生致癌作用，后续研究证明DES会导致啮齿目物种罹患阴道癌和子宫颈癌。然而直到1971年，DES才被承认具有致畸作用，并且是子宫的致癌物。DES案例说明风险评估框架是多么狭窄，风险只有可能发生在框架范围内的假设会妨碍一些预警性研究的实施和结果的接受。

EEA报告中的14个案例都是盲目相信主流科学，倾向于认为所谓的风险是安全的。DES案例造成严重后果就是因为所有人都相信该药物能够保护胎儿不受激素的影响，因此，没有与风险有关的研究去确认或者推翻这个假设。

关于转基因生物，早期的预告相当于"快照"和"最坏的状况"等言论都不够现实，所以不应该发表。这个问题最近出现了新的案例，*Nature*杂志刊登报告称墨西哥的玉米已经被转基因玉米的DNA所污染。这篇报告引起关于转基因污染的检测方法和初步研究发现的重要性等问题的讨论，争论焦点是研究者并没有确认或者拒绝这个已经发布的有害的生物学和生态学影响。

2）还原论、科学不确定性和复杂性

“中心法则”是分子生物学和转基因工程的基础。以还原论为基础的方法在基因工程的最早研究阶段是非常有效的也是不可避免的。最近，在DNA-RNA-蛋白质的关系中不能预期的复杂性和不可预测性越来越多地被接受。新的技术，如基因组学、蛋白质组学、代谢组学，都已经发展起来并且之间都有相互的联系，能够解决多种基因以及整个基因组活性的合作和协调的问题。这并不是否认还原论方法研究这些现象的有效性，但是一些还原性假设的结果，比如大范围内转基因生物的行为影响能够通过小范围内的案例研究来实现，这种观点其实是不清晰的，也常常与实际问题有出入。与环境之间的影响通常要在更高的水平上来组织。例如，同样的基因在不同的生物中具有不同水平的表达，然而一个转基因在受体生物中的表达和在供体中表达可能出现不同的蛋白，而生长条件在地理和气候上的不同更是使转基因生物的影响原因和程度很难定位。这样的推断也许会导致不确定性的增加，而且由于转入基因和受体基因组的相互作用或者转基因生物与其所处生态系统之间作用可能出现的使用转基因或释放转基因作物之后所产生的不能预测的后果，很多时候事情的结果总是不能预测的。因此解决这种不确定性和复杂性需要更多的对转基因生物使用的生态影响的研究并且需要多学科的参与，多角度的考虑才能使风险评估的方法、过程和结果更严谨。

7.2.2 转基因生物风险的不确定性和复杂性的来源

转基因生物除了带来很多预料之中的好处之外，其研发进程中和释放、使用、加工等一系列过程中都存在着不可逆的、不可预见的、难以度量的影响，这些风险经过积累会变得越来越严重。

在给定的问题之下，从不同视角观察问题能够做到相互补充，更为全面地认识问题。后现代科学是以科学的不确定性和复杂性为基础的，转基因生物风险同样具有科学上的不确定性和复杂性，这也是转基因生物风险的核心问题。

在《卡塔赫纳生物安全议定书》的附录Ⅲ（风险评估）当中，对于风险评估的步骤有如下表述：

> 8. 为实现其目标，有必要在风险评估工作中酌情采取下列步骤：
>
> (a) 鉴别与在可能的潜在接收环境中可能会对生物多样性产生不利影响的改性活生物体相关的任何新异基因型和表型性状，同时亦顾及对人类健康构成的风险；
>
> (b) 在顾及到所涉改性活生物体暴露于可能的潜在接收环境的程度和暴露类型的情况下，评价产生这些不利影响的可能性；
>
> (c) 评价一旦产生此种不利影响而可能会导致的后果；
>
> (d) 根据对所认明的产生不利影响的可能性及其后果进行评价，估计改性活生物体所构成的总体风险；

(e) 就所涉风险是否可以接受或可设法加以管理的问题提出建议，包括视需要制订此类风险的管理战略；

(f) 在风险程度无法确定的情况下，可要求针对令人关注的具体问题提供进一步资料，或采用适宜的风险管理战略和（或）在接收环境中对所涉改性活生物体进行监测。

这个表述强调了对转基因生物的所有基因型和表现型特点的潜在不利影响和后果的可能性进行评估的必要性，因为转基因生物本身就是人工构建的新的生物体，其各种性状特点并不能完全被我们掌握。如果从某个特定的转基因生物发生的有害的水平基因转移发生的可能性是 $P=0.000\,374$，那么这个估计的标准偏差是多少？通过哪种方法积分？所收集到的在实验室进行的实验通常能够得到什么样的数据？这些数据的可信程度如何？其他物种在同样的条件和管理环境中是否也需要进行田间实验呢？例如，关于生物入侵和自然杂交的生态学知识是否相关且是否需要在评估的计算中考虑到？有时方法的不确定性太大以至于会出现一些技术方面的不确定性。

如果需要研究的负面影响只限于一少部分的物种和较短的时间跨度，似乎这些影响要比考虑大量的物种和长期影响更容易进行检测，或者是在某一天更容易被预测。如果这种问题只限于直接的影响，那么第二层次的或者更高层次的间接影响就不会被考虑，也就是说问题是怎样的定义决定了能够知道的信息和在所有水平影响的不确定性。这不仅是一个考虑数不清的影响的问题，同样也是考虑选择哪一个或者哪一些影响的问题。例如，关于生产和利润的直接影响要比对昆虫生物多样性的影响更容易监测。

科学的不确定性可以分为技术上的不确定性和认识上的不确定性等类型，在各种类型的不确定性之间存在着协调，如果接受高水平的技术不确定性，允许模糊的、不精确的、定性的信息存在，则可以在一定程度上减少认识上的不确定性。通常来说，摒弃某些被认为是“不科学的”证据只是因为这些证据没有通过严谨的定性的方式获取。总的来说，制定研究某些影响或者风险需要实施研究的问题框架时，做出相应的选择和决策是不能从单纯的科学方面进行考虑。

7.2.3 从技术和科学的不确定性上构建预防模型

在真正的决策过程中，科学的事实也总不是完全确定的。科学技术和社会的进步不是偶然发生的，控制社会过程、经济系统以及环境方面的尝试可能会失败，有时还会导致一些病态的状况。最近的几十年，不确定性的存在已经渐渐被熟知了，尤其是在环境问题方面，因为在科学中的不完整性，提出了一个额外的监测元素，叫做预防。

预防的原则和方法已经被引入一些公约、条例和法规当中，如《里约热内卢环境发展宣言》、《卡塔赫纳生物安全议定书》和欧盟 2001/18/EC 转基因作物释放条款等。对预防性原则和方法的描述很不一样，但是对于预防措施的过于绝对化也是不被预防原则所支持的，只有当科学的评价具有一些风险的证据作支持的时候才能够实施。

在生物安全风险短暂的研究历史中，许多事情也说明预防模型中的不确定性管理具有一定的局限性。在 1989～1999 年的关于转基因花粉所导致的致敏性的问题上，欧洲植物科学委员会坚持没有证据证明转基因产品能够产生糟糕的影响；在围绕 Pusztai 关于转基因土豆的研究中，或者再迟一些 2002 年 Quist 和 Chapela 关于转基因玉米的研究中，所有争论基本都集中于科学技术的严谨性方面。

预防的规范性已经形成了体系框架，以现在的科学标准来说，虽然科学证据不足以形成结论，但在科学上仍然相信某一种风险或危害还是存在的，换句话说，具体的和特别的关于其有害性的证据还是存在的，但是技术和方法的不确定性比概率统计所允许的约定标准还有稍微高一些（通常统计的不确定性大概有 95%）。

7.3 转基因生物风险管理的原则——预防原则

预防原则已经被许多国际政府所接受并作为制定政策的基础，在国际环境法和国际性条约中也具有举足轻重的作用。起先，预防原则是应用在由于环境破坏证据不足的情况下限制海洋污染排放的准则，并且进入了北海保护大会（Conferences of the Protection of the North Sea）制定的一系列国际政策中。考虑到转基因生物的管理，预防原则是《卡塔赫纳生物安全议定书》中很重要的一部分，是一个管理转基因生物的安全转移、处理、利用和越境转移的国际准则。

《卡塔赫纳生物安全议定书》条款一描述了议定书的目标：

> 本议定书的目标是依循《关于环境与发展的里约宣言》原则 15 所订立的预先防范办法，协助确保在安全转移、处理和使用凭借现代生物技术获得的、可能对生物多样性的保护和可持续使用产生不利影响的改性活生物体领域内采取充分的保护措施，同时顾及对人类健康所构成的风险并特别侧重越境转移问题。

根据这个目标，议定书允许各国在关于转基因生物潜在不利生态和健康影响具有科学不确定性时使用预防的原则以限制转基因生物的使用和释放。

关于转基因生物故意释放进入环境的预防原则也出现在其他一些管理条例中，如 1993 年的挪威基因技术法案和欧盟的 2001/18/EC 法令。挪威基因技术法案已经将预防原则纳入其准备工作以及基因技术法案影响评估的新设置条例的附录 4 中，在此法令中预防原则可以在评估对动物和人类健康以及对环境的可能风险和损害时进行使用。在欧盟的法令中预防原则包含于法案的目标中。

预防原则是在科学不确定的情况下进行实际性决策的规范原则，实施时需要对风险、科学不确定性和对情况完全无知进行识别，需要整个决策过程的透明和无歧视。在转基因生物使用和释放的风险评估和管理中对预防原则的应用是目前科学和公众讨论的一个热门话题。一方面，在某些批评家的眼中，预防原则的使用会对转基因生物使用带来多余的负担，并因此失去了创新对人类的回馈，以至于在整个世界范围内减少了转基因生物的使用，阻碍了很多研究的进行。但另一方面，预防原则实际上强调的是提高安全程序，在决策过程中将贸易和环境的利益分离开来，并且将此与知识的缺乏和研究的欠缺结合起来。

7.3.1 预防原则的概念

预防原则是在科学不确定性的条件下用于做出实际决定的标准原则，包括 4 个中心部分，分别是用于：①实施保护措施作为对科学不确定性的回应；②潜在危害支持证据的举证负担转移；③为了同样的目标探索不同的方法；④将利益相关者纳入制定政策的过程。然而，预防原则的真正内容与其实际执行仍然存在着冲突。

预防原则有几种表述形式，从以生态为主的到以人为主的，从反对风险到承担风险的立场。预防原则的弱版本往往根植于狭隘的功利伦理，包括风险/成本效益分析。在这种背景下，预防原则可以作为管理已经通过风险分析确认的风险的一种选择。例如，《里约宣言》对成本和效益进行了权衡，在《生物多样性公约》（*Convention on Biological Diversity*）的前言和《气候变化框架公约》（*Framework Convention on Climate Change*）的第三条中都有类似的措辞。

预防原则的强版本包含环境的固有价值，一般是建立在以生态为中心的观点的基础上或者建立在对非人类和生态系统的责任的考虑之上的。强版本对监管机构采取行动方面具有积极的意义，如对风险管理程序的实施。Wingspread 声明可以被认为是代表预防原则的强版本。

预防原则的弱版本——里约宣言：

> 为了保护环境，各国应按照本国的能力，广泛适用预防措施。遇有严重或不可逆转损害的威胁时，不得以缺乏科学充分确实证据为理由，延迟采取符合成本效益的措施防止环境恶化。

预防原则的强版本——Wingspread 声明：

> 当某些行为对人类的健康或者环境造成威胁时，即使在科学上某些因果关系还没有完全清楚的情况下，也应该使用预防原则。

不管使用什么版本/形式，预防原则实施的前提是：①损害威胁的识别；②潜在危害的科学不确定性存在；③具有引导进行主动和预防措施的标准。

7.3.2 预防原则的实施对风险威胁的回应

预防原则的实施需要通过某些方式记录负面影响的体现，启动一些与风险有关的研究。首先，要识别科学不确定性的来源和类型。目前，由于缺少生物安全相关的研究，来源于企业或者公共研究机构的关于对环境和健康影响的信息很少。

在决策的过程中，科学不确定性的存在使得短期和长期的成本与效益之间的权衡变得更加复杂。可以在一个简化的科学框架下，运用技术和经济的方法。例如，风险/成本效益分析方法，来描述这些不确定性的问题，可是，这样的方法不适用于一些复杂的生物和生态过程，如转基因生物所要被释放进入的环境。决策者可能会倾向于依赖对风险的一些短期的考虑，因此在决策过程中不会得出具有低可能性或者长期假设风险的负面效应。因此，技术和经济的方法都会降低安全的阈值标准，这也是到现在为止，只要有利益，风险和不确定性就一直被允许存在。在这种背景下，不确定性经常被简单的定义为知识的缺乏，可以通过进一步研究解决。

不确定性不仅仅是未知的可能性或者数据的不足，不确定性的类型可以被划分为以下几种。

(1) 与某些特定的负面事件有关的危害。风险代表的是可能性和结果之间的关系，是在确认了可能的结果并将结果的相对可能性用概率来表示的条件。

（2）不确定性是指已知危害，但是不知道或者不能够准确对其进行评估。这种不确定性可能是由于有些活动比较新、比较复杂或多变引起的。例如，即使在转基因生物使用和释放以前就对水平基因转移频率进行了深入的研究，结果也会由于选择压的存在而发生改变，并且导致最终结果不同于实验室的实验结果。

（3）“未知”代表不知道评价危害的类型的状态，如可能出现的完全无法预知的危害，历史上的疯牛病、二噁英和杀虫剂就是很好的例子。转基因生物也可能会出现一些无法预料的非靶标效应。非靶标效应包括对环境中所有生物的影响和与之相互作用，可能是直接的也可能是间接的。直接影响包括对其他生物的生态毒理效应，如对那些饲喂抗虫植物的昆虫幼虫的负面影响，或者给土壤生物带来的负面影响；间接的影响包括对消费者健康的影响、对野生基因库的污染或者改变生态关系。

（4）模糊性，或称“极大的不确定性”，描述了限制性实验条件和真实情况之间存在不可避免的差距，在这种情况下行为的结果是完全不能预测的。生物系统的结构和动态不能由其任何一个部分，如基因或者蛋白质，来单独解释，而是需要考虑各个部分之间的相互作用以及非生物因素影响的整体效果。因此检测和监测方法的选择取决于风险评价的目的，这样才能够搞清真实的健康和环境影响，才能够识别无法预测的负面影响。长期环境监测可以提供一个基线，作为未来变化的参考，可以为管理系统的改进提供数据。

7.3.3　预防原则的实施涉及科学上的不确定性

研究结果就是为制定相应的政策提供数据和信息的支持。目前，支持者、质疑者和反对者都在通过不同的方式使用不同的证据对转基因生物的使用和释放结果进行描述和解释。这些事实的分歧使得他们对何种事实是相关的，需要进行何种研究等问题上都没有达成一致。除此之外，在大部分的情况中，支持者都会挑战证据的科学性和显著性，并且认为反对者们具有信誉问题。结果，需要考虑怎样处理伴随着转基因生物使用和释放而产生的不确定性问题，如怎样定义转基因生物的不确定性，怎样获取和统计与不确定性相关的数据并将之系统化，才有助于使用科学知识更有效地指导更深入的研究或者风险评估和管理的过程。

在预防措施实施以前，肯定会存在潜在危害的科学可信程度的临界值，比如《议定书》的15（1）款说：

> 依照本议定书进行的风险评估应按附件三的规定并以在科学上合理的方式做出，同时应考虑采用已得到公认的风险评估技术。此种风险评估应以根据第8条所提供的资料和其他现有科学证据作为评估所依据的最低限度资料，以期确定和评价改性活生物体可能对生物多样性的保护和可持续使用产生的不利影响，同时亦顾及对人类健康构成的风险。

其中提到的“现有科学证据”和“科学上合理的方式”，可以看作限定了风险评估证据的获得必须是可信的，而欧盟有关预防原则的通信和联合国教科文组织的预防原则专家组的报告考虑更多的是信息的真实性和科学性。《生物安全议定书》要求在实施预防原则以前，需要提供一些科学证据说明转基因生物危害健康或环境。这个要求是不是意味着需要“缺乏科学定论”的科学证据？

需要潜在危害的科学证据和只需要关注科学不确定性这两者之间具有很重要的不同。预防原则的强版本和联合国教科文组织的版本都允许科学不确定性的存在。因此，对“科学证据”的需求实际上是制定议定书时模棱两可的问题，尤其是如果与议定书的第 10 条第 6 款对比：

> 6. 在亦顾及对人类健康构成的风险的情况下，即使由于在改性活生物体对进口缔约方的生物多样性的保护和可持续使用所产生的潜在不利影响的程度方面未掌握充分的相关科学资料和知识，因而缺乏科学定论，亦不应妨碍该缔约方酌情就以上第三款所指的改性活生物体的进口问题作出决定，以避免或尽最大限度减少此类潜在的不利影响。

对“科学证据”和以一种“科学上合理的方式”实施风险评估可能会误读现在知识缺乏的情况，并且可能会导致对“不确定性”的轻描淡写，尤其是如果这些词组的说明能够解释上述第 10 条第 6 款时。这将最终会产生这样的问题：当风险评估在以一种科学上合理的方式进行时，“缺乏科学定论”又扮演什么角色？

7.3.4　熟悉原则、实质等同与预防原则

经合组织（OECD）引入“熟悉原则”，认为遗传工程的应用产生新的农业品种，不会超过传统技术所带来的风险。决定相似性的标准包括以下任何一种或所有的知识和经验：作物、环境、性状、作物或特征的多效基因修饰、作物－特性－释放环境的关系。熟悉原则建立在一个假设的基础上，即似乎没有任何原因认为转基因农业会比传统农业能带来更多的问题。

这种原则由于其隐讳的假设和狭隘的框架受到了批判，推断安全性的决策阈值的根据是能够保证转基因产品的负面影响不会超过对应的非转基因产品，由此而来的这种阈值会因对象性质的不同而不同，如有机农业和化学密集型农业的阈值就不一样。有人认为类比传统农业安全性的论点不符合逻辑，因为还没有相似的传统作物被商业化，所以不能以此推论到转基因作物。传统的育种方法包括：①只可能在具有近缘关系的物种之间发生的自然植物繁殖方式；②通过化学的方式或者对植物基因组进行辐射突变的方式将新的性状引入植物的育种方式。基因工程育种则可能是将某种无亲缘关系的物种基因通过载体或者基因枪引入另一个物种，这两个物种在一般情况下是永远也不能杂交的。

为了评估转基因食品的安全性，OECD 于 1993 年引入实质等同原则，同年该原则被世界粮农组织（FAO）认可。实质等同原则被当作是风险评估的指导原则，目的在于辨别转基因食物产品是否和传统非转基因产品一样安全。例如，在美国，转基因食品和转基因产品被认为是实质等同的，并且和非转基因产品同样安全，可以进行商业化，不需要进行标签和市场的监测。

加拿大皇家联合会的专家组将实质等同的用途划分为两项：决策阈值的解释和安全标准的解释。专家组接受安全标准的合理性，但是认为决策阈值的合理性需要限制，安全的解释需要更严格的科学分析，同时，专家组提出一个问题，即怎样定义“严格的论

证”，并且建议需要使用综合的方法来考虑转基因生物的变化。

不可避免地，实质等同原则的应用并没有确定需要解决的问题，并且对生态影响进行充分的评估需要更广阔的基础，狭隘地集中于风险已经引起了管理者和科学家之间广泛的辩论，出现了明显对立的支持方和批判方。基因工程引入新特性的问题也在这些辩论之中，有些辩论者认为似乎没有任何理由证明基因修饰生物体和传统农业产品的影响有何不同。

此外，现在的基因修饰方式对于插入后的重组缺少精确控制。食品法典委员会建议转基因食品的风险评估需要拓展，不仅仅围绕与健康有关的影响，还要包括一些预料之外的影响。例如，在基因或者基因片段中插入之后可能会出现一些无法预料的影响，这种观点已经越来越受到重视，基因的表达水平要比蛋白质氨基酸序列更能够决定表现型，而表现型最终决定自然的种类时也受气候和环境条件的影响，因此，基因修饰过程需要在不同的水平上详细研究并解释。

与熟悉性原则和实质等同概念的使用相反，预防原则的使用可能会引发广泛的争论，内容包括一些风险相关建议的好坏，如何确定缺乏科学理解和知识的领域，最重要的是认识未知的程度。也正是因为预防原则以广泛的、关于人类、动物健康或者环境风险的基础研究作为判断基础，所以预防原则被认为是非常科学的准则。

7.3.5 积极措施的必要性

预防原则实施的水平取决于危害的可能性、不确定性的水平、潜在危害的严重程度和不可逆程度以及方法的可选择性。预防措施的实施需要更具科学性，因为其取决于更广泛的判断，并且涉及实施一些可以认定或者排除对人类、动物健康或者环境风险的基础性研究。一个国家对保护水平的选择是一个政治决定。例如，在欧洲，“持续性”和“无歧视”已经成为了预防原则实施的指导原则。

预防原则被国际社会所接受，但是一些多边协议中的预防措施的类型仍然不是很清楚。《生物安全议定书》可以设立一个关于环境保护和国际贸易体制之间关系的范例，主要关注环境影响和食品安全，只把贸易问题看做是冲突的原因之一。

在预防原则的实施过程中，国家可能会面对 WTO 申诉的威胁，按照 WTO 的规则，一个进口国在对所进口的食品进行法律限制时，必须要在科学上证明这种产品是不安全的（虽然有时候在科学证据不足的情况下，也可以实施一些暂时的预防措施）。因此，WTO 的要求和《生物安全议定书》中预防原则的应用最后会陷入科学证据必要性的争论当中。如何采取积极措施应对这类冲突将是《生物安全议定书》和预防原则实施需要克服的困难之一。

7.3.6 预防原则和证据负担

随着现代生物技术的普遍使用，有些人认为转基因生物的使用和释放存在一些对健康和环境有害的行为或者效应，但是这些行为或效应目前还未被证明或者无法证明某些行为一定会带来危害。在预防原则出现之前，这个问题证明需要依靠反对者，或者是转基因产品的进口方。随着预防原则的出现，寻找证据的负担转移到了支持者（宣告者和出口者）身上，他们所要证明的是这种活动不会给人类的健康和环境带来危害。这在《生物安全议定书》和欧盟、挪威的管理框架中都有体现。

支持者有义务证明转基因生物是安全的，大部分国家都在实施个案评估原则（case-by-case）和逐步评估原则（step-by-step）。个案评估原则需要对每一个转基因生物进行评估；逐步评估原则需要对转基因生物发展的每个步骤进行评估，主要是通过减少物理或生物限制的方法来逐步评价释放后环境的影响（从室内试验，到小型的或者大型的田间试验，再到市场批准）。个案评估原则和逐步进行程序的目的就是为了有一个学习的过程，使机构和一些支持者能够收集到足够的信息。除此之外，在欧盟，支持者还必须就在商业化之后怎样实施环境监测提交设计好的监测方案。

7.3.7　预告原则和规范标准

欧盟 2001/18/EC 指令中提到，任何环境风险评估都需要考虑直接的和间接的影响，迅速的和滞后的影响，潜在累积的和长期的影响（由转基因生物和环境相互影响造成的）。《生物安全议定书》第一条就详述了整个文本的目标就是为了通过预防原则来保护和可持续利用生物多样性；挪威基因技术法案的目的之一就是转基因生物的使用必须符合可持续发展原则。在这些相同或者相似的目的之后，如何实现这些目的是一个重要的问题，而采用何种规范标准来实现则是关键中的关键。制定统一的规范标准将有利于转基因生物及其产品的使用、加工、转移和贸易，省去很多因为标准问题造成的重复工作，并可以为信息的交换提供便利。

同样，规范标准可能会影响转基因生物使用和释放的风险评估和管理范围，会影响可接受风险的法律解释。这些影响可能会在一定程度上造成特殊风险评价和管理的缺失，但是有个案评估原则和逐步程序的补充，遗漏的可能性就非常低了。

事实上，预防原则的实施是为了适应具有科学不确定性的事件或行为的风险评估和管理的需要，这在处理复杂问题和研究复杂系统时的优势更为明显。可以说应用预防原则是在实施更全面的风险评价和管理，最终的目标就是在太少警告和太多警告间寻找一个平衡点。

7.4　转基因生物管理实践（以欧盟为例）

欧盟关于转基因生物和转基因技术的管理体制在世界上来说已经发展到非常复杂而且完善的水平了，因此，从某种程度上来说，在欧盟的管理系统的利用可以作为解释管理方法、问题和原因的一个范例。

目前欧盟所采用的管理体系是基于 2001 年新的立法和管理制度。例如，生物安全管理框架遵循谨慎使用研究当中转基因生物发展的过程、针对环境释放和市场上的流通、针对转基因食品和饲料或者用于加工产品的标记和可追踪性、针对《卡塔赫纳生物安全议定书》中补充的义务条款和关于在欧洲境内的越境转移而使用。

不同的管理措施包括：

（1）包含使用 90/219/EEC

（2）人类和动物的药品使用管理（EC）No. 726/2004

（3）环境释放法令 2001/18/EC

（4）转基因食品/饲料管理 1829/2003

（5）可追踪性管理 1830/2003

（6）越境转移管理 1946/2003

概括地讲，欧盟有关于转基因生物政策的宗旨是要尽量确保有可以使用的安全网络。这些政策都可以通过基于预防原则、监控报告要求、转基因生物释放、培育站点的公共登记和可追踪性以及共同存在性的风险评估来投入运行。

透明度原则是欧盟政策中的另一个关键的原则。这一点是由转基因生物释放和培育站点的公共登记、标记和可追踪性以及促进公共参与等措施来确保的。这也是被欧盟及其成员国批准了的 Aarhus 公约中叙述的，关于获取信息、决策制定的公众参与和环境问题诉诸司法等内容的意图，而且 Aarhus 公约也是依照转基因生物条例 2005（MOP-2）进行修订过的。

7.4.1 欧盟的环境释放

法令 2001/18/EEC 中的转基因生物的环境释放取代了法令 90/220/EEC 已经于 2001 年 4 月 17 日写入了法规。它的目的是保护人类健康和环境，而且是基于在该法令的宗旨中明确声明的预防原则。

法令 2001/18 中建立了一个强制性预释放授权程序，其中包括个案评估原则风险评估。风险评估必须考虑到转基因生物对人类健康和环境直接的、间接的，瞬时的和延时的影响。因此他们认识到转基因生物间接的长周期的隐含影响因素也应该被考虑到。这个法令当中也包含转基因生物释放和培育站点的公共登记。公众参与制度由欧盟管理授权，包括给予公众就附属法例发表评论的机会，以及对由转基因申请者向欧盟国家政府提交的每个申请（或者通知）发表评论的机会。

授权是有时间期限的，期限为 10 年。一个授权期限结束以后是可以更新申请的。这个更新，举个例子来说，是应该建立在交易和使用的时候已经实施的监视报告的评价之上的。批准还没有被鉴定确认的时候，应该把新的科学信息和监视结果输入到账户中，这是很重要的一个方面。监察（具体的个别案件和大体监察）是强制性的，而且一个监察计划必须包含在申请当中。

法令要求，未被授权的环境释放要立刻停止。欧盟委员会和其他成员国在发现任何未被授权的环境释放的时候，如果必要的话成员国应该采取补救行动，并通知公众。同时，如果必要的话，法令允许采取紧急措施。

2001/18 法令中有一项义务，就是针对商业产品中的抗生素使用，到 2004 年，逐步消除转基因生物中的抗生素抗性标记基因（ARMG），到 2008 年消除实验性转基因生物中的 ARMG。尽管如此，这项义务仅适用于有可能对人类健康以及环境造成负面影响的 ARMG，但是到现在还不能明确区分出哪些是 ARMG。2001/18 法规下的一个工作小组，欧洲食品安全机构（EFSA），在考虑到当前的临床以及动物药品使用情况的前提下，已经对特定 ARMG 的潜在风险进行了评估。从转基因植物到微生物的基因转移，以及水平基因转移的潜在影响，到存在于微生物基因库的相关抗生素产生抗性，在以上这些方面都做了一定程度上的评估。

2001/18 法令在其附件中概述了很多重要的有关欧洲转基因生物应用、管理以及规程的条文。例如，附件 IA/B 的识别技术，按照欧盟国家的理解，是适用于转基因生物的，而且，它的技术和方法是不会推动转基因生物本身发展的。他们认为，原则上，这种鉴定技术类似于《卡塔赫纳生物安全议定书》中的 Article 3h 中的活体转基因生物的鉴定技术。附件Ⅱ中详述了环境风险评估的原则，附件Ⅲ中列出了所有的通知（申请）要求的信息。委员会决议 2002/623 建立了法令 2001/18/EC 附件Ⅱ中提及的环境风险评估的目的、要素、一般原则以及实施方法的指导说明。附件Ⅶ，是关于监察计划的重要性，以及一次会议决定从 2002 年开始要建立一个指导说明用以补充附件Ⅶ的监察内容的补充条例。

7.4.2　欧盟的转基因食品和饲料

针对转基因食品和饲料的管理 1829/2004 自从 2004 年 4 月 18 日就开始实施了。其目的是保护环境，保护人类和动物的健康。同时也是为了确保透明度，这样的话消费者就能够了解转基因生物产品的含义和内容了。

管理的范围适用于那些包含、构成或者是由转基因生物成分生产或含有转基因生物成分的食品和饲料，最终的产品中不论是含有转基因 DNA 还是转基因遗传物质所表达的蛋白质，都包含在这个适用范围内。因此转基因生物产品需要执行一个完善的授权程序而且要被妥善标记。

管理对转基因食品和饲料执行了一个强制性的预营销授权程序，任何授权许可的时间期限都是 10 年。风险评估是在欧盟的范围中来进行的［通过欧洲食品安全机关(EFSA)］，而且如果食品或（和）饲料中含有转基因生物成分的话，那么其中还包括一个符合 2001/18 法令及其附件的环境风险评估。如果一个转基因生物可能具有双重使用目的，既能用于食品又能用于饲料，那么在进入市场前，两方面的批准都是必要的。鉴于 StarLink 玉米过敏事件，这种严格的批准程序更是十分必要的。StarLink 玉米过敏事件仅仅是被批准用作饲料的一种转基因玉米，却被当作食品进入人类的食物链，造成了区别分离食品链和饲料链的巨大困难。

管理上要求从最终的产品中不论有没有检测出来转基因 DNA 或者其表达的蛋白质，所有的转基因食品和饲料都要被标记。这是一种消费者信息标记的形式，必要的话，也应该允许针对健康的相关标记。

管理中制定的标记是最低水平标准，最终产品中转基因成分偶然或技术上不可避免地存在概率是 0.9%。对于没有被授权（或者尚未被授权）的转基因成分有一个临时的标准（0.5%)。(2007 年 4 月 18 日过期）这个标准只有当食品/饲料中的转基因生物成分是偶然的或者技术上不可避免或者该转基因生物已经收到了一个 EFSA 有利的信息和看法，包括申请未被拒签以及检测方法是公开可用的时候才能使用。属于此类的转基因生物事件的实例为 Bt11 和 MON863xMON810。

7.4.3 欧盟的可追踪性原则

管理 1830/2003，关于转基因生物的可追踪性和标记以及用转基因生物生产的食品和饲料的可追踪性，已经于 2003 年 11 月 7 日被列入法规。它的目的是要求对转基因生产和市场营销链条实施监控（from field to fork）。因此，就使得不遵守管理的产品将被撤回。这条规程负责管理转基因生物的标记，同时也包括不可检测的转基因食品和饲料的可追踪性。规程的范围扩展到食品和饲料含有转基因生物成分，或者完全由转基因生物生产。转基因生物中转基因食品和饲料的标记是引自条款 1829/2004 中可追踪性计划的核心部分是一个文件系统，其所表达的主要意思就是在链条的任何一个环节，要能知道产品的来源以及产品的下一个将要流向的环节（“前面一步—后面一步”），管理要求记录保留 5 年。转基因生物的鉴定是基于一种独特的密码。对于转基因植物来说，这些密码是由 OECD 独特识别标志系统标注的。唯一的例外情况就是那些含有一系列转基因生物的商品，在这样的情况下，就需要提供一个用以构成混合成分的转基因生物的独特密码。欧盟要求有关食品、饲料或者用于加工的转基因生物的出货产品必须要有一个伴随文件用来显示产品中包含着哪一种以及什么种类的转基因生物。《卡塔赫纳生物安全议定书》中的文本 18.2（a）专门给出了针对那些肯定要被用于食品、饲料或者用于加工的转基因生物出货产品伴随文件的一些相应的解决办法。

在前面部分讨论的标记的最低水平标准适用于可追踪性原则。如果转基因生物的含量低于这个标准，那么可追踪性的要求就不生效。最低水平标准制定的科学合理性已经在很多论坛上都进行过讨论，而且确实还值得商榷。

7.4.4 欧盟转基因生物的越境转移

关于转基因生物越境转移（出境和入境）的管理 1946/2003 的范围，这个只是欧盟生物安全框架的一小部分。这条管理补充了《卡塔赫纳生物安全议定书》中的一些需要承担的义务部分，而且声明，在没有向进口的国家提前通知并征得同意的前提下，任何欧洲出口国家不得进行将会酿成环境释放的转基因生物的出口活动。

出口国有义务尊重进口国家在转基因生物食品、饲料和加工产品这些能够造成环境释放的货物进口方面的任何决定。如果进口国家要求在将要进口的转基因生物食品、饲料和加工产品等货物入境之前，必须有预先的批准的话，那么在征得进口组织的批准之前，任何转基因生物的进口活动不得进行。

7.4.5 欧盟的共存原则

法令 2001/18EC 同时规定了成员国可以采取适当的措施以避免在其他产品中转基因生物的意外出现。欧洲委员会已经针对国家的战略发展以及最适办法做出了建议指导方针，以确保转基因农作物和传统有机种植的共存。

尽管如此，一些成员国还是呼吁在欧盟的成员国之间建立法律约束措施，而不仅仅只是在成员国之间建立和执行共存原则。他们觉得委员会的建议在处理耕作过程中的授粉过程，农业实际操作或者种子杂交可能出现的转基因污染方面做得还不够深入。因此，不同的欧盟国家在补充共存原则制度方面采取不同的措施，其中一些国家已经制定了相关管理制度，一些国家已经在农民中建立了志愿者义工协议，包括严格的转基因耕种规则，还有一些国家建立了转基因生物的零存在区域。

主要参考文献

Aarhus Convention. 1998. Convention on access to information, public participation in decision making and access to justice in environmental matters. Aarhus Denmark

Adler J H. 2000. More sorry than safe: assessing the precautionary principle and the proposed international biosafety protocol. Texas Int L J, 35 (2): 173

Barrett K J. 1999. Canadian Agricultural Biotechnology: Risk Assessment and the Precautionary Principle. (Doctoral Thesis Botany). University of British Columbia

Berg P, et al. 1974. Potential biohazards of recombinant DNA molecules. Science, 185: 303

Berg P, et al. 1975. Summary statement of the Asilomar Conference on recombinant DNA molecules, PNAS, 72 (6): 1981～1984

Chapman P M, Fairbrother A, Brown D. 1998. A critical evaluation of safety (uncertainty) factors for ecological risk assessment. Env Toxicology Chem, 17 (1): 99～101

EC 2001. Directive 2001/18/EC of the European Parliament and of the Council on the deliberate release into the environment of genetically modified organisms and repealing Council Directive 90/220/EEC. Official Journal of the European Union, L 106, 17. 4. 2001

EC 2002. Council Decision 2002/811/EC of 3 October 2002 establishing guidance notes supplementing Annex VII to Directive 2001/18/EC of the European Parliament and of the Council on the deliberate release into the environment of genetically modified organisms and repealing Council Directive 90/220/EEC. Official Journal of the European Union, L 280, 18. 10. 2002

EC 2003. Commission Recommendation of 23 July 2003 on guidelines for the development of national strategies and best practices to ensure the co-existence of genetically modified crops with conventional and organic farming

EC 2003. Regulation (EC) No 1829/2003 of the European Parliament and of the Council of 22 September 2003 on genetically modified food and feed. Official Journal of the European Union, L 268, 18. 10. 2003

EC 2003. Regulation (EC) No 1830/2003 of the European Parliament and of the Council of 22 September 2003 concerning the traceability and labeling of genetically modified organisms and the traceability of food and feed products produced from genetically modified organisms and amending Directive 2001/18/EC. Official Journal of the European Union, L 268, 18. 10. 2003

EC 2003. Regulation (EC) No 1946/2003 of the European Parliament and of the Council of 15 July 2003 on transboundary movements of genetically modified organisms. Official Journal of the European Union, L 287, 5. 11. 2003

EC 2004. Regulation (EC) No 726/2004 of the European Parliament and of the Council of 31 March 2004 laying down Community procedures for the authorization and supervision of medicinal products for human and veterinary use and establishing a European Medicines Agency. Official Journal of the European Union, L 136, 30. 4. 2004

EEC 1990. Council Directive of 23 April 1990 on the contained use of genetically modified micro-organisms (90/219/EEC). Official Journal of the European Union, L 117, 8. 5. 1990

EEC 1993. Council Regulation (EEC) No 2309/93 of 22 July 1993 laying down Community procedures for the authorization and supervision of medicinal products for human and veterinary use and establishing a European Agency for the Evaluation of Medicinal Products. Official Journal of the European Union, L 214, 24. 08. 1993

Foster K R, Vecchia P, Repacholi M H. 2000. Policy forum: risk management science and the precautionary principle. Science, 288 (5468): 979～981

Gullett W. 1997. Environmental protection and the "precautionary principle": a response to scientific uncertainty in environmental management. Env & Plan L J, 14: 52～56

Mahoney R J. 2000. Opportunity for agricultural biotechnology. Science, 288: 615

Masood E. 1999. Europe and US in confrontation over GM food labelling criteria. Nature, 398: 641

McIntyre O, Mosedale T. 1997. The precautionary principle as a norm of customary international law. J Enviro L, 9 (2): 221～224

OECD. 1996. Recombinant DNA Safety Consideration. Paris: OECD

Propositon No. 8, to the Odelsting (1992-93). Concerning the Act relating to the production and use of genetically modified organisms (The Gene Technology Act), The Norwagian Ministry of Environment

Sagar A, Daemmrich A, Ashiya M. 2000. The tragedy of the commoners: biotechnology and its publics. Nature Biotech, 18: 2, 3

Shipworth D, Kenley R. 1999. Fitness landscapes and the precautionary principle: the geometry of environmental risk. Envir Manag, 24 (1): 121

The Cartagena Protocol on Biosafety to the Convention on Biological Diversity. Secretariat of the Convention on Biological Diversity (ISBN: 91-807-1924-6) Montreal, 2000

The Norwegian Biotechnology Advisory Board. 2000. Sustainability, benefit to the community and ethics in the assessment of genetically modified organisms; Implementation of the concept set out in section 1 and 10 in the Norwegian Gene Technology Act 2000

The Norwegian Ministry of Environment. 1993. The Act relating to the production and use of genetically modified organisms (Gene Technology Act)

United States Department of State, Office of the Spokesman. 2000. Fact Sheet: The Cartagena Protocol on Biosafety

US Congress, Office of Technology Assessment (OTA) April 1981. Impacts of Applied Genetics: Micro-organisms, Plants and Animals

http://www.usinfostate.gov/topical/global/biotech/00021601.htm

第 8 章　外源基因检测和环境监测

转基因生物和产品中外源基因的检测是针对引入受体基因组的外源 DNA 及其表达产物的定性或者定量的检测。转基因生物的环境监测主要是对已经释放于环境和已经商业化生产的转基因生物进行环境影响和健康影响的监测。外源基因检测和环境监测是体现转基因生物风险预先防范的重要手段。

转基因技术向某个生物体的基因组中引入了新的 DNA 序列。一旦进入基因组，外源基因将随受体基因组一起产生新的 mRNA 和新的蛋白质，正是这些新的蛋白质赋予了生物体新的性状和功能。这些外源 DNA、mRNA 或者蛋白质，甚至新的生物性状或生物功能会导致什么样的结果，这些结果对人体健康和生态环境有什么作用，这些都是安全性研究的要点，也是公众关心的话题。只有用各种技术手段对外源基因及其表达产物进行检测追踪，对商业化释放的转基因生物进行监测，才能为准确评估转基因生物的风险和科学管理转基因生物的潜在风险提供可靠的数据，同时也可以为转基因生物和产品的贸易和谈判提供必要的支持，为消除消费者对转基因生物和产品的恐惧提供事实证据。

8.1　外源基因检测和环境监测的意义和必要性

转基因生物的外源基因检测和环境监测主要是通过各种手段，对已经释放于环境和已经商业化生产的转基因生物进行环境影响和健康影响的监测。外源基因的检测和环境监测是转基因生物风险管理中预防原则的实施手段，也是保证转基因生物健康发展和可持续利用的必要措施。

转基因生物的商业化生产需要经过实验室封闭研究、中间试验、环境释放、生产性试验，以及最后申请领取转基因生物安全证书等多个步骤，在进入每个步骤时，都需要参考前一步骤中的监测结果，以科学的数据说明风险概率和风险程度。更重要的是，通过对已商业化生产转基因生物的长期监测，可以为转基因技术的发展方向提供基础依据。环境监测可以给后续的风险评估和风险管理提供科学数据。

从理论上分析，外源基因的检测和环境检测基于以下理由：

(1) 商业化之前的风险分析有一些弱点（小范围的实验只能对整体影响进行检测，如影响的程度大小差异等），因此，商业化的转基因生物仍然需要进行大范围的、长期的监测，从而可以更全面地分析商业化的转基因生物的潜在风险；

(2) 所有可能性低和小范围内的影响可能会逃过监测实验或者田间小型实验的监测，为了能够发现更小的或者低频率的健康或者生态风险，需要进行长时间的实验，长时间监测后所收集的证据能够验证释放前的记录和风险评估是否准确；

(3) 环境监测有助于追踪事故，查明危害起源、程度和范围，并可以对赔偿和补救给出合理的建议；

（4）一些社会因素也是实施检测的额外原因，如公众的要求，通过环境监测，可以了解转基因食品对各类人群健康的影响和危害，严格检测得到的结果能够安慰民众，消除普通民众对于转基因作物的恐惧。

从实际的情况出发，外源基因检测和环境监测也是必要的。对 GMO 特点的整体描述不能涉及所有的环境影响，通过检测手段，就可以对 GMO 进行长时间的监测，能够更清楚地对 GMO 的生物安全性进行评估，这也是实证的需要。因为 GMO 本身具有不同的特点，所以不能应用单一的原则对它们进行监测，但是环境和健康的影响以及社会和经济影响永远都要优先检测。释放后的监测是一种新的尝试，也因为其长期性这个特点，所以目前还没有完整的案例。

8.2 外源基因检测的方法

GMO 中外源基因的检测在理论上和实际操作中都是可行的，主要以检测外源 DNA 为主，以下将会对这些分析方法详细介绍。

8.2.1 利用 PCR 检测外源基因的优势

聚合酶链反应（PCR）技术在基因分析实验中被大量使用，PCR 应用分子生物学方法在 DNA 样本中寻找到一个或多个特异 DNA 序列，然后将这些靶标序列大量扩增，这样总 DNA 样本中靶标序列的含量就会大大提升，可以轻易检出靶标序列。

PCR 技术应用于 GMO 中外源基因的检测有多方面的优势：①由于在 PCR 过程中靶标 DNA 会大量的扩增，因此这种方法是高敏感性的；②引物和靶标 DNA 分子之间的关系是高特异性的，所以 PCR 的过程也具有高特异性的特点；③PCR 方法适用于所有的 GMO，因为这种方法的直接检测对象是外源 DNA，所以即使外源基因在植物中不表达，或者表达出的蛋白质无法与受体生物自身表达的蛋白质区分开的情况下，PCR 方法还是可以检测；④在食品加工中 DNA 较难变性或降解，因此即使当外源基因表达的蛋白质降解到免疫检测的灵敏度以下时，仍然可以通过 PCR 分析成功地将总 DNA 样本中存在的外源基因检测出来。

由于这种方法的优势和通用性，PCR 基本上可以用来检测食物链中任何一点的转基因材料，还可以量化大部分食品中的转基因含量，包括某些经过精加工的食品。但是，PCR 方法也有一定的局限性，对一些成分发生太大变化的食物，如某些化学变性的淀粉、提纯的蔬菜油以及高度发酵的产品，检测效果不好。

基于 PCR 的 GMO 分析最大的优势就在于其能够量化，一般 DNA 样本中既有生物体本身的基因（即内源基因），又包含外源基因。所有生物的大部分内源基因的拷贝数是不变的，提取出的 DNA 样本中内源基因的拷贝数同样是基本恒定的，这样，对比外源基因和选定的具有物种特异性的内参基因（reference gene，又称对照基因）的 PCR 信号就可以计算出外源基因在样本基因组中比例——存在于样本中的 GMO 百分比用以下公式表示：

GMO% =（GMO 靶标序列含量 / 物种特异的对照基因含量）× 100%

正因为具有这些优势，PCR 成了欧洲和亚洲 GMO 检测的金标准。

8.2.2　GMO 的 PCR 分析流程

GMO 的 PCR 分析包括 5 步：准备样本、DNA 纯化、靶标扩增、反应产品检测和结果分析。

1）准备样本

为了保证分析结果能够更准确、有效地提供相应信息，取样时必须选择可以代表实际情况的样品。田间样本的提取必须保证其代表性，取样时可以采取统计学方法，如样方取样、样线法取样等；如果有检测方法或者定量研究的要求，田间样本量必须足够大才能有统计意义，如果样本数量过小，则得到的 PCR 检测结果可信性不高。

PCR 最低检测限是 0.01%或者更低，就要求样本的数量非常大才能保证 PCR 可以检出。例如，如果一个水稻样本中含有 0.01%的转基因成分，在置信度为 95%的情况下，30 000 粒稻种的检测样本才能保证含有至少 1 粒转基因稻种。水稻种子是较小的，30 000 粒稻种约为 900g，如果是 30 000 粒大豆种子则会达到 10kg，而同样数量的玉米种子重量约为 12kg。所以，GMO 是否可以被有效检测出的限制因素不是 PCR 方法，而是田间样本的大小。

田间取样时还必须考虑样本加工过程，加工或者均质化后的田间野样本大小也是决定最后分析结果是否具有代表性的重要因素。加工后的样本必须是均匀的，这样才能够保证每个从分析样本中取出的大小合适的重复样品可以代表整个分析样本。一般来说，PCR 检测样本的大小为 50～150mg，这样可以方便地在小离心管中进行整个 DNA 的提取。然而一些研究显示这种大小的样本不能得到有代表性、可重复的结果，只有在样本的大小超过 0.5～1.0g 时结果的重复性才比较好，对大部分检测材料来说用于 DNA 提取的样本至少要 2.0g。

2）DNA 提取和纯化

为了获得更准确的信息，纯化过程必须做到：①DNA 不受 PCR 抑制剂的影响；②DNA 降解最小化；③DNA 产量高。由于食品的物理和化学组分变化比较大，因此需要为每一种不同的食品定制相应的 DNA 提取方法，争取最优的提取效果。商品化的 DNA 提取试剂盒不可能适用于所有类型的样本，所以在实际操作中需要针对不同的样本优化 DNA 提取和纯化方法，尽量得到忠实于样本自然情况的 DNA 抽提混合物。

3）PCR 扩增

PCR 方法的最大特点就是能够将靶标序列扩增亿万倍。PCR 扩增是一个指数增长的过程，每一个循环靶标序列的数目就会加倍，n 个循环会产生 2^n 倍的靶标序列。如果靶标分子是一个，一个循环结束后就会变成两个分子，两次循环得到 4 个分子，三次循环则产生 8 个分子，以此类推，10 次后会产生超过 1000 个拷贝，而 20 次后会超过 100 万个拷贝。如果 DNA 样品的质量很好，即便初始靶标序列只有一个或少数几个拷贝，PCR 扩增 30～40 个循环后就可获得足够量的拷贝，可以很容易地检测到靶标序列。使用这种方法很可能可以检测出转基因材料含量低于 0.01%的样本。

用于PCR分析的DNA提取样本的大小也很重要。如果一批玉米中转基因的含量是0.01%，田间取样和提取纯化过程都没有问题，那么分析样品中GMO含量应该接近0.01%。从分析样品中取200ng样品，其中包含约77 000个单倍玉米基因组拷贝。运用二项分布的正态近似，样本中GMO含量为0.005%～0.015%之间的可能性只有87%。一般检测中的最低检测限（LOD）定义为在置信度为95%时检测样本的含量。在这个例子中，检测到的可能性只有87%，也就是说，本例中的0.01%含量是低于最低检测限的。通过计算，我们可以得出这个例子中样品的真实LOD应该是0.02%，因此，尽管利用PCR扩增的方法，检测极限可以达到0.01%，但是DNA样本基因组有限的拷贝数降低了整个分析过程的LOD。如果要达到0.01%的最低检测限，纯化好的玉米的样本大小需要400ng，这是一个非常高的量。

很多文献都很清楚地表明，大部分方法使用50～150ng的玉米DNA样本作为检测材料，这时样本的大小是整个分析方法的LOD的限制因素，而不是PCR扩增的本身性质起限制作用。不过玉米的基因组是比较大的，对于水稻来说，基因组的大小只有玉米的17%，这时200ng的样本大小足以达到0.01%的检测水平。

4）PCR反应产品的检测

PCR扩增产物可以通过几种方法进行检测。最常用的办法是电泳分析，将含有扩增产物的DNA样品进行琼脂糖或丙烯酰胺凝胶电泳，用荧光燃料染色，就可以观察到扩增产物的条带。另一种比较常用的方法是荧光分析，这个方法以实时定量PCR（real-time quantitative PCR或real-time PCR，rt PCR）技术为基础，扩增的过程可以产生荧光产物，荧光的强度（或者量）就可以代表DNA的扩增。具体原理在下面将会详细介绍。

8.2.3 应用PCR检测样本的GMO成分

应用PCR技术检测样本中GMO成分时，有以下几种情况：①定性检测；②定量分析；③确认不同GMO品种；④选择性地锁定单一外源基因。表8.1概括了解决这四类问题所需要注意的关键问题。

表8.1 GMO检测方法的分类

引　物	定性方法	定量方法
广谱引物	广谱展示：样本中是否含有转基因成分？	粗量化：检测样本中大致含有多少转基因成分？
特异性引物	种类/品种特异性检测：样本中存在哪种特异的GMO成分？	细量化：某一种GMO成分存在多少（一套引物）？全部GMO成分共有多少？（检测样本中所有的GMO成分）

不管GMO分析系统是定量的还是定性的，广谱的还是特异性的，所有这些系统的基础就是PCR反应要针对不同GMO成分设计不同的引物。此外，还有一些其他的设计因素、对照和内参比反应都是检测分析系统需要考虑的，目的有以下5个：

（1）检测能够减少或者阻碍PCR进程的抑制剂；

（2）评估DNA样本降解的程度；

（3）核查PCR的反应元件，保证PCR扩增正常进行；

(4) 确定 PCR 方法的检测极限或者量化极限，保证 PCR 的敏感性一直保持在同一水平；

(5) 确定阳性和阴性结果。

1) 定性 PCR

图 8.1 所示是关于对两种食品样本进行 PCR 检测的电泳分析示意图。每一个样本进行六次独立的 PCR 反应，使用三套不同的引物进行扩增反应，如图中的第 1～12 道所示。图中第 13～26 道显示的是内参 DNA 样本的 PCR 反应（第 13、14、19～26 道）和空白对照实验（15～18 道）。

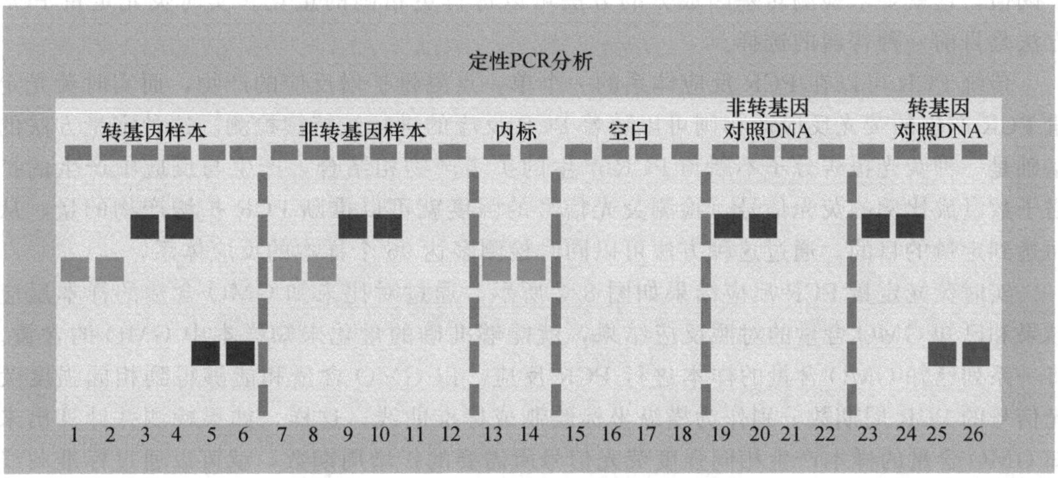

图 8.1 PCR 方法分析转基因生物的典型图谱

第一套引物识别内标 DNA，该反应判断 PCR 抑制剂是否在样本 DNA 制备过程中存在。如果抑制剂不存在，内标基因电泳带（第 1～2 道和第 7～8 道）的明暗度将和内标 DNA 条带（第 13～14 道）的明暗度匹配。图中第 1～2 道和第 7～8 道内标基因的敏感度显示 DNA 样本＃1 和 DNA 样本＃2 中没有抑制剂的存在。

图 8.1 中所使用的第二套引物用于检测 DNA 样本是否被降解，但是设计这套引物首先必须要考虑第一套引物的使用结果，因为抑制剂会影响扩增反应的进行。其次，所设计的引物应该是专门针对所检测的物种，如果是要检测转基因大豆，需要选择能够识别转基因大豆和常规大豆中已知的某个基因的引物，很多实验室采用大豆 *lectin* 基因作为目的基因进行引物设计。将 DNA 样本＃1 和 DNA 样本＃2 采用这种引物所产生的条带（第 3～4 道和第 9～10 道）与对照组产物条带（第 19～20 道和第 23～24 道）进行对比，如果样本 DNA 没有受到降解，那么所产生条带的明暗度（第 3～4 道和第 9～10 道）与对照 DNA 的条带（第 19～20 道和第 23～24 道）一致。

最后一套引物是检测特异转基因序列的，DNA 样本＃1 和 DNA 样本＃2 产生信号的敏感度可以和阴性对照（第 21～22 道）和阳性对照组（第 25～26 道）的 PCR 反应进行对比，对比结果显示 DNA 样本＃1 含有转基因成分，而 DNA 样本＃2 没有。

成功的 PCR 分析要求所有的重复中，没有 DNA 的样品不能显示任何条带（第

15～18 道)，转基因对照（阳性对照）和非转基因对照（阴性对照）的选择必须契合引物的特点（第 21～22 道没有信号，其他的都是阳性），内标基因（第 1～2 道、第 5～6 道和第 13～14 道）必须都是阳性且明暗度大致相当。此例说明在测定任何给定样本的 GMO 含量时都需要考虑 20 个 PCR 反应，即样本中提取 DNA 的 PCR 反应 6 个，各类对照 DNA 的反应 14 个。

2）实时荧光定量 PCR

不管是政府管理机构对转基因生物进行管理，还是买卖方之间进行含有转基因成分商品的交易，都要能够量化食品或农产品中的 GMO 含量，为产品中 GMO 含量确定一个阈值，这就要求检测转基因成分的方法可以进行更精确的量化。实时荧光定量 PCR 方法是目前一种普遍的选择。

传统 PCR 可以在 PCR 反应体系的一个单一点测量扩增反应的产物，而实时荧光定量 PCR 产生的荧光反应产物则可以随着 PCR 反应的进行被持续检测。这种定量方法的基础是一种荧光报告分子不断与 PCR 产生的扩增产物相结合，产生与反应中产生的扩增子数量成比例的荧光信号，检测荧光信号的强度就可以推断 PCR 扩增产物的量，从而达到定量的目的。通过这种方法可以同时检测多达 96 个样本的反应体系。

实时荧光定量 PCR 反应结果如图 8.2 所示。通过对比未知 GMO 含量的样本反应结果和已知 GMO 含量的对照反应结果，就能够准确的量化未知样本中 GMO 的含量。将一系列已知 GMO 含量的样本进行 PCR 反应，以 GMO 含量和能够得到相同强度荧光信号的 PCR 周期数分别作为横纵坐标绘制成标准曲线，这样，如果检测并计算出未知 GMO 含量的样本产生相同强度荧光信号所需要的扩增周期数，就可以通过标准曲线推知其 GMO 含量（假定在所有反应体系中 DNA 的投入量是一致的）。

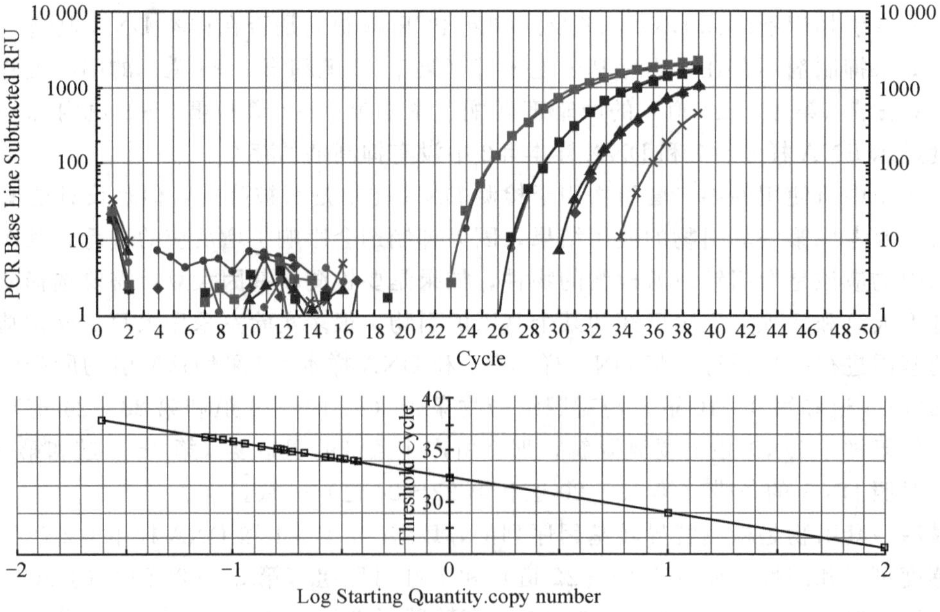

图 8.2　实时荧光 PCR 的定量分析

实时荧光定量 PCR 提供的量化结果被证明是合理的，用含有 1%转基因成分的样本进行检验，其结果在±20%内，即 0.8%～1.2%。用于检测 GMO 含量时，实时荧光定量 PCR 的特点和定性 PCR 在很多方面都很相似，包括对照反应的设置，物种特异的内标基因反应等。

在对含有 GMO 成分的样品进行定量分析时，抑制剂并不是一个关键问题，因为 DNA 的纯化过程实际上可以有效去除所有样本中的抑制剂，甚至包括一些复杂的多成分产品。对实现定量的最大限制是获得大量具有 PCR 活性的 DNA 以便进行量化。尽管一些有效的纯化方法能够将纯度比例提高 5～20 倍，然而，一些样本已经经过一些额外处理，不可能获得进行全面定量分析所需的足够量的 DNA。从经过高度加工的材料中提取 DNA 取决于材料本身，在分析实施之前不能预测其是否可以提取出足够的 DNA 用于检测。如果提取的 DNA 不足以进行完整的定量分析，检测结果只能以定性的方式给出了。

3）筛选和特异性 PCR 分析

以筛选和特异性分析为目的的 PCR 分析，只需要在设计引物时保证引物可以特异的和单一种类的转基因序列互补，就能够检测出特定的转基因作物的品种。这类特异性的能够检测品种身份的方法可以特异并且清晰地辨别目前商业化的大豆、玉米、马铃薯、大米、棉花等每一种转基因作物。

一般来说转基因食品或饲料的进口都必须是以这些产品被批准用于某些用途为前提的。不同国家和地区对某种转基因作物批准情况的不同会为进口带来一些实质性的挑战，批准状态的不同给试图将玉米和玉米制品投向不同市场的一些粮食出口方带来了问题。他们不仅仅需要检测产品中是否含有转基因成分，以便遵守某些国家的标识管理规定，还要确保产品中不能含有进口国未批准用于食品的成分。

目前欧盟标识管理的现状是目前全球范围内所遇到问题的一个典型。含有转基因成分超过 0.9%的产品必须贴上“通过转基因技术生产”的标签，产品含有转基因成分少于 0.9%的产品则不需要贴标签，只要生产者可以提供可信的追踪文件，能够证明实施了避免 GMO 混入的措施即可。对于一些没有被批准的，但是已经获得了好的安全性评估结果，进入了批准程序的品种，有一个 0.5%的过渡阈值；而对于没有被批准的转基因品种，这个标准就是 0。因此，进口方必须要证明产品中不含在欧洲未被批准作为食品的转基因品种。特异性的定性方法经常被用于提供这类关键信息。PCR 反应中每套特异性的引物对应一个扩增序列，可以将目标转基因序列进行扩增，因此，这种引物的阳性信号就是样本中转基因材料存在的明确证据。

在这些特异性的定性方法中，每一套引物的特异性都需要通过 PCR 反应进行核实，该套引物需要和从这个物种的所有商业化转基因品种样本中分离的 DNA，以及所有普通食品作物和其他转基因物种样品中分离的 DNA，进行 PCR 反应。此外，还需要将扩增序列进行测序以保证扩增序列就是预期被扩增的转基因序列。

特异性引物的使用是准确测量 GMO 含量的唯一方法，这种典型的定量方法被世界上各个从事 GMO 分析的实验室所采用。进行这种定量分析需要使用一个或多个可以识别一般转基因序列的广谱引物，如花椰菜花叶病毒（CaMV）35S 启动子、nos 终止子

和 *Cry1Ab* 基因等。因为这些基因在不同的转基因品种中有不同的拷贝数（表 8.2），所以不能用这些序列的扩增情况来精确定量样本中 GMO 的百分含量。因为存在着含有各种未知比例 GMO 的复杂混合物，所以这些广谱的引物很少用于精确定量分析，只有特异性 PCR 反应才能够提供可靠的 GMO 定量信息——样本中存在的每个转基因品种可靠的定量可以用特异性 PCR 引物进行准确的定量分析。

表 8.2　一般转基因作物序列的拷贝数

物　种	品　种	35S 启动子	35S-T	Nos 终止子
玉米	Mon 810	1	0	1
	Bt 11	2	0	2
	Mon GA21	0	0	2
	Avemtis T14	3	3	0
	Avemtis T25	1	1	0
	Avemtis CBH-351	4	1	4
	DeKalb DBT418	3	0	0
	DeKalb Dll25	1	0	0
	Event 176	2	0	2
大豆	Mon 40-3-2（RR）	1	0	1
	Aventis A5547-127	1	1	0
	Aventis GU262	2	2	0
	Avemtos A2704-12	2	2	0
	Avemtos A5547-127	1	1	0
	Dupont A2396	1	0	1

8.2.4　确保可靠的 PCR 检测结果的措施

要保证 PCR 检测的结果准确、可靠、可重复，在实验设计时需要考虑以下 8 个因素：

（1）加入内标引物以检测 DNA 制备中是否存在 PCR 抑制剂；

（2）使用可以识别物种特异性对照基因的引物评估 DNA 是否完整（也包括是否受抑制剂的影响）；

（3）每一个样本从开始到结束都需要有重复，这些重复不是从 PCR 分析阶段开始的，而是从田间均质化取样就开始了，并且整个分析过程均进行平行处理；

（4）外部对照 DNA 是用来检测方法的敏感性，并且证明 PCR 系统无任何问题；

（5）PCR 的反应条件和引物必须进行优化，能够达到敏感性和特异性的要求；

（6）DNA 的纯化程序必须尽可能优化，以保证 DNA 降解最小化，PCR 反应体系不受抑制剂的影响；

（7）为了减少交叉污染的风险，实验室必须妥善管理，分析的步骤必须实现物理上和操作上的隔离；

（8）所有的分析过程、试剂的准备、数据的分析和结果报告，必须实施严格的质量控制措施。

8.2.5　验证 PCR 结果的方法

当在 GMO 的 PCR 分析中获得阳性结果时，有必要在采取行动之前进行验证性分析，以下两种方法是瑞士（Schweizerisches Lebensmittelbuch 1998）和德国（German-Federal-Foodstuffs Act 1998）的相关法律所推荐的：①PCR 产物和已知能够扩增的同源探针进行 Southern 杂交；②利用限制性内切核酸酶将 PCR 产物切割成期望的大小。

采用 Taqman 荧光探针、分子信标技术（moleculer beacon）和荧光共振能量转移技术（fluorescence resonance energy transfer，FRET）的实时定量 PCR 分析，是验证性分析的第三个方法。荧光 PCR 方法中所使用的探针和扩增子中的序列进行杂交，只有在引物和探针都与靶标基因同源时才能获得信号，因此探针的杂交肯定了扩增子就是真正的靶标基因的序列。探针必须和靶标序列进行杂交，再一次保证了扩增子和限制性内切核酸酶所切的片段进行杂交的特异性和严格性，因此，实时技术信号的产生自动确认了扩增子的身份。

虽然这些方法确定了扩增子的身份，它们还不能够区分是样本基因组中存在的真实靶标基因得到了扩增，还是其他 PCR 反应的扩增序列污染了样本。这种被污染的可能性是确实存在的，因为这类扩增序列的污染是 PCR 实验室中最常见的一种污染。为了保证阳性结果并不是由于样本污染造成的，需要在实验分析中加入多套引物。在实验中，第二套引物的成功扩增确认了第一套引物的实验结果，因为第二套引物的独立靶标位点只有在第一次扩增的靶标位点存在的情况下才会出现。相对于简单确认扩增序列的方法，这种方法更能说明问题，的确能够说明样本 DNA 中存在相应的序列。

同时采用两套能够独立识别目标序列上各自不同结构域的引物进行 PCR 分析的操作，是加速最终分析结果快速生成的一种策略。在这种情况下，阳性结果一经发现就能够同时得到证实，而不是先用一套引物实施扩增，然后再用第二套引物进行第二次反应。除此之外，多套引物的使用也能最大限度地避免假阳性和假阴性结果的出现。

8.3　GMO 中蛋白质的免疫学分析

GMO 的免疫检测可以检测出重组基因编码的转基因蛋白，主要方法有酶联免疫吸附实验（enzyme-linked immuno-sorbent assay，ELISA）和侧向流动检测。

8.3.1　免疫检测的基本原理

虽然 ELISA 检测有很多不同的方法，但是基本的原理（图 8.3）是一致的：检测标本的抗体固定于 ELISA 的反应池中，在接触到含有检测标本的溶剂时，抗体捕捉被检测物；固定的复合物然后和含有第二种能够识别检测标本的酶标识的溶剂发生反应，第二种抗体也和复合物连接；加入酶反应的底物后，底物被第二种抗体上连接的酶催化成为有色产物，产物的量与标本中受检物质的量直接相关，可以用比色计和荧光反应

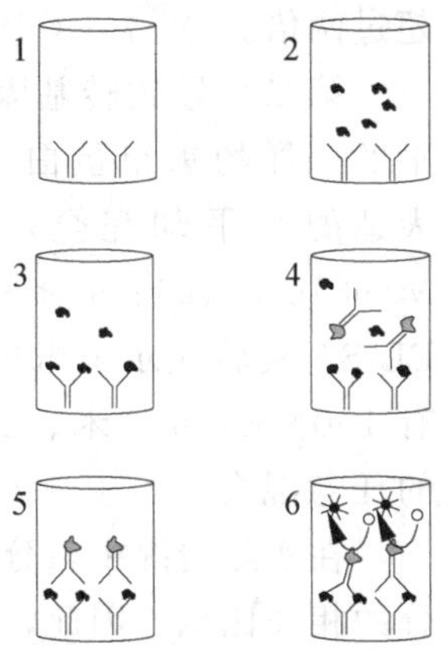

图 8.3　ELISA 原理图

进行定量和定性分析。因此 ELISA 技术实际上是将抗体-标本进行反应产生有色物质，根据有色物质进行定量和定性分析。

侧向流动检测同样是以免疫化学为基础，但是设计实验时可以允许采用带有视觉评估结果的田野分析。生物化学水平上，ELISA 和侧流检测的不同是 ELISA 评估方案中采用酶联的第二种抗体，在测流检测中使用连接胶体金的抗体代替。

因为免疫反应要求对样本进行最小的处理，所以样本的准备可以很快完成。侧向流动检测中，免疫检测很方便且易实施，并不需要复杂的仪器设备，实验成本也不高。这种检测方法对田野 GMO 检测很有用，可以迅速产生是否含有转基因的可视特征。

8.3.2 免疫检测的局限性

免疫检测的速度和方便是其优点，然而，这种方法也是受限制的。为了能够保证方法合理应用，就必须要意识到这种限制，对基于免疫的检测方法来说，关键限制是定量。虽然 ELISA 检测可以进行定量，但是在检测 GMO 时，其定量的能力并没有优势，这是因为很难将在样本中提取的转基因蛋白质换算成 GMO 百分比。

GMO 百分比是大部分国家转基因食品管理结构的定量基础，如欧盟管理条例 EC1830/2003。GMO 百分比包括食品中来源于转基因材料的比重，例如，含有 20%的转基因玉米的卡车可能含有 5t 转基因玉米和 20t 非转基因玉米。

如果要对玉米的代表性样本实施定量 ELISA 分析，那么分析结果提供的信息是某种特异转基因蛋白，如 Cry1Ab，从一定克数的玉米中提取的质量（微毫克）。这些信息是准确且可重复的，但是无法从这些信息中推断 GMO 百分比，原因就在于这两个指标（提取转基因蛋白质的质量和玉米粒或者衍生物的质量）之间的关系并不是恒定的。仔细分析这种不恒定的来源，可以归纳为以下几点。

第一是由于转基因蛋白的表达水平不是恒定的，例如，每克转基因玉米中所表达的以纳克计量的转基因蛋白不是恒定的。如果这个关系是恒定，就可将分析的结果与一系列含有转基因玉米的标准进行比对，从而估计出 GMO 百分比。然而，蛋白质的表达并不是恒定的，它受到天气、土壤以及其他耕作条件的影响，例如，抗农达大豆表达转基因 EPSPS（烯醇式丙酮基莽草酸-3-磷酸合成酶）的范围为 0.179～0.395ng/mg，差别超过两倍。

第二个导致转基因蛋白表达水平变化的原因是不同的转基因品种可以表达不同水平的同样的重组蛋白，如 *Bt*176、*Bt*11、Mon810 都表达转基因 Cry1Ab 蛋白，但是表达的水平却完全不同。Cry1Ab 在 E176 玉米中的含有是 0.09μg/mg，但是在 Mon810 和 *Bt*11 玉米中的含量分别是 0.31μg/mg 和 4.767μg/mg。因此，如果一个 ELISA 实验显示玉米中 Cry1Ab 的含量为 0.09μg/mg，那么就可以显示该卡车至少含有 100%E176 玉米、29%Mon810 玉米、1.9%的 *Bt*11 玉米，或者这三种转基因玉米的任意混合。

在实际情况中，分析者不会知道一个样本是单一成分还是混合成分，也不会知道成分的相关比例。因此，在实际情况中不可能通过使用 ELISA 对玉米进行 GMO 百分比的检测，这个问题在转基因大豆中不会出现，因为目前只有一种转基因大豆——抗草甘膦转基因大豆进行了商业化。

另外一个影响 ELISA 量化的因素是提取的效率问题，如果样本的标准对照材料没有研磨到同样的颗粒大小，提取的时间长度不一样，那么样本和对照材料转基因蛋白提取的效率就会不一致，也就很难将二者的检测结果进行对比分析。

总的说来，因为上述因素，食品或谷粒中转基因蛋白质的含量是变化的，因此 ELISA 不能作为量度食品中转基因成分比例的方法。GMO 百分比不能通过免疫学的方法，如 ELISA 或者侧向流动分析方法进行精确的检测。

类似的局限性也出现在深加工食品中，蛋白质（包括转基因标记蛋白）在食品的加工过程中很容易变性。这会破坏免疫试剂识别转基因蛋白的能力，减少检测的灵敏度。因此，检测能力是变化的，过程不是独立的，也就为免疫定量方法的使用大打折扣。

免疫检测的第三个局限性是某些转基因作物中表达转基因蛋白无法用免疫分析法检测出来。抗草甘膦玉米品种 GA21 表达的转基因 EPSPS 蛋白和本土的玉米 EPSPS 蛋白只差 2～3 个氨基酸，两种 EPSPS 蛋白的结构也非常相似，至今没能找到能够区分二者的抗体，因此也就没有任何免疫检测能够检测出这种转基因成分。

尽管有如此多的局限性，但是免疫检测还是具有重要作用，在整个转基因生物的释放使用链的早期应用很有意义，尤其在进行快速的田间实验时很有必要。例如，免疫检测经常被用来进行卡车货运检查，检测的结果可以防止运输有高水平转基因材料的玉米或者大豆进入非转基因作物区域。

8.4 转基因微生物的检测方法

从复杂的环境样品中检测出转基因微生物存在很大困难。环境中存在大量的干扰因素，如具有大量相似特性的土壤微生物，众多的物理因素也会对检测产生干扰，而且转基因微生物在环境中的密度有时会很低，要求检测方法有较好的特异性和较高的灵敏度，且准确性高、重复性强，能够广泛应用于取自不同环境中的样品。此外，还应避免实验室培养造成的偏差，寻找效率高、费用低，可以直接在环境中进行原位分析检测的方法。以上介绍的 PCR 检测法和免疫检测法都不太适合检测环境中的微生物，目前可用于转基因微生物检测的方法有以下几种。

8.4.1 平板菌落计数法

该方法的基础是不同的培养基对不同种类的微生物可以进行选择性培养。平板菌落计数法应用较多，具有较好的特异性，比直接观察计数方法优越。平板菌落计数法费用低，且较为可靠，采用简单的染色或荧光染色后即可进行直接计数。平板菌落计数法的缺点是必须依赖于细菌在培养基上的生长。

8.4.2 免疫荧光抗体法

利用有荧光的单克隆抗体与环境样品中特定的细菌发生免疫反应进行直接检测。该方法不依赖于培养基，缺点是无法区分死细胞和活细胞，而且受环境中大量物理因素的干扰，灵敏度较低。

8.4.3 核酸序列分析

将从环境样品中分离的细菌中的重组 DNA 或核糖体 RNA 提取后进行序列分析，具有很高的特异性；但干扰因素多，而且实际操作困难，不易推广应用。

8.4.4 DNA 杂交技术

可以用基因探针直接检测环境样品，而且不依赖于特定基因的表达，可以检测在培养基上无法生长的转基因微生物。但环境中许多基因都能与探针杂交，结合 PCR 技术进行检测可以大大提高灵敏度，但费用高，程序较为复杂，不易于推广。

8.5 GMO 检测实验的统一标准

全球实验室联盟（Global Laboratory Alliance）包括三个 Genetic ID 拥有并运作的实验室，分别在美国、德国和日本，还有 18 个其他的私人和政府实验室都已经获得了 Genetic ID GMO 检测技术的执照。

8.5.1 标准操作程序

为了使 GMO 检测标准化，确保检测的质量和持续性，需要一个彻底的和全面的标准操作程序（standard operating procedure，SOP），这个系统必须同时与文件管理系统相接，这样所有方法的修改或者新方法的引入都能够按照统一有序的方式进行，所有使用试验方法的个人应该同时进行方法的修改，这样才能够保持一致性。SOP 并不只用于试验程序，对于分析数据和报告结果也同样适用，因此保持整体分析过程的统一性是非常重要的。

8.5.2 实验室的执行评估

为保证所有的程序能够持久、准确地完成，需要执行评估程序或者熟练水平测试方案。通常，一个典型的执行评估包括严格的内部评估程序。内部评估程序是向实验室分析流程中，以一定频率引入校核样品（check sample），引入频率与实验室检测的商业化样品的总数成比例。一些样品类型和分析类型包含在校核样品程序中，这样的内部评估程序就可以评估实验室使用的整体方法。在评估程序中，技术员不应该注意哪个是真正的检测样品，哪个是校核样品。校核样品的结果经过审核后，技术员与管理层共享，作为实验室质量提高的一部分。

8.5.3 实验室资格鉴定

分析实验室最广泛接纳的标准是 ISO/IEC17025，由独立的第三方资格认定机构进行分析实验室现场评估，以核查实验室的操作是否遵守这个标准或者同等标准。

对 ISO 17025 的认证包括：①对实验室进行一年一次或者以其他合适时间段为基准

的审查；②评估实验室质量体系和技术操作；③评估所有文献化工作的质量；④评估鉴定范围内每一种分析方法的大量验证数据。对每一种方法进行鉴定是专门针对实验室的，因此在任何一个某种方法被使用的实验室，都需要对这种方法进行证实。

鉴定的信誉度取决于鉴定实体被接受和受认可程度，例如，欧盟和美国的鉴定机关都还没有建立互惠政策，因此，如果一个实验室希望能够在欧洲提供检测服务，首先需要获得欧盟鉴定机构的认证。

8.5.4 GMO 检测方法的国际标准化

在对释放进入环境的 GMO 和含有 GMO 成分的食品进行标识时，法律和国际协议要求对 GMO 的分析方法进行标准化。

GMO 检测方法的标准化还没有跟上 GMO 引入食品体系和标签立法通过的脚步，日本（日本厚生劳动省，2002)、新西兰（新西兰农业和林业部，2002)、德国（德国食品法案，1998）以及瑞典（Schweizerisches Lebensmittelbuch，1998）都已经建立了一些 GMO 的正式检测体系。但是，没有任何一个国家建立一套比较全面的检测方法或者系统，能够不断更新检测方法，以确保能够覆盖目前市场上所有存在的 GMO。因此，目前急需建立一个全球统一的标准 GMO 检测方法为食品工业和农业企业提供服务。这种全球通用的 GMO 检测服务必须是持续的、可重复的，并且具有可靠的敏感性、特异性和准确度。只有这样，出口方才有自信，产品的释放是以检测结果为基础的，在地球另一个地方的买方也会接受这个检测结果。

以 CEN 和 ISO 为代表的力量一直都在努力推动检测方法的发展、标准化和实施。在欧洲，欧盟的联合研究中心建立了专门针对 GMO 检测的官方实验室，称为转基因实验室欧洲网络。这是一个涵盖超过 50 个官方实验室的群体，由欧盟成员国指派组成，此网络的目的之一就是发展标准化检测方法，以应对欧盟 GMO 标识制度之外的检测需求。

这些检测方法的发展和标准化目标的完成需要很多年，在此期间，食品和农产品企业必须找到暂时的措施来保证能够遵守标签制度，为消费者提供负责的产品。首先提出这种需求目标的是全球实验室联盟，这个超过 18 个实验室的全球网络具有针对所有商业化 GMO 的检测方法，并且已经实施了统一标准，具有质量认证体系以保证全球范围内检测的持续性。

8.6 GMO 的环境监测

由重组 DNA 技术生产的有机体和自然存在的生物是不一样的，可能会带来一些特殊的风险。因此所有 GMO 除了要进行实验室可控条件下的健康和环境检测外，还需要对释放后的 GMO 进行环境监测。

观察和记录 GMO 释放后的健康或者环境影响叫做“释放后的”、“商业化后的”或“市场化后的”监测。这个过程是必须的，需要花费大量的成本和资源，但是我们应该坚持这样做，因为这是代表了子孙后代的利益。监测过程的记录应该留给未来的后代。

在释放GMO/LMO之前，我们应该考虑和决定的是释放后的检测怎样进行？应该监测什么？在哪里监测？最好的方式是什么？整个过程需要持续多久？谁应该付这笔钱？还必须要提前决定这些信息在哪里储存多长时间？谁负责保存和释放这些信息？我们必须要清楚的是监测必须是独立地、透明地、广泛地进行，并且记录应该是每一个人都能看到的。

8.6.1 怎么开始监测？

在GMO/LMO释放之前对其进行监测是十分必要的，否则就不可能建立一个基准。因此，监测应该从所有自然资源的名录开始，将当地所有的植物、动物和人畜健康状况进行编目。重点关注GMO/LMO的生产、储存和运输的位置和地点。没有这些信息以后就无法进行数据解释。

8.6.2 环境影响——需要监测什么？

转基因生物是由一些新型技术生产的，可能会出现一些特别的风险，因此，对GMO/LMO的审查要比通过传统育种技术生产的生物更加严谨。

环境监测的目的就是防止任何不利影响的出现或者扩散，如果已经产生了某种风险，则实施一些预防性策略限制其商业化。这可以通过引导生产者改变生产和释放的条件，或者一些其他的方法执行。

基于现有的理解，转基因植物的风险能够久存是因为风险评估的立法中存在一些基本的缺陷。根据风险评估立法规定，大规模释放前的风险评估只考虑GMO/LMO的影响，而忽视了与基因构建和转基因技术本身有关的风险。然而，这些风险不但应该考虑，更应该作为监测GMO/LMO环境风险监测的一部分。监测需要观察转基因生物基因逃逸的结果、对害虫的影响、对农业活动的影响、对抗性进化的影响等。转基因能够进行遗传，并且能够在同种个体之间或者与野生近缘种之间扩散，因此检测转基因的移动也是至关重要的。在某些转基因植物中，转基因的适合度会对植物种群动态具有一定的影响。

8.6.3 人类和动物健康影响——需要监测什么？

在监测GMO/LMO对健康的影响时，我们需要知道我们摄食GMO/LMO的时间、种类、方式、多少和持续时间。这些就需要在食品中对GMO/LMO成分进行清楚的标识，可是，在很多国家仍然没有强制对转基因食品和饲料进行标识。

在监测转基因作物的影响时，大规模释放前的风险评估很大程度上是以一些假设为基础的。假设之一就是所有的DNA都会被唾液消化或在肠道降解，但是可食用DNA疫苗必须保证足够量的DNA仍然保持活性，这样才能激发免疫反应。因此，使用活体实验系统研究DNA在体内消化的水平非常重要。同样重要的还有确定任何外源蛋白质和DNA通过胃和小肠时是否具有活性。

GMO/LMO长期和短期影响的监测应该包括观察动物行为、生理和代谢的变化以及观察免疫应答和激素反应的变化。监测生长速率、器官发育、寿命以及生殖功能的变化也十分重要。对疾病的敏感度、免疫状况、发病状况以及受其他生物感染的变化都可作为重要的指标。以上所述的指标至少需要监测并记录相关信息超过 4 代。

至于人类健康，可以采用几个非入侵性技术帮助检测 GMO/LMO 的影响，最简单的就是通过连续抽血观察免疫反应的变化并进行激素水平的检测，通过便常规来评估细菌水平的变化。在一些入侵性技术的帮助下，如对胃和结肠进行活检，可以检测 GMO/LMO 对消化系统及其细菌群的主要影响。用于组织/病例检查的肿瘤组织样本可以用来评估癌变效应，同样能够确认外源 DNA 或者载体/构建体的存在。

流行病学可以帮助进行转基因生物释放后的长期监测，尤其是可以提供 GMO/LMO 影响的关键线索。可是为了得到对人类健康影响的结果，需要人类志愿者的参与。进行这类研究需要寻找新的含有转基因载体的微生物（如病毒、细菌），以及具有抗生素抗性的细菌或者其他转基因生物或者载体。我们同样应该监测免疫系统对疾病敏感度的变化。

几年前，英国曾制定了监测转基因食品对人类影响的计划，这个想法是希望将超市的消费者诚信卡与个人健康记录关联起来，可是因为出现了一些设计上的问题，最终没有任何结果。卡片持有者并不是为自己购物，而且并不是所有的含有 GMO/LMO 成分的食品都进行了标识。使用卡片记录的信息不可能得到每个人对食品的消费信息（消费者到其他的超市消费，食用家庭以外的食品，在旅行和假期中在外面就餐等）。并且将消费信息和个人健康记录关联也是一个问题，因为这些都是属于保密范围的信息。

对当局来说，可以通过常规性的健康检查、药物报告或者使用流行病学的研究来收集一些数据。

8.6.4　在哪里监测 GMO/LMO 的影响？

显然，监测需要在 GMO/LMO 释放地点、释放点附近和野外进行。监测面积取决于释放生物的种类，应该包括所有自然资源的检测，特别是水、空气和土壤。

在监测对当地的影响时，可以考虑花粉转移、排泄物污染、微生物传播和食物链等。

监测目标之一是土壤，但是我们只知道一小部分土壤微生物，我们还不了解土壤中 99%的微生物，所以它们之间以及与它们其他生物的相互影响和相互作用还一点都不了解。

目前已经对土壤进行的监测包括营养成分、结构、重金属污染和化学物质等，对 GMO/LMO 影响的监测也是可能的，在 GMO/LMO 释放前后分别采集土壤 DNA 提取物，重复检测其中的差别就可以解释 GMO/LMO 对土壤的影响。

另外一个监测目标是空气。对某些人来说，花粉可能会是主要的过敏源，在发达国家就是通过检测花粉含量对空气进行持续监测的。使用同样的样本就可以监测转基因花粉，当在转基因作物大田以外监测到转基因花粉时，需要立即采取措施。当花粉逃逸成为一种严重的风险时，政府可以要求转基因作物的种植者进行预防，例如，在转基因植物生产地的周围或者在转基因田间实验点的周围搭建高的塑料/玻璃墙。尽管这样不会阻止所有昆虫和鸟类转运花粉，但是至少在某种程度减少了花粉传播的概率。

水质、杀虫剂/除草剂的污染和残留是水体监测的常规内容。可以使用同样的样本进行外源DNA影响或者产品的检测，生物的生理/病理变化也需要至少4代的检测。

在监测环境的变化时，我们需要注意一些含有转基因载体的新的微生物（如病毒、细菌），以及注意一些含有抗生素抗性基因的细菌。如果GMO/LMO侵入邻近生态系统，或者在具有抗性特性的作物、杂草或者其他的植物出现，我们都需要进行观察。昆虫和天敌种群数量的变化以及他们食性的变化都需要进行监测。

8.6.5 欧盟和国际的监测健康及环境影响的现状

欧盟通过法令（法令2001/18/EC）来管理市场化后的或者释放后的GMO/LMO的监测，但是将如何实施这个问题留给了各个国家。各国应该制定本国关于释放后监测系统的法律，并且为监测的实施提供经济支持和培训。欧盟的法令同样也为监测计划的设计提供了指导意见（表8.3），可以作为公布者（如公司）向管理机构所提供档案的一部分。按照该法令的要求，对GMO/LMO的释放应该包含监测计划，法令同样要求公布者直接对监测的花费和实施负责。公告中应该包含监测的计划、监测时间等内容。法令同样要求公布者具有实施监测计划的义务，以追踪和识别任何GMO释放进入市场后的对人类健康和环境的直接的、间接的，或快速的、长期的和无法预见的影响，公布者还有向委员会和主管机构报告的义务。除此之外，为了保证透明度，"监测的结果应该是公开的"。检测应坚持以个案评估原则（case-by-case）为基础，并为监测技术的选择提供了意见（表8.4）。

表8.3　监测策略

风险评估，释放之前和背景信息
方法：具体案件监督和整体监督
基准
环境现状发生的变化
导致变化的原因
环境的预计发展
时间范围
分配义务
公布者
第三方
已经存在的监测系统

表8.4　监测计划的设计

应包含内容
检测方法
检测指标/元素
面积/样本
检验
取样和分析
收集和校对数据
分析，报告，回顾
评估
回顾和应用

在美国，不存在官方的监测计划，在世界其他国家我们也很少听说这样的监测系统。

实际上，只有少数几个国家具有本国生物资源和人口状况的名录，这可以作为监测的基准资料。在很多国家，GMO/LMO已经释放进入了环境，并且大部分人口都已经接触了转基因作物生产的食品。按照一些科学文献提供的信息，关于监测GMO/LMO释放影响的工作非常少。促进监测工作开展的关键是要实质性的扩展生物风险评估和管理这种公众项目。

我们必须得出这样的结论：虽然有几个大国还在不断的大量生产GMO/LMO，但是没有任何一个国家建立了有效的释放后的监测系统。

8.6.6 建立以环境监测为基础的生物安全框架

为了系统的评估任何基因修饰生物的健康和环境影响，我们必须能够回答这样的问题：GMO 是否存在于一些材料中？存在多少？这是评估某种特定 GMO 的存在是否对环境和健康有影响的第一步。因此，在环境和食物链中追踪 GMO 是生物安全评估所需要的一种主要的能力。

大部分的国家都意识到了追踪释放进入环境和食物生产体系的 GMO 的必要性，已经实施或者正在制定生物安全的框架，而加拿大和美国则是例外，美国的授权机构对用于食品目的的环境释放予以放行，美国农业部和环保局所实施的环境评估非常的不严格，并且美国食品药品局也没有强加任何关于 GMO 释放前的强制性食品安全评估。

生物安全框架一般是是建立释放之后追踪 GMO 的体系，其目的如下：

(1) 产品对人类和动物健康以及环境出现意料之外的不利影响时，及时有效的撤销和召回所有产品；

(2) 促进监测项目对潜在环境和健康危害进行监测；

(3) 按照预防原则支持风险评估的措施；

(4) 推动 GMO 的标识制度：

- 确保食品企业和消费者能够获取准确的信息，可以自由的选择；
- 能够控制和核查标签的内容；

(5) 证实 GMO 环境释放的模式遵守国际条款，如《生物多样性公约》的《卡塔赫纳生物安全议定书》；

(6) 证实 GMO 环境释放的模式遵守国际管理条例；

(7) 大范围的监测 GMO 释放后进入环境和食品链的移动。

一些分析的方法，主要是对某些特殊的 GMO 进行识别和量化，以及和基于文件记录的追踪和标签系统结合，有效、经济、可靠地追踪 GMO 在环境和食品链中的移动，这是利益最大化的一种整体方法，尤其是对食品链中的操作者和管理者来说，因为这样可以减少时间的浪费和监测的花费，并且能增加监测的效率。

8.6.7 追踪 GMO 环境释放的其他工具

1) 基于文件记录的追踪系统

追踪体系有两种不同的模式，最严格的一种是集中记录追踪，对所有的处理者一个一个地追踪，产品链上的每一个步骤都需要追踪，从农田到消费者的餐盘，可以获得监督体系中任何时间的信息。这是有机认证和少数其他应用的一种追踪模式。

另一种是更为普通的追踪模式。在这个体系中，每一个参与者需要保存以下 4 种信息：①这些产品是从谁的手里接收的；②接收的日期；③将产品释放给了谁；④释放的日期。整个体系并不能提供某种特定产品的监督记录，但是在整个供应链中有足够的信息，能够确保在需要的情况下，任何产品都能够追踪到其来源组成。

欧盟管理条例 EC178/2002 为了追踪在欧盟售卖的食物产品和食品成分已于 2005

年引入了追踪的第二种形式。欧盟管理条例 EC1830/2003 中将这个体系稍微变化，对欧盟范围内的 GMO 进行追踪。此条例要求除了要保留快速提供者和快速购买者的信息，操作者必须保留并且提供给买方产品中含有特殊 GMO 成分的信息；如果是转基因产品，或者是由转基因作物生产的产品，就必须明确的宣告产品“含有转基因成分”。“追根溯源体系”是与 EC178/202 相似的一种体系，目前正在美国制定。

2）标签

追踪体系也可以利用普通标签、条形码、射频（RF）标签和其他的一些物理装置，这些都在保持包装产品和其他严格的界定单位的追踪性时十分有用，但其完善性还不能够保证，因为产品在整个体系中是变化的。一罐密封的卵磷脂，如果卵磷脂的密封破坏了，或者一个活体的农场动物如一只牛，只要动物被制成了分离的肉产品，那么标签的追踪性和准确性也就破坏了，除非有文献化的记录来保证对生产过程的下一步的追踪。

3）隔离

隔离和追踪明显不同，隔离需要在产品流通的体系中保持其完整性。例如，一些待销的谷粒，可以追踪到农田，到集中储藏的仓库，到一个邮船，到一个出口集装箱，到船舱，最后到达进口国生产商的储藏箱，将谷物转变成消费产品，这种文献记录的方式就是追踪。但是，这种记录也不能保证产品的完整性和纯度。在运输、储藏和加工中的每一个环节，都有可能发生污染：储藏箱可能没有清理干净，还残留有以前的谷物；船舱可能承载很多种产品，具有交叉污染的风险；生产商的机器可能同时具有多个产品生产线，在工作的过程中一条生产线的材料可能会散落在另一条生产线上，污染了另一条生产线的产品；在耕种环节，邻居农田的花粉传播也可能会造成污染。

隔离措施是用于保护产品的完整性防止以上所示的各种交叉污染，隔离措施的严格程度决定了最终产品的纯度和完整性，例如，买的非转基因大豆有不同的等级，最高等级的就是承诺所含的转基因大豆少于 0.1%，这在很多国家里被管理者作为“非转基因”的标准；下一个级别就是转基因大豆含量少于 0.9%，按照欧盟 EC1830/2003 规定，转基因成分少于 0.9%的可以不用贴上“转基因”的标签。

4）身份保持

隔离和追踪记录一起构成了身份保持。为了保持产品的身份，有必要将一些产品和其他产品进行隔离，并且对产品进行追踪记录。

适当的一起实施前面提到的检测、追踪、标签、隔离和身份保持等措施，能够确保某种产品能够有效地、经济地、可靠地在食品生产链中追踪。

从技术上看，这些方法中最具挑战性的是检测，并且这也是确保 GMO 初始身份的关键方法，也是核实监督过程中追踪系统有效性的重要方法。

主要参考文献

Alexander T W，et al. 2002. Impact of feed processing and mixed ruminal culture on the fate of recombinant EPSP synthase and endogenous canola plant DNA. FEMS Microbiol Lett，214（2）：263～269

Barton K A，Whiteley H R，Yang K S. 2000. Bacillus thuringinesis delta-endotoxin expressed in transgenic Nicotiana tobacum provides resistance to lepidopteran insects. Plant Physiol, 85: 1103～1109

Berdal K G, Hoist-Jensen A. 2001. Roundup ready soybean event-specific real-time quantitative PCR assay and estimation of the practical detection and quantification limits in GMO analyses. Eur Food Res Technol, 213: 432～438

Chambers P A, et al. 2002. The fate of antibiotic resistance marker genes in transgenicplant feed material fed to chickens. Anti microb Chemober, 49: 161～164

Crawley M J, et al. 2001. Transgenic crops in natural habitats. Nature, 409: 682, 683

Duggan P S, et al. 2003. Fate of geneti-cally modified maize DNA in the oral cavity and rumen of sheep. Br J Nutr, 89: 159～166

Ellstrand NC. 2001. When transgenes wander, should we worry. Plant Ecology, 125: 1543～1545

Fagan J. 2001. Detecting DNA from Genetically Modified Plants. *In*: Wilson R F, Hou C T, Hildebrand D F. Dealing with Genetically Modified Crops. Champaign, Illinois: AOCS Press, 115～131

Fagan J. 2003. Detection and quantification of genetically modified organisms in food by DNA-based and protein-based methods. *In*: Nollet L M L. Hand-book of Food Analysis. 2nd ed. Expanded and Revised. New York: Marcel Dekker Inc. 1999～2030

Feriotto G, et al. 2002. Biosensor technology and surface plasmon resonance for real-time detection of genetically modified Roundup Ready soybean gene sequences. Journal of Agricultural and Food Chemistry, 50: 955～962

Hubner P, et al. 1999. Detection of genetically modified organisms in food: critical points for quality assurance. Accreditation and Quality Assurance, 4: 292～298

Hubner P, Studer E, Luthy J. 1999. Quantitation of genetically modified organisms in food. Nature Biotechnology, 17: 1137, 1138

Hurst C D, Knight A, Bruce I J. 1999. PCR detection of genetically modified soybean and maize in foodstuffs. Mol Breeding, 5: 579～586

ISGBO. 2002. The 7th International Symposium on the Biosafety of Genetically Modified Organisms. Beijing, China

Kaeppler H F. 2000. Food safety of genetically modified crops. Agron J, 92: 793～797

Kok E J, Kuiper H A. 2003. Comparative safety assessment for biotech crops. Trends in Biotechnology, 21 (10): 439～444

Mariotti E, Minunni M, Mascini M. 2002. Surface plasmon resonance biosensor for genetically modified organisms detection. Analytica Chimica Acta, 453: 165～172

Mazza R, et al. 2005. Assessing the transfer of genetically modified DNA from feed to animal tissues. Transgenic Research, 14: 775～784

Minunni M, et al. 2001. Biosensors as new analytical tool for detection of Genetically Modified Organisms (GMOs). Fresenius Journal of Analytical Chemistry, 369: 589～593

Murray M G, Thompson W F. 1980. Rapid isolation of high molecular weight plant DNA. Nucleic Acids Research, 8: 4321～4325

Quist D, Chapela I H. 2001. Transgenic DNA introgressed into traditional maize landraces in Oaxaca Mexico. Nature, 414: 541～543

Rissler J, Mellon M. 1996. The Ecological Risks of Engineered Crops. London, England: The MIT

Press. 1～168

Shindo Y. 2002. Validation of real-time PCR analyses for line-specific quantitation of genetically modified maize and soybean using new reference molecules. J AOAC Int，85：1119～1126

Stave J W. 1999. Detection of new or modified proteins in novel foods derived from GMO-future needs. Food Contr，10：367～374

Stave J W. 2002. Protein immunoassay methods for detection of biotech crops：applications，limitations，and practical considerations. Journal of AOAC International，85：780～786

Terry C F，Harris N. 2001. Event-specific detection of roundup ready soya using two different real time PCR detection chemistries. Eur Food Res Technol，213：425～431

Vaitilingom M，et al. 2000. Real-time quantitative PCR detection of genetically modified maximizer maize and RoundupReady soybean in some representative foods. J Agric Food Chem，47：5261～5266

Vaitilingom M，et al. 1999. Real-time quantitative PCR detection of genetically modified maximizer maize and roundup ready soybean in some representative foods. Journal of Agricultural and Food Chemistry，47：5261～5266

van Hoef A M A，et al. 1998. Development and application of a selective detection method for genetically modified soy and soy-derived products. Food Additives and Contaminants，15 (7)：767～774

第 9 章　生物安全国际法：卡塔赫纳生物安全议定书

联合国《卡塔赫纳生物安全议定书》（以下简称《议定书》）是在《生物多样性公约》下，为保护生物多样性和人体健康而控制和管理“生物技术改性活生物体”（简称 LMO，living modified organism；或称“转基因生物”，简称 GMO，genetically modified organism）越境转移的国际法律文件。《议定书》于 2000 年 1 月 29 日达成谈判文本。根据其第 36 条，《议定书》于 2000 年 5 月 15～26 日在联合国内罗毕办公室对国家和经济一体化组织开放签署，之后于 2000 年 6 月 5 日至 2001 年 6 月 4 日在纽约联合国总部继续供各国签署。至签署日终止时，共有 103 个国家签署《议定书》。中国于 2000 年 8 月 8 日签署该《议定书》。

至 2008 年 12 月 31 日，共有 151 个国家和经济一体化组织（欧盟）已批准加入或核准《议定书》[①]，成为《议定书》缔约方。中国国务院于 2005 年 4 月 27 日批准核准加入《议定书》，然后，中国政府于 2005 年 6 月 8 日将核准《议定书》的文件交存纽约联合国总部，《议定书》于 90 天后，即 2005 年 9 月 6 日起对中国生效，使中国成为《议定书》的第 120 个缔约方。

《议定书》已于 2003 年 9 月 11 日起生效，即批准加入和核准《议定书》的国家达到 50 个时。2004 年 2 月 23～27 日在马来西亚吉隆坡召开《议定书》第一次缔约方会议，又于 2005 年 5 月 30 日至 6 月 3 日在加拿大蒙特利尔召开第二次缔约方会议，于 2006 年 3 月 13～17 日在巴西召开第三次缔约方大会，于 2008 年 5 月 12～16 日在德国波恩召开第四次缔约方会议，并且已决定于 2010 年 10 月在日本名古屋召开第五次缔约方会议。

9.1 《议定书》的产生背景

9.1.1 《卡塔赫纳生物安全议定书》与《生物多样性公约》的关系

《卡塔赫纳生物安全议定书》是依据《生物多样性公约》的相关条款而制定的。《生物多样性公约》（以下简称《公约》）的起草与谈判始于 1988 年，《公约》文本于 1992 年 5 月 22 日最终达成，并在 1992 年 6 月的巴西联合国环境与发展大会上获得通过。《公约》已在 1993 年 12 月 29 日生效，至 2008 年 12 月 31 日，已有 191 个国家（包括区域经济一体化组织——欧盟）批准加入该公约。联合国大会已决定每年的 5 月 22 日（即《公约》文本达成纪念日）为“国际生物多样性日”。

在该公约的谈判过程中，生物安全问题逐步受到各国重视，最后成为该公约的谈判焦点和核心内容。《公约》在其第 8（g）条，要求各缔约国制定或采取办法以管制、管

---

① http://www.cbd.int/biosafety/parties/list.shtml

理或控制由生物技术改变的、可能对保护和持续利用生物多样性产生不利影响的活生物体在使用和释放时可能产生的风险；第19（c）条要求各缔约国考虑是否需要一项议定书，用于安全转运、处理和使用生物技术改性活生物体及其产品。第19（d）条要求各缔约国提供与这些改性活生物体有关的资料。因此，《生物安全议定书》是隶属于《生物多样性公约》的一项法律文书。

9.1.2 《生物安全议定书》的起草过程

1995年11月在印度尼西亚首都雅加达召开的“生物多样性公约第二次缔约国大会”（COP-2）通过Ⅱ/5号决议，确定制定《生物安全议定书》，并特别关注由现代生物技术产生的改性活生物体（LMO）的越境转移。然后，成立了不限名额的生物安全特设工作组（BSWG），具体承担议定书的起草和谈判，并要求在1998年底前完成该议定书的最后文本。BSWG于1996～1998年共召开5次议定书起草与谈判的会议，但未能就议定书条款在谈判各方取得一致意见。为此，BSWG于1999年2月14～19日在哥伦比亚的卡塔赫纳召开第6次会议，希望为在紧接着于2月22～23日在同地点召开的《生物多样性公约》缔约国大会特别会议上审议通过该议定书文本而铺平道路，然而还是没能成功。1999年9月15～19日在奥地利维也纳召开的非正式协商会议对议定书内容分歧进一步磋商后，终于于2000年1月24～29日在加拿大蒙特利尔召开的《生物多样性公约》缔约国大会特别会议续会上达成《议定书》最终文本。由于原来预定在哥伦比亚的卡塔赫纳会议上达成议定书文本，因而最终达成的议定书定名为《卡塔赫纳生物安全议定书》。

9.1.3 《生物安全议定书》的谈判过程

由于各国生物技术发展水平差异较大，而且议定书内容涉及生物技术产品的贸易和生物多样性保护及人类健康等敏感问题，各国对议定书谈判都高度重视。议定书内容与国家经济利益关系巨大，谈判各方都从自己的经济利益出发，对议定书的内容存在严重分歧，争论十分激烈，谈判艰巨且持久。随着谈判的深入，问题逐渐明朗，谈判各方根据利益共同点，形成多个利益集团。后期到1999年2月的卡塔赫纳会议期间，谈判各方逐渐分化为代表不同观点的5类国家集团。

1）“观点相似集团”

被称为“观点相似集团”（the like-minded group）的国家主要由77国集团加中国组成，基本上都是发展中国家。由于大多数发展中国家鉴于自己处理生物技术安全问题的能力太弱，对转基因生物（GMO）的越境转移表示出谨慎和忧虑，他们坚持以预防为主的原则，主张制定一项国际法规来规范和约束GMO的越境转移，以减少其对生物多样性和人体健康的负面影响。

2）“迈阿密集团”

另一组被称为“迈阿密集团”（Miami group），代表着转基因作物种子和产品的6个主要出口国，即：阿根廷、澳大利亚、加拿大、智利、美国和乌拉圭。这些国家担心因为议定书规定太严会妨碍他们从生物技术及其产品的出口中获得巨大的经济利益。他们希望能够确保 GMO 产品自由贸易，而没有繁琐的官方批准手续，也不愿发生因环境保护而导致的贸易保护主义壁垒。

3）欧盟

欧盟（EU）具有 10 多个发达国家成员国，多数为转基因生物产品（食品）进口国。欧盟强调预防原则的重要性，希望起草一份较为严格的议定书，用于管理转基因生物的越境转移和国际贸易。由于欧盟成员国目前对转基因食品的进口大于出口，加之这些国家早已建立了较为完善的有关 GMO 产品的贸易、管理和使用方面的区域一体化法令和国家法规，他们趋向于让议定书覆盖范围更广一些，管理更严一些。欧盟还支持 GMO 贸易的标准化，并认为议定书的地位不应隶属于世界贸易组织（WTO），而是与 WTO 体系相平行。

4）"和事集团"

被称为"和事集团"（the compromise group）的国家主要是经合组织（OECD）成员国，他们不是农产品出口国，也不是欧盟成员国，主要包括日本、墨西哥、挪威、韩国和瑞士，以及后来的新加坡和新西兰。"和事集团"国家多为发达国家，他们虽然拥有较强的生物技术，但总体上不是转基因生物出口国。另外，由于 OECD 内部也存在一些共同的政策和技术指南，他们常常根据自己的需要，在谈判中充当持对立意见集团之间的中间桥梁，提出符合自己利益的折中提案。

5）中、东欧国家集团

还有一组是中欧和东欧的国家，这些国家当时还不是欧盟成员国，多为经济转型国家。该集团成员国没有明显的倾向，走的是中间路线。他们基本上支持议定书需要写入预防原则，并同意议定书范围包含 GMO 食品和饲料，但这些国家更希望议定书具有实用性和广泛的目的用途，能够解决实际问题。

所以，议定书最终文本的达成实际上是谈判各方的讨价还价和妥协，而不是各集团观点的一致。

9.1.4 《生物安全议定书》谈判的争论焦点

1. 前期的一般争论焦点

在 1999 年 2 月的卡塔赫纳会议之前，议定书政府间谈判的争论方可以粗划为两大阵营，即发展中国家和发达国家。其争论焦点内容主要集中在以下几方面。

1）LMO 越境转移的程序

由于越境转移主要发生于由发达国家向发展中国家转移，大多数发展中国家认为出口国应事先通过进口国主管当局的知情同意，只有在得到出口国同意后才能允许转移；而美国、日本、加拿大及澳大利亚等发达国家提出，出口方任何公司、大学、代理商等均可申请越境转移，提前知情同意程序（AIA）不能妨碍国际贸易。

2）LMO 风险评估与风险管理

风险评估和风险管理是减少 LMO 潜在环境灾害的有效措施，大多数发展中国家坚持规范而具体的风险评估与风险管理是决定能否同意 LMO 越境转移的基础，需要将风险评估的规范和要求列为议定书的附件；而美国、日本等发达国家则认为议定书不必涉及风险评估和风险管理，或只能原则性涉及。

3）LMO 进出口非歧视原则

贸易歧视与贸易壁垒的性质有相似之处，与 WTO 规则有相悖之处。部分发达国家主张 LMO 的进出口管理应采取国别一致和内外一致的原则，不得作出不平等的歧视规定。相反，大多数发展中国家认为 LMO 及其产品对环境保护和人类健康具有特殊性，各国应有权决定是否接受外来的 LMO。

4）LMO 及其产品引起的社会经济问题

LMO 越境转移可能引起进口国的一系列社会-经济问题，包括对传统农业的冲击，导致遗传资源的丧失，对生态系统的影响，对伦理文化的影响等。多数发展中国家坚持议定书要充分考虑 LMO 的社会-经济影响，而部分发达国家认为社会-经济问题太复杂，不必列入议定书中。

5）LMO 的资料交换

资料交换是 LMO 进口国知情同意和风险评估的基础。大多数发展中国家坚持各缔约国有义务提供 LMO 相关的资料，不得以保护机密性数据为理由而阻止资料交换；而部分发达国家认为资料交换是技术转让的一部分，国际生物安全法规应当包括保护机密性数据和知识产权条款。

6）LMO 损害的责任与赔偿

一些发展中国家认为，确定赔偿责任与补救措施是实施国际生物安全法规的前提之一，出口国应对其 LMO 造成的环境与人体健康损害负有责任并给予经济赔偿；而一些发达国家则反对将责任与赔偿列为议定书的条款，因为那样会使问题复杂化。

7）LMO 国际贸易的范围

在议定书谈判中的一项大的争论是，议定书是否仅适用于 GMO 活体（如 GM 种子），或还包括基因工程的产品（如药品）和含有 GM 成分的产品（如食品、动物饲料等）。GM 产品出口国家因害怕对新兴 GM 食品和药物贸易的不利影响，坚持对议定书的适用范围尽可能缩小，仅考虑接受服从 WTO 法则的议定书适用范围。而大多数发展中国家以及一些欧盟国家希望将所有的生物技术产品都纳入议定书的范围内，他们提出定义范围尽可能广泛并清楚地表明不与现有的 WTO 义务相挂钩。然而，最后是以美国为代表的“迈阿密集团”占了上风，将议定书的适用范围限定在所有的生物技术改性活体（LMO 或 GMO），但不包括产品，药物产品亦被排除在外。

2. 谈判后期两极化的争论焦点

随着焦点的逐渐集中，到卡塔赫纳会议期间，议定书谈判的争论主题集中在两类分歧上。第一类分歧是议定书中以及“提前知情同意程序”（AIA 程序）下 LMO 的定义范围；第二类分歧是控制 LMO 越境转移的决定基础。

第一类分歧的争端主要是以南-北国家为界。发展中国家认为议定书和 AIA 程序适用的 LMO 范围应该广泛，但大多数 OECD 国家认为只应包括那些直接对进口国环境和生物多样性产生威胁的 LMO。

第二类分歧的争端主要是在OECD国家内部的战斗，是迈阿密集团国家和欧盟国家之间的争论。争论点是在对GMO的危害缺少科学依据的情况下，国家能否有权限制LMO的进口，这是一个涉及议定书与WTO义务关系的具有高度争议的论题。

9.2 《生物安全议定书》体现的基本原则

9.2.1 预先防范原则

预先防范原则（precautionary principle）的主要根据是1992年联合国《关于环境与发展的里约宣言》的第十五条："为保护环境，缔约国应根据其能力广泛地采取预防手段，当出现严重或不可逆转的损害时，不应因缺乏充分的科学定论而推迟有效的手段来防止环境退化。"这一原则的关键是，即使缺乏科学定论，为防止出现重大环境危害，各国有权采取预防措施。预先防范原则已经成为国际和各国国内环境保护法规的基础。

预防原则的另一依据是1982年的联合国《世界自然宪章》。《世界自然宪章》要求控制那些可能影响大自然的活动，并应采用能尽量减轻对大自然构成重大危险或其他不利影响的现有最优良技术；"在进行可能对大自然构成重大危险的活动之前应先彻底调查；这种活动的倡议者必须证明预期的益处超过大自然可能受到的损害；如果不能完全了解可能造成的不利影响，活动即不得进行。"① 由此提出了通过技术手段防范风险以及人类活动不得对自然造成其不可承受的损害之准则，从而为生物安全国际法在风险预防原则上的展开奠定了基础。

预先防范原则包含这样几个要素：环境危害是否发生，存在着科学上的不确定性，是科学界尚在争论的问题；环境危害一旦发生，则必然是严重的、不可逆转的；不能以科学上没有完全的确定性为由拒绝或推迟采取必要的预防措施。由此，我们认为，风险预防原则是指在人类的行为存在对环境造成严重的、不可逆转危害可能性的情况下，即使科学尚没有确实的证据证明该危害必然发生，也应采取必要预防措施的根本准则。它是人类在处理重大环境风险与发展关系时的指导思想。

9.2.2 国际合作原则

国际合作原则在国际环境法中的重要地位是由其作为国际法的本质所决定的。"诸多国际条约即是各国承认在不同层次上需要与他国进行合作"，并且也是"许多环境问题无法通过简单地制定规则得到解决，而是需要有关国家之间的持续合作"。② 从这个意义上讲，任何国际法都体现着国际合作原则。然而，由于生物技术的问世和发展往往具有全球性的影响，同时生物技术产品在全球范围内的开发、使用和贸易也极大地影响着世界各国的生态安全乃至人类健康，故而生物安全问题备受世界各国瞩目，所以在生物安全国际法中，国际合作原则在信息交流、技术支持、财政援助、能力建设和风险抵御诸多方面都体现得较其他国际法更为明显。

---

① 世界自然宪章. 第11条。

② 亚历山大·基斯. 国际环境法. 张若思编译. 北京：法律出版社，2000. 85。

在《生物安全议定书》中，许多条款都具体体现了国际合作原则。

在风险管理方面，《议定书》第 16 条规定，各缔约方应开展合作，以便“确定可能对生物多样性的保护和可持续使用产生不利影响的转基因活生物体或转基因活生物体的某些具体特性，同时亦顾及对人类健康构成的风险；并为处理此种转基因活生物体或其具体特性采取适当措施。”

在能力建设方面，《议定书》第 22 条要求，“各缔约方应开展合作，以有效履行本议定书为目的，通过诸如现有的全球、区域、分区域、国家机构、组织和酌情通过促进私人部门的参与等方式，协助发展中国家和经济转型国家缔约方、特别是其中最不发达国家和小岛屿发展中国家逐步建立和/或加强生物安全方面的人力资源和体制能力，包括生物安全所需的生物技术。”

在社会经济问题上，《议定书》第 26 条要求，“鼓励各缔约方开展合作，针对转基因活生物体所产生的任何社会经济影响，特别是对土著和当地社区的影响进行研究和交流信息。”在公众意识和参与方面，《议定书》第 23 条提出，“各缔约方在开展此方面工作时应酌情与其他国家和国际机构开展合作”。

9.2.3 无害利用原则

如果说预防原则和国际合作原则是国际环境法一般原则在生物安全国际法中的体现，那么无害利用原则（principle of harmless utilization）和谨慎发展原则在很大程度上则是生物安全国际法所特有的原则。在生物安全国际法中，无害利用原则是指各国在引进外来物种、生物技术研究和开发、生物技术产品的生产和贸易过程中，应尽量避免对当地物种、生态系统以及人类健康所造成的危害，同时亦应尽量避免人类活动对生物安全所产生的威胁和有害影响。事实上，生物安全国际法的现实价值之一，就是其对各国生物资源的开发和利用活动进行规定限制，从而尽量避免不利影响，使其向最大限度地无害于环境、无害于人类健康、无害于生物安全的方向发展。

环境领域的“无害”不是也不可能是绝对的“不损害”。因为从严格意义上讲，任何对环境的开发利用和技术发展应用都是对原有自然状态的干预和改变；只要存在人类活动，对环境、对生物安全的负面影响就在所难免。我们所力求达到的，是符合可持续发展之要求的相对的、动态的“无害”。同时，“有害”还是“无害”都需要一个明确的标准，而此种标准以及各国依此标准进行相关活动的法律依据即应由生物安全国际法提供。

作为生物安全国际法的目标性原则，虽然无害利用原则迄今为止在学界尚未达成共识。然而，无论是从法律依据、法律实践方面，还是从理论认同方面，无害利用原则均越来越体现为生物安全国际法的一项基本原则。

9.2.4 转基因生物谨慎发展原则

生物技术一经诞生，便成为一把“双刃剑”，给人类带来了正负两方面的影响。“如能在开发和利用现代生物技术的同时亦采取旨在确保环境和人类健康的妥善安全措施，则此种技术可使人类受益无穷”；但“现代生物技术扩展迅速，公众亦日益关切此种技术可能会对生物多样性产生不利影响，同时还需顾及其对人类健康构成的风险。"[①] "目前，由于科技发展水平的限制，人类对基因活动方式的了解还不够透彻，我们没有十足的把握控制基因重组后的结果。"[②③] 正是基于这样的考虑，国际社会对生物技术的普遍态度是，在推动生物技术进步的同时，通过各种措施尽量避免可能由此发生的消极后果，也即"谨慎发展"。

在生物安全国际法中，可持续发展原则的体现即为谨慎发展原则（principle of cautious development）。生物安全国际法中的谨慎发展原则，是指各国在发展生物技术、进行生物技术的应用和市场化时，不应仅基于该技术在未来可能带来的经济效益而确定该技术的发展和应用策略，而应同时充分考虑该技术可能带来的一系列负面影响，其中包括生物技术及其产品本身的缺陷、可能带来的环境风险以及对人类健康的威胁等。

同时也可以看到，生物安全国际法中的"谨慎发展原则"较国际环境法中的"可持续发展原则"在具体措施上更为严格。其根本原因在于，生物安全问题一旦发生并产生影响后，其消极后果往往是难以消除甚至是不可消除的。谨慎发展原则更加关注生物技术及其产品和相关活动所能带来的负面影响，其最终的目标又往往是"无害利用"。[④]

9.3 《生物安全议定书》的基本内容

《生物安全议定书》包括序言、40 个条款和 3 个附件。

9.3.1 一般性条款

1）目标

《议定书》第 1 条规定，本议定书的目标是依循《关于环境与发展的里约宣言》原则第 15 条所订立的预先防范办法，协助确保在安全转移、处理和使用凭借现代生物技术获得的、可能对生物多样性的保护和可持续使用产生不利影响的改性活生物体领域内采取充分的保护措施，同时顾及对人类健康所构成的风险并特别侧重越境转移问题。

2）用语

《议定书》第 3 条对相关专业术语进行了定义，包括：缔约方大会、进口、出口、出口者、进口者、区域经济一体化组织、越境转移等。其中特别重要的是对转基因生物做了较为详细的定义。《议定书》规定：

> "改性活生物体"是指任何具有凭借现代生物技术获得的遗传材料新异组合的活生物体（即转基因生物）；"活生物体"是指任何能够转移或复制遗传材

---

① 生物多样性公约卡塔赫纳生物安全议定书. 序言。

② 转基因植物安全性与生物技术发展方向. 见 http://www.bio-engine.com/plaza/wmagazine/magazine_detail.asp? id=232&a_index=5。

③ 澳大利亚较有影响的"AC·尼尔森-世纪民意测验"机构公布的调查结果显示，澳大利亚人对转基因食品的安全性深感担忧，65%表示他们不愿转基因食品出现在他们的餐盘里，93%支持强制性地为这种食品贴上标签。（参见：转基因食品的安全性问题. 引自 http://www.bio-engine.com/plaza/subject/transgenic/transgenic2.asp）

④ 这一点在污染防治法中体现得尤为明显。

料的生物实体，其中包括不能繁殖的生物体、病毒和类病毒。

“现代生物技术”是指下列技术的应用：试管核酸技术，包括重新组合的脱氧核糖核酸（DNA）和把核酸直接注入细胞或细胞器，或超出生物分类学科的细胞融合，此类技术可克服自然生理繁殖或重新组合障碍，且并非传统育种和选种中所使用的技术。

3）范围

《议定书》第 4 条规定，本议定书应适用于可能对生物多样性的保护和可持续利用产生不利影响的所有改性活生物体的越境转移、过境、处理和使用，同时亦顾及其对人类健康构成的风险。第 5 条补充规定：本议定书不应适用于由其他有关国际协定或组织予以处理的、用作供人类使用的药物的改性活生物体的越境转移。

《议定书》第 6 条专门针对“提前知情同意程序”的使用范围，规定：本议定书中有关提前知情同意程序的规定不应适用于过境的改性活生物体；也不应适用于那些拟按照进口缔约方的标准而封闭使用的改性活生物体的越境转移。

9.3.2 提前知情同意程序

1）提前知情同意程序（advance informed agreement，AIA）的适用

《议定书》第 7 条规定，提前知情同意程序应在拟有意向进口缔约方的环境中引入改性活生物体的首次有意越境转移之前予以适用。而“有意向环境中引入”并非指拟直接用作食物或饲料或用于加工的改性活生物体。对于第 11 条涉及的直接用作食物或饲料或用于加工的改性活生物体，提前知情同意程序应在其首次越境转移之前予以使用。

AIA 程序包括三个步骤：通知、确认收到通知、作出决定。

2）通知

《议定书》第 8 条要求，出口缔约方应在首次有意越境转移改性活生物体之前，通知或要求出口者确保以书面形式通知进口缔约方的国家主管部门。通知中至少应列有议定书附件一所列明的资料。包括：变体生物体和供体生物体的特性、有关遗传改变、实用技术及由此导致的特性、预定用途、风险评估报告等。

3）对收到通知的确认

《议定书》第 9 条规定，进口缔约方应在收到通知后 90 天之内，确认收到通知，表明收到通知的日期，通知中是否有第 8 条（附件一）所述资料。但是，该条款特别强调，即使进口缔约方未能对通知作出确认，亦不应意味着其对越境转移表示同意。

4）决定程序

《议定书》第 10 条规定了决定程序，即：进口缔约方应在收到通知后 270 天内向发出通知者及生物安全资料交换所进行书面通报，并表明有条件或无条件地核准进口，或禁止进口，或要求提供更多的有关资料。但是，即使进口缔约方未能在收到通知后 270 天内通报其决定，亦不应意味着该缔约方对有意越境转移表示同意。

5）关于拟直接作食物或饲料或加工之用的改性活生物体的程序

《议定书》第 11 条是专门关于拟直接作食物或饲料或加工之用的改性活生物体的程序，其通知、确认收到通知和决定的程序与其他改性活体的程序相似，缔约方可根据国

内规章条例，就拟直接作食物或饲料或加工之用的改性活生物体的进口作出决定。所不同的是：①AIA程序是在其首次出口之前进行（相同类型的产品其后续出口程序可简化）；②在发出通知时依照议定书附件二的要求提供资料（比附件一的资料要求低）。

9.3.3 风险评估

1）风险评估的原则要求

《议定书》第15条确定了风险评估的基本要求，规定："依照本议定书进行的风险评估应按附件三的规定并以科学上合理的方式做出，同时应考虑采用已得到公认的风险评估技术。此种风险评估应以根据第8条所提供的资料和其他现有科学证据作为评估所依据的最低限度资料，以此确定和评价改性活生物体可能对生物多样性的保护和可持续使用产生的不利影响，同时亦顾及其对人类健康构成的风险。"

"进口缔约方应确保为依照第10条作出决定而进行的风险评估。它可要求出口者进行此种风险评估。""如果进口缔约方要求由发出通知者承担进行风险评估的费用，则发出通知者应承担此种费用。"

《议定书》附件三列出风险评估的目标、用途、一般原则、方法和供考虑的要点。在"一般原则"中提出：应以科学上合理和透明的方式进行风险评估，并可借签相关的国际组织的专家意见及其所订立的准则；缺少科学知识或未达成科学共识不应必然地将其解释为表明有一定程度的风险、没有风险、或有可以接受的风险。

2）风险评估的技术指南

风险评估应考虑已被公认的风险评估技术，而议定书并未明确哪些技术是"得到公认的风险评估技术"，但是我们可以推定包括那些目前在国际、区域或国家层次适用的技术，比如联合国环境规划署1995年底制定的《国际生物安全技术指南》，以及经合组织（OECD）于2002年5月通过的《生物技术规范考察工作组报告》。其他领域适用或形成的风险评估技术，比如关于外来入侵物种的风险评估技术也可能与LMO的风险评估有关。

3）风险评估的主要步骤

风险评估应以具体情况具体处理的方式进行，但是有必要酌情采取以下步骤以实现风险评估的目标：①鉴别新异基因型和表型性状；②评价产生不利影响的可能性；③评价产生不利影响而可能导致的后果；④估计LMO所构成的总体风险；⑤就所涉风险是否可接受或可设法加以管理提出建议；⑥在风险程度无法确定的情况下，要求提供进一步资料或对LMO进行监测。

9.3.4 风险管理

1）风险管理的基本要求

《议定书》第16条（风险管理）要求：

（1）缔约方应参照《公约》第8（g）条的规定，制定并保持适宜的机制、措施和战略，用以制约、管理和控制在本议定书风险评估条款中指明的、因改性活生物体的使用、处理和越境转移而构成的各种风险。

（2）缔约方应在必要范围内规定必须采取以风险评估结果为依据的措施，以防止改性活生物体在进口缔约方领土内对生物多样性的保护和可持续使用产生不利影响，同时亦顾及其对人类健康构成的风险。

（3）每一缔约方均应采取适当措施，防止于无意之中造成改性活生物体的越境转移，其中包括要求于某一改性活生物体的首次释放之前进行风险评估等措施。

（4）在不妨碍以上第 2 款的情况下，每一缔约方均应做出努力，确保在把无论是进口的还是于当地研制的任何改性活生物体投入预定使用之前，对其进行与其生命周期或生殖期相当的一段时间的观察。

2）应急措施

《议定书》第 17 条（无意中造成的越境转移和应急措施）要求：

每一缔约方均应在获悉已发生下列情况时采取适当措施，酌情向受到影响或可能会受到影响的国家、生物安全资料交换所及有关的国际组织发出通报：因在其管辖范围内发生的某一事件造成的导致了或可能会导致改性活生物体的无意越境转移，从而可能对上述国家内生物多样性的保护和可持续使用产生重大不利影响，同时亦可能对这些国家的人类健康构成风险。

9.3.5 处理、运输、包装和标志

《议定书》第 18 条规定了对拟越境转移的 LMO 的处理、运输、包装和标志要求。它有两个主要作用：一是确保 LMO 的安全处理和转运，避免其对生物多样性和人类健康的不利影响；二是向进口缔约方和主管机构提供信息。

第 18 条第 2 款规定：每一缔约方应采取措施，要求如下。

（1）拟直接作食物或饲料或加工之用的改性活生物体应附有单据，明确说明其中“可能含有”改性活生物体且不打算有意将其引入环境之中；并附上供进一步索取信息资料的联络点。作为本议定书缔约方会议的缔约方大会应在不迟于本议定书生效后两年就此方面的详细要求、包括对其名称和任何独特标识的具体说明作出决定。

（2）预定用于封闭性使用的改性活生物体应附有单据，明确将其标明为改性活生物体；并具体说明安全处理、储存、运输和使用的要求，以及供进一步索取信息资料的联络点，包括接收改性活生物体的个人和机构的名称和地址。

（3）拟有意引入进口缔约方环境的改性活生物体和本议定书范围内的任何其他改性活生物体应附有单据，明确将其标明为改性活生物体；具体说明其名称和特征及相关的特性和（或）特点、关于安全处理、储存、运输和使用的任何要求，以及供进一步索取信息资料的联络点，并酌情提供进口者和出口者的详细名称和地址；以及列出关于所涉转移符合本议定书中适用于出口者的规定的声明。

关于对越境转移的转基因生物及其产品的标志，具有三种不同的处理方式。特别是第 18 条第 2 款（1）段，是专门针对拟直接作食物或饲料或加工之用的改性活生物体（LMO-FFP）。由于 LMO-FFP 涉及转基因生物产品的国际贸易，为了节省成本，出口缔约方不愿意对 LMO-FFP 实行标志，只同意使用“可能含有”转基因的标志，而 LMO-FFP 进口缔约方则强调需要准确无误地使用“含有”转基因的标志。为此，在

《议定书》谈判时遇到很大阻力，未能达成一致。因此，在第 18 条第 2 款（1）段中提出，作为本议定书缔约方会议的缔约方大会应在不迟于本议定书生效后两年就此方面的详细要求，包括对其名称和任何独特标识的具体说明作出决定。在《议定书》于 2003 年 9 月 11 日生效后，围绕第 18 条第 2 款（1）段，展开了激烈的谈判，可望在 2010 年解决（详细情况将在第 12 章详述）。

9.3.6　能力建设与公众参与

1）国家主管部门和国家联络点

《议定书》第 19 条要求：每一缔约方应指定一个国家联络点，负责代表缔约方与秘书处进行联系。每一缔约方还应指定一个或数个国家主管部门，负责行使本议定书所规定的行政职能和按照授权代表缔约方行使此类职能。每一缔约方可指定一个单一的实体同时负责履行联络点和国家主管部门这两项职能。

中国履行《议定书》的国家主管部门和国家联络点是环境保护部。

2）信息交流与生物安全资料交换所

《议定书》第 20 条第 1 款要求各缔约方建立生物安全资料交换所，以便交流有关改性活生物体的科学、技术、环境和法律等诸方面的信息资料和经验。

第 2 款进一步提出，生物安全资料交换所应作为相互交流信息资料的一个平台。它应作为连接渠道，提供各缔约方所提交的有关本议定书履行情况的信息资料。它还应在可能的情况下作为连接渠道，接通其他国际生物安全资料交流机制。

第 3 款要求，在不妨碍对机密资料实行保密的情况下，每一缔约方应向生物安全资料交换所提供本议定书要求向生物安全资料交换所提供的任何信息和资料。

3）能力建设（capacity-building）

《议定书》第 22 条要求各缔约方应开展合作，协助发展中国家和经济转型国家缔约方、特别是最不发达国家和小岛屿发展中国家逐步建立和/或加强生物安全方面的人力资源和体制能力，也包括生物安全所需的生物技术。

第 22 条进一步阐明，在能力建设方面开展的合作应根据每一缔约方的不同情况、能力和需要进行，包括在对生物技术进行妥善、安全管理方面和为促进生物安全而进行风险评估和风险管理方面提供科学技术培训，并提高生物安全方面的技术和体制能力。

4）公众意识和参与（public awareness and participation）

《议定书》第 23 条要求，缔约方应：①促进和便利开展关于安全转移、处理和使用改性活生物体的公众意识及教育活动和参与，同时顾及其对人类健康构成的风险，以利于生物多样性的保护和可持续使用，各缔约方在开展此方面工作时应酌情与其他国家和国际机构开展合作；②力求确保公众意识和教育活动的内容包括使公众能够获得关于可能进口的改性活生物体的资料。

第 23 条还要求，各缔约方应按照其各自的法律和规章，在关于改性活生物体的决策过程中征求公众的意见，并在不违反关于机密资料的情况下，向公众通报此种决定的结果。每一缔约方应力求使公众知悉可通过何种方式公开获得生物安全资料交换所的信息和资料。

9.3.7 赔偿责任与补救

《议定书》第 27 条提出，作为本议定书缔约方会议的缔约方大会应在其第一次会议上发起一个旨在详细拟定适用于因改性活生物体的越境转移而造成损害的赔偿责任和补救（liability and redress）方法的国际规则和程序的进程，同时分析和参照目前在国际法领域内就此类事项开展的工作，并争取在 4 年时间内完成这一进程。

第 27 条是《议定书》最为关键的条款之一，该条款的目标旨在建立一个具有法律约束力的机制，用于对改性活生物体可能对人体健康和生态环境造成的损害进行的经济赔偿和采取的补救措施。由于涉及经济赔偿，改性活生物体出口缔约方不愿承担责任，而发展中国家的环境和经济本来就十分脆弱，难以承受转基因生物造成的损害，提出由出口方承担全部责任。在议定书谈判期间，由于分歧太大，未能形成一致意见。为此，第 27 条提出在《议定书》第一次缔约方会议后的四年内完成此条款的谈判进程。

实际上，《议定书》缔约方会议已成立了“赔偿责任与补救工作组”，该工作组已召开 6 次会议，尚未达成一致，预计将于 2009 年上半年完成谈判。

9.4 《生物安全议定书》后续谈判的进展

《议定书》已于 2003 年 9 月 11 日生效，并于 2004 年 2 月在马来西亚首都吉隆坡召开第一次缔约方会议，于 2005 年 5 月在加拿大蒙特利尔召开第二次缔约方会议，于 2006 年 3 月在巴西库里提巴召开第三次缔约方会议，于 2008 年 5 月在德国波恩召开第四次缔约方会议，并将于 2010 年 10 月在日本名古屋召开第五次缔约方会议。此外，还根据缔约方会议的决定，就越境转移的标识问题和赔偿责任与补救等遗留问题召开多次工作组会议。现将前四次缔约方会议概况与进展做一简要介绍。

9.4.1 第一次缔约方会议（COP-MOP1）

1. 概况

《生物多样性公约》缔约方大会作为《卡塔赫纳生物安全议定书》缔约方会议的第一次会议（COP-MOP1）于 2004 年 2 月 23～27 日在马来西亚首都吉隆坡召开。来自 81 个缔约方、79 个非缔约方国家政府、8 个联合国机构、11 个政府间组织、83 个非政府组织和土著社区、18 个工业界、29 个科技教育机构的近 1000 名代表出席会议。会议审议的实质性议题有：信息分享与生物安全信息中心；能力建设；处理、运输、包装和标记；履约；赔偿责任与补救；对财务机制的指导；缔约方会议的中期工作方案；以及有效执行《议定书》而需审议的其他议题。

2. 重点议题

1）关于越境转移 LMO 的处理、运输、包装和标志

这是《议定书》第 18 条遗留的问题，主要是针对转基因活生物体（LMO）在越境

转移时如何标识的问题，这也是政府间委员会（ICCP）三次会议上探讨最多的问题之一。本次缔约方会议主要是审议 18 条第 2 款背景下的标志问题，即伴随 LMO 越境转移的单据类型和标志内容等。

2）关于赔偿责任与补救

《议定书》第 27 条规定，在《议定书》第一次缔约方会议上发起一个旨在妥善拟定适用于因 LMO 越境转移而造成损害的赔偿责任与补救问题的国际规则和程序的进程，并争取在四年时间内完成这一进程。《议定书》政府间委员会在其第二次会议上已编写了一份决定草案，该草案建议，成立关于赔偿责任与补救问题的法律与技术专家特设工作组，政府间委员会还建议，在《议定书》第一次缔约方会议上确定该特设专家组的职权范围。本次会议审议了执行秘书提出的关于赔偿责任和补救问题特设专家组的职权范围。

3）关于“遵约”

遵约及相应违约处理程序和机制是谈判的重要议题。在关于遵约问题的特设工作组工作成果的基础上，政府间委员会（ICCP）经过 3 次会议讨论提出了“遵约程序和机制”草案，提交本次会议审议。但是各方争议较大，主要分歧点有：①关于“共同但有区别责任”的原则；②遵约委员会成员的构成；③遵约委员会成员的身份；④遵约和违约程序的启动；⑤遵约委员会收集资料和信息的来源；⑥违约后果。

4）关于生物安全信息交换所

会议审议了执行秘书“关于审查生物安全信息交换所试验阶段的发展和实施情况的进展的说明”，该“说明”包括：生物安全信息中心发展情况综述，生物安全信息中心实施进展情况报告，生物安全信息中心从试验阶段过渡到充分运行阶段的意见综述，为满足国家使用生物安全信息中心的能力需求而开展的活动，以及生物安全信息中心的运作方式等。会议还审议了“政府间委员会关于开展生物安全信息交换所工作的建议”。

5）关于能力建设

经过 ICCP 讨论并提交 MOP1 审议的内容有三项：①能力建设行动计划；②风险评估与管理专家名册的临时准则；③为发展中国家聘请专家提供资金而建立的自愿基金使用规则。在讨论中，各方均认为能力建设非常重要，同意制定能力建设行动计划（包含不同机构在能力建设方面的作用、执行能力建设行动计划的实施协调机制、衡量行动计划实施情况的系列指标）。

3. 常设类议题

主要的审议内容为：①审议科学技术问题的机制，讨论是否需要与《公约》一样，为《议定书》建立一个科学咨询附属机构；②审议和进一步澄清几个问题，例如，对 LMO 的分类；风险评估和风险管理办法；制定独特标识制度的统一规划；与非缔约方之间的越境转移。会议决定酌情使用用以审议《议定书》产生的科学技术问题的所有机制，包括缔约方大会、科学咨询附属机构、遵约程序和机制、生物安全专家名册和生物安全资料交换所等。

9.4.2 第二次缔约方会议（COP-MOP2）

1. 概况

《议定书》第二次缔约方会议（COP-MOP2）于 2005 年 5 月 30 日至 6 月 3 日在加拿大蒙特利尔召开。来自 119 个缔约方、40 多个非缔约方政府、相关联合国机构、政府间组织和非政府组织等约 600 多位代表出席会议。会议审议的主要议题有：①通知：执行第 8 条关于出口缔约方应确保做出通知并保证出口方通知资料准确无误的规定的备选办法；②风险评估和风险管理（第 15 条和第 16 条）；③处理、运输、包装和标志（第 18 条）；④赔偿责任和补救（第 27 条）；⑤社会-经济因素（第 26 条第 2 款）；⑥公众意识和参与［第 23 条第 1 款第（a）项］；⑦为有效执行《议定书》可能需要考虑的其他科学技术议题。

2. 重点议题

1）通知：执行第 8 条关于出口缔约方应确保做出通知并保证出口方通知资料准确无误的规定的备选办法

根据中期工作方案第 BS-I/12 号决定，要求本次缔约方会议审议议程项目“通知”（《议定书》第 8 条），审议的侧重点，是执行第 8 条关于出口缔约方应确保做出通知并保证出口方通知资料准确无误的规定的备选办法。讨论内容主要集中于以下方面：关于通知的内容；关于国内立法要求；关于信息准确性的承担主体；关于过境转移的通知；关于指南的制定；关于通知采用的语言；关于经验交流；关于法律责任；关于作出这一决定的时间等。

2）风险评估与风险管理

中期工作方案第 BS-I/12 号决定规定本次会议重点是审议制定对风险评估和风险管理共同做法的指导和框架。而风险评估指导问题的重点是讨论：风险管理原则；国际组织的经验；能力建设；信息交流；成立附属机构的必要性等。大多数发展中国家支持建立科技咨询附属机构，以处理风险评估与风险管理问题。而发达国家则考虑资金问题，担心成立科技咨询机构会大大增加资金预算。

3）处理、运输、包装和标识

缔约方会议要求应当在不迟于本议定书生效后两年内就拟直接作食品或饲料或加工之用的改性活生物体标志的详细要求，包括对其名称和任何独特标识的具体说明做出决定。此次 MOP2 会议重点审议了 2005 年 3 月召开的不限成员名额技术专家组会议关于拟直接作食品或饲料或加工之用的改性活生物体标志的详细要求的各项建议，但是，由于各方争论很大，未能对第 18 条第 2 款第（a）项做出决定。会议还审议了执行第 18 条第 2（b）项和 2（c）项的要求方面的经验综述，并就此事项提出进一步指导。

4）赔偿责任和补救

由于在本次会议之前两天刚刚结束了针对赔偿责任和补救的不限名额第一次专家工作组会议，会议在全会上审议通过了第一次工作组的报告。《议定书》第一次缔约方大会在其第 BS-1/8 号决定中设立了赔偿责任和补救问题不限成员名额特设法律和技术专家工作组，此特设工作组的第一次会议于 2005 年 5 月 25 日至 27 日在蒙特利尔举行。特设工作组的目的是分析有关的问题和拟订关于赔偿责任和补救办法的国际规定和程序要点的备选案文，以期就这些规则和程序的性质和内容达成谅解和共识。

5）社会-经济因素

本次会议审议了《议定书》第 26 条中有关社会经济因素的问题。所谓社会-经济因素，是指因改性活生物体对生物多样性的保护和可持续使用的影响而产生的社会-经济问题，特别是涉及生物多样性对土著和地方社区所具有的价值方面的社会-经济问题。第 26 条第 2 款则要求缔约方在有关此种社会-经济影响的研究和信息交流方面开展合作。鉴于社会-经济因素的广泛性、复杂性和不确定性，各缔约方普遍认为，有必要在改性活生物体的社会-经济影响方面进行深入研究，特别是对土著和地方社区影响的研究，并愿意将研究的结果和有关信息进行交流和共享。

6）公众意识和参与

议定书第一次缔约方会议第 BS-I/12 号决定要求 MOP2 会议审议“酌情与其他国家和国际机构合作，推动和促进有关改性活生物体的安全运输、处理和使用同保护与可持续利用生物多样性的关系，并考虑到对人类健康的风险开展公众意识、教育和参与方面的选项（第 23 条 1（a）款）”。在 MOP2 会议上，几乎所有发言的国家和组织都认为，加强公众保护生物安全的意识、参与程度和教育具有重要的意义。

3. 常设类议题

本次缔约方会议审议的常设类议题有：履约委员会的报告，批准该报告所附的履约委员会的议事规则草案；生物安全资料交换所的运作和活动；能力建设活动现状和生物安全专家名册的使用情况；有关财务机制和资源的事项；以及执行秘书关于议定书的管理和预算事项的报告等常设议程事项。

9.4.3　第三次缔约方会议（COP-MOP3）

1）概况

《议定书》第三次缔约方会议（COP-MOP3）于 2006 年 3 月 13 日至 17 日在巴西库里提巴（Curitiba）召开。来自 97 个缔约方和部分非缔约方政府，以及若干相关联合国机构、政府间组织和非政府组织的约 1000 位代表出席会议。

2）重点议题

会议以工作组会议形式审议的实质性议题主要有：①风险评估和风险管理（第 15 条和第 16 条）；②处理、运输、包装和标识（第 18 条）；③赔偿责任和补救（第 27 条）；④附属机构（第 30 条）；⑤监督和报告（第 33 条）；⑥评估和审查（第 35 条）；⑦为有效执行《议定书》可能需要考虑的其他科学技术议题。但是，COP-MOP3 会议最核心的议题是审议转基因生物越境转移的处理、运输、包装和标识。

缔约方会议要求应当在不迟于本议定书生效后两年内就拟直接作食品或饲料或加工之用的转基因生物标识所附单据的详细要求，包括对其名称和任何独特标识的具体说明做出决定。COP-MOP2会议期间，由于进口方和出口方对所附单据详细要求的意见分歧较大，因此没能根据议定书的要求，在议定书生效两年内对此达成一致意见。此次会议审议了秘书处提交的一份“关于直接用作食物或饲料或用于加工的转基因生物的详细单据/证明文件［第18条第2（a）款］作出一项决定的说明”，并讨论了为转基因生物的跨界运输制定标识、处理、包装和运输标准（第18条第3款）的必要性和模式的说明。

与COP-MOP2会议一样，本次会议对转基因生物越境转移的标志方式的争论仍然激烈。非洲集团、欧盟等转基因生物进口国要求进口货物应明确标志“含有”转基因生物，并详细标明相关信息；而美国、加拿大、澳大利亚，以及中、南美洲的谷物出口国家只接受“可能含有”转基因生物的标志方式。COP-MOP2会议上阻碍进程的巴西和新西兰这次并没有再度制造麻烦，巴西作为COP-MOP3会议的东道主国，对达成协议表示了较强的政治愿望，并发挥了积极作用。但墨西哥等却代之为协议的达成设置了障碍，使最终协议一波三折。

最后妥协的一揽子协议被称为“库里提巴（Curitiba）规则”。它要求各缔约方采取措施，在使用“身份保护系统”而可以确定是转基因生物的情况下，需要确保在伴随LMO-FFP（用于食物、饲料和加工用途的转基因生物）的货物单据中清楚地标明货物中含有转基因生物；而对于尚未采用身份保持系统而难以分辨是否为转基因生物的情况下，可能允许继续使用“可能含有”转基因生物的标志方式，但是“可能含有”的标志方式最终将会在2012年结束使用。

3）常设类议题

全会主要审议的常设类议题包括：履约委员会的报告；生物技术安全资料交换所的运行和活动；能力建设活动的现况和生物技术安全专家名册的使用情况；有关财务机制和资源的事项；与其他组织、公约和倡议的合作；执行秘书关于《议定书》的管理和预算事项的报告等。

由于会议的焦点集中在第18条2（a）款，对其他议题的讨论被拖延和搁置，包括过境国的权利和义务、风险分析和管理、执行委员会的选举程序、反复违约的后果等。尽管对GEF的资金分配只能由《生物多样性公约》缔约方大会来指导，但是还不确定GEF是否进行第三次资金追加，生物安全议定书计划新资源分配框架也都没有进入到中心议题中。

9.4.4　第四次缔约方会议（COP-MOP4）

1. 概况

《卡塔赫纳生物安全议定书》第四次缔约方会议（COP-MOP4）于2008年5月12日至16日在德国波恩召开，来自119个缔约方、130多个联合国机构、政府间组织、非政府组织、科研教育机构和工业界的代表共1200多人出席会议。大会最终通过18项决议。

2. 重点议题

大会讨论的主要实质性议题有：转基因生物的处理、运输、包装和标志（第18条第 2 款)；风险评估与风险管理（第 15 条和第 16 条）；赔偿责任与补救（第 27 条）；科技咨询附属机构（第 30 条）；监测与报告（第 33 条）；评估与审查（第 35 条）；社会经济因素（第 26 条）；公众意识和参与（第 23 条）等。现将 3 个焦点议题的谈判过程和成果简述如下。

1）关于转基因生物出口的文件标志

在 CPB 进行谈判并且持续至今的所有关于转基因生物的辩论中，一个主要的问题就是在田野（开放的环境），或者农产品的越境运输或者是食品的加工过程中，无意中将转基因生物和非转基因生物混合所造成的污染。而 CPB 的第 18 条是专门解决出口转基因生物的处理、运输、包装和标志的问题的。

在波恩举行的第四次缔约方大会上，进一步讨论了转基因生物越境转移的标志要求，一些国家希望尽快在 2010 年第五次缔约方会议上审查此事项，另一些国家希望推迟，最后决定在 2012 年的第六次缔约方大会上深入讨论标志问题，包括审查格式标准在内的文件需求。同时也会与其他的国际组织，如食品法典委员会协调标准的问题。

第四次缔约方大会决议的另外一点就是包括设立实验室设施和培训当地的监管和科学人员的能力建设。大会决议草案中，强调了转基因生物采样和检测实验室认证的重要性，同时要求缔约方并鼓励其他各国政府、有关国际组织及 GEF 与发展中国家缔约方在建立转基因生物采样和检测能力、建立实验室和培训本地管理人员方面进行合作并提供支持。

2）赔偿责任和补救

赔偿责任和补救制度是 CPB 第 27 条要求于 2008 年完成的制度，也是目前《议定书》后续谈判的重中之重。发达国家，特别是美国、加拿大、澳大利亚、新西兰等反对将此列入《议定书》条款，但是发展中国家（马来西亚、印度、非洲集团国等）强烈要求，为防止健康危害的产生，有必要付诸一些行动。可以对转基因生物召回，或者对污染田地和受害者进行补偿。如果没有体制以确定责任方，那么各国政府必须承担这些费用。发展中国家和很多国际专家表示，因为在全球市场上主要的转基因生物是由跨国公司生产和贸易的，因此，工业界应该负主要责任。

自 2006 年第三次缔约方会议至 2008 年第四次缔约方会议期间，已召开 3 次有关“赔偿责任与补救问题特设专家工作组会议”，并在本次缔约方会议之前召开了小范围的主席之友会议。此议题的谈判和磋商可以概括为两个平行议题：①建立何种形式的赔偿责任制度；②对大量具体案文的删减。本次会议虽然未能就未来的方向达成一致：即在行政措施方面形成一个有法律约束力的补充性议定书，进而在民事赔偿责任方面形成一个没有法律约束力的指南性文件，但是，大会决定延长“主席之友”小组的授权，在第五次缔约方会议召开之前再召开两次主席之友小组会议，波恩会议一致认定 2010 年是新的截止日期，届时将会在日本举行的下一届缔约国大会上完成谈判进程。

2009 年 2 月 23～27 日在墨西哥城召开第五次缔约方会议之前的第一次主席之友会议，在会议上各方就制定一份具有法律约束力的“补充性议定书”达成共识。该制度用以解决转基因生物（GMO）造成损害的赔偿和补救问题。

墨西哥城的谈判涉及一系列复杂的议题，会谈进展十分缓慢。虽然会议取得一些进展，很多问题还是没能解决，一项重大的分歧在于“补充性议定书”的主要内容。会议同意该文本以《卡塔赫纳生物安全议定书》的“补充议定书”的形式出现。这意味着，“补充议定书”必须达成一致后才能通过，补充议定书生效所需要的缔约国数量也将由该补充议定书规定。

3）风险评估和风险管理

本次缔约方会议对此议题的争论焦点在于是否成立不限成员名额的风险评估特设技术专家组。发达国家对此有不同意见，日本、新西兰等不太乐于建立这个专家组，欧盟和挪威等认为可建立一个小范围的技术专家组，马来西亚及非洲集团等发展中国家支持建立此技术专家组。经过非正式磋商，达成妥协，决定设立一个名额有限的风险评估和风险管理的特设技术专家组，并通过生物安全信息交换所建立一个不限名额的在线论坛，用于讨论有关风险评估和风险管理的各种技术问题。特设技术专家组将在第五次缔约方大会之前召开两次会议。特设技术专家组将制定在 2010 年第五次缔约方大会之前的未来两年的路线图。这一路线图将会确定与《议定书》附件 3 相协调的实施风险评估的步骤，并且会提供相关的指导样本。附件 3 列出了以前的风险评估程序：接受转基因生物释放的环境包括地点、气候和地理特征的信息，包括生物多样性和可能潜在的接受环境的原产地中心。

这个风险评估和风险管理的特设专家小组也将处理转基因生物的特殊类别，比如转基因鱼、转基因无脊椎动物、转基因树木、转基因药用植物和转基因藻类。他们将考虑对转基因生物释放进入环境后长期影响的检测进行指导，将按优先次序的列出对风险评估的某些特殊方面进行进一步指导，以界定是否需要首先对这样的方面进行赔偿，需要考虑这些指导的必要性和关联，以及科学信息和可获得性。

3. 常设类议题

全会和两个工作组讨论的常设类议题主要有：履约委员会报告；生物安全资料交换所的运作和活动；能力建设活动的现状和生物安全专家名册的使用情况；有关财务机制和资源的事项；与其他组织、公约和倡议的合作；执行秘书关于《议定书》的管理和预算事项的报告等。

9.4.5 对各届缔约方会议进展的综合评论

1）COP-MOP1

《生物安全议定书》在其相关条款中，突出了国家立法在批准转基因生物越境转移和风险评估及风险管理中的作用，履行《议定书》必须与国内相应立法相接轨。至 2004 年《议定书》第一次缔约方会议召开时，中国国内已有的法规主要是国务院于 2001 年发布的《转基因农业生物安全管理条例》以及农业部发布的三个配套管理办法。这些法规基本上包括了农业转基因生物的研究、试验、商业化生产、销售、进出境贸易等过程的管理。但是，这些法规也有一定的局限性。例如，管理的范围仅限于农业转基因生物，而不包括转基因林木和转基因药用生物等（虽然实际上农业部也参照《条例》审批了 3 例尾叶桉的中试、3 例抗虫和 1 例抗病杨树的中试、2 例抗虫杨树环境释放、1

例抗病樱桃中试)。另外，现有法规中尚有部分规定与《议定书》不太接轨，如对转基因成分阈值的规定，需要有更好的操作性。为此，建议加快我国《生物安全法》的起草，同时，需要开始考虑对现有法规的修改。

2）COP-MOP2

总体上说，这次会议在《议定书》遗留条款问题的谈判方面和推进《议定书》全面实施方面都有进展。虽然在第 18 条第 2 款第（a）项的谈判方面尚没有突破，但在 BCH 运作、能力建设、过境国通知、社会经济因素、赔偿责任与补救等方面都有明显的进步，或者为第三次和第四次缔约方会议做好了基础准备。

关于第 18 条第 2 款第（a）项的谈判，是《议定书》文本谈判期间遗留下来的问题。第 18 条第 2 款第（a）项要求“拟直接作食物或饲料或加工之用的改性活生物体应附有单据，明确说明其中‘可能含有’改性活生物体且不打算有意将其引入环境之中；并附上供进一步索取信息资料的联络点。缔约方会议应在不迟于本议定书生效后两年就此方面的详细要求，包括对其名称和任何独特标识的具体说明作出决定。”

实际上，本次会议离目标实现仅一步之遥。会议已解决了单据中应附信息资料的问题，如标明改性活体名称、表明不是有意引入环境、使用独特编码、提供详细联络点包括主管当局、互联网址等。就是在“可能含有”改性活体的表述上也有进展，谈判各方已对明确对已知的改性活体货物标明“含有”达成一致，只是对不能确定是否含有改性活体的货物使用“含有”或“可能含有”争执不下，由于反对方仅有巴西，另加上新西兰的推波助澜，这使反对方相当孤立，已成了非政府组织攻击的靶子。

3）COP-MOP3

在巴西召开的 COP-MOP3 会议取得较好的进展，即达成的所谓的“Curitiba 规则”，要求如果通过一些方法（如身份保持系统）能确定转基因生物的种类，那么货运附随单据就必须清楚地标明该货运含有 LMO-FFP。“Curitiba 规则”还允许在无法通过此类方法确定的转基因生物，单据可以书写为该货运可能含有一种或多种 LMO-FFP，并认为“可能含有”将不要求列出该货运中含有转基因生物更多品种的名单。规则还规定在这些标志要求实施之后，在 COP-MOP5 会议上要重新审议实施经验，而 COP-MOP6 会议将决定是否取消“可能含有”字样的标志方法。因为本次缔约方会议已经决定以后每两年召开一次 COP-MOP 会议，这意味着“可能含有”字样的陈述会一直保留到 2012 年。

最后，规则还包括了能力建设的专门规定，特别是关于使用和发展简单、快捷、可靠、省钱的取样和检测转基因生物的技术，这一点在 COP-MOP3 会议议程中始终被提到，因为即使是发达国家在制定和实施国家生物安全框架时也都显露出在技术上面临的挑战。

COP-MOP3 会议上达成妥协的重要意义是不可否认的——各缔约方为走向共识又迈出了一步。在 COP-MOP4 会议之前的 2 年过渡期内，为了落实在 Curitiba 所取得的成果，各缔约方现在面临艰巨的任务，以完成执行延后议题所需要的基础工作，以及充实国际生物安全框架的必要组成内容。

4）COP-MOP4

COP-MOP4 会议的重点是赔偿责任和补救制度的谈判，但未能达成一致，在波恩大会上一致认定2010年是新的截止日期，在此之前，还期望两次主席之友会议能够取得突破性进展。

COP-MOP4会议中在一些技术标准方面有所进展，会议决定在2012年的第六次缔约方大会上深入讨论包括标准在内的文件需求，决定与其他的国际组织的合作，如食品法典委员会协调标准的问题，以及将由粮农组织（FAO）牵头建立向公众开放的数据库作为食品安全、动植物健康的国际门户网站的一部分。与此相关的还有决定设立实验室设施和培训当地的监管和科学人员的能力建设。

在技术方面的另一成果是在风险评估和风险管理方面，一个特设的技术专家小组将制定2010年第五次缔约方会议前两年的路线图，重点是处理转基因生物的特殊类别，比如转基因鱼、转基因无脊椎动物、转基因树木、转基因药用植物和转基因藻类。对此，在会议上中国的转基因杨树的商业化种植一直受到许多国家和非政府组织的特别关注。

主要参考文献

国家科委科技发展司．1992．21世纪议程．见：国家科委科技发展司联合国环境与发展会议论文汇编．北京：中国科学技术出版社

姜桂兴．2005．转基因作物：在挑战与机遇中发展——美国兰德公司《转基因作物的未来》报告述评．中国软科学，8：163～165

刘标，薛达元．1998．国际生物安全立法的进展及焦点问题．农村生态环境．14（2）：45～48

刘标，薛达元．2000．国际生物安全现状与我国的生物安全对策．农村生态环境，16（1）：34～37

万霞．2003．生物安全的国际法律管制——《卡塔赫纳生物安全议定书》的视角．外交学院学报，2003（1）：68～74

王灿发，于文轩．2003．生物安全的国际法原则．现代法学，25（4）：128～139

徐海根等．2008．中国转基因生物安全性研究与风险管理．北京：中国环境科学出版社

薛达元等．2000．生物安全议定书对转基因生物进口贸易的影响与中国的潜在对策．农村生态环境，16（4）：45～50

薛达元，Tisdell C，夏友富．2000．生物安全议定书对转基因生物进口贸易的影响与中国的潜在对策．农村生态环境，16（4）：45～50

亚历山大·基斯．2008．国际环境法．张若思编译．北京：法律出版社

晏路明．2001．人类发展与生存环境．北京：中国环境科学出版社

Xue Dayuan，Lin Yanmei，Tisdell Clem．2004．Conflicts about global trade in GMOs：general issues and Chinese case studies．*In*：Tisdell Clem，R Kumar Sen．Economic Globalisation：Social Conflicts，Labour and Environmental Issues，Edward Elgar，UK，USA，314～335

Xue Dayuan，Tisdell C．2000．Safety and socio-economic issues raised by modern biotechnology．International Journal of Social Economics，27（7）：699～708

Xue Dayuan，Tisdell C．2002，Global trade in GM food and the cartagena protocol on biosafety：consequences for China．Journal of Agricultural and Environmental Ethics，15（4）：337～356

第10章　部分国家的生物安全法规与制度

从立法模式和管理模式看，各国生物安全立法可分为两类。一类是欧盟等国家采用的“基于技术的管理模式”。在这种模式下，立法者认为现代生物技术本身具有潜在的危险性，因此，只要与现代生物技术相关的活动都应进行安全性评价并接受管理。另一类是以美国、加拿大等国采用的“基于产品的管理模式”。在这种模式下，立法者认为现代生物技术与传统生物技术没有本质区别，因而应针对生物技术产品而不是生物技术本身进行管理。① 在立法思路上，前者遵循的是“风险预防原则”，而后者遵循的是“实质等同原则”。当然，也有的国家生物安全立法并不简单地采取其中的一种思路，而是根据自身生物技术发展水平和发展趋势以及生物安全保护的需要，选择自己的策略并规定相应的法律机制和法律制度。对典型国家的生物安全立法进行研究，有助于在生物安全立法和生物安全管理中吸收有益的经验，为健全和完善我国生物安全立法和促进相关立法的有效实施提供借鉴。

10.1　欧盟的生物安全法规与制度

早在20世纪80年代，欧洲国家就开始关注生物安全问题，考虑对转基因生物的环境释放进行评估和管理。此后，欧盟颁布了一系列法律文件，各成员国也在不同程度上将这些法律文件的内容纳入本国生物安全相关法律文件中，制订了较为详细的审批程序和技术指导。欧盟是目前全球生物安全管理最为严格的地区，某些成员国甚至完全禁止对某些转基因产品的出售和田间试验，并实行严格的转基因食品标识制度，风险预防原则是其生物安全立法重要的理念基础。

10.1.1　欧盟生物安全法的理念基础：风险预防原则

生物安全法上的“风险预防原则”（precautionary principle），是指在现代生物技术相关活动有可能对人体健康构成危害或者有可能对生态环境造成严重的、不可逆转危害时，即使科学上没有确实的证据证明该危害必然发生，也应采取必要预防措施的根本准则。

在欧洲，风险预防原则是一项一般性原则，并特别适用于保护环境和人类、动植物的健康领域中。该原则明确体现在《欧盟条约》中：“有关环境的政策，欧盟应该充分考虑到欧盟内不同地区情况的多样性而以高水平的保护为目标。政策应基于预防原则及采取预防性的行动，……”② 根据该条约的其他相关条款，在其他相关领域，欧盟也同

---

① 朱守一．1999．生物安全与防止污染．化学工业出版社．2。

② 《欧盟条约》，第174条。

样适用风险预防原则。[①] 在有关判例中，例如关于禁止英国出口牛肉以降低疯牛病传播风险的禁令（C-157/96 和 C-180/96）、关于保护消费者健康的判决（T-199/96）等，均将预防原则作为裁判理由。在生物安全领域中，只要存在潜在的风险，即可援引风险预防原则。在援引之前应当进行风险评估。风险评估包括确定危险、危险特征描述、危险接触评价以及风险评定四个部分。援引预防原则应具备的条件是：确认某种现象、产品或者过程的潜在负面影响；在缺乏充分资料下的风险评估，因其具有不完全性或者不精确性而无法确定所面临的风险。[②] 欧盟关于转基因生物封闭使用的法规（如第 90/219/EEC 号指令、第 98/81/EEC 号指令）、关于转基因生物有意环境释放的法规（如第 90/220/EEC 号指令及其修正案第 2001/18/EC 号指令）、关于转基因生物越境转移的法规（如第 1946/2003 号条例）、关于转基因食品安全的法规（如第 258/97/EEC 号指令、第 1139/98/EC 号条例、第 50/2000 号条例）等均贯彻了风险预防原则。

10.1.2　欧盟的生物安全法管理体制

在欧盟，生物安全管理是依据对生物安全法规的分类进行的。欧盟将生物安全法规分为两类，一类是水平系列法规（horizontal legislation），其中涉及转基因微生物在封闭设施内的使用、转基因生物的有意释放和接触生物试剂工作人员的职业安全等方面的内容，如第 90/219/EEC 号指令和第 90/220/EEC 号指令等；另一类是产品系列法规（product legislation），其中涉及医药产品、动物饲料添加剂、植保产品、新食品和植物种子等方面的内容，如关于饲料添加剂的第 70/524/EEC 号指令及其修正案第 93/114/EEC 号指令等。

在欧盟负责生物安全水平系列法规管理的机构是环境、核安全和公民保护总司，而负责产品系列法规的管理机构为工业总司和农业总司。此外，转基因生物的运输由运输总司管理；科学、研究与发展总司、欧盟联合生物技术及环境系统、信息、安全联合研究中心为相关的研究与开发活动提供服务；消费者政策与消费者健康保护总司负责用于人类、动物及植物的相关科技问题，以及可能影响人类、动物健康或环境的非食品包括杀虫剂的生产过程。

10.1.3　欧盟的重要生物安全法规

1）关于转基因生物封闭使用安全管理的重要法规

在欧盟关于封闭使用转基因生物的法规中，以第 90/219/EEC 号指令和第 98/81/EEC 号指令最为重要。

关于封闭使用转基因生物的第 90/219/EEC 号指令[③]于 1990 年 4 月 23 日通过，1991 年 10 月 23 日开始施行。该指令适用于包括以科学研究和商品化为目的的所有转

---

① 《欧盟条约》，第 6、95、152 条。

② 薛达元、须黎军. 2005. 欧盟转基因生物安全管理现行法规文件汇编. 国家环境保护总局南京环境科学研究所. 185～190、192～193。

③ OJL 117 08/05/1990。

基因微生物在控制设施内的使用。根据该指令，转基因生物分为低风险型和高风险型两类，该指令同时将转基因生物的应用划分为小规模实验应用、大规模实验应用及工业应用，并据此作出了相应的规定。同时，该指令还作出了相应的程序性规定，例如在应用危险基因及良性基因时，要求操作者必须提前 90 天及 60 天通知有关当局，以听取有关转基因生物应用的意见。第 90/219/EEC 号指令发布之后，欧洲经济委员会对其进行了广泛的评议，并于 1995 年 12 月通过了一项关于修订该指令的建议书①。该建议书将转基因微生物纳入了风险小组，规定了最低含量标准，并对每一风险小组的封闭使用活动规定了相应的控制措施。同时，该建议书还对有关管理程序提出了改进建议，并将其与由转基因微生物有关的活动引起的风险联系在一起。

1998 年，欧盟对第 90/219/EEC 号指令进行修订，发布了关于转基因微生物封闭使用的第 98/81/EEC 号指令②。该指令包括修订后的正文和 4 个附件，附件中明确规定了遗传修饰的法律定义，不受该指令控制的遗传操作技术，以及实验室、温室、实验动物等科研活动中对动物控制的要求等。该指令的主要更新之处包括：规定了涉及第四风险等级微生物工作的管理程序和通报要求；明确了分析评估的一般要素；改进了物理控制措施的要求，统一了环境保护标准；规定在一定标准下对人类健康和环境安全具有危害的微生物的豁免；简化管理程序，缩短审批/通报周期等。

2）关于转基因生物有意环境释放安全管理的重要法规

在欧盟关于转基因生物有意环境释放的法规中，以第 90/220/EEC 号指令及其修正案第 2001/18/EC 号指令最为重要。

关于转基因生物有意环境释放的第 90/220/EEC 号指令亦于 1990 年 4 月 23 日通过。该指令适用于涉及转基因生物的实验和商业化活动，其中包括转基因生物释放的研究和开发工作。指令第一部分是“总则”，其中规定了该指令的适用范围、相关概念的定义以及成员国的义务；第二部分是“除研发以及其他目的而非为投放市场之转基因生物的有意环境释放”，其主要内容是除投放市场之外的所有有关转基因生物释放审查的技术程序要求；第三部分是“含有转基因成分之产品投放市场”，其中主要规定了含有转基因成分的产品在投放市场时应遵循的规则；第四部分是“最后规定”，其中主要对知识产权、信息交换等方面作出了规定。四个附件主要对“总则”所涉及的有关技术进行了说明，并规定了通告书中应提供的基本资料和附加资料。

第 90/220/EEC 号指令发布后，又先后进行了多次修订，其中最大的一次修订是在 2001 年。2001 年 3 月 12 日，欧盟议会和理事会发布了关于转基因生物有意环境释放的第 2001/18/EC 号指令，同时宣布于 2002 年 10 月 17 日废止第 90/220/EEC 号指令。第 2001/18/EC 号指令的序言部分从 63 个方面阐述了此次修订的原因和必要性。正文的“总则”部分明确了该指令的目标、指令中的有关定义、豁免以及成员国的一般义务③；“不以投放市场为目的的转基因生物的有意释放”部分主要规定了标准的授权程序、修

---

① COM（95）640 决议案。

② OJL 330 05/12/1998。

③ 《欧盟关于转基因生物有意环境释放的第 2001/18/EC 号指令》，第 1～4 条。

改和处理新信息、向公众咨询和公布信息、环境释放报告、主管当局与欧委会的信息沟通等问题[①]；“将转基因生物或含有转基因生物的产品投放市场”部分主要规定了通告程序、标准程序、关于反对意见的程序、转基因生物的标准和信息的规定、许可及其更新、监控和处理新信息、标识、自由销售、安全以及通知公众等方面的问题[②]；“最后条款”部分也在第 90/220/EEC 号指令及其之后修订的指令基础上进行了修改和更新[③]。与第 90/220/EEC 号指令相比，第 2001/18/EC 号指令的一个显著特点是对附件充实了大量的内容，使附件总数达到了十一个。这些附件对正文提及的相关技术作出了进一步说明，并就正式通告所需的信息、除高等植物之外的转基因生物的释放通告所需的信息、高等植物（裸子植物和被子植物）释放通告所需的信息以及其他信息作出了相应的规定，同时还明确了环境风险评估的原则和评估通告的指导原则，此外还包括了使用不同程序的标准、监控计划以及相关表格。

3）*关于转基因生物越境转移安全管理的重要法规*

2003 年 7 月 15 日，欧洲议会和理事会通过了关于转基因生物越境转移的第 1946/2003 号条例。该条例旨在建立一个有关转基因生物越境转移的公共的通知和信息系统，并代表欧洲共同体保证《卡塔赫纳生物安全议定书》相关规定的执行，以确保在安全转移、处理和使用可能对生物多样性保护和可持续使用产生不利影响的转基因生物的领域内采取充分的保护措施，同时也顾及其对人体健康的风险。该条例不适用于人用医药制品。[④] 该条例主要对“向第三国出口转基因生物”和“转基因生物无意越境转移”作出了规定。

“向第三国出口转基因生物”部分规定，对于拟用于有意环境释放的转基因生物，出口者应当在第一次有意越境转移之前，以书面形式通知进口缔约方或者非缔约方的主管部门；只有在得到进口方的明确书面同意之后，方可进行越境转移；如果出口者认为环境发生改变而可能影响到风险评估结果，并且该结果是作出决议或者引出额外相关科技资料的基础，则可以要求进口方重新审查有关通知的决议。[⑤] 对于拟直接用于食品或者饲料或者拟进行加工的转基因生物，应当通知给生物安全资料交换所或者通过该所通知其他缔约方；未经进口方明确同意，不得进行越境转移。[⑥] 对于拟封闭使用的转基因生物，出口方可以不事先通知进口方有关主管机构，但不得侵害进口方在其司法管辖范围内作出有关进口决议前或者设定封闭事业的使用标准前对转基因生物进行风险评估的权利。[⑦] 此外，该部分还对转基因生物有意越境转移的标识和过境问题作出了规定。[⑧]

---

① 《欧盟关于转基因生物有意环境释放的第 2001/18/EC 号指令》，第 5～11 条。

② 《欧盟关于转基因生物有意环境释放的第 2001/18/EC 号指令》，第 12～24 条。

③ 《欧盟关于转基因生物有意环境释放的第 2001/18/EC 号指令》，第 25～38 条。

④ 《关于转基因生物越境转移的第 1946/2003 号条例》，第 1、2 条。

⑤ 《关于转基因生物越境转移的第 1946/2003 号条例》，第 4～8 条。

⑥ 《关于转基因生物越境转移的第 1946/2003 号条例》，第 9～10 条。

⑦ 《关于转基因生物越境转移的第 1946/2003 号条例》，第 11 条。

⑧ 《关于转基因生物越境转移的第 1946/2003 号条例》，第 12～13 条。

“转基因生物无意越境转移”部分规定，成员国应当采取措施防止转基因生物的无意越境转移；如果在其辖区内发生或者可能发生的事件导致或者可能会导致发生转基因生物的唯一越境转移，则该成员国应当采取适当的措施通知公众、委员会、其他受影响和可能受影响的成员国、生物安全资料交换所和相关国际组织，并立即与受到或者可能受到影响的成员国协商，使其能够采取必要行动，以减轻不利影响。[①]

此外，该条例还就国际信息交流程序的参与、保密、主管部门和联络点、处罚、监控与报告、生效等问题作出了规定。[②]

4）关于转基因食品安全管理的重要法规

在欧盟关于转基因食品的法规中，较为重要的包括第258/97/EEC号指令、第1139/98/EC号条例和第50/2000号条例，它们分别对新食品和新食品成分、由转基因生物制成的特定食品的强制标识以及含有转基因成分或由转基因生物制成的添加剂和调味剂的食品和食品成分等方面进行了规范。2003年9月，欧盟又发布了两个关于转基因食品安全的法规，对此前的有关法规进行了补充和修正。

关于新食品和新食品成分的第258/97/EEC号指令于1997年1月27日发布。该指令规定了新食品或者新食品成分的范围，主要包括：根据第90/220/EEC号指令，含有转基因生物或者由转基因生物组成的食品和食品成分；由转基因生物构成但不含转基因生物的食品和食品成分；具有新的或者有意改变的初级分子结构的食品和食品成分；由微生物、真菌或者藻类组成的或者从其中分离出来的食品和食品成分；由植物组成或者从植物中分离出的食品和食品成分，以及从动物中分离出的食品成分，但通过传统繁殖或育种技术获得并具有作为安全食品使用历史的食品和食品成分除外；采用目前尚未使用过的生产流程生产出的食品和食品成分，并且该流程可能对食品和食品成分的组成或者结构产生重大改变。[③] 该指令还规定了不在其适用范围内的情形，其中包括属于特定指令规范范围内的食品添加剂、食品调味剂以及在食品生产过程中使用的提取溶液。[④] 此外，该指令还规定，新食品和新食品成分不得危害或者误导消费者，并且不得与其将要替代的食品和食品成分存在很大差异，以至对正常消费者的健康产生不良影响。[⑤] 除此之外，该指令还规定了相关产品投放申请书的初步评估以及成员国和欧委会的义务[⑥]、提交申请书时附加相关资料的义务[⑦]、附加标识的义务[⑧]以及其他方面的内容。

1998年5月26日，欧盟颁布了关于由转基因生物制成特定食品的除第79/112号指令规定以外还须强制标识的细节资料的第1139/98/EC号条例。该条例主要规定

① 《关于转基因生物越境转移的第1946/2003号条例》，第14条。
② 《关于转基因生物越境转移的第1946/2003号条例》，第15～20条。
③ 《欧盟关于新食品和新食品成分的第258/97/EEC号指令》，第1条。
④ 《欧盟关于新食品和新食品成分的第258/97/EEC号指令》，第2条。
⑤ 《欧盟关于新食品和新食品成分的第258/97/EEC号指令》，第3条。
⑥ 《欧盟关于新食品和新食品成分的第258/97/EEC号指令》，第4～7条。
⑦ 《欧盟关于新食品和新食品成分的第258/97/EEC号指令》，第6、9条。
⑧ 《欧盟关于新食品和新食品成分的第258/97/EEC号指令》，第8条。

了适用于在特定决议规范范围内的转基因大豆和转基因玉米[①]、标识应包含的内容[②]以及其他方面的问题。2000年1月10日，欧盟又颁布了关于含有转基因成分或由转基因生物制成的添加剂和调味剂的食品和食品成分的第50/2000号条例。该条例规定了适用于该条例的添加剂和调味剂的范围[③]和标识中必须包含的信息和标识规则[④]等内容。

2003年9月，欧盟开始实施两个关于转基因生物管理的条例，即《欧洲议会和欧盟部长理事会关于转基因食品和饲料的第1829/2003号条例》和《关于转基因生物可追踪性和标识及由转基因生物制成的食品和饲料产品的可追踪性的第1830/2003号条例和对2001/18/EC指令的修正》。与此前的法规相比，这两部法规主要的变更包括四个方面：①要求对饲料进行标识。此前只是要求对转基因食品进行标识；②要求对所有来源于转基因生物成分的产品进行标识，无论转基因生物成分能否在成品中被检测出来。此前只是要求对能发现转基因DNA和蛋白质的产品进行标识；③实行新的上限标准，即能够豁免标识要求的转基因成分的含量上限从1%降低到0.9%；④对于转基因生物的管理实行了“可追踪性”措施，使标识制度更加严格，同时也增加了标识的技术难度和管理上的精确度。

5）*其他有关生物安全管理的重要法规*

除上述关于转基因生物封闭使用和有意环境释放以及转基因食品等方面的法规外，欧盟还发布了诸多其他方面的生物安全法规，例如，在1990年12月和1993年10月，欧盟委员会颁布了第90/679/EEC号指令和第93/88/EEC号指令。这两个指令规定了保证接触生物试剂的工作人员职业安全的要求，要求欧盟成员国在开展重组DNA的研究、生产和释放时，必须采取有效措施保证人类健康和保护环境，并对基因重组的作用程序、转基因生物在环境中的释放以及与之相关的工作人员安全问题作出相应的规定。此外，欧盟还于1991年10月确定了转基因生物田间释放的管理程序。

10.2　美国的生物安全法规与制度

美国是世界上最早在生物安全领域开展研究并率先进行生物安全立法的国家，其生物安全法规体系和管理体系较为完善。1975年，美国的一些分子生物学家指出，重组DNA技术可能会对环境和人类造成巨大的危险，因此建议由国立卫生研究院（NIH）制定关于重组DNA技术的使用指南和相应的安全措施。1976年7月，国立卫生研究院

---

① 《关于由转基因生物制成特定食品除欧盟第79/112号指令规定以外还须强制标识的细节资料的第1139/98/EC号条例》，第1条。

② 《关于由转基因生物制成特定食品除欧盟第79/112号指令规定以外还须强制标识的细节资料的第1139/98/EC号条例》，第2条。

③ 《欧盟关于含有转基因成分或由转基因生物制成的添加剂和调味剂的食品和食品成分的第50/2000号条例》，第1条。

④ 《欧盟关于含有转基因成分或由转基因生物制成的添加剂和调味剂的食品和食品成分的第50/2000号条例》，第2、4条。

制定了《重组 DNA 分子研究准则》，这是世界上第一个有关生物技术的安全管理规定。十年后，1986 年 6 月，美国政府又颁布了《生物技术管理协调大纲》，这也是美国生物安全管理政策的开端。《生物技术管理协调大纲》① 规定了美国在生物安全管理方面的部门协调机制，对需要审查和管理的基因工程生物进行较为严格的考察。美国的生物安全立法采取基于产品的管理模式，涉及生物安全管理的部门主要是国立卫生研究院（NIH）、农业部（USDA）、国家环境保护署（EPA）、食品和药品管理局（FDA）及职业安全与卫生管理局（OSHA），这些部门所颁布的诸多法规、标准和指南，是美国生物安全法的重要组成部分。

10.2.1　美国生物安全法的理念基础：实质等同原则

"实质等同性"概念由联合国经济合作与发展组织在 1993 年 5 月发表的报告《现代生物技术衍生食品的安全性评估》（safety evaluation of foods derived by modern biotechnology）中提出，其核心观点是：如果一种转基因食品能与一种传统食品进行比较，并且发现具有实质等同性，便可以用食品安全的同种方法对待它。根据实质等同原则，不应认为利用生命科学工程技术生产出来的食品一定比运用传统技术生产的食品的安全性低，因而没有必要制定与传统食品不同的其他安全基准；对于导入新的性质的转基因食品，如果证明其是完全无害而且是合理的，即可认为其与导入新的性质之前的食品的性质是"实质等同性"的。② 这一观点在理论界也得到了一定程度的响应和认同。例如，在关于现代生物技术环境影响的研究中，盖斯福德等将研究起点设定为"转基因食品完全等价于信息可以获得的非转基因食品"和"所有人将视这两种产品为完全替代品"。③ 从本质上说，这是一种倾向于优先发展转基因技术的观点。

尽管美国等国家将实质等同性原则作为其生物安全立法的重要理念基础之一，但这一原则也受到了来自不同方面的质疑。例如，第三世界网络提出了不同意见：实质等同性原则仅仅"是风险评估的一个幌子"；该原则"含糊不清，且定义松散"；"确定实质等同没有经过必要或者指定的测试。公司可以自由与任何能最快宣告为实质等同的东西进行比较，所进行的可隐瞒任何实质差别的辨别测试也最少。"④

10.2.2　美国的重要生物安全法规

1）关于农业生物安全管理的重要法规

美国农业部负责动植物基因重组体、粮食作物和农产品的安全。在生物安全领域，

---

① 又译为"《生物技术协调框架》"。

② 出云谕明．2002．毁灭的繁衍——论现代高科技与遗传工程的阴影．中国环境科学出版社．99～102．Akihiro Hino．用现代生物技术生产的食品的安全性评估．薛达元，Virgin I．1999．生物安全管理与实践——南京生物安全国际研讨会论文集．中国环境科学出版社．65．刘标．2000．关于转基因食品的国际争执及其原因分析．世界环境．1。

③ 詹姆斯·D·盖斯福德等．2003．生物技术经济学．黄祖辉，马述忠等译．上海：上海三联书店、上海人民出版社．73。

④ 何美芸，林丽珍．2004．无转基因可持续发展的世界．第三世界网络．17。

农业部的具体执行机构是动植物检疫局（APHIS），其主要法律依据是《植物检疫法》、《联邦植物有害生物法》以及《病毒-血清-毒素法》等。

自1987年起，动植物检疫局开始负责审查来自基因工程的新植物变种；同年6月，动植物检疫局依据《联邦植物有害生物法》制定了《通过遗传工程产生或改变的属于植物害虫类有机体的引入规定》。根据该《规定》，任何转基因生物或其产品，如果属于植物有害生物体或者有理由怀疑为其有害生物体，则在引入之前必须获得许可或者提供报告。依《病毒-血清-毒素法》和联邦法规9CFR，动植物检疫局还对兽用生物技术制品进行管理和安全评价。此外，动植物检疫局还根据《生物技术管理协调大纲》颁布了一系列有关植物病虫害基因工程生物及其产品向环境释放的管理规定。1995年7月，农业部农业生物技术研究咨询委员会（ABRAC）的水生生物技术和环境安全工作组提出了转基因鱼类和甲壳水生动物研究安全实施的执行标准。1997年6月，农业部公布了《基因工程生物及其产品管理条例》，主要对申报要求和程序作了三方面调整：其一是扩大了非控制生物的范围，使大多数按原规定应受控制的转基因植物的试验只需向动植物检疫局通报即可进行，而无需通过预先审批程序；其二是简化了对特定生物非控制状态的确定程序，只要该生物与原已确定为非控制状态的生物具有“密切关系”，动植物检疫局可将非控制状态扩展至该生物；其三是减少了对多年期大田试验报告的要求。

2002年5月，《转基因农作物和动物农民保护法案》（HR4812）被提交国会进行审议。该法案旨在为可能因转基因种子、植物或者动物在经济上受到危害的农民提供保护，以确保农民在与有关生物技术公司交易中免受损失，其要点包括：农民可以留种，并要求生物技术公司赔偿因转基因农作物引起的欠收损失；生物技术公司不得对农民提出不公平的条件，包括不能要求仲裁或者法院裁决、不能要求超出实际损失的赔偿金等；农民应被告知利用转基因植物的风险性；种子公司应保证其非转基因种子标识的真实性；环境保护署应对Bt抗性害虫进行评价，并采取措施防止害虫产生抗性。

同时提交国会审议的还有《转基因生物责任法案》（HR4816）。该法案旨在针对转基因生物所造成的损害确定相应的责任，其要点包括：如果损害是由生物技术公司的基因工程引起的，则生物技术公司有义务对因转基因生物环境释放而受到损害的任何一方提供赔偿，并应承担因此而产生的合理的律师费以及其他诉讼费用；该责任不得通过合同或者其他方式获得豁免；“损害赔偿责任”包括任何人根据联邦法律或者其他法律、因使用转基因生物而负有的责任。

2）*关于植物和微生物生物安全管理的重要法规*

美国国家环境保护署主要负责植物和微生物的生物安全，其主要法律依据是《联邦杀虫剂、杀真菌剂、杀啮齿类动物药物法》和《毒物控制法》。国家环境保护署下设农药办公室和毒物办公室。农药办公室依据《联邦杀虫剂、杀真菌剂、杀啮齿类动物药物法》，负责对植物农药和微生物农药的扩散、销售、使用和试验进行安全管理，并提供与粮食作物及食品有关的农药标准。毒物办公室依据《毒物控制法》，负责对非农药以及非农业、医学用的商业微生物进行管理。

1997年4月，国家环境保护署又发布了《生物技术微生物产品准则》和《关于新微生物申请的准备要点》，要求用于商业目的的微生物研究、开发和生产活动均须通报国家环境保护署，同时还规定了一系列通报制度和一些特定的义务免除情形。《生物技术微生物产品准则》包括八个部分，其中分别规定了该准则的主要条款和适用范围、与商业秘密有关的事项、生产前报告和显著新用途的报告和申请要求、针对《毒物控制法》实验释放申请的报告程序、免除微生物商品化试验测试的条件、某些微生物商品化获得相应等级的豁免所应该具备的条件、微生物显著新用途的报告所需的附加程序，并列出了微生物名单及其显著新用途。

3）关于食品和药品生物安全管理的重要法规

在转基因生物安全领域，食品和药品管理局主要负责食品添加剂、药物等遗传工程产品的安全性和有效性，其法律依据是《公共卫生服务法》和《联邦食品、药物和化妆品法》。在转基因药品方面，食品和药品管理局所属的生物制品评价和研究中心（CBER）、药品评价中心（CDER）和兽医学中心（CVM）负责对生物制品和药品进行管理，建立安全评价体系，并制定相应的安全评价标准。在转基因食品方面，食品和药品管理局长期以来主要依据现有的食品法对新食品进行管理，要求转基因食品必须达到与其他食品同样的安全标准；而对于大多数采用生物技术培育的粮食作物新品种，食品和药品管理局并不要求在其市场化之前必须通过审批程序。

1992 年，食品和药品管理局发布了关于转基因食品利用的安全和管理政策，其中规定了食品、饲料和副产品的管理方式，以及有关食品安全评估的科学问题及原则，这些原则与世界卫生组织、世界粮农组织和经合组织的有关原则相一致。该政策还规定，如果引入新基因产生的食品添加成分在结构和功能方面与现有食品该组分非常类似，则无需在进入市场前进行审查；但是，如果与现有食品的该组分存在显著差异，则必须获得批准方可投放市场。1998 年，食品与药品管理局所属的食品安全与应用营养学中心发布了《转基因植物应用抗生素标记基因行业指南》（草案），提出了衡量标记基因安全性的标准。

2002 年 5 月，《转基因食品知情权法案》（HR4814）被提交国会进行审议。该法案要求对含有转基因物质的食品或由转基因物质制作的食品实行标识制度，其要点包括：食品公司应对含有转基因物质的食品或由转基因物质制作的食品进行标识；食品和药品监督管理局应当对产品进行定期检测；允许自愿性的非转基因食品标识；确保标识的精确性。

4）关于转基因生物实验室研究安全管理的重要法规

在美国，国立卫生研究院主要负责管理实验室阶段涉及重组 DNA 的活动，同时为基因治疗的管理活动提供咨询和建议。国立卫生研究院在美国生物安全法律体系建设中起着非常重要的作用，这主要表现在其 1976 年发布的《重组 DNA 分子研究准则》。《重组 DNA 分子研究准则》是全球第一个遗传工程安全管理法规，迄今为止先后进行了十余次修订。该《准则》不仅是美国各主管部门制定生物技术管理条例的基础和模板，其核心内容也为世界其他国家所参照和借鉴。

目前施行的《重组 DNA 分子研究准则》主要包括四方面内容。第一方面规定其适用范围。《准则》将重组 DNA 分子定义为“在活细胞外将天然或合成的 DNA 片段与其他 DNA 分子组合，所构建的能在活细胞中复制的分子，以及由此而产生的复制品”。此外，《准则》还规定了重组 DNA 实验所应遵循的审批手续和管理制度。第二方面为风险评估和物理控制措施要求。《准则》规定，风险性评估应考虑致病因素本身及其操作方法两方面，而在确定物理控制等级时，应考察包括毒力、感染剂量、传染性、传播途径、致病性、环境稳定性、是否有治疗预防措施以及基因产物的毒性、生理活性和致敏性等诸多要素。第三方面主要规定了实验类型。该《准则》针对六种重组 DNA 实验类型规定了不同的管理方法。第四方面为法律责任。《准则》明确了项目负责人、单位生物安全官员、生物安全委员会、国立卫生研究院重组 DNA 咨询委员会和国立卫生研究院主任等的职责。基于此，美国形成了比较健全的涉及重组 DNA 分子研究的生物安全管理网络。

5）关于职业卫生生物安全管理的立法

在生物安全领域，职业安全与卫生管理局负责在生物技术领域保护雇员的安全和健康。与上述四个机构不同的是，职业安全与卫生管理局没有另行制定管理条例，但制定了本部门的生物技术准则。

10.3 日本的生物安全法规与制度

日本也是世界上较早进行生物安全立法的国家之一。1979 年 8 月，日本颁布了《重组 DNA 实验导则》，规定无论是进行物理控制还是生物控制的重组 DNA 实验均须确保其安全性。该条例至今已经过多次修订。此后，日本通产省、厚生省、科学技术厅和农林水产省分别颁布了各自的转基因生物安全准则，包括 1986 年通产省《转基因生物工业化准则》、1987 年科学技术厅《重组 DNA 实验准则》以及 1992 年农林水产省《农林渔业及食品工业应用重组 DNA 准则》。日本关于转基因生物安全的最新立法还包括 2003 年至 2004 年间制定和发布的《规制转基因生物保护生物多样性法》及其实施细则和配套省令。这些导则和立法的主要内容如下。

10.3.1 关于转基因生物工业化安全管理的重要法规

1986 年，日本通产省颁布了旨在推动和规范生物技术在化学药品、化学产品和化肥生产领域应用的《转基因生物工业化准则》，其主要内容有三个方面。

（1）安全性评价。该《准则》规定，应根据受体的安全性、所重组 DNA 分子的特性和转基因生物与受体性质的比较等因素进行安全性评价，并规定了五类安全性等级，即：可良好工业性大规模应用（GILSP）、GILSP 以外的非病原性微生物、不易广泛传播的病原性微生物、易广泛传播的病原性微生物以及严重危害人类健康的受体生物。

（2）控制设备与操作规程。对于每一安全性等级，该《准则》都规定了相应的操作规则，其中主要包括设备维护、工作人员的保健和免疫接种、转移、采样、废弃物处理以及储存和运输等方面的内容。

（3）管理和责任规定。该《准则》对法人、经营者、业务主管、工人、安全生产委员会和安全负责人的职责以及教育培训和健康管理等问题作出了较为详细的规定。

10.3.2 关于转基因生物实验室研究安全管理的重要法规

1987 年，日本科学技术厅颁布了适用于在封闭设施内重组 DNA 研究的《重组 DNA 实验准则》，其主要内容有四个方面。

（1）等级划分和试验要求。该《准则》将重组 DNA 实验划分为七个物理控制等级和两个生物控制等级；对于不足 20L 的小规模实验，该《准则》对每个控制等级都从“封闭设备”、“实验室特殊设计”和“实践规范”三个方面作出了相应的规定；对于超过 20L 的大规模实验，该《准则》从“控制设施及其设计”和“实践规范”两个方面作出了相应的规定。

（2）安全评估。《准则》要求，在实验之前，从事该项工作的研究机构必须依据受体、外源 DNA、载体和转基因生物的特性进行安全评估，并据此选择相应的物理和生物控制等级；如认为重组 DNA 生物足够安全，则可选择相对应的等级在政府的监督下进行，或选择该《准则》规定的等级以外的“特殊控制方法”进行；对于涉及病原微生物的实验，还应进行医学上的评估。

（3）责任规定。《准则》规定，研究机构主管人员负责实验计划的审批，并对该实验的安全性负责；所有重组 DNA 研究机构均须建立生物安全委员会，为机构负责人审批实验计划提供咨询；实验室及研究机构主管人员应了解相关的法规和安全技术，并负责人员培训工作。

（4）审批程序。《准则》规定，农林水产省负责重组 DNA 活动的审批；审批工作应在一至两个月内完成。

10.3.3 关于转基因农业和食品安全管理的重要法规

1992 年，日本颁布了《农林渔业及食品工业应用重组 DNA 准则》，并进行了多次修订。该准则适用于三个方面，即：在本地培养的转基因生物或进口的可在自然环境中繁殖的转基因生物；用于制造饲料产品的转基因生物；以及用于制造食品的转基因生物。该准则的主要内容有三个方面。

（1）针对转基因实验动物的规定。该准则详细规定了风险评估项目，规定安装用于转基因实验动物的仪器设备的试验区应有明显标志，安装的设备应能防止用于转基因实验动物的逃遁，并规定转基因实验动物的使用须遵守有关使用实验动物的法律和法规。

（2）针对转基因植物的规定。该准则将转基因植物的应用分为田间试验和田间大规模释放两个阶段，前一阶段是后一阶段的必要程序；此外还规定了安全性评价所需的资料、转基因植物试验设施的条件、转基因植物的管理、废弃物处理、保存和运输等方面的内容。

（3）针对转基因微生物的规定。该准则将转基因微生物的应用划分为四个安全性等级，对各等级的应用分别作出了相应的规定，并规定在大规模应用之前应进行应用实验。

在 2001 年 4 日之前，日本对转基因食品实行自愿性标识制度。截至 2000 年 9 月，有 29 种转基因植物和 6 种转基因食品添加剂已经执行自愿的安全性评估，并进入日本市场。自 2001 年 4 月 1 日起，日本实施了一系列强制性标识法规，所有产品在进入日本市场之前均须进行评估。农林水产省主管这些新法规的实施，要求对 24 种规定的食品产品进行标识（其中不包括食品添加剂）。根据农林水产省的法规，只有重组 DNA 成分在重量方面是食品中含量最多的成分，并且该成分超过产品重量的 5%时，才必须进行标识。同时，在面积小于 $30cm^2$ 的包装上也无须进行标识。为了实施这一制度，日本要求进口者对超过5%转基因含量的整装货物进行标识，含量在1%到5%之间的应当标识为“可能含有”，而低于1%转基因物质的则无须进行标识。[①]

10.3.4 关于规制转基因生物以保护生物多样性的重要法规

2003年，日本制定了《规制转基因生物保护生物多样性法》及其《实施细则》。2004年，经济产业省、厚生劳动省和农林水产省分别发布了《有关规制转基因生物保护生物多样性法》第三十二条规定的省令；财务省、厚生劳动省、农林水产省、经济产业省、环境省发布了《对进行转基因生物等进行第二类使用中的工业使用时必须执行的防止扩散措施进行规定的省令》；内阁根据《规制转基因生物保护生物多样性法》第二十四条第一款规定也发布了政令。其中，《规制转基因生物保护生物多样性法》最为重要。该法主要规定了如下五方面内容。

1）转基因生物的第一类使用

第一类使用章程是转基因生物第一类使用管理的核心，其内容主要包括章程的审批、变更、废止、进口认可以及事故处理措施等。

（1）关于第一类使用章程的审批、变更和废止。除特殊情形之外，第一类使用的章程均应取得主管大臣的批准。申请人在提出申请时，应当同时提交生物多样性评价报告和其他主管省令指定的文件。主管大臣在审批时，应当听取具有生物多样性影响专业知识的专家的意见，并参考专家学者的意见和基本事项。主管大臣如果认为申请的第一类使用不致产生生物多样性影响，应当批准第一类使用章程；如果认为有产生生物多样性影响的危险，则应当根据主管省令的规定，要求申请人修改；在规定的期限内不按要求修改第一类使用章程的，应当驳回其申请。由于发生了批准时未能预见的环境变化或认可后科学知识发生进步，因而依照经过批准的章程进行转基因生物的第一类使用时有可能对生物多样性产生不利影响，则在为防止生物多样性影响的必要限度内，在听取专家学者的意见后，应当变更或废止该第一类使用章程。

（2）关于与进口人相关的第一类使用章程的认可。进口、准许他人使用转基因生物者以及准许他人进行转基因生物的其他第一类使用者，应当根据主管省令的规定，按照转基因生物的种类，分别制定第一类使用章程，并经主管大臣的批准。如获批准者使用转基因生物的行为可能影响生物多样性，主管大臣在为防止生物多样性影响评价的必要限度内，可以命令其回收转基因生物或执行其他的必要措施。如果发生了批准时未能预见的环境变化或认可后科学知识发生进步，按照经过批准的章程进行转基因生物的第一类使用有可能对生物多样性产生不利影响，或者发生其他特别情形，则在为防止生物多样性影响的必要限度内，对正在、已经或准许他人进行转基因生物的第一类使用者可以命令其终止该第一类使用或采取其他必要措施。

（3）关于事故处理措施。如果因发生事故而不能按照获得批准的第一类使用章程进行相关活动，并有造成生物多样性影响的危险，使用者应当直接采取防止生物多样性影响的应急措施，同时立即向主管大臣报告事故状况及其采取的措施；主管大臣如果发现

① http://www.agbioforum.org/v3n4/v3n4a07-phillipsmcneill.htm，2005年3月。

使用者没有采取应急措施，则可以命令其采取相应措施。

2）转基因生物的第二类使用

《规制转基因生物保护生物多样性法》主要规定了防止扩散措施和事故处理措施。

（1）关于防止扩散措施。转基因生物的第二类使用者在使用时应当按照主管省令的要求，采取防止扩散措施。如果主管省令未规定应当采取防止扩散措施，则其在使用期间应当执行预先取得主管大臣确认的防止扩散措施。如果使用者没有采取此种措施，主管大臣可以命令其采取相应的必要措施。尽管使用者依照主管省令进行了使用或者其使用行为经过了批准，但如果主管大臣认为有关转基因生物进一步的科学知识证明急需防止转基因生物向设施外扩散，则可以命令已经采用了防治扩散措施的第二类使用者和获批准者采取相应措施，以改善该防止措施和其他必要措施。

（2）关于事故处理措施。在发生事故时，转基因生物进行第二类使用者如果不能采取主管省令规定的或经过确认的防止扩散措施，则应当直接采取应急措施，同时还应当立即向主管大臣报告该事故情况及其采取的措施。如果主管大臣认定该使用者没有采取应急措施，可以命令其执行采取相应的措施。

3）生物检查

《规制转基因生物保护生物多样性法》主要就检查的命令、检查机关、职责、监督、公布、费用等方面作出了规定。如果无法确定转基因生物进口等活动是否会造成生物多样性影响，则应当在符合该法规定的情形下向主管大臣报告；主管大臣应当在收到其报告后立即作出要求其接受检查的命令。主管大臣指定登记检查机关并对其工作进行监督。登记检查机关的职责是审查申请登记人是否有符合法律规定不能取得登记的情形，以及是否具有法律规定取得登记必须具备的条件。登记检查机关的负责人、员工或从事类似职务者，对在生物检查工作中获知的信息应当保密。主管大臣如果认为登记检查机关违反法律规定，通知记载不当，应当命令该登记检查机关实施生物检查，或者采取必要措施，以改善生物检查方法或其他的业务方法；如果认为登记检查机关的章程不符合规定，可以命令其变更该章程；如果认定登记检查机关不符合法律规定的其他条件，则可以命令该机关采取必要的措施以符合这些规定。主管大臣可以依法取消其登记或规定在一定的期间内命令其停止部分或全部的生物检查业务。对实施生物检查后依法取得生物检查登记或被取消的，被取消全部或部分生物检查业务的应在政府公报上公布。申请生物检查者应当按实际发生的费用向国家或登记检查机关缴纳手续费。

4）信息提供

《规制转基因生物保护生物多样性法》规定，转让、提供转基因生物或者委托他人进行第一类使用者，应当向受让方、接受方或者受委托方提供与使用有关的正当使用信息。该信息应当以书面方式或者按照相关法律规定的其他方式提供。如果违反信息提供义务，且主管大臣在认为可能发生生物多样性影响时，可以在为防止生物多样性影响的必要限度内，命令相应的主体回收转基因生物或采取其他必要措施。

5）出口管理措施

《规制转基因生物保护生物多样性法》规定的出口管理措施主要包括管理措施和补救措施两方面内容。在管理措施方面，该法规定，出口转基因生物者在出口前应当向进口国通报出口的转基因生物的种类、名称和法律规定的其他事项。出口转基因生物时，应当在该转基因生物或其包装、容器或运输工具的表面标识该转基因生物的使用状态和其他主管省令规定的事项。在补救措施方面，该法规定，违反前两条规定出口转基因生物的，在主管大臣认为有可能发生生物多样性影响时，可以在为防止生物多样性影响的必要限度内命令出口该转基因生物者回收转基因生物、采取其他必要措施。

10.3.5　其他有关生物安全管理的法规

除上述立法之外，日本还进行了一些其他有关生物安全的立法。例如，1989 年，科学技术厅颁布了《转基因生物野外试验管理准则》；1991 年，厚生省又颁布了《转基因食品管理准则》；等等。目前，日本政府正在起草有关转基因产品进出口和销售的法规，以防止转基因产品对人类健康和生态系统造成危害。该法要求农场和其他相关行业保证其转基因产品对人类健康和生态系统的安全性，并要求农场继续监视其转基因产品可能造成的长期影响；此外，该法还要求政府在出现问题时命令停止销售并回购相关产品。[①]

10.4　印度的生物安全法规与制度

10.4.1　印度的生物安全管理体制

根据 1989 年《关于生产、使用、进口、出口和储存危险性微生物、基因工程生物体或细胞的法规》，印度生物安全管理体系由如下 6 个部分组成。

(1) 重组 DNA 咨询委员会（RDAC）。重组 DNA 咨询委员会由生物技术部（DBT）建立，关注国内和国际上重组 DNA 的研究、使用及生物技术应用的水平。

(2) 基因管理审查委员会（RCGM）。基因管理审查委员会是生物技术部中对农业生物技术研究中大规模的实地试验进行管理的机构。基因管理审查委员会的代表包括来自印度生物技术部、印度医学研究委员会、印度农业研究委员会、印度科学与工业研究委员会的代表以及其他各个领域的专家。基因管理审查委员会每年召开两次会议。该委员会的主要职责包括如下几个方面：①在生物技术部内对正在进行的基因改造生物体研究项目中与安全有关的方面进行监督；②指定其隶属组织对各个具体的项目进行监督；③对所有已批准的、正在进行的、高风险类的研究项目的报告进行审查并对实地实验进行控制；④具有潜在生物危害性的项目正在进行及开始前的时间，基因管理审查委员会或其建立的隶属组织将定期视察实验设施所在场所，以确保已根据指南采取了足够的安全措施；⑤为仅供研究用的病原体和载体，转基因种质包括转基因细胞、种子和作物枝干的进口/出口出具许可；⑥对于归类为风险类Ⅲ的研究及本修订版文件中上述的重组 DNA 的研究工作，在进行此类研究工作前，首席调查员必须获得生物技术部基因管理审查委员会的许可；⑦授权申请者（首席调查员，即 PI）在国内的多个地点进行限定

---

① 国家环境保护总局南京环境科学研究所，北京市环境科学研究院．2000．中国生物安全技术准则及管理办法研究．63；刘歉，朱鑫泉．2002．生物安全．科学出版社．347～353；中国外经贸部科技司．2002．技术性贸易壁垒动态．5 (8)。

的实地试验。试验的设计既可以由基因管理审查委员会提供，也可以由首席调查员设计。此设计将寻求与环境危害包括有关动物和人类健康风险相关的必要问题的答案。同时还应当形成转基因较现有的品种所具有的经济优势方面的数据；⑧在被要求的情况下，基因管理审查委员会可以指导申请者生成毒性、过敏性和适当系统中与转基因材料相关的任何其他数据；⑨可以设置一定的条件，要求申请在开放环境中释放转基因作物、并遵守初始安全评估的申请者生成长期环境安全数据。

(3) 基因工程审批委员会（GEAC）。基因工程审批委员会（GEAC）是印度环境和林业部（MOFF）下属机构。该委员会的成员主要是代表各个部委的官员，由他们从各个部委引入科学专家。该委员会负责审批转基因作物的商业生产、转基因作物的大规模实地试验及转基因商业产品的进口。

(4) 机构生物安全委员会（IBSC)。任何在研究中使用重组 DNA 的公营或私营结构均须成立机构生物安全委员会。机构生物安全委员会包含来自各自机构的科学家和生物技术部的一名成员，国家生物技术协调委员会和地方委员会也将为其提供成员。该委员会对机构所进行的转基因生物体的相关研究进行监督，并对机构的研究进行批准，除非其研究中使用特别危险的基因或技术（此类特别危险的研究必须经过基因管理审查委员会的批准)。

(5) 邦生物安全协调委员会（SBCC)。计划进行基因生物体的研究和应用的各邦还应设立邦生物技术协调委员会。该委员会与中央政府一起对邦内进行的与转基因生物体相关的活动进行协调。邦生物技术协调委员会具有监督职责，因此在出现违反规定的情况时其拥有检验、调查和采取惩罚措施的权利。

(6) 地方委员会（DLC)。地方委员会属于地方监督机构，对使用转基因生物体的研究和应用的安全规定的执行进行监督。

10.4.2　印度生物安全立法的体系和主要内容①

印度的生物安全法规体系由作为牵头法规的《关于生产、使用、进口、出口和储存危险性微生物、基因工程生物体或细胞的法规》、一些先后制定或者修订的技术指南以及一些适用于特定领域的生物安全管理专项立法组成，同时还包括相关领域立法中的一些规定。总体而言，其法规体系结构较为完整，以技术指南为主要形式的技术规范在生物安全法律体系中占有重要地位。② 这些立法主要包括如下方面。

1) *牵头法规*

印度生物安全管理牵头法规是于 1989 年制定的《关于生产、使用、进口、出口和

① 作为本部分主要参考文献的印度生物安全立法文件包括：Rules for the Manufacture，Use，Import，Export and Storage of Hazardous Micro Organisms Genetically Engineered Organisms or Cells，1989；Guidelines for Generating Pre-clinical and Clinical Data for rDNA Vaccines，Diagnostics and Other Biologicals，1990；Recombinant DNA Safety Guidelines，1994；Guidelines for Research in Transgenic Plants，1998；National Seeds Policy，2002 以及 The Food Safety and Standards Bill，2005。

② 需要说明的是，尽管印度制定了这些方面的生物安全法规，但在这些法规的实施方面，尤其在转基因作物的风险评估和风险管理、环境影响评价、释放后监测、数据库建设等方面的能力建设等方面，却不尽如人意。见 T. V. Ramanaiah：Biosafety Regulations for Transgenic Crops：A Country Paper，August 2006（report on Workshop on Biosafety regulations for transgenic crops and the need for harmonizing them in the Asia-Pacific region in India).

储存危险性微生物、基因工程生物体或细胞的法规》。在印度，这一法规通常被称为“1989 年细则”。该细则的主要内容包括如下几个方面。①适用范围。该细则适用于微生物和基因技术产品的生产、进口及储存；基因工程生物体、微生物和细胞以及由此种细胞、生物体或组织构成的相应的物质、产品和食品等；通过其他类似的新的基因技术生成的生物体/微生物和细胞，以及由构成生物体和细胞组成的物质和产品。②管理机构。前已述及，在此不赘。③许可和禁止事项。任何人不得在未获基因工程审批委员会批准的情况下进口、出口、运输、制造、加工、使用或销售属基因工程生物体的危险性微生物/物质或细胞；以研究为目的的病原体微生物或任何基因工程生物体或细胞的使用，只能获准在规定的实验室或试验区域内进行；不得生产、销售、进口或使用包含基因工程生物体或细胞或微生物的物质和产品，除非获得基因工程审批委员会的批准。④生产管理。未经基因工程审批委员会批准，不得将基因工程生物体或细胞释放到环境中，不得开始任何产生或使用基因工程生物体或细胞或微生物的生产活动，包括与开发、测试和实验相关的生产活动。⑤环境释放。不得故意或无意释放基因工程生物体或危险性微生物或细胞，包括以实验为目的的故意释放，其中故意释放是指任何有意将基因工程生物体或危险性微生物或细胞以任何方式转移到环境或自然中；在特殊情况下，基因工程审批委员会可批准故意释放。⑥转基因食品安全管理。不得生产、销售、进口或使用包含或在加工过程中使用基因工程生物体或细胞的食品、食品配料和添加剂，除非获得基因工程审批委员会的批准。⑦申请和许可程序。

2）*技术指南*

印度生物技术部（DBT）于 1990 年制定了《重组 DNA 疫苗、药品和其他生物制剂临床前数据和临床数据生成指南》。1994 年，该指南修订为《重组 DNA 安全指南》，1998 年再次修订为《转基因作物研究指南修订版和转基因种子、作物和作物枝干的毒性和过敏性评估指南》。印度目前的生物安全管理体系就是依照这些经过多次修订的指南建立起来的。1998 年指南的主要内容包括如下几个方面。①适用范围。该指南适用于作物重组 DNA 研究的各领域以及仅用于研究的基因改良作物的进口及装运活动。②管理重组 DNA 工作的法定机构。1998 年指南规定的管理机构为机构生物安全管理委员会（IBC）和基因管理审查委员会（RCGM）。③作物基因改造实验的类别。该指南将作物基因改造实验划分为三类：Ⅰ类为常规重组 DNA 实验；Ⅱ类实验包括在环境封闭的实验室及温室/网箱中，使用对人类和动物不具致病性的限定基因片段进行典型植物物种及农作物物种的基因转化的实验；Ⅲ类及其他实验属于高风险实验。④控制政策。该指南针对不同类别的重组 DNA 实验制定了不同的控制政策。进行Ⅰ类实验时应当使用常规的良好的实验室惯例；含Ⅱ类风险的转基因实验必须在温室/网箱中进行，温室/网箱的规格对保证实验室中设施内的转基因的不逃逸具有至关重要的作用；在温室/网箱中进行的Ⅲ类实验，温室/网箱的规格设计必须确保其内在的设施与开放环境绝对隔离，同时还应注意防止昆虫进入温室/网箱的设施内。⑤对实地试验的监督和评估。为了监控转基因植物对环境的影响，基因管理审查委员会成立专门的监督与评估委员会。监督与评估委员会对实验现场进行视察。基因管理审查委员会为监督与评估委员会提供指导。⑥转基因植物的生物安全。实验的目的是为了系统地确定危险性、接触风险并采取逻辑上可行的策略对风险进行管理，以系统地对危险进行识别并对风险进行评估。⑦用于研究的转基因种质的进口和装运。基因管理审查委员会对进口研究用转基因材料提供许可，并规定了相应的许可程序。

3）种质资源管理立法

印度作为一个生物多样性大国，对转基因作物安全管理——尤其是种质资源管理——非常重视。印度农业部于 2002 年颁布的《种子政策》以一章的篇幅规定了有关转基因作物品种的问题，其主要内容包括：①转基因作物品种的试验。所有的基因工程作物/品种在商业释放前，均需进行环境安全和生物安全试验，并对其进行至少两个季度的试验以确定其农学价值。②转基因作物品种的商业化释放和保护。转基因作物品种商业化释放后，将根据该法的规定对其种子进行登记，之后方可在国内销售；转基因品种将以与非转基因品种一样的方式受植物品种和农民权利机构（PVP）制定的法律保护。③转基因作物品种的标识。包装内含转基因种子或者种质原料的，一旦上市销售，应带有标明其转基因性质的标签。④转基因作物品种的进口。所有进口到印度的种子都要求附有一份出口国主管部门出具的关于其转基因特性的证书。对于用于研究目的的转基因作物品种的种子，只有通过国家植物遗传资源局（NBPGR）才能进口。如果该种子或种植原料是转基因控制产品，则只有在获得基因工程审批委员会（GEAC）的许可后才可以进口。

4）转基因食品安全立法

印度对转基因食品安全管理也较为重视，相关的立法中也对此作出了相关规定，其中于 2005 年颁布的《食品安全和标准法》较为重要。在转基因食品安全管理方面，该法的主要规定包括如下几个方面。①对“转基因食品”的界定。根据该法，转基因食品是指以非自然杂交的方式或适当的人类干预方式使基因材料发生改变，通过这一技术而生产出来的食品。②食品安全和标准委员会的组成。在食品安全和标准委员会中，除了其他方面的专家之外，还应当有转基因生物领域的专家。③一般的禁止性规定。该法规定，任何人均不得非法生产、加工、出口、进口或销售转基因食品、功能性食品、营养品、健康补品等。④食品进口。任何进口到印度的食品均应符合该法的要求及相关的标准和规定，以及印度与出口国之间存在的具体协议中所包含的要求；食品安全和标准局可授权任何经批准的实验室对任何进口到印度的食品进行检查和检验，如果收到上述实验室关于这些食品不符合该法中规定的标准的报告，将禁止有关食品货物在印度进行销售或出口至第三国，或销毁该批食品，或将该批货物返回至出口国；应当在食品的标签上标明进口食品的原产国。

10.5　巴西的生物安全法规与制度[①]

10.5.1　巴西的生物安全管理体制

巴西的生物安全管理机构主要由 4 个部分构成。

---

① 作为本部分主要参考文献的巴西生物安全立法文件包括：Law No. 11，105，of 24 March 2005、Decree No. 5，591，of November 2005、Law No. 11，092，of January 2005 以及 Directive No. 146，of March 2006。

(1) 国家生物安全技术委员会。该委员会隶属于科学技术部，是多学科的学术咨询和评议社团，以动植物卫生、人类健康和环境危机的评估为基础，为联邦政府制定、更新并实施转基因生物及其衍生物的国家生物安全政策，制定安全技术规范，并针对申请转基因生物及其衍生物的研究和商业性使用活动提供技术咨询。

巴西国家生物安全技术委员会对生物安全法规体系的完善作出了重要贡献。从1996年9月到1998年12月，该委员会先后通过了一系列组织法案，对一些重要事项作出了较为详细的规定。这些事项主要包括：生物安全质量证书（CQB）的申请和发放，以及内部生物安全委员会的组成和运行；用于研究的转基因植物的进口；转基因生物的有意环境释放；转基因生物的运输；以有意环境释放为目标的转基因植物的进口；根据风险性和封闭控制等级，对转基因植物的相关活动进行分类；基因操作和人类克隆；针对人类的基因操作；经由国家生物安全技术委员会（CTNBio）批准的转基因植物的有意环境释放；用于封闭使用的转基因微生物的进口；转基因动物封闭应用；用于封闭使用的转基因动物的进口；生物安全质量证书申请程序的期限；在研究和技术开发过程中将非转基因动物应用于转基因生物封闭操作中；转基因生物的有意环境释放申请的内容；转基因生物衍生产品的进口、商品化、运输、储存、消费、释放、处理等活动；农达（roundup-ready）大豆以及抗草甘膦大豆（GTS40-3-2）品系或者其抗草甘膦除草剂的转基因衍生品系种质的有意环境释放和商品化。有鉴于生物安全技术委员会在生物安全管理中的重要性，巴西科学技术部于2006年3月颁布第146号法律，批准《国家生物安全技术委员会内部规定》。

(2) 生物安全理事会。该理事会是向总统就国家生物安全政策的制定和实施提供建议的咨询机构。

(3) 登记和监督部门。这些部门包括卫生部、农业畜牧及食品供给部、总统水产和渔业特别秘书处。这些部门在各自的管辖范围内，根据国家生物安全技术委员会的技术决策、国家生物安全理事会的决定以及有关法律的规定，负责有关活动的审查、监督、注册、许可等活动，同时具有信息系统维护、信息公开、制定标准、违法处罚等职能。

(4) 内部生物安全委员会。该委员会是运用基因工程技术和方法，开展转基因生物及其衍生物活动的教育、科研、技术研发和工业生产机构内部依法设立的生物安全管理机构，负责信息（包括风险评估结论）通知、建立预防及审查项目、资料提供、活动和项目跟踪、事故和疾病调查等。

10.5.2 巴西生物安全法的主要内容

巴西的生物安全专门立法起步相对较晚，但立法位阶和立法密度较高，并且对综合性生物安全法的制定和修改非常重视。1995年1月，巴西制定《生物安全法》，就基因工程技术的使用、转基因生物的环境释放、转基因农产品的种植和销售等行为作出了规定，授权总统设立国家生物安全技术委员会（CTNBio），并规定了其他程序性措施。同年12月，巴西又就该法制定了实施细则，同时规定了国家生物安全技术委员会的隶属关系、职责和组成等事项。1998年4月，巴西又对该实施细则的部分内容进行了修订。此后，巴西《生物安全法》又经过了几次修改，目前实施的是2005年颁布的《生物安全法》。巴西已经初步形成了以《生物安全法》为核心，以有关实施细则、各部委的条例和法令以及相关判决和临时措施为补充的生物安全法规体系。这一法规体系的主要内容包括如下。

1）管理范围

在巴西，转基因生物及转基因生物衍生物的制造、培育、生产、运输、转移、进出口、储存、研究、商品化、消费和废弃物处理的安全和监督管理，均受其《生物安全法》和《实施细则》调整。在此，“研究活动”是指在地面实验室开展的任何活动，为获取转基因生物及其衍生物的一个步骤，或者评估转基因生物及其衍生物的制造、培育、生产、运输、转移、进出口、储存、研究、商品化、消费和废弃物处理的安全性；转基因生物和转基因生物衍生物的“商业使用活动”，是指任何非研究性、因商业目的而开展的与转基因生物及其衍生物的制造、培育、生产、运输、转移、进出口、储存、研究、商品化、消费和废弃物处理有关的活动。作为核心和关键概念，“转基因生物”是指基因物质（DNA/RNA）已被基因工程技术加以改变的生物，包括涉及 DNA/RNA 或转基因生物分子重组（包括试管授精、连合、转换、转变、多倍染色体或其他自然程序），利用技术直接将遗传物质导入生物的产品；“转基因生物衍生物”是指从转基因生物中获取的产品，无自动复制能力，或是不包含能够存活的转基因生物形式，不包括通过生物程序获取的化学性纯物质，不包括转基因生物、蛋白质或 DNA 重组分子。同时，巴西《生物安全法》不适用于利用以下技术转变基因的活动：诱变基因；利用动物杂种细胞形成体细胞并加以利用；植物细胞的细胞融合（包括原生质，并能够以传统的培育方法完成的细胞融合）；非病原体自然的自我克隆。但是，这一限制不适用于利用转基因生物作为受体或供体的情况。

2）管理机构及其职责

前已述及，在此不赘。

3）生物安全信息系统

国家生物安全技术委员会建立生物安全信息系统，负责管理有关转基因生物及其衍生物活动的分析、授权、注册、监督及相关后续信息①。任何改变、补充或影响转基因生物及其衍生物安全的法律、规范和行政法令一旦生效，则生物安全信息系统应当立即公布这些法律、规范和行政法。登记和监督部门应当根据其管辖范围，向生物安全信息系统提供该法规定的所有活动的信息。国家生物安全技术委员会应当通过生物安全信息系统公开其所有活动的相关信息，包括活动的议程、会议日期、未决程序、负责各项活动的主管成员、会议纪要及其他与活动相关的信息。机密及商业信息除外。生物安全信息系统应当使国家生物安全理事会、国家生物安全技术委员会、主管转基因生物注册和监督的联邦政府部门能够通过电子系统相互联系。

10.5.3 转基因大豆专门立法

作为仅次于美国的世界第二大豆生产国和出口国，巴西非常重视对转基因大豆的管

① 《生物安全法》规定由科技部建立生物安全信息系统，但后来其《实施细则》将建立主体修改为国家生物安全技术委员会。

理。1998 年 12 月，巴西通过了禁止销售转基因大豆的初始判决。2000 年 6 月的最终判决再次明确，只有在证明转基因产品对环境、人体健康无害，并能保证运输安全以及具有转基因产品标识的情况下，才有可能重新审议对转基因产品的解禁。2002 年 6 月，巴西国家环保委员会颁布《转基因农作物种植许可条例》，规定种植转基因农作物必须经过事先许可。2003 年 3 月，巴西政府出台了解禁当年收获的转基因大豆的临时措施。临时措施允许转基因大豆用于出口和在国内市场上销售，但仅限于当年生产的产品。临时措施的有效期至 2004 年 1 月 31 日，在有效期内要求对产品标识说明转基因成分的含量，超过有效期后，仍按现行法律认定转基因产品为非法产品。2004 年 12 月，巴西批准允许 2004/2005 年度种植转基因大豆的临时法令。2005 年 1 月 12 日，巴西总统签署法令，允许 2004/2005 年度种植转基因大豆的销售截止期由原规定的 2006 年 1 月份再延长 180 天，并重申大豆生产者需在 2005 年 1 月 31 日之前同政府签订“行为规范和责任书”，保证转基因大豆不会危及人类、动物及环境的安全。该法律还规定，本年度产的大豆只能用于当地产区下年度种植的种子，不能作为种子产品销售到其他州；等等。这些法令、判决和临时措施是巴西生物安全立法的重要组成部分。

10.6 澳大利亚的生物安全法规与制度

10.6.1 澳大利亚的生物安全管理体制

澳大利亚转基因生物安全管理主要由如下部门负责。

（1）基因技术部长委员会。该委员会是澳大利亚最高的生物安全管理机构，由各相关部门部长、地方政府负责人组成，每年定期就生物安全管理的一些原则、框架进行讨论和协商，并寻求达成一致，为政府的生物安全管理提供指导思想和纲领性文件。

（2）基因技术常务委员会。该委员会是基因技术部长委员会的常设机构，由地方政府高级官员和政府部门高级官员组成，负责基因技术部长委员会日常工作，对基因技术管理执行官及其办公室有指导和监督的职能。

（3）联邦工业药品委员会基因技术分委员会。该委员会负责向基因技术管理执行官及其办公室提供对联邦管辖的工业、药品行业涉及基因技术及其安全的有关问题的咨询和建议。

（4）基因技术咨询委员会。该委员会主要由基因技术专家组成，主要负责向基因技术管理执行官及其办公室提供基因技术发展的战略预测，适合澳大利亚国情的基因技术及其发展以及其他涉及技术层面有关问题的咨询工作。

（5）基因技术伦理委员会。该委员会主要由伦理、道德和社会科学方面的专家组成，负责基因技术涉及的伦理、道德及其他社会问题的咨询工作。

（6）州、领地技术管理咨询委员会。除国家层面的各种有关委员会外，在各州和领地（特区）也有相对综合的技术委员会，负责州或领地（特区）内各种技术包括基因技术的管理咨询工作，并向基因技术管理执行官及其办公室提供地方的有关意见和建议。

（7）基因技术社区咨询委员会。该委员会主要负责向公众、社区宣传、普及基因技术的有关知识，解释国家、州有关基因技术的政策、法规，同时，回答公众的提问和质疑，反馈公众对基因技术及其产品的意见和建议给基因技术管理执行官及其办公室。

(8) 环境部。环境部负责有关基因技术安全管理方面的工作，澳大利亚环境部有关司局直接受基因技术管理执行官及其办公室领导，完成基因技术管理执行官及其办公室交办的有关基因技术对环境和生态冲击和影响的评价、管理和实施等工作，并提交相关工作报告和材料。

(9) 药品管理局。药品管理局主要负责基因技术药物、基因治疗和血液及制品的安全管理。

(10) 新食品标准局。该局主负责制定澳大利亚的食品标准，并负责监督实施。在其职责中，涉及基因技术安全管理的主要是规定转基因食品的生产、加工、包装（包括标识）、运输等标准，保障消费者的安全。

(11) 国家卫生医药管理委员会。该委员会负责澳大利亚医药卫生的管理工作，包括医药卫生领域的规划、科学研究及其管理等工作。该委员会涉及生物安全方面职能是干细胞及克隆技术研究的管理。

(12) 国家商标局。国家商标局涉及生物安全问题的主要职能是转基因食品、基因技术药品的登记注册。

(13) 国家工业化学标准局。涉及生物安全问题的主要职能是基因技术相关产品的生产、加工、包装和运输等的标准制定和监督实施。

(14) 检验检疫局。负责进口、出口货物包括食品、活体商品等检验检疫，以及人员流入的检疫，保护澳大利亚国家和生物体系的安全。

(15) 地方委员会。地方委员会综合执行地方（州、领地）相应的生物安全管理职能，保障地方的生态、环境和人畜安全。

10.6.2　澳大利亚的生物安全法的主要内容

目前，澳大利亚已形成了一个以《基因技术法》为牵头法规、以其他相关立法为补充的较为完整的生物安全法规体系。

1)《基因技术法》的主要内容

2000 年 12 月 21 日，澳大利亚通过了《基因技术法》，并于 2001 年 6 月 21 日生效。该法主要包括如下几方面内容。

(1) 目标。该法的目标是，通过识别由基因技术施加而引起的风险，并通过调整与特定转基因生物有关的事务来管理此种风险，保护人类的健康和安全以及环境安全。

(2) 管理体制。前已述及，在此不赘。

(3) 禁止事项。该法禁止所有与转基因生物有关的活动，除非该活动被评估为风险极低的封闭性活动，或者属于必须申报的低风险活动，或者是经过许可或登记的活动。

(4) 对封闭性活动和有意环境释放的管理。该法为基因技术协调机构规定了一套制度，以便于对转基因生物封闭性活动和转基因生物体的一般性环境释放进行评估。对于在实验室中处理低风险的转基因生物封闭性活动，该法要求基因技术协调机构进行必要的咨询，制定风险评估和风险管理计划，并且向公众公布批准的活动。对于有意环境释放，该法规定：如果基因技术协调机构认为一项活动可能对人类健康和安全或者对环境构成重大风险，基因技术协调机构必须在《澳大利亚政府公报》中和基因技术协调机构网站上发布通知，并且一般而言应使相关人员得知协调机构已经收到申请，该申请应要求可以提供给相关人员，并且应当由协调机构邀请相关人员提出意见；基因技术协调机构应当制定风险评估草案和风险管理计划，将其收到的提议和来自专家技术委员会的建议考虑在内；风险评估草案和风险管理计划应当经过两轮公众评议后方可最终做出决定并实施；最终决定应当向公众公布；基因技术协调机构具有广泛的检查和监督职权，可以对经过批准的与转基因生物有关的活动继续监督，并可以对任何违反许可规定的行为进行调查。

（5）转基因生物和转基因产品活动记录。该法规定，基因技术协调机构应当保留转基因生物和转基因产品活动记录，同时还应当提供一个集中式的面向公众的澳大利亚转基因生物和转基因产品数据库，其中包括经过其他主管机构批准的转基因生物和产品。

（6）民主决策。根据该法，基因技术协调机构具有独立的职权，这些职权包括：向联邦健康与老龄护理部长提出建议，部长必须批准大多数州和领地的建议；应联邦议会要求，在任何时间直接报告；管理其可以自由支配的基金；负责对所有的单独的申请作出决定，而不受政治因素的干预。同时，其独立性也受到相应责任的制约。这些责任包括：应联邦议会的要求每年报告；根据《财政管理与责任法》，其特殊账户受该法调整；对于申请人、被许可人和公众而言，其决策过程应当清楚、公开和透明。此外，部长委员会还负责监督基因技术协调机构的活动，并为实施该法而指导相关政策的制定。①

2）相关立法的主要内容

（1）《药品管理法》。根据《药品管理法》，基因技术药物除了应与常规药物一样按照 GMP 标准生产、常规安全检测、质量检测、有效性检测外，同时还应当进行与基因技术产品相关的安全性实验与检测。对于基因治疗，澳大利亚目前还没有相应的标准和专门的法规，只在一些常规法律中间接规定了相关内容；同时也没有专门的机构管理基因治疗，但开展基因治疗研究要上报药品管理局备案。

（2）《检验检疫法》。《检验检疫法》的相关条款规定了转基因生物及其制品、外源物种引进或带入，是澳大利亚防止有害物种入侵的主要措施和手段。此外，澳大利亚还发布了有害物种目录。

（3）《食品标准法典》。2002 年 12 月，新的《食品标准法典》生效，其中规定了转基因食品的生产、加工、包装、运输和销售等内容。该法规定的主要措施是对转基因食品实施安全性评价，并且对转基因食品上市实行标识制度。

（4）其他联邦和地方法律。这些法律包括《反对克隆人法案》、《胚胎干细胞和克隆技术研究管理法案》以及地方颁布的一些与生物安全相关的法律和法规等。

主要参考文献

出云谕明. 2002. 毁灭的繁衍——论现代高科技与遗传工程的阴影. 北京：中国环境科学出版社

冯楚建，王仁武，闫云君等. 2003. 澳大利亚生物安全研究与法制化管理考察总结. 科技与法律，3：49～53

---

① 参见 http://www.dpi.qld.gov.au/biotechnology/7646.html，2005 年 3 月。

何美芸，林丽珍．2004．无转基因可持续发展的世界．第三世界网络

焦春梅．1999．印度生物基因资源的管理与立法．世界农业，4

金龙哲，宋存义．2004．安全科学原理．北京：化学工业出版社

李宁等．2005．巴西转基因生物及其产品安全管理考察报告．农业科技管理，6

刘标，薛达元．1998．生物技术在欧美遇到的抵制及教训．农村生态环境，14（4）：46～49

刘标，薛达元．2000．关于转基因食品的国际争执及其原因分析．世界环境，1

毛新志，周锋．2005．美国、欧盟有关转基因食品的管理、法律法规对我国的启示．科技管理研究，2005（2）：38～40

王灿发．1997．环境法学教程．北京：中国政法大学出版社

王迁．2006．欧盟转基因食品法律管制制度研究．东亚研究，2006（2）：46～51

王锐．2007．国际组织和世界各国对转基因食品的管理．卫生研究，36（2）：245～248

薛达元，Virgin I．1999．生物安全管理与实践——南京生物安全国际研讨会论文集．北京：中国环境科学出版社

薛达元等．2004．转基因基因食品安全研究（第七编，包括第 35～39 章）．见：陈锡文，邓楠．中国食品安全战略研究．北京：化学工业出版社．791～874

薛达元，须黎军．2005．欧盟转基因生物安全管理现行法规文件汇编．国家环境保护总局南京环境科学研究所

薛达元．2005．转基因生物风险与管理——转基因生物与环境国际研讨会论文集．北京：中国环境科学出版社

薛达元．2006．转基因生物环境影响与安全管理．北京：中国环境科学出版社

詹姆斯·D·盖斯福德等．2003．生物技术经济学．黄祖辉，马述忠等译．上海：上海三联书店、上海人民出版社

Bergmans. 1999. Risk assessment practice in the Netherlands. *In*: Xue D Y, Virgin I. Regulation and Practice on Biosafety. Beijing: China Environmental Science Press

Chamas C I, Emerick M C, Silvio V. 1995. The Regulation of Biosafety in Brazil, BioSafety Journal

Hino A. 1999. Safety assessment frameworks for transgenic crops in Japan. *In*: Xue DY, Virgin I. Regulation and Practice on Biosafety. Beijing: China Environmental Science Press

Lewis S. 2004. Brazil's Biosafety Law Stalls in the Senate, Food Chemical News, 14

Naredia K, Bedford B. 1993. The USAIDL at in America Carib Bean Region Biosafety Workshop, Oracabessa. Jamaica

Ramanaiah T V. 2006. Biosafety regulations for transgenic crops: a country paper (report on Workshop on Biosafety regulations for transgenic crops and the need for harmonizing them in the Asia-Pacific region in India)

Teso B. 1993. OECD International Principles for Biotechnology Safety. Agro-Food Industry Hi-Tech, 4: 27～31

Venkateswarlu B. 2001. The Indian Biosafety Regulations on GMOs under Test, Information Systems for Biotechnology

第11章　中国生物安全政策法规与制度框架

2006年，《国家中长期科技发展规划纲要》将转基因专项列为16个重大专项之一，并于2008年开始实施，计划在2020年前，国家投入260亿元用于水稻、棉花、小麦、玉米、大豆等农作物和猪、牛、羊等家畜的新品种研究与开发。随着转基因专项的成功实施，我国生物技术水平和生物安全研究水平将会上升到一个新的台阶。但与此同时，也将面临转基因生物研究、环境释放和商业化生产所带来的潜在重大风险，对转基因生物的安全管理提出重大挑战，需要在发展转基因生物技术的同时，加强对转基因生物的安全管理。

11.1　中国生物安全政策框架

中国在发展现代生物技术的同时，也十分重视转基因生物对环境、生物多样性和人体健康等方面可能带来的不利影响。在国家“863”项目中，也安排了转基因生物风险评估和风险管理的研究内容；在“973”项目中还专门列上转基因生物安全研究的专项内容；在目前实施的转基因重大专项中，也将有20%的经费用于转基因生物安全的研究与检测。

1999年，中国发布了《中国国家生物安全框架》，此《框架》的制定是联合国环境规划署在全球实施的试点项目，由国家环境保护总局组织实施，农业部、科技部、教育部、国家林业局、中国科学院、国家药品监督管理局等部门参与制定。《框架》基于国际生物安全管理趋势和中国生物技术发展的国情，提出了国家生物安全政策体系、法规制度体系、技术准则体系和能力建设需求。本节将简要引述国家生物安全政策体系框架。

11.1.1　国家生物安全管理的目标与原则

1. 国家生物安全管理总体目标

国家对转基因生物安全管理的总目标是，通过制定政策、法规制度和相关的技术准则，形成生物安全科学管理能力和完善的监督机制及技术支持系统，将由现代生物技术及其转基因生物可能产生的风险降到最低限度，以最大限度地保护生物多样性、生态环境和人体健康，同时促进现代生物技术的研究开发与产业化的有序健康发展，并将实现以下目标。

1）建立科学和完善的生物安全法规体系

将现代生物技术的研究、开发和转基因生物的环境释放、商业化生产、销售、使用和越境转移等方面的管理纳入法制轨道。

2）建立统一监管机制

建立科学、简明和有效的转基因生物及其产品进出口的统一监管机制，促进转基因活生物体依法越境转移，有效地防止因国内外转基因生物及其产品的越境转移而造成的对生物多样性、生态环境和人体健康的危害。

3）建立技术支撑体系

建立转基因活生物体风险评估和风险管理的技术体系，开发能够科学、准确地评估转基因生物环境风险的科学技术手段。

4）建立政策体系与管理机制

建立促进现代生物技术健康发展的政策体系和管理机制，在确保生物安全的同时，大力发展现代生物技术，进一步发挥现代生物技术在促进社会经济发展、改善人类生活和保护环境方面的作用。

5）提高国家生物安全管理能力和水平

建立生物安全统一监督和部门分工管理的机制和机构体系，加强生物安全监测设施的建设，开发生物安全管理信息系统，加强生物安全培训，开发生物安全的人力资源。

2. 国家生物安全管理的总体原则

1）研究开发与安全防范并存的原则

中国将采取一系列政策措施，鼓励、支持、推动现代生物技术的研究及其产业化开发，反对以生物安全为借口或构筑贸易壁垒限制生物技术的发展；另一方面对生物安全问题予以高度重视，坚持预先防范原则，坚决反对单纯追求商业利益、不顾环境风险的不负责任态度和行为。中国将以对全人类和子孙后代高度负责的态度做好生物安全管理工作，要充分认识到转基因生物及其产品可能对生物多样性、生态环境和人体健康的潜在风险和危害，加强安全防范意识，进行长期的监测和研究，将其影响和风险降低到最低程度。

2）预防为主的原则

在现代生物技术开发的最初阶段就要重视其环境安全问题，对明显有风险的项目不能上马，明显有风险的产品不允许开发。反对以因科学上没有充分证据而不采取或拖延采取风险评估和风险管理的观点和做法。要按照现代生物技术产品的生命周期，在其研究、中试、释放、生产、加工、储运、使用以及废弃物处置等诸多环节上实行科学的管理程序，充分考虑各种安全因素，特别是在田间释放阶段要进行严格的风险评估和风险管理，把风险隐患消除在初始阶段。

3）统一监管和部门分工管理的原则

转基因生物安全问题涉及生命科学、工程技术科学以及社会科学等诸多学科，涉及农、林、牧、渔、医药、食品、环境保护、轻工、化工等诸多行业，其行政管理亦涉及若干行业的相关部门。生物安全事关国家利益，其管理需要从国家整体利益统一考虑，需要加强学科之间和行业之间的沟通和协调，加强生物安全主管部门与相关行业部门之间的合作，做到统一对外、统一规划、统一规范、统一标准和统一监督管理，并强调部门分工负责和协调一致。

4）科学管理的原则

生物安全管理要建立在科学的基础上，在国家层次上将制定一系列统一标准和规范，各相关部门可根据国家标准和规范，结合行业特点，制定若干具体的标准和管理规范。国家将大力支持与生物安全管理相关的科学研究和技术开发活动，对监控标准、监测方法、评估程序、实验技术、专用设施等的研究工作给予优先支持。对所有释放的转基因生物及其产品要进行长期的持续监测和环境影响评价，根据监测数据和环评结果采取相应的管理措施，同时加强生物安全科学研究方面的能力建设。

5）公众参与的原则

提高公众的生物安全意识是生物安全管理工作的重要方面。给予广大消费者知情权，使他们对接触使用的转基因生物及产品的潜在风险有所了解，并给予消费者选择使用或不使用转基因产品的权力。同时，在提高公众生物安全知识水平的基础上，建立适当的机制，使公众成为生物安全社会监督的重要力量。对于转基因活生物体及其产品的贮运、加工、释放、生产、使用、废弃物处置和越境转移方面，要充分考虑广大公众生物安全知识水平的差异和需要，采取必要的宣传和教育措施。

6）加强生物安全国际事务合作的原则

中国是最先批准加入《生物多样性公约》的国家之一，中国也积极参与了《生物安全议定书》的起草与政府间谈判，并发挥了积极作用。中国于 2000 年 8 月签署《生物安全议定书》，并在 2005 年 9 月 6 日加入《议定书》，成为《议定书》第 121 个缔约方。中国将以科学为依据和对人类健康与环境保护高度负责的精神，继续积极参与生物安全的国际事务，履行《生物多样性公约》和《生物安全议定书》的相关国际义务，加强与国际组织和各国政策之间的合作，包括在科学研究、人才培训、信息交流和能力建设方面的合作。

3. 国家生物安全管理的对象和方法

1）生物安全管理的对象

根据《生物多样性公约》和《生物安全议定书》的相关条款，生物安全管理对象主要是指通过现代生物技术所产生的转基因活生物体，包括转基因动物、植物和微生物，亦包括转基因生物的产品，并限定为利用载体系统的重组 DNA 技术以及利用物理、化学和生物等方法把重组 DNA 导入生物体所产生的转基因生物及其产品。

2）生物安全管理的方法

（1）分阶段和全生命周期的安全管理。

根据现代生物技术开发活动的性质和特点，将转基因活生物体及其产品的全部生命周期分为封闭研究、中间实验、大田释放、商业化生产、销售运输、消费使用、废弃物处置及越境转移等多个阶段，对各个阶段都要进行生物安全管理，将风险评估和风险管理措施落实到转基因活生物体的全生命周期。

（2）划分转基因生物风险等级。

按照潜在风险程度，将转基因生物及其产品的开发工作分为四个风险等级，即一级为低风险，四级为高风险，根据不同的风险等级采取不同的安全控制措施。

(3) 逐案和逐步的安全管理方法。

不同的转基因生物在其受体生物、基因操作、预定用途及接受环境等方面的技术和条件上存在差异，因此，生物安全管理应坚持逐案管理原则。同时，风险评估遵照循序渐进的原则，采取逐步评估的方法，即经过封闭研究和中间试验的转基因生物，只有经过风险评估并被批准后，才可进行下一阶段的环境释放；经环境释放阶段的进一步风险评估并批准后，才允许进入商业化生产阶段。

11.1.2 转基因生物及其产品的市场开发政策框架

1. 转基因生物及其产品的国内市场开发政策框架

1) 市场开发的指导思想

对市场开发的转基因生物及其产品要按照其风险等级分别实行鼓励、限制和禁止的措施。国家鼓励无风险或很低风险的现代生物技术产品的生产、销售和消费；限制有较高风险的转基因生物及其产品的开发；对具有高度风险的转基因生物及其产品的开发活动采取严格禁止的措施。

2) 市场开发应遵循的原则

(1) 不同风险等级分别对待。根据四级风险等级的划分，对不同风险级别采取区别对待的市场开发政策。

(2) 消费者知情。消费者有权了解其消费的转基因生物及其产品可能存在的危害，转基因生物及其产品的开发者和销售者要采取措施宣传产品的特性，并标明是转基因生物或由转基因生物为原料生产的产品，给消费者以自行选择食品的权力。

(3) 符合国情的市场管理。借鉴国外经验，制定符合国情的转基因生物及其产品销售政策，要体现灵活性和原则性相结合的方针，既能满足生物安全管理的标准，又能促进生物技术的健康发展。

3) 政策框架

(1) 对无风险的转基因技术及其产品开发实行积极鼓励和扶持政策。具体政策是：积极探讨为开发此类产品建立风险投资基金、政策性特别贷款或信贷担保基金；在税收等方面给予优惠待遇；鼓励一些无风险或低风险的产业和产品优先发展。

(2) 对低风险的转基因技术及其产品开发采取慎重开发的政策。具体政策是：实行环境影响评价和风险评估；实行生产和销售许可证；采取风险管理措施，努力降低风险程度。

(3) 对中度风险的转基因技术及其产品开发采取限制性开发政策。具体政策是：允许进行实验研究；严格控制产品的市场开发；只有在其风险已降低到可接受程度时才能进行市场开发；对生产许可采取严格审批制度，并规定生产规模、经营范围和生产时间。

(4) 对高度风险的转基因技术及其产品开发采取禁止其市场开发的政策。具体政策是：允许进行实验研究、不允许产品的市场开发，特殊情况必须经国家生物安全委员会的批准。

(5) 转基因生物及其产品的包装和标志。根据风险等级及安全管理的需要，对转基因生物及其产品的运输和销售采用特别的包装和标志。

2. 转基因生物及其产品的进出口政策框架

1) 进口转基因生物及其产品的原则

(1) 事先知情同意。出口国向中国出口转基因生物及其产品时，必须事先向中国主管生物安全的部门和国家联络点提出转基因生物及其产品越境转移的申请，并伴随相关的详细资料。

(2) 区别对待。对熟悉的无风险转基因生物及产品允许进口；对不熟悉的产品慎重进口；对确定有中度风险的产品限制进口；对确定有较高风险的产品严禁进口。

(3) 风险管理。国外进口的转基因生物及其产品，自入境后就要对其使用情况以及对生物多样性、生态环境和人体健康的影响实行全程监测和跟踪管理。

(4) 损害赔偿。进口转基因生物及其产品一旦发生危害事故，应采取应急补救措施，消除影响，并要求出口国承担经济赔偿和法律责任。

2) 进口转基因生物及其产品的政策

(1) 风险等级必须经中国有资质的技术机构认定。因环境条件和文化及使用习惯的差异，拥有新特性的转基因生物可能在开发国家无害，但可能对使用国有害，因此，任何进口的转基因生物都需要经中国权威的技术机构进行风险评估和等级认定，不管是否已取得出口方国家的评估和认定。

(2) 实行进口产品许可证制度。根据中国权威的技术机构的技术认定结果，对认定可接受的转基因生物及其产品颁发安全证书和进口许可证。

(3) 包装和标志。进口的转基因生物及产品需要加贴特殊标签，其运输和销售需要采取特别包装和标志。

(4) 非法转运和入境。严禁非法转运入境转基因生物及其产品，违法者将受严惩。

3) 出口转基因生物及产品的原则和政策

(1) 原则：遵守相关国际公约；尊重进口国的法律法规；保护生物多样性、生态环境和人体健康。

(2) 政策。出口必须经国家审批，实行出口许可证制度；遵守中国已加入的国际公约；对有风险的转基因生物及产品限制或禁止出口。

3. 利用外资开发转基因生物及产品的政策框架

1) 外商投资项目实施导向政策

按照安全等级，将外商投资的转基因生物技术项目分为鼓励、允许、限制和禁止四类，对这四类转基因产业投资产业的指导目录如下。

(1) 鼓励类：对生物多样性、生态环境和人体健康风险等级低的转基因生物及其产品；中国缺少独立开发能力而急需发展的生物技术；高新技术和工艺；国际市场需求高的生物技术产品。

(2) 限制类：对生物多样性、生态环境和人体健康风险有一定风险，但采取风险管理措施后可以控制的转基因生物及其产品；国内已开发或者已经引进此类技术，且生产能力已基本满足国内市场需求的生物技术开发。

(3) 禁止类：对生物多样性、生态环境和人体健康存在较高风险、可能危害国家生物安全或者损害社会公众利益的生物技术开发项目。

2) 对外商投资生物技术开发项目的管理政策

(1) 实行先风险评估后立项的制度。

(2) 投资者除了履行其他正常申请程序，还应事先通知国家生物安全主管当局，并提供必要的资料，以供评估之用。

(3) 外商投资的转基因生物技术开发研究、商品化生产和销售，应该遵守中国法律，若进口方国家的标准高于中国标准，即使用进口方国家的标准。

(4) 加强对已批准、已投产外商投资企业的监督管理，建立长期跟踪管理系统和技术档案。

3) 引进外资开发转基因生物及产品的指导政策

(1) 对外国政府及国际组织的优惠贷款和无偿援助，应考虑是否具有生物安全的风险。

(2) 对外国企业及基金组织等资助的基因开发研究项目，鼓励其与国内机构进行研究合作和成果共享，但要注意中国特有基因资源的保护。

11.1.3　转基因生物及其产品的安全管理制度框架

1) 转基因活生物体越境转移的“事先知情同意程序”(AIA)

出口方必须以书面形式将其出口意向通知中国的国家联络点及国家生物安全主管当局，同时提供相关资料，中国生物安全的相关主管当局将依程序在规定时间期限内审查其申请，并做出答复。未经批准，任何转基因生物及产品不得擅自向中国出口。

2) 环境影响评价报告书制度

转基因生物的环境释放和商业化生产应该执行环境影响评价制度，对风险较小的案例采用环境影响评价报告表形式；对风险较大的案例采用环境影响报告书形式。

3) 损害责任赔偿与补救制度

如果发生了因转基因生物释放和商业化生产而造成的对生物多样性、生态环境和人体健康的损害，则出口方和提供者承担相应经济赔偿和法律责任。

4) 环境监测与应急处理制度

需要在全国建立生物安全监测网络，对转基因生物研究、环境释放、商业化生产、转运、销售、使用和废物处置的各个阶段实施环境监测，并加强处理突发事故的能力。

5) 公众参与制度

要建立适当机制，促进公众和非政府环保团体能够切实参与生物安全管理，要鼓励公众获取转基因生物相关资料和积极参与风险评估与风险管理各过程。对于批准转基因生物环境释放和商业生产的信息，要及时向公众发布，让公众知情。

11.2 中国现行转基因生物安全法规与制度

11.2.1 概述

1）法规体系建设

中国是世界上生物多样性特别丰富的国家之一。由于农业历史悠久，中国生物遗传资源也十分丰富，例如，中国是大豆、水稻等重要农作物物种的原产地，因此，中国在转基因生物安全管理方面采取了十分谨慎的态度。早在 1993 年 12 月，原国家科委（现科技部）就发布了《生物基因工程安全管理办法》，对基因工程的实验室安全操作和风险管理提出规范和制度。随后于 1996 年，农业部根据国家科委《管理办法》，颁布了《农业生物基因工程安全管理实施办法》，开始对农业转基因生物安全实施实质性的管理。

为了规范日益增多的农业转基因生物研究与环境释放，确保生态环境的安全和人类健康，2001 年 5 月 23 日，国务院颁布了《农业转基因生物安全管理条例》（以下简称《条例》）。进而，为了实施《条例》，2002 年 1 月 5 日，农业部发布了与《条例》配套的三个管理办法，即《农业转基因生物安全评价管理办法》、《农业转基因生物进口安全管理办法》和《农业转基因生物标识管理办法》，自 2002 年 3 月 20 日起施行（实际上推迟到 2004 年全面施行）。《条例》规定中国对农业转基因生物实行安全评价制度、标识管理制度、生产和经营许可制度和进口安全审批制度。《条例》及其配套规章的发布和实施，标志着中国开始对农业转基因生物的研究、试验、生产、加工、经营和进出口活动实施全面管理。

随后，为进一步完善农业转基因生物安全管理，卫生部于 2002 年 4 月 8 日发布《转基因食品卫生管理办法》；国家质检总局于 2004 年发布《进出境转基因产品检验检疫管理办法》；农业部于 2006 年发布《农业转基因生物加工审批办法》。

同时，针对我国转基因林木研究、环境释放和商业生产等问题，国家林业局于 2006 年发布《开展林木转基因工程活动审批管理办法》，使我国转基因林木的管理有法可依。

在转基因生物及其产品的管理方面，中国目前已形成比较系统的法规和制度，并在过去几年运作的基础上，逐渐趋于正常管理。由于农业转基因生物是最主要的部分，实际上这些法规制度的正常运行已为我国转基因生物的安全管理奠定了基础。

2）安全评价体系的建立

《条例》及其配套管理办法要求对转基因生物及其产品实行安全评价，对越境转移的转基因生物实行标识管理。依照预防原则，并按照国际通行的安全评价做法，中国规定了农业转基因生物试验研究、中间试验、环境释放、生产性试验、安全证书五个阶段的申请、评估和审批程序，对进口用作加工原料、试验研究及生产用的农业转基因生物评估和审批程序作了详尽的规定，体现了科学、透明、公正的原则。

农业转基因生物安全评价由国家农业转基因生物安全委员会负责。第一届国家农业转基因生物安全专家委员会分为植物 1 组、植物 2 组、植物用微生物组、动物与动物用微生物组、水生生物组。委员主要由发改委、商务部、科技部、卫生部、教育部、国家质检总局、原国家环保总局、中国科学院、中国工程院以及农业部推荐的 58 位专家组成，涉及农业转基因生物技术研究、生产、加工、检验检疫、卫生、环境保护、贸易等多个领域。第二届专家委员在第一届的基础上，增加了食品安全等方面的专家，人数扩大到 73 人。

3）技术检测能力建设

农业转基因生物技术检测机构是转基因生物安全管理体系的一个重要组成部分，是顺利实施《农业转基因生物安全管理条例》和配套管理办法的重要保障。根据《条例》及配套管理办法的规定和安全管理的需要，经评审，农业部于 2002 年认定了第一批农业转基因生物技术检测机构筹备单位（表 11.1），主要是科研、教学、检疫、卫生等部门的机构。

表 11.1　第一批农业转基因生物技术检测机构筹备单位名单

编　号	承担筹建任务单位名称	上级业务主管部门	承检范围
1	中国农业科学院植物保护研究所	中国农业科学院	转基因玉米、大豆环境安全检测
2	中国农业科学院油料研究所	中国农业科学院	转基因油菜环境安全检测
3	南京农业大学	教育部	转基因大豆环境安全检测
4	中国农业科学院棉花研究所	中国农业科学院	转基因棉花环境安全检测
5	中国水稻所	中国农业科学院	转基因水稻环境安全检测
6	中国农业科学院蔬菜花卉研究所	中国农业科学院	转基因蔬菜环境安全检测
7	吉林省农业科学院	吉林省农委	转基因玉米和大豆的环境安全检测、转基因产品检验
8	山东省农业科学院	山东省农业厅	转基因玉米和大豆的环境安全检测、转基因产品检验
9	农业部科技发展中心	农业部科教司	转基因植物环境安全检测、转基因产品检验
10	中国农业科学院生物技术研究所	中国农业科学院	转基因产品检验
11	国家质检总局动植物检疫实验所	国家质检总局	转基因产品检验
12	上海市农业科学院	上海市农委	转基因产品检验
13	广西大学	广西农业厅	转基因产品检验
14	华南农业大学	广东省农业厅	转基因产品检验
15	河北省农林科学院	河北省农业厅	转基因产品检验
16	安徽省农业科学院	安徽省农委	转基因产品检验
17	浙江大学	浙江省农业厅	转基因产品检验
18	东北农业大学	黑龙江省农委	转基因产品检验
19	中国农业大学	北京市农业局	转基因生物食用安全检测、转基因产品检验
20	中国疾病预防控制中心营养与食品安全所	中国疾病预防控制中心	转基因生物食用安全检测
21	天津卫生防病中心	天津市卫生局	转基因生物食用安全检测

农业部要求所有检测机构面向社会提供转基因生物检测的技术服务单位，具有科学

性、公正性和权威性，出具的检测报告真实可靠。各检测机构应拥有较先进的检测手段，符合国家标准或行业标准的要求，能胜任农业部委托的农业转基因生物技术检测任务。

农业转基因生物技术检测机构分为环境安全检测、食用安全检验和产品检验三种类型。其中，环境安全和食用安全检测机构主要由农业部委托检测任务，为农业转基因生物安全评价服务；产品检验的检测机构主要为全国或所在省（直辖市、自治区）标识管理提供监测服务。

4）《条例》实施成就的评估

据农业部统计，在《条例》实施后的 5 年中（2001～2006），农业部共受理了 192 家国内外研究单位的安全评价申请 1525 项，经国家农业转基因生物安全委员会评审，批准转基因生物中间试验 456 项，环境释放 211 项，生产性试验 181 项，发放安全证书 424 项。《条例》的制定和实施，标志着我国农业转基因生物的研究、试验、生产、加工、经营和进出口活动纳入了法制化管理的轨道。

自 2001 年《条例》实施以来，主要取得以下成果。

(1) 通过制定安全评价、进口安全管理、标识管理、加工审批等配套规章，建立安全评价、生产许可、加工许可、经营许可、产品标识和进口安全审批制度，形成了符合中国国情并与国际接轨的法规体系。

(2) 通过建立行政监管体系，开展法规与技术培训，规范行政审批，积极开展标识、种子市场、田间试验等方面的监督管理，依法行政能力不断提高。

(3) 通过成立国家农业转基因生物安全委员会、全国农业转基因生物安全管理标准化技术委员会，建设农业转基因生物技术检测与监测机构，制定技术标准等，技术支撑能力不断增强。

(4) 通过境内环境安全和食用安全检测验证，并经国家农业转基因生物安全委员会安全评价合格后，农业部批准发放转基因大豆、油菜、棉花、玉米 18 个品种的进口加工原料用安全证书，规范了转基因农产品进出口秩序。

(5) 通过成立生物技术工作组、签署合作备忘录、召开技术研讨会等形式，宣传我国转基因生物安全管理制度，借鉴国外管理经验，积极履行《生物安全议定书》的有关义务，树立了负责任大国形象。

实践证明，中国政府对转基因生物安全管理立法及所采取的科学、理性、严谨、务实的做法，既符合 WTO 规则和《生物安全议定书》等确定的原则，也适合国内生物技术发展对生物安全管理工作的需求；既有效保障了转基因生物的安全，也促进了农业生物技术的发展。

5）提升管理水平的挑战

然而，除了农业转基因生物，转基因药物也已有相当的发展基础，许多生物技术药物，包括转基因药物已大量用于人类治疗；转基因林木的研究在最近几年也发展很快，并有许多已经进行环境释放；还有市场上大量转基因食品的生产和消费，已关系到几乎所有的消费者的健康。但是，在转基因药物、转基因林木和转基因食品等的安全管理方面尚没有形成较成熟的管理制度，这是我国生物安全管理中的薄弱环节。

为此，需要进一步提升转基因生物安全管理能力，切实保障转基因生物安全，积极促进生物技术发展。①根据科技与产业发展需求，做好转基因生物研究与产业发展的宏观研究与科学规划。②进一步完善法律法规，加强执法监管，提高依法行政水平。③加快技术支撑体系建设，为安全评价与行政执法提供技术保障。④加强法规宣传和科学知识普及，提高公众的守法意识和科学认知水平，为生物产业发展营造良好氛围。⑤大力开展转基因生物安全科学研究，为宏观决策提供科学依据。⑥进一步加强与相关国家和国际组织的交流，积极参与国际转基因生物安全技术标准的制定。

11.2.2 《农业转基因生物安全管理条例》内容解析

为了加深对《条例》内容的理解，现将条例的主要结构和内容解析如下。

1. 农业转基因生物的定义及实施范围

《条例》所称“农业转基因生物”是指利用基因工程技术改变基因组构成，用于农业生产或者农产品加工的动植物、微生物及其产品，主要包括：转基因动植物（含种子、种畜禽、水产苗种）和微生物；转基因动植物、微生物产品；转基因农产品的直接加工品；含有转基因动植物、微生物或者其产品成分的种子、种畜禽、水产苗种、农药、兽药、肥料和添加剂等产品。

《条例》实施范围包括在中国境内从事农业转基因生物的研究、试验、生产、加工、经营和进口、出口等活动的各个环节。

2. 管理机构与协调机制

1）主管部门

国务院农业行政主管部门负责全国农业转基因生物安全的监督管理工作。县级以上地方各级人民政府农业行政主管部门负责本行政区域内的农业转基因生物安全的监督管理工作。县级以上各级人民政府卫生行政主管部门依照《中华人民共和国食品卫生法》的有关规定，负责转基因食品卫生安全的监督管理工作。

2）部际联席会议制度

国务院建立农业转基因生物安全管理部际联席会议制度。农业转基因生物安全管理部际联席会议由农业、科技、环境保护、卫生、外经贸、检验检疫等有关部门的负责人组成，负责研究、协调农业转基因生物安全管理工作中的重大问题。

3. 管理制度

1）分级管理制度

国家对农业转基因生物安全实行分级管理评价制度。农业转基因生物按照其对人类、动植物、微生物和生态环境的危险程度，分为Ⅰ、Ⅱ、Ⅲ、Ⅳ四个等级。具体划分标准由国务院农业行政主管部门制定。

2）安全评价制度

国家建立农业转基因生物安全评价制度。农业转基因生物安全评价的标准和技术规范，由国务院农业行政主管部门制定。

3）生产和经营许可制度

生产转基因植物种子、种畜禽、水产苗种，应当取得国务院农业行政主管部门颁发的种子、种畜禽、水产苗种生产许可证。

经营转基因植物种子、种畜禽、水产苗种，应当取得国务院农业行政主管部门颁发的种子、种畜禽、水产苗种经营许可证。

4）标识管理制度

国家对农业转基因生物实行标识制度。实施标识管理的农业转基因生物目录，由国务院农业行政主管部门商国务院有关部门制定、调整并公布。

5）进出境申报审批制度

国家对进出境农业转基因生物实行申报审批制度，相关单位应当向国务院农业行政主管部门提出申请，在符合条件的情况下，由国务院农业行政主管部门批准。

6）进出境转基因产品检验检疫制度

国家质量检验检疫机构负责实施对进出境（包括过境）转基因产品的检验检疫。

7）报告制度

例如，规定从事Ⅲ、Ⅳ级农业转基因生物研究工作的，应当在研究开始前向国务院农业行政主管部门报告。农业转基因生物在实验室研究结束后，需要转入中间试验的，试验单位应当向国务院农业行政主管部门报告。

8）其他制度

对转基因生物的管理还规定了档案制度、应急措施制度、过境转移的审批制度等。

11.2.3 《条例》配套管理办法的内容解析

为促进《条例》的实施，农业部于2002年1月5日，发布了与《条例》配套的三个管理办法，即《农业转基因生物安全评价管理办法》、《农业转基因生物进口安全管理办法》和《农业转基因生物标识管理办法》，并于2006年发布《农业转基因生物加工审批办法》。此外，质检总局于2004年发布《进出境转基因产品检验检疫管理办法》。现将这些配套规章的结构与内容做一简要解析。

1.《农业转基因生物安全评价管理办法》

1）安全评价管理的范围

在中华人民共和国境内从事农业转基因生物的研究、试验、生产、加工、经营和进口、出口活动，依照《条例》规定需要进行安全评价的，应当遵守本办法。本办法适用于《条例》规定的农业转基因生物，即利用基因工程技术改变基因组构成，用于农业生产或者农产品加工的植物、动物、微生物及其产品，主要包括：转基因动植物（含种子、种畜禽、水产苗种）和微生物；转基因动植物、微生物产品；转基因农产品的直接加工品；含有转基因动植物、微生物或者其产品成分的种子、种畜禽、水产苗种、农药、兽药、肥料和添加剂等产品。

2）安全评价管理的对象与分级

安全评价的对象是农业转基因生物对人类、动植物、微生物和生态环境构成的危险或者潜在的风险。安全评价工作按照植物、动物、微生物三个类别，以科学为依据，以个案审查为原则，实行分级分阶段管理。按照对人类、动植物、微生物和生态环境的危险程度，将农业转基因生物分为以下四个等级：安全等级Ⅰ：尚不存在危险；安全等级Ⅱ：具有低度危险；安全等级Ⅲ：具有中度危险；安全等级Ⅳ：具有高度危险。

3）安全评价管理机构

根据《条例》第九条的规定设立国家农业转基因生物安全委员会，负责农业转基因生物的安全评价工作。农业转基因生物安全委员会由从事农业转基因生物研究、生产、加工、检验检疫、卫生、环境保护等方面的专家组成。农业部设立农业转基因生物安全管理办公室，负责农业转基因生物安全评价管理工作。

《办法》规定，凡从事农业转基因生物研究与试验的单位，应当成立由单位法人代表负责的农业转基因生物安全小组，负责本单位农业转基因生物的安全管理及安全评价申报的审查工作。

4）农业转基因生物安全评审

（1）检测。农业部根据农业转基因生物安全评价工作的需要，委托具备检测条件和能力的技术检测机构对农业转基因生物进行检测，为安全评价和管理提供依据。

（2）安全证书。转基因植物种子、种畜禽、水产种苗，利用农业转基因生物生产的或者含有农业转基因生物成分的种子、种畜禽、水产种苗、农药、兽药、肥料和添加剂等，在依照有关法律、行政法规的规定进行审定、登记或者评价、审批前，应当依照本办法的规定取得农业转基因生物安全证书。

（3）申请与评审。凡在中国境内从事农业转基因生物安全等级为Ⅲ和Ⅳ的研究以及所有安全等级的试验和进口的单位以及生产和加工的单位和个人，应当根据农业转基因生物的类别和安全等级，分阶段向农业转基因生物安全管理办公室报告或者提出申请。

5）监督管理

农业部负责农业转基因生物安全的监督管理，指导不同生态类型区域的农业转基因生物安全监控和监测工作，建立全国农业转基因生物安全监管和监测体系。县级以上地方各级人民政府农业行政主管部门负责本行政区域内的农业转基因生物安全的监督管理工作。有关单位和个人应当配合农业行政主管部门做好监督检查工作。

2.《农业转基因生物进口安全管理办法》

1）管理机构

国家农业转基因生物安全委员会负责农业转基因生物进口的安全评价工作。农业转基因生物安全管理办公室负责农业转基因生物进口的安全管理工作。对于进口的农业转基因生物，按照用于研究和试验的、用于生产的以及用于加工原料的三种用途实行管理。

2）引进的申请与批准

（1）从境外引进农业转基因生物用于研究、试验的，引进单位应当向国务院农业行政主管部门提出申请；符合条件的，国务院农业行政主管部门方可批准。

(2) 境外公司向中国出口转基因植物种子、种畜禽、水产苗种和利用农业转基因生物生产的或者含有农业转基因生物成分的植物种子、种畜禽、水产苗种、农药、兽药、肥料和添加剂的，应当向国务院农业行政主管部门提出申请；符合条件的，国务院农业行政主管部门方可批准试验材料入境并依照本条例的规定进行中间试验、环境释放和生产性试验。生产性试验结束后，经安全评价合格，并取得农业转基因生物安全证书后，方可依照有关法律、行政法规的规定办理审定、登记或者评价、审批手续。

(3) 境外公司向中国出口农业转基因生物用作加工原料的，应当向国务院农业行政主管部门提出申请；符合条件，并经安全评价合格的，由国务院农业行政主管部门颁发农业转基因生物安全证书。

(4) 从中国境外引进农业转基因生物的，或者向中国出口农业转基因生物的，引进单位或者境外公司应当凭国务院农业行政主管部门颁发的农业转基因生物安全证书和相关批准文件，向口岸出入境检验检疫机构报检；经检疫合格后，方可向海关申请办理有关手续。

3) 过境与出境

(1) 农业转基因生物在中国过境转移的，货主应当事先向国家出入境检验检疫部门提出申请；经批准方可过境转移，并遵守中国有关法律、行政法规的规定。

(2) 国务院农业行政主管部门、国家出入境检验检疫部门应当自收到申请人申请之日起 270 日内作出批准或者不批准的决定，并通知申请人。

(3) 向中国境外出口农产品，外方要求提供非转基因农产品证明的，由口岸出入境检验检疫机构根据国务院农业行政主管部门发布的转基因农产品信息，进行检测并出具非转基因农产品证明。

3.《农业转基因生物标识管理办法》

1) 标识制度

(1) 国家对农业转基因生物实行标识制度。实施标识管理的农业转基因生物目录，由国务院农业行政主管部门同国务院有关部门制定、调整和公布。在中华人民共和国境内销售列入农业转基因生物标识目录的农业转基因生物，必须遵守该《办法》。

(2) 凡是列入标识管理目录并用于销售的农业转基因生物，应当进行标识；未标识和不按规定标识的，不得进口或销售。

(3) 农业部负责全国农业转基因生物标识的审定和监督管理工作。县级以上地方人民政府农业行政主管部门负责本行政区域内的农业转基因生物标识的监督管理工作。国家质检总局负责进口农业转基因生物在口岸的标识检查验证工作。

(4) 列入农业转基因生物标识目录的农业转基因生物，由生产、分装单位和个人负责标识；经营单位和个人拆开原包装进行销售的，应当重新标识。

(5) 进口的农业转基因生物标识经农业部审查认可后方可使用，同时抄送国家质检总局、外经贸部等部门；国内农业转基因生物标识，经农业转基因生物的生产、分装单位和个人所在地的县级以上地方人民政府农业行政主管部门审查认可后方可使用，并由省级农业行政主管部门统一报农业部备案。

2）第一批实施标识管理的农业转基因生物目录

（1）大豆种子、大豆、大豆粉、大豆油、豆粕。

（2）玉米种子、玉米、玉米油、玉米粉（含税号为 11022000、11031300、11042300 的玉米粉）。

（3）油菜种子、油菜籽、油菜籽油、油菜籽粕。

（4）棉花种子。

（5）番茄种子、鲜番茄、番茄酱。

3）标注方法

（1）转基因动植物（含种子、种畜禽、水产苗种）和微生物，转基因动植物、微生物产品，含有转基因动植物、微生物或者其产品成分的种子、种畜禽、水产苗种、农药、兽药、肥料和添加剂等产品，直接标注“转基因××”。

（2）转基因农产品的直接加工品，标注为“转基因××加工品（制成品）”或者“加工原料为转基因××”。

（3）用农业转基因生物或用含有农业转基因生物成分的产品加工制成的产品，但最终销售产品中已不再含有或检测不出转基因成分的产品，标注为“本产品为转基因××加工制成，但本产品中已不再含有转基因成分”或者标注为“本产品加工原料中有转基因××，但本产品中已不再含有转基因成分”。

（4）有特殊销售范围要求的农业转基因生物，还应当明确标注销售的范围，可标注为“仅限于××销售（生产、加工、使用）”。农业转基因生物标识应当醒目，并和产品的包装、标签同时设计和印制。

（5）难以在原有包装、标签上标注农业转基因生物标识的，可采用在原有包装、标签的基础上附加转基因生物标识的办法进行标注，但附加标识应当牢固、持久。

（6）难以用包装物或标签对农业转基因生物进行标识时，可采用所允许的其他方式标注，如在产品展销（示）柜（台）上进行标识；在价签上进行标识或者设立标识板（牌）进行标识等。

（7）农业转基因生物标识应当使用规范的中文汉字进行标注。

4.《农业转基因生物加工审批办法》

中国每年有 2000 万～3000 万吨进口转基因大豆和油菜籽用于油料加工，为加强对加工类转基因生物的管理，2006 年 1 月 27 日，农业部以其第 59 号部长令发布《农业转基因生物加工审批办法》，自 2006 年 7 月 1 日起实施。主要内容如下。

1）定义

本办法所称农业转基因生物加工，是指以具有活性的农业转基因生物为原料，生产农业转基因生物产品的活动。前款所称农业转基因生物产品，是指《农业转基因生物安全管理条例》第三条第（二）、（三）项所称的转基因动植物、微生物产品和转基因农产品的直接加工品。

2)《加工许可证书》的申请

在中华人民共和国境内从事农业转基因生物加工的单位和个人，应当取得加工所在地省级人民政府农业行政主管部门颁发的《农业转基因生物加工许可证》（以下简称《加工许可证》）。申请《加工许可证》应当向省级人民政府农业行政主管部门提出，并提供相关材料。省级人民政府农业行政主管部门可以根据需要组织专家小组对申请材料进行评审，专家小组可以进行实地考察，并在农业行政主管部门规定的期限内提交考察报告。

3)《加工许可证书》的重新办理

《加工许可证》有效期为 3 年。期满后需要继续从事加工的，持证单位和个人应当在期满前 6 个月，重新申请办理《加工许可证》。从事农业转基因生物加工的单位和个人有下列情形之一的，应当重新办理《加工许可证》：①超出原《加工许可证》规定的加工范围的；②改变生产地址的，包括异地生产和设立分厂。

5. 进出境转基因产品检验检疫管理办法

此《管理办法》由国家质量监督检验检疫总局根据《中华人民共和国进出口商品检验法》、《中华人民共和国食品卫生法》、《中华人民共和国进出境动植物检疫法》、《农业转基因生物安全管理条例》等法律法规的规定，于 2004 年 5 月 24 日发布并实施。

1) 定义与范围

本办法所称“转基因产品”是指《农业转基因生物安全管理条例》规定的农业转基因生物及其他法律法规规定的转基因生物与产品。

本办法适用于对通过各种方式（包括贸易、来料加工、邮寄、携带、生产、代繁、科研、交换、展览、援助、赠送以及其他方式）进出境的转基因产品的检验检疫。

2) 主管部门

国家质量监督检验检疫总局（以下简称国家质检总局）负责全国进出境转基因产品的检验检疫管理工作，国家质检总局设在各地的出入境检验检疫机构（以下简称检验检疫机构）负责所管辖地区进出境转基因产品的检验检疫以及监督管理工作。

3) 进境检验检疫申报制度

（1）国家质检总局对进境转基因动植物及其产品、微生物及其产品和食品实行申报制度。

（2）货主或者其代理人在办理进境报检手续时，应当在《入境货物报检单》的货物名称栏中注明是否为转基因产品。申报为转基因产品的，除按规定提供有关单证外，还应当提供由法律法规规定的主管部门签发的《农业转基因生物安全证书》（或者相关批准文件，以下简称批准文件）和《农业转基因生物标识审查认可批准文件》。

（3）对于实施标识管理的进境转基因产品，检验检疫机构应当核查标识，符合农业转基因生物标识审查认可批准文件的，准予进境；不按规定标识的，重新标识后方可进境；未标识的，不得进境。

（4）对列入实施标识管理的农业转基因生物目录（国务院农业行政主管部门制定并公布）的进境转基因产品，如申报是转基因的，检验检疫机构应当实施转基因项目的符合性检测，如申报是非转基因的，检验检疫机构应进行转基因项目抽查检测；对实施标识管理的农业转基因生物目录以外的进境动植物及其产品、微生物及其产品和食品，检验检疫机构可根据情况实施转基因项目抽查检测。检验检疫机构按照国家认可的检测方法和标准进行转基因项目检测。

(5) 经转基因检测合格的，准予进境。如有下列情况之一的，检验检疫机构通知货主或者其代理人作退货或者销毁处理：①申报为转基因产品，但经检测其转基因成分与批准文件不符的；②申报为非转基因产品，但经检测其含有转基因成分的。

(6) 进境供展览用的转基因产品，必须获得由法律法规规定的主管部门签发的有关批准文件后方可入境，展览期间应当接受检验检疫机构的监管。展览结束后，所有转基因产品必须作退回或者销毁处理。如因特殊原因，需改变用途的，须按有关规定补办进境检验检疫手续。

4) 过境检验检疫制度

(1) 过境的转基因产品，货主或者其代理人应当事先向国家质检总局提出过境许可申请，并提交以下资料：①填写《转基因产品过境转移许可证申请表》；②输出国家或者地区有关部门出具的国（境）外已进行相应的研究证明文件或者已允许作为相应用途并投放市场的证明文件；③转基因产品的用途说明和拟采取的安全防范措施；④其他相关资料。

(2) 国家质检总局自收到申请之日起 270 日内作出答复，对符合要求的，签发《转基因产品过境转移许可证》并通知进境口岸检验检疫机构；对不符合要求的，不予签发过境转移许可证，并说明理由。

(3) 过境转基因产品进境时，货主或者其代理人须持规定的单证和过境转移许可证向进境口岸检验检疫机构申报，经检验检疫机构审查合格的，准予过境，并由出境口岸检验检疫机构监督其出境。对改换原包装及变更过境线路的过境转基因产品，应当按照规定重新办理过境手续。

5) 出境检验检疫

(1) 对出境产品需要进行转基因检测或者出具非转基因证明的，货主或者其代理人应当提前向所在地检验检疫机构提出申请，并提供输入国家或者地区官方发布的转基因产品进境要求。

(2) 检验检疫机构受理申请后，根据法律法规规定的主管部门发布的批准转基因技术应用于商业化生产的信息，按规定抽样送转基因检测实验室作转基因项目检测，依据出具的检测报告，确认为转基因产品并符合输入国家或者地区转基因产品进境要求的，出具相关检验检疫单证；确认为非转基因产品的，出具非转基因产品证明。

6.《转基因食品卫生管理办法》

为了加强对转基因食品的监督管理，保障消费者的健康权和知情权，根据《中华人民共和国食品卫生法》（以下简称《食品卫生法》）和《农业转基因生物安全管理条例》，卫生部于 2002 年 4 月 8 日颁布了《转基因食品卫生管理办法》（卫生部第 28 号令），自 2002 年 7 月 1 日起施行。该《管理办法》的主要内容如下。

1）管理范围

根据《农业转基因生物安全管理条例》，卫生部门主要承担转基因食品的食用安全性与营养质量评价。所称转基因食品包括："利用基因工程技术改变基因组构成的动物、植物和微生物生产的食品和食品添加剂"。食品卫生主管部门可根据《食品卫生法》，将转基因食品视为新资源食品进行管理。

2）管理内容

卫生部将建立转基因食品食用安全性和营养质量评价制度，制定转基因食品食用安全性和营养质量评价规程及有关标准。转基因食品作为一类新资源食品，必须经卫生部审查批准后方可生产或者进口。未经卫生部审查批准的转基因食品不得生产或者进口，也不得用作食品或食品原料。

参照WHO/FAO（世界卫生组织/联合国粮农组织）食品法典委员会有关转基因食品风险分析原则、植物来源食品的安全性评价原则、致敏性附件和微生物评价的相关文件中的框架和原则，转基因食品食用安全性和营养质量评价采用危险性评价、实质等同、个案处理等原则。

3）管理机制

卫生部设立转基因食品专家委员会，负责转基因食品食用安全性与营养质量的评价工作。委员会由食品安全、营养和基因工程等方面的专家组成。卫生部根据转基因食品食用安全性和营养质量评价工作的需要，认定具备条件的检验机构承担对转基因食品食用安全性与营养质量评价的验证工作。

4）标识制度

为了保障消费者的健康权和知情权，《转基因食品卫生管理办法》规定了转基因食品的标识形式：食品产品中（包括原料及其加工的食品）含有基因修饰有机体或（和）表达产物的，要标注"转基因XX食品"或"以转基因XX食品为原料"，"转基因食品来自潜在致敏食物的，还要标注"本品转XX食物基因，对XX食物过敏者注意"。

转基因食品采用下列方式标注：①定型包装的，在标签的明显位置上标注；②散装的，在价签上或另行设置的告示牌上标注；③转运的，在交运单上标注；④进口的，在贸易合同和报关单上标注。

5）监督制度

评价过程的监督管理：已认定的转基因食品食用安全性和营养质量检验机构必须按照卫生部制定的规程及有关标准进行评价。对出具虚假检验报告或者疏于管理难以保证检验质量的，由卫生部责令改正，并予以通报批评；情节严重的，收回认定资格。从事转基因食品检验、评审和监督工作的人员应当具备相应的专业素质和职业道德。

6）重新评价制度

卫生部对已经批准生产或者进口的转基因食品当发现有：对转基因食品食用安全性和营养质量的科学认识发生改变的；转基因食品食用安全性和营养质量受到质疑的，在上述情况下或其他必要的原因时，需要进行重新评价。

7）监督抽查制度

卫生部对转基因食品的生产经营组织定期或者不定期监督抽查，并向社会公布监督抽查结果。转基因食品生产经营的经常性卫生监督管理工作，按照《食品卫生法》及有关规定执行。

11.2.4　林业转基因生物安全管理法规

为了规范林木转基因工程活动审批行为，根据《中华人民共和国行政许可法》、《国务院对确需保留的行政审批项目设定行政许可的决定》（国务院令第 412 号）和其他有关规定，国家林业局于 2006 年 09 月 25 日发布了《开展林木转基因工程活动审批管理办法》，自 2006 年 7 月 1 日起施行。

1）定义

本办法所称林木转基因工程活动，包括转基因林木的研究、试验、生产、经营和进出口活动。本办法所称转基因林木，是指利用基因工程技术改变基因组构成，用于林业生产或者林产品加工的森林植物，主要包括：①转基因森林植物；②转基因森林植物产品；③转基因森林植物的直接加工品；④含有转基因森林植物及其产品成分的其他相关产品。

2）安全等级划分

林木转基因工程活动的安全等级按照其对人类、动植物、微生物和生态环境可能造成的危险程度，分为以下三级：Ⅰ级，尚不存在危险；Ⅱ级，具有低度危险；Ⅲ级，具有高度危险。

从事安全等级为Ⅰ级和Ⅱ级的转基因林木研究工作的，研究单位应当向国家林业局报告。从事安全等级为Ⅲ级的转基因林木研究工作的，研究单位应当在研究开始前向国家林业局提出申请，并提交下列材料：①申请书；②林木转基因工程活动的安全等级和确定安全等级的依据；③与安全等级相适应的安全设施、安全管理和防范措施等情况的说明材料；④所在地省级林业主管部门或者大专院校、中央直属科研院所的审核意见。

3）试验阶段和商业化生产

转基因林木试验，一般分为中间试验、环境释放和生产性试验三个阶段。中间试验，是指在控制系统内或者控制条件下进行的小规模的试验。环境释放，是指在自然条件下采取相应安全措施所进行的中规模的试验。生产性试验，是指在生产和应用前进行的较大规模的试验。转基因林木的环境释放和生产性试验可以同步进行。

生产性试验结束后，需要申请转基因林木安全证书，并提供相应的材料。国家林业局将组织对转基因林木安全证书申请进行安全性评价，安全性评价合格的，方可发放转基因林木安全证书。

用于生产、经营的转基因林木，应当取得转基因林木安全证书。生产、经营转基因林木的单位和个人，应当按照转基因林木安全证书的要求从事生产、经营活动。销售转基因林木种子的，应当用明显的文字标注，并提示使用时的安全控制措施。

4）进出境管理

拟从境外引进转基因林木用于研究、试验、生产或者经营的，应当向国家林业局提出申请，并提交相应材料。拟引进转基因林木用于生产、经营的，还应当提交输出国家或者地区经过科学试验未发现其对人类、动植物、微生物和生态环境有害的资料。

向境外出口林产品，外方要求提供是否属于转基因林木证明的，国家林业局可以提供相关证明材料。

5）监督检查

开展林木转基因工程活动的行政许可决定书，应当按照有关规定公示、公告。国家林业局应当依法对被许可人开展林木转基因工程活动的情况进行监督检查。被许可人以欺骗、贿赂等不正当手段取得批准的，国家林业局应当依法撤销其开展林木转基因工程活动的行政许可，并予以公示、公告。

11.2.5 相关技术标准

为配合《条例》和四项管理办法的实施，农业部自2003年以来陆续发布了26项有关农业转基因生物安全管理的技术标准，主要是转基因生物及其产品的技术规范和检测标准。其中2003年发布7项，2006年发布5项，2007年发布14项，2008年3月1日又实施另外27项①。另外，还有3项国际参考标准。

11.3 转基因生物安全管理制度及实施程序

为规范管理程序，农业部根据《条例》及配套规章以及临时措施的有关规定，对农业转基因生物安全管理各环节的申报程序进行了细化与分解，制定了《农业转基因生物安全评价管理程序》、《农业转基因生物进口安全管理程序》和《农业转基因生物标识审查认可程序》等，增加了农业转基因生物安全管理的透明度，便于接受社会监督。

11.3.1 农业转基因生物安全评价管理程序

1）阶段管理要求

农业转基因生物安全评价工作按照植物、动物、微生物三个类别实行分级分阶段管理，包括实验研究、中间试验、环境释放、生产性试验和申领安全证书五个阶段；安全等级Ⅰ、Ⅱ、Ⅲ、Ⅳ四个等级。农业转基因生物安全评价管理制度为报告制和审批制。报告制适用范围为实验研究Ⅲ、Ⅳ和中间试验；审批制适用范围为环境释放、生产性试验和申领安全证书（表11.2）。

表11.2 转基因生物从研发到生产的管理要求

管理阶段	安全等级	管理制度	管理单位	受理单位	批准文件
实验研究	安全等级Ⅰ、Ⅱ	—	本单位农业转基因生物安全小组	—	—
	安全等级Ⅲ、Ⅳ	报告	农业转基因生物安全管理办公室	农业部科技发展中心	—
中间试验	安全等级Ⅰ、Ⅱ、Ⅲ、Ⅳ	报告	农业转基因生物安全管理办公室	农业部科技发展中心	—

① http://www.stee.agri.gov.cn/biosafety/zhbd/t20080215_786379.htm

续表

管理阶段	安全等级	管理制度	管理单位	受理单位	批准文件
环境释放	—	审批	农业转基因生物安全管理办公室	农业部科技发展中心	审批书
生产性试验	—	审批	农业转基因生物安全管理办公室	农业部科技发展中心	审批书
申领安全证书	—	审批	农业转基因生物安全管理办公室	农业部科技发展中心	安全证书

2）申请受理时间

农业部每年两次组织国家农业转基因生物安全委员会对农业转基因生物进行安全评审。第一次受理申请的截止日期为每年的 3 月 31 日，第二次受理申请的截止日期为每年的 9 月 30 日。农业部自收到申请之日起两个月内，做出受理或者不予受理的答复；在受理截止日期后三个月内农业部做出批复。2008 年 2 月 14 日，农业部通知 2008 年将进行三次评审。每次安全评价资料申报受理截止时间分别为 3 月 1 日、7 月 1 日和 11 月 1 日。每次受理后约 45 天发布审批文件。①

3）报告制度管理程序

（1）拟从事安全等级为Ⅲ、Ⅳ级的实验研究和所有安全等级的中间试验的单位，应填写农业转基因生物安全评价报告书，并准备相应的技术资料。

（2）报告单位的农业转基因生物安全小组对本单位农业转基因生物安全评价报告书及技术资料进行技术审核，填写审核意见后，由报告单位上报农业部。

（3）农业转基因生物安全管理办公室进行初步审查、备案并向国家农业转基因生物安全委员会报告、咨询，书面反馈意见。

（4）报告单位的农业转基因生物安全小组，每年 12 月 31 日前要向农业部报告安全管理的执行情况。

（5）以转基因植物为例，介绍审批规定和安全评价主要指标。

例如，对中间试验的要求如下。

（1）一份报告书中转化体不超过 20 个。

（2）试验地点和规模：不超过两个省，每省不超过 3 个点，试验总面积不超过 4 亩②（多年生植物视具体情况而定）。

（3）试验年限：一般为一至两年（多年生植物视具体情况而定）。

（4）安全评价主要指标：转基因植物的遗传稳定性、农艺性状、环境适应能力、生存竞争能力、外源基因在植物各组织器官的表达及功能性状的有效性等。

4）审批制度管理程序

（1）拟申请环境释放、生产性试验和申请领取安全证书的单位，须填写农业转基因生物安全评价申报书，并准备相应的技术资料。

---

① http://www.stee.agri.gov.cn/biosafety/zhbd/t20080219_786436.htm

② 1 亩＝666.6 m^2

(2) 申报单位的农业转基因生物安全小组对本单位农业转基因生物安全评价申报书及技术资料进行技术审查，填写审查意见，报实施所在省（直辖市、自治区）农业行政主管部门审核。

(3) 实施所在省（直辖市、自治区）农业行政主管部门，自收到申请后的15个工作日内对农业转基因生物安全评价申报书进行登记和审核。主要审查试验地点基本情况是否真实，采取安全控制措施的可能性，并填写审核意见。

(4) 申报单位向农业转基因生物安全管理办公室提出申请，农业转基因生物安全管理办公室自收到申请之日起两个月内做出受理或者不予受理的答复。

(5) 农业部组织国家农业转基因生物安全委员会进行安全评价。农业转基因生物安全审批书或安全证书由主管部长签发，抄送批准进行环境释放、生产性试验和安全证书使用的所在省（直辖市、自治区）农业行政主管部门。

(6) 申报单位在取得农业转基因生物安全证书后，才能依照有关法律法规的规定，办理转基因植物种子、种畜禽、水产种苗和利用农业转基因生物生产的或者含有农业转基因生物成分的种子、种畜禽、水产种苗、农药、兽药、肥料、添加剂等审定、登记、审批相关手续。

(7) 生产、经营转基因植物种子、种畜禽、水产苗种，要分别取得农业部颁发的生产许可证和经营许可证，并定期向所在地县级人民政府农业行政主管部门提供有关生产、经营情况的报告。

(8) 审批制的几个阶段审批规定和安全评价主要指标。

A. 对环境释放阶段要求如下。

(1) 一份申报书中转化体不超过5个。

(2) 试验地点和规模：不超过2个省，每省不超过7个点，试验总面积为4～30亩（多年生植物视具体情况而定）。

(3) 试验年限：一次申报环境释放的期限一般为一至两年（多年生植物视具体情况而定）。

(4) 安全评价主要指标：转基因植物的遗传稳定性、农艺性状、环境适应能力、生存竞争能力、外源基因在植物各组织器官的表达及功能性状的稳定性、与相关物种的可交配性及基因漂移、对非靶标生物的影响等。

B. 对生产性试验阶段要求如下。

(1) 一份申报书只能申报一个品系。

(2) 试验地点和规模：应在批准过环境释放的省（直辖市、自治区）进行，不超过2个省，每省不超过5个点，试验总面积大于30亩（多年生植物视具体情况而定）。

(3) 试验年限：一次申报生产性试验的期限一般为一至两年（多年生植物视具体情况而定）。

(4) 安全评价主要指标：转基因植物的遗传稳定性、生存竞争能力、基因漂移检测、对非靶标生物的影响，食品安全性如营养成分分析、抗营养因子、是否含毒性物质、是否含致敏原，标记基因的安全性，必要的急性、亚急性动物试验数据等。

C. 对申请安全证书阶段要求如下。

（1）一份申报书只能申请转基因植物一个品系（或品种）。

（2）一个转基因植物品系（或品种）应当在已批准进行过生产性试验的一个省级行政区域申请一个安全证书。

（3）一次申请安全证书的使用期限一般不超过五年。

（4）申请安全证书须提供转基因植物对生态环境安全性的综合评价报告、食用安全性的综合评价报告等材料。

11.3.2　农业转基因生物进口安全管理程序

进口农业转基因生物按照用于研究和试验的、用于生产的以及用作加工原料的三种用途实行安全审批管理。农业转基因生物安全管理办公室自收到申请之日起两个月内给出受理或者不予受理的答复。农业部、国家出入境检验检疫部门自收到申请人申请之日起 270 日内作出批准或者不批准的决定，并通知申请人。

1. 进口用于研究和试验的、用于生产的农业转基因生物安全管理程序

（1）引进单位或境外公司对所从事的农业转基因生物活动进行安全性评价，填写农业转基因生物安全申报书和进口安全管理登记表，准备有关申报材料。

（2）引进单位的转基因生物安全小组或境外公司负责人，组织对申报材料进行技术审查，填写本单位的审查意见。

（3）引进单位或境外公司拟申请进行实验研究、中间试验的，将申报材料直接报送农业转基因生物安全管理办公室；拟申请环境释放、生产性试验和安全证书的，须取得实施所在省（直辖市、自治区）农业行政主管部门的审核意见后报农业转基因生物安全管理办公室。实施所在省农业行政主管部门自收到申报材料之日起 15 个工作日内提出审核意见。审核内容包括：试验地点基本情况是否真实，采取安全控制措施实施的可能性。

（4）农业部组织国家农业转基因生物安全委员会进行安全评价。农业转基因生物安全管理办公室根据国家农业转基因生物安全委员会的评审意见和《农业转基因生物安全评价管理办法》不同阶段的规定，起草农业转基因生物进口批准文件或安全审批书或安全证书，经主管部长签发后，抄送相关省农业行政主管部门、部内有关司局和国家质检总局。

（5）引进单位或境外公司凭农业转基因生物进口批准文件或安全审批书或安全证书向有关部门办理相关手续。

2. 进口用作加工原料的农业转基因生物安全管理程序

1）进口用作加工的农业转基因生物原料的安全评价管理程序

（1）由境外公司向农业转基因生物安全管理办公室提出领取农业转基因生物安全证书申请。申请资料包括：①进口安全管理登记表；②按照《农业转基因生物安全评价管理办法》附录Ⅴ填写的申报书；③输出国家或者地区已经允许作为相应用途并投放市场的证明文件；④输出国家或者地区经过科学试验证明对人类、动植物、微生物

和生态环境无害的资料；⑤境外公司在向中华人民共和国出口过程中拟采取的安全防范措施。

（2）农业转基因生物安全管理办公室对申请资料进行审查。

（3）审查合格，由农业转基因生物安全管理办公室出具一个允许进行安全评价检测的批件，凭该批件依法向相关部门办理检测材料入境手续。

（4）境外公司委托国内某些经农业部认可的检测机构进行环境安全评价和食品安全评价检测。具体参照《农业转基因生物安全管理条例》和《农业转基因生物安全评价管理办法》关于环境释放阶段的要求进行。其中环境安全主要选择生存竞争力、基因漂移、杂草化、对靶标与非靶标生物的影响等为主要检测指标，食用安全主要选择抗营养因子和大鼠喂养作为主要检测指标。

（5）境外公司向农业转基因生物安全管理办公室提交有关环境安全评价和食品安全评价检测报告。

（6）国家农业转基因生物安全委员会对申请材料进行全面的安全评价。

（7）安全评价合格并经农业部核准后颁发农业转基因生物安全证书，并抄送国家质检总局。

（8）凭农业部颁发的农业转基因生物安全证书和相关批准文件，依法办理有关手续。

（9）在首次申请农业转基因生物安全证书获得批准后，再次向中国出口农业转基因生物，符合同一种农业转基因生物条件的，简化安全评价手续。由境外公司或代理公司凭农业部首次颁发的农业转基因生物安全证书或相关批准文件复印件，填报进口安全管理登记表并附拟采取的安全防范措施，向农业部农业转基因生物安全管理办公室提出申请。经审查合格，农业部颁发本批次的农业转基因生物安全证书；凭农业转基因生物安全证书，向有关部门办理相关手续。

2）进口转基因农产品的安全评价管理程序

（1）由境外公司向农业转基因生物安全管理办公室提出领取转基因农产品的生物安全证书申请。提交申请时，须提供以下资料：①农业部颁发的转基因生物原料的生物安全证书复印件；②进口安全管理登记表；③由转基因原料到转基因产品的加工过程及对安全性的影响资料；④拟采取的安全防范措施。

（2）农业转基因生物安全管理办公室对资料进行审查。必要时，递交农业转基因生物安全委员会进行安全评价。

（3）农业部根据评价意见，在270天内作出发放生物安全证书或不发放的决定。

（4）境外公司凭农业部颁发的农业转基因生物安全证书，向有关部门办理相关手续。

11.3.3 农业转基因生物标识审查认可程序

1）审查范围

在中国境内销售列入农业转基因生物标识目录的农业转基因生物都应当标识。境外公司向中国境内出口实施标识管理的农业转基因生物，应当向农业部提出标识审查认可申请；国内单位或个人生产、销售实施标识管理的农业转基因生物，应当向所在地县级以上农业行政主管部门提出标识审查认可申请，经批准后方可使用。

2）提供材料

申请标识审查认可应提供以下材料（一式三份）：

（1）标识审查认可申请表。

（2）标签式样。

（3）标识说明（如标识大小、尺寸比例，颜色，在产品包装上的所在部位，牢固度，附着力等）。

（4）运输过程中标识使用说明。

（5）农业部颁发的农业转基因生物安全证书和相关批准文件复印件。

（6）其他相关批准文件（如品种审定证书、农药登记证、肥料登记证、新兽药证书及其生产许可证书和经营许可证等）。

（7）其他标识审查认可所需材料。

3）审查内容

农业部和县级以上农业行政主管部门收到标识审查认可申请后，应当在 30 日内完成审查工作，并做出审查的决定。审查内容包括如下。

（1）申请材料是否齐备、完整、真实、可靠。

（2）标识内容与农业转基因生物安全证书的一致性（包括生物种类、组分、范围等）。

（3）内容和格式与所生产、销售的产品特点或特性的符合性。

（4）标识与标签的整体协调性。

（5）标识中文的规范性。

（6）标识与其他相关批准文件的一致性。

（7）标识是否清晰、醒目。

4）审查结果的报告

县级以上农业行政主管部门在每月 10 日前应将上月所批准的标识审查认可申请及批准文件报所在省（自治区、直辖市）农业行政主管部门备案；各省（自治区、直辖市）农业行政主管部门应当在每个季度末，将本省（自治区、直辖市）的标识审查认可申请审批结果汇总报农业部农业转基因生物安全管理办公室备案。农业部将标识审查认可申请审批结果抄送有关部门。

5）重新办理标识审查

经审查认可的农业转基因生物标识，有下列情况之一的，应当按原程序重新办理标识审查认可申请手续。

（1）农业转基因生物安全证书有效期已满的。

（2）标识式样变更的。

（3）其他原因需重新办理标识审查认可的。

6）审查认可的注销

经审查认可的农业转基因生物标识，有下列情况之一的，原审查认可批准机关应当注销标识审查认可批件。

（1）已被撤销农业转基因生物安全证书的。

（2）应当重新办理标识审查认可申请而未申请或者重新审查认可未经批准的。

（3）对该标识违法行为进行立案查处的。

（4）按法律法规规定，其产品已责令停止生产、销售的。

11.3.4 转基因食品的管理制度及实施

生物工程转基因技术具有巨大的潜力，其发展具有历史必然性。由于转基因生物对食物、生态环境等具有许多不确定性影响，引起了人们对其食品安全性的普遍忧虑。我国转基因食品安全管理存在立法上的滞后性、适用范围不确定性、可操作性差、安全防范措施不得力等问题，有必要建立完善的法律制度，其主要包括：转基因食品经营许可证制度、标识制度、安全评估制度、监测制度、标准制度、转基因专利制度等。

1）转基因食品的管理现状

《农业转基因生物安全管理条例》赋予卫生部门监督管理转基因食品安全工作的职能，规定："县级以上各级人民政府卫生行政主管部门依照《中华人民共和国食品卫生法》的有关规定，负责转基因食品卫生安全的监督管理工作。"据此，主管食品卫生的部门也可以制定和发布针对转基因食品安全管理的法规和制度。

根据卫生部2002年发布的《转基因食品卫生管理办法》和农业部第190号关于《转基因农产品安全管理临时措施公告》，卫生部决定，自2002年12月21日起，接受转基因食品食用安全性与营养质量评价的申请。根据国内的管理分工实际情况，卫生部对已经通过农业部批准的转基因食品不再进行重复检验和审批。

农业部的工作处于转基因食品安全评价工作的上游，因此在2002年初农业部发布公告之后，2002年11月27日卫生部发出2002年第13号公告，"根据卫生部《转基因食品卫生管理办法》和农业部第222号公告，决定将转基因食品食用安全性与营养质量评价申请接受日期，由2002年12月21日起改为自2003年9月20日起"。

农业部已经受理孟山都、杜邦、拜尔、先正达等公司提出的转基因玉米、大豆、油菜、棉花的申请，并进行上述作物的生物安全评价工作。根据农业部和卫生部有关条例和措施的规定，中国疾病预防控制中心营养与食品安全所、中国农业大学、天津卫生防病中心在取得农业部转基因食品食用安全性检验机构的批准后，已经对孟山都、杜邦、拜尔、先正达等境外公司提供的转基因玉米、大豆、油菜籽、棉籽开展营养与安全评价工作。

2）部门间管理体制的协调

转基因农作物（食品）涉及环境安全和人体健康，因此引起了相关部委的重视。针对国务院的《农业转基因生物安全管理条例》，农业、卫生、质检等部门分别出台了各自的配套条例和措施，以积极的态度应对转基因食品（作物）带来的挑战。但是，由于转基因生物涉及管理部门较多，部门之间不可避免地出现了一些不协调的问题。特别是在转基因生物（食品）管理的初期曾经出现了国外的生物技术公司面对多个部门发出的众多条例和管理办法无所适从的局面。随着管理工作的深入和趋于稳定，部门间协调问题基本得到解决，在转基因食品管理上逐渐达成了共识。进口转基因作物（食品）的审批由农业部牵头进行，转基因食品的安全与营养评价等涉及食用安全的方面由农业部和卫生部委托相关的检验机构进行评价。原则上，农业部已经评审的项目卫生部不再重复进行评审。

3）安全评价技术力量的协作

目前各个相关部门均建立或认定了各自与转基因农作物（食品）相关的实验室，重复建设实验室的结果是使得有限的财力受到了分散，各个实验室的水平参差不齐，实验室间的结果可比性不高。如何发挥各个实验室的优势、扬长避短是目前管理工作亟待解决的问题。目前，已逐步形成以中心实验室的形式建立或认证相对独立的权威检验机构，各个中心实验室可分管不同的检验项目，发挥各个部门的管理优势及相关领域的人才优势，以保证检验结果的准确性和一致性。

我国转基因作物的种植、繁育及推广发展较快，以大豆为代表的转基因农作物的进口增长更是稳定增长。如何进行转基因作物（食品）的评价、保证我国的经济贸易利益和人民的健康，面临技术的挑战。需要在管理和安全评价工作方面加强能力建设，建设一批全国性或地区性安全评价国家重点实验室，提高安全评价工作的质量，使用与国际接轨的标准，评价结果要得到国际认可，使中国的安全评价技术达到国际领先水平。

主要参考文献

陈德敏，邓禾. 2004. 对我国转基因食品安全性的立法探讨. 重庆大学学报，10（3）：301～304

国家环保总局. 2000. 中国国家生物安全框架. 北京：中国环境科学出版社

林毅夫. 2000. 再论制度、技术与中国农业发展. 北京：北京大学出版社

刘标，薛达元. 1998. 基因工程作物：前途光明，道路曲折. 科技导报，11：51～54

刘旭霞，朱鹏，陈晶. 2008. 转基因食品安全监管法律制度研究现状. 农村经济与科技，9：71～73

马春艳，柳鹏程. 2006. 我国转基因食品的标识问题及管理对策. 湖北农业科学，45（4）：506～508

诺斯. 1994. 制度、制度变迁与经济绩效. 上海：上海三联书店

钱迎倩，马克平. 1998. 经遗传修饰生物体的研究进展及其释放后对环境的影响. 生态学报，18（1）：1～9

钱迎倩. 1994. 生物多样性与生物技术. 中国科学院院刊，2：134～149

汪其怀. 2006. 中国农业转基因生物安全管理回顾与展望. 世界农业，2006（6）：18～20

徐海根等. 2008. 中国转基因生物安全性研究与风险管理. 北京：中国环境科学出版社

薛达元. 2005. 转基因生物风险与管理——转基因生物与环境国际研讨会论文集. 北京：中国环境科学出版社

薛达元. 2006. 转基因生物环境影响与安全管理——南京生物安全国际研讨会论文集. 北京：中国环境科学出版社

薛达元等. 2004. 转基因基因食品安全研究（第七编，包括第 35～39 章）. 见：陈锡文，邓楠. 中国食品安全战略研究. 北京：化学工业出版社. 791～874

殷丽君，孔瑾，李再贵. 2002. 转基因食品. 北京：化学工业出版社

张敬平. 2006. 转基因食品安全管理与我国对策. 现代预防医学，12：2323，2324

张启发．2003．转基因作物研发、产业化、安全性与管理．中国大学教学，3：36

Xue Dayuan，Tisdell C. 2000. Safety and Socio-Economic Issues Raised by Modern Biotechnology. International Journal of Social Economics，27（7）：699～708

Xue Dayuan，Tisdell C. 2002. Global trade in GM food and the cartagena protocol on biosafety：consequences for China. Journal of Agricultural and Environmental Ethics，15（4）：337～356

第12章　转基因生物的越境转移与标识制度

在《议定书》起草阶段的政府间谈判中，各国代表强调，基因工程可产生重大的积极作用，但也会带来未知的风险，因此必须谨慎行事。由于发展中国家处理转基因事故的能力普遍不足，为保证进口国家的环境安全，各国提出，《议定书》的重点应放在转基因生物越境转移的安全管理上，并提出“事先知情同意”的机制，以便消除发展中国家的忧虑。

最终达成的《生物安全议定书》文本在其第1条（目标）里特别提及：本《生物安全议定书》的目标是依循《关于环境与发展的里约宣言》原则15所订立的预先防范办法，协助确保在安全转移、处理和使用凭借现代生物技术获得的、可能对生物多样性的保护和可持续使用产生不利影响的转基因生物领域内采取充分的保护措施，同时顾及对人类健康所构成的风险，并特别侧重越境转移问题。

在越境转移的过程中，需要对转基因生物及其产品进行标识，这也是各国普遍关注的问题。而转基因生物及产品一旦进入市场，就需要进行标识管理，特别是对转基因食品、饲料和用于加工的转基因产品的标识管理。转基因食品标识是转基因食品安全管理的重要内容，为了加强对转基因食品的安全管理，维护消费者的健康，对转基因生物及其产品实施强制标识是实施市场管理前提条件。也是转基因食品管理的信息系统和监督系统的基础，是转基因食品管理的一项经常性工作。实施转基因食品标识管理，不仅有利于管理机构甄别管理，降低监测成本，而且保障了消费者的知情权和选择权。

12.1　转基因生物越境转移的基本内容

12.1.1　有意越境转移

《生物安全议定书》第8条规定了“通知”程序：出口缔约方应在首次有意越境转移属于第7条第1款范围内的转基因生物之前，通知或要求出口者确保以书面形式通知进口缔约方的国家主管部门。通知中至少应列有附件一所列明的资料。“通知程序”是转基因生物越境转移中“事先知情同意”原则的体现，通知的内容应该由进口方的法律明确规定下来。

首先应该由出口方向进口方主管部门发出书面通知，该通知应该包括进口方法律规定所要求的所有信息，这些信息应该由进口方以法律形式确定下来。对于有意向环境释放的转基因生物，出口方应该在转基因生物第一次有意越境转移之前，确保以书面形式通知进口方或者过境方的国家主管部门。通知中应该包含一些必要的信息，并且由出口方确保这些信息的材料准确无误。

在收到出口方的书面通知后，进口方应该在法定时间内给予正式的书面回应。进口方应该由相应的国家主管部门对出口方作出答复，同时向国家联络点和生物安全信息交换机制提交材料。出口方应该保存上述的通知纪录和进口方的回应纪录，以备查询。

对于拟向环境释放的转基因生物，出口方应该说明转基因生物的生物学特征特性，并说明任何有关安全处置、存放、运输和包装这些转基因生物的要求，以及具体使用者的信息，例如转基因生物被交付使用的个人或者机构名称和地址和出口方的名称和地址。

12.1.2 无意越境转移

《议定书》的第 17 条“无意中造成的越境转移和应急措施”中的规定：每一缔约方均应在获悉已发生下列情况时采取适当措施，并酌情向受到影响或可能会受到影响的国家、生物安全信息交换所及有关的国际组织发出通报：因在其管辖范围内发生的某一事件造成的释放导致了或可能会导致转基因生物的无意越境转移，从而可能对上述国家内生物多样性的保护和可持续使用产生重大不利影响，同时亦可能对这些国家的人类健康构成风险。缔约方应在知悉上述情况时立即发出此种通知。

12.1.3 非法越境转移

《议定书》的第 25 条“非法越境转移”中规定：①每一缔约方应在其国内采取适当措施，防止和酌情惩处违反其履行本《生物安全议定书》的国内措施的转基因生物越境转移，此种转移应视为非法越境转移；②在发生非法越境转移事件时，受到影响的缔约方可要求起源缔约方酌情以运回本国或以销毁方式处置有关的转基因生物，所涉费用自理。

12.1.4 转基因生物的过境转移

《生物安全议定书》第 6 条规定了过境转移在怎样的情况下无需采取事先知情同意程序。过境转移是比较特殊的一种越境转移，即当事国不是转基因生物的出口方，也不是进口方，仅仅是转基因生物在运输过程中的过境方。过境包括在港口过境和海域的过境。由于过境方相应的管理法规还不健全，但是转基因生物逃逸或者释放的风险存在，所以需要对于转基因生物越境转移中的过境管理给予相应的立法管理。

12.1.5 与非缔约方的越境转移

《生物安全议定书》第 24 条“非缔约方”规定如下。

（1）缔约方与非缔约方之间进行的转基因生物的越境转移应符合本《生物安全议定书》的目标。各缔约方可与非缔约方订立关于此种越境转移的双边、区域和多边协定及安排。

（2）各缔约方应鼓励非缔约方遵守本《生物安全议定书》并向生物安全信息交换所提供转基因生物在属其国家管辖的地区内释放及其出入情况的相关信息和资料。

12.2 《议定书》有关转基因生物越境转移标志的谈判进展

12.2.1 《议定书》有关标志的规定

《议定书》第 18 条是关于转基因生物的处理、运输、包装和标志。

其第一款要求：为了避免对生物多样性的保护和可持续使用产生不利影响，同时亦顾及其对人类健康构成的风险，每一缔约方应采取必要措施，要求对凡拟作属于本议定书范围内的有意越境转移的改性活生物体（转基因生物），均参照有关的国际规则和标准，在安全条件下予以处理、包装和运输。

其第二款，将越境转移的转基因生物分为三类：①用作食品或饲料或加工原料的转基因生物；②用于封闭性使用的转基因生物；③拟有意引入进口国环境的转基因生物。三类转基因生物由于其对环境和健康的风险不同，对其安全处理、储存、运输和使用的要求也不相同。而最有争议的是对①用作食品或饲料或加工原料的转基因生物，在当初《议定书》文本谈判时，由于争议太大，所以决定留作《议定书》生效后继续谈判，并在两年内完成谈判。

第三款提出，作为本议定书缔约方会议的缔约方大会应与其他相关的国际机构协商，考虑是否有必要以及以何种方式针对标识、处理、包装和运输诸方面的习惯做法制定标准。

12.2.2 谈判各方的主要争论

1.《议定书》第一次缔约方会议关于第 18 条的相关谈判

有关转基因活生物体在越境转移时的标志，是《议定书》文本达成后政府间委员会（ICCP）三次会议上探讨最多的问题之一。于 2004 年 2 月在马来西亚召开的《议定书》第一次缔约方会议主要审议了 18 条第 2 款背景下的标识问题，即伴随 LMO 越境转移的单据类型和标识内容等。

多数发展中国家（主要是非洲集团、印度、马来西亚等）以及欧盟、挪威等发达国家认为，在 18 条第 2（a）款下关于拟用作食物、饲料和加工原料 LMO 的越境转移，需要详细标明。而目前贸易上使用的在商业货单上标明“可能含有”转基因生物的做法过于简单，不便于进口国家的安全管理，而使用独特标识系统则是理想的方法。但 LMO 出口国，主要是南美洲的巴西、阿根廷、智利、墨西哥，北美洲的美国、加拿大，以及澳大利亚和南非等国家反对使用复杂的标识单据，认为只要在商品的货物单上标明“可能含有”即可，无须额外的单据。

在对第 18 条 2（b）款（针对引入封闭使用的 LMO 情况）和第 18 条 2（c）款（针对引入环境的 LMO 情况）的讨论中，也存在类似的争论。另外，在是否对此议题建立特设专家工作组的问题双方也存在分歧。

经接触小组和大会第一工作组的艰苦谈判，大会做出的决定基本符合了 LMO 进口国家的要求，但最终决定还有待技术专家组以及以后成立的特设专家工作组的进一步谈判。大会的决定如下。

1. 本次大会对 18 条 2（a）款，即对拟直接用作食品、饲料或加工原料的 LMO 进行标识所附单据问题的决定如下。

（1）在新决定做出之前，暂采用商业发货单或其他单据，标明可能含有 LMO，其详细规定有待缔约方大会进一步做出决定。

（2）单据上应标明含有 LMO，不打算将其引入环境；提供的信息包括通用名称、科学名称和现有的商业名称，LMO 的转化编码或现有的独特标识编码，以获得有关资料的检索码；并提供联络点细节，并可向有关主管当局进一步索取资料。

（3）决定成立不限成员技术专家组，审查标识单据、单据所含信息、独特标识码、LMO 阈值、取样和检测方法等。

（4）促请各国在 2004 年 6 月 30 日前向执行秘书提供上述资料的观点和国家经验。

2. 对 18 条 2（b）和（c）款，即对封闭使用和有意引入环境的 LMO 的决定为：

（1）确保使用商业发货单或现行其他单据，确保写入规定的详细信息（封闭使用与有意引入环境的）；

（2）各国政府在第二次缔约方会议前 5 个月内提供执行 18 条 2（b）和（c）款的经验。

3. 对独特标识制度的决定是：认识到需要一个统一的独特标识制度，欢迎 OECD 制定独特标识指南，在生物安全信息中心制定或维护独特编码登记制度。

2. 关于第 18.2（a）问题的不限成员名额技术专家组会议进展

根据议定书缔约方大会第一次大会第 BS-I/6 号决定，设立了关于拟直接用作食品、饲料或加工原料的改性活生物体的标识要求问题的不限成员名额技术专家组。技术专家组于 2005 年 3 月 16～18 日在蒙特利尔举行了会议。74 个缔约方国家和其他国家出席了会议。

1）会议主要议题

会议的主要议程是审查与制定拟直接用作食品、饲料或加工原料的改性活生物体的标识的详细要求相关的各项问题，包括：

（1）改性活生物体的应附单据；

（2）所附单据应提供的信息；

（3）使用独特标志的范围和形式；

（4）启动标志要求可能需要的偶然或无意造成的改性活生物体含量的阈值；

（5）审查改性活生物体的现有取样和检测方法，以便予以统一。

2）会议讨论结果

这次会议因各方争论太大，只是提出了若干备选方案，并未能对相关问题达成一致的意见。会议未能形成意见一致的会议决议，只是以主席案文的形式呈交于 2005 年 5 月 30 日至 6 月 3 日在加拿大蒙特利尔召开的《议定书》第二次缔约方大会进一步讨论。会议讨论的初步结果如下。

（1）关于拟直接用作食品、饲料或加工原料的改性活生物体的应附单据。所讨论内容的备选方案包括：商业发货单；根据《议定书》商定的独立单据；由国家当局作为模板提出的一独立的单据；现行单据制度规定或使用的其他单据；以及这些内容的各种结合办法。

（2）关于所附单据应提供的信息。所讨论内容的备选方案包括：改性活生物体的通用名称、学名及可能是商业名称；改性活生物体的转变活动编码；分类学名称、加入的基因变异、被改变的特性或基因、关于受体及供体的资料；以及这些内容的各种组合方式。还有独特的识别资料，以及关于改性活生物体的安全处理、储存、运输和使用的资料等。

（3）关于改性活生物体的独特标识和使用方法。所讨论内容的备选方案包括：经合组织的转基因作物独特识别资料以及可能的话其他独特的识别资料；生物安全信息交换所的网址；等待经执行其他标志和单据要求有了进一步经验而确定了独特的识别资料后；应附单据不需要这种识别资料；这些内容的各种组合方式。这种制度可以与生物安全信息交换所联系起来，也可以与传统作物和改性作物的独特海关编码结合起来。

（4）启动标识要求可能需要的偶然或无意造成的改性活生物体含量的阈值。所讨论内容的备选方案包括：对所有普遍种植的改性活生物体变种的商品装运临时要求 5%的阈值；不规定阈值；在个案基础上通过的国家性阈值；以及根据科学的风险评估对具体的改性活生物体规定阈值，包括由食品法典委员会（Codex Alimentarius）和国际植物保护公约等有关国际组织所制定的阈值。

（5）取样和检测方法的协调统一。所讨论内容的备选方案包括：技术的选择和标准的确定可由其他的有关国际组织承担；应确定接受具体改性活生物体取样和检验技术的接受标准以及任何满足了标准的技术皆可采用；应对某一具体改性活生物体确定一种或一种以上的技术并作为这一改性活生物体的标准技术予以采纳。

3.《议定书》第二次缔约方会议关于第 18 条的相关决议

《卡塔赫纳生物安全议定书》第二次缔约方会议（COP-MOP2）于 2005 年 5 月 30 日至 6 月 3 日在加拿大蒙特利尔召开。此次 MOP2 会议重点审议了 2005 年 3 月召开的不限成员名额技术专家组会议关于拟直接作食品或饲料或加工原料的改性活生物体标志的详细要求的各项建议，但是，由于各方争论很大，未能对第 18 条第 2 款第（a）项做出决定。会议还审议了执行第 18 条第 2（b）项和 2（c）项的要求方面的经验综述，并就此事项提出进一步指导。

包括非洲联盟在内的许多发展中国家表示不能接受 3 月的会议案文，因为该文件的第五条建议是，“在无法确知装运中含有改性活生物体或者无法确知装运中含有哪一种具体的改性活生物体时，所附单据应明确标示该货运可能含有改性活生物体……”。他们要求删除这一款，或将语句中的“可能含有”改成“含有”。但是一些中、南美洲农产品出口国家（巴西、阿根廷、秘鲁、墨西哥等）表示反对，特别是巴西、新西兰等极力阻挠，难以达成一致意见。经过三天的昼夜协商，前后共产生 11 个文本，仍然未能形成一致意见。

12.2.3 库里提巴（Curitiba）规则的形成

1）议定书第三次缔约方会议（COP-MOP3）

《卡塔赫纳生物安全议定书》第三次缔约方会议（COP-MOP3）于 2006 年 3 月 13～17日在巴西库里提巴（Curitiba）召开。COP-MOP3 最核心的议题是审议转基因生物越境转移的处理、运输、包装和标志。

与 COP-MOP2 会议一样，本次会议对转基因生物越境转移的标志方式的讨论仍然激烈。非洲集团、欧盟等转基因生物进口国要求进口货物应明确标志“含有”转基因生物，并详细标明相关信息；而美国、加拿大、澳大利亚及中、南美洲等谷物出口国家只接受“可能含有”转基因生物的标志方式。COP-MOP2 会议上阻碍进程的巴西和新西兰这次并没有再度造成麻烦，巴西作为 COP-MOP2 会议的东道主国，对达成协议表示了较强的政治愿望，并发挥了积极作用。但墨西哥等却代之为协议的形成设置了障碍，使最终协议一波三折。

在最后的全会上，墨西哥和巴拉圭对这份主席案文提出进一步修改意见。大会主席请第一组会议主席进一步与墨西哥、巴拉圭、欧盟、非洲集团等国家进一步磋商，本着合作的精神，最后形成了一份妥协案文，全会通过了这份 5 天激烈磋商后达成的妥协案文。这是议定书生效近三年来的一个里程碑。

2）“库里提巴（Curitiba）规则”的内涵

最后妥协的一揽子协议被称为“库里提巴（Curitiba）规则”。它要求各缔约方采取措施，在使用“身份保护系统”而可以确定是转基因生物的情况下，需要确保在伴随 LMO-FFP（用于食物、饲料和加工用途的转基因生物）的货物单据中清楚地标明货物中含有转基因生物；而对于尚未采用身份保护系统而难以分辨是否为转基因生物的情况下，可能允许继续使用“可能含有”转基因生物的标志方式。上述规定将在第 5 次缔约方会议（2010 年）接受审查和评估，在第 6 次缔约方会议（2012 年）上有希望能够明确规定使用“含有”转基因生物（LMO-FFP）。这意味着“可能含有”的标志方式最终将会在 2012 年结束。

会议达成的“Curitiba 规则”，要求如果通过一些方法（如身份保持系统）能确定转基因生物的种类，那么货运附随单据就必须清楚地标明该货运含有 LMO-FFP。“Curitiba 规则”还允许在对于无法通过此类方法确定的转基因生物，单据可以书定为该货运可能含有一种或多种 LMO-FFP，并认为“可能含有”将不要求列出该货运中含有转基因生物更多品种的名单。规则还规定在这些标志要求实施之后，在 COP-MOP5 上要重新审议实施经验，而 COP-MOP6 将决定是否取消“可能含有”字样的标志方法。因为本次缔约方会议已经决定以后每两年召开一次 COP-MOP 会议，这意味着“可能含有”字样的陈述会一直保留到 2012 年。

最后，规则还包括了能力建设的专门规定，特别是关于使用和发展简单、快捷、可靠、省钱的取样和检测转基因生物的技术，这一点在 COP-MOP3 议程中始终被提到，因为即使是发达国家在制定和实施国家生物安全框架时也都显露出在技术上面临的挑战。

3）关于“库里提巴规则”达成的背景

这次会议能够就《议定书》第 18 条 2（a）款中拟直接作食物或饲料或加工之用的转基因生物（简称“LMO-FFP”）标志要求达成决定，无疑是本次会议的核心成果。有人认为，如果不能在第 18 条 2（a）款上取得进展的话，议定书将形同虚设。事实上，10 个月前在加拿大蒙特利尔举行的 COP-MOP2 上，各缔约方没能就这个问题达成一致，从而超过了《议定书》文本中规定的解决该问题的时间底线。而这次，在一周的延长谈判期内，各缔约方终于达成妥协，正如很多代表声称的，妥协平衡了出口国、进口国的利益，也平衡了发达国家和发展中国家的利益。

早在 2000 年 1 月，议定书各方谈判代表在最后的时刻达成了第 18 条 2（a）款的文本内容，认为如果 LMO-FFP 不是有意引入到环境中，那么附随单据应标志该货运“可能含有”转基因生物，并规定各缔约方在议定书生效后两年之内（即 2005 年 9 月）就标志详细要求达成决定，在 COP-MOP1 上，达成 BS-I/6 决议，认为单据标志要注明转基因生物的普通名称、科学名称，如果有的话还要注明商业名称，还有转化事件代码，或者它的独特标志代码。COP-MOP1 还为制定标志详细要求成立了一个技术专家组。

对于用“可能含有”转基因生物这样的陈述来标志转基因生物货运，从一开始就受到强烈的反对。自从《生物安全议定书》公开谈判的这十多年以来，“含有”二字有着它固有的生命力，成为那些要求详细标志的人们的战斗口号。进口国视“含有”作为明确货运中 LMO-FFP 的方法，而出口国却担心不可能做到能够明确鉴定出货运中包含的每一种 LMO-FFP，还担心如果在货运中偶然非有意的出现转基因生物会被视为违约而被追究。

因为对单据的要求关系到贸易尺度，这两种意见无法调和。农业出口大国警告说，繁杂详细的标志要求会影响到全球贸易，包括非转基因生物的贸易。他们对于实行可追踪系统尤为反感，例如，要在生产和运输过程中采取隔离措施，以确保货运中含有或是不含转基因生物。有些人还担心，由于缺少隔离的基础条件，从而导致所有的货运都不得不戴上“含有”LMO-FFP 的帽子。

而另一方，进口国非常希望标志要求中明确货运中到底含有的是哪一种转基因生物，而不是笼统地说货运中可能含有一系列转基因生物的名单，属于发展中国家的进口国，尤其是非洲的缔约方，强调货运中要列出出口国种植的转基因生物的名单，如果不知道货运中最有可能包含哪种转基因生物，就会给他们作决定带来挑战，因为还需作额外的风险评估，以及还存在充分检测和监测方面的能力不足问题。

《议定书》赋予缔约方制定自己国内生物安全立法的权利，其中包括可以制定更为严格的标志要求和标志阈值（一旦超过该阈值，货运将不得不标志为含有转基因生物）。现在有一些进口国在推动建立阈值的国际准则和标准。

反对者质疑如果要检测所有货运中转基因生物的含量，在技术和资金上存在困难。也正是所谓的阈值国际标准，导致在 COP-MOP2 上未能就第 18 条 2（a）款达成一致。新西兰和巴西担心建立这样的规则会影响到贸易，因此他们不顾谈判一周后各国达成的一致而强烈反对。

在COP-MOP3上，大家的注意力主要集中在如何调和这两派的意见上。在Curitiba有一些缔约方的立场改变令人惊讶，他们强烈要求保持"可能含有"字样的标志要求，它们是巴拉圭、秘鲁和墨西哥，有人认为这是随着很多国家批准了转基因生物的种植、生物安全制度快速发展的缘故。这些国家认为对LMO-FFP的任何限制都会影响到贸易。

这种转变可以从谈判代表的变化中找到证据，环境和农业部长少了，商贸和财政部长多了。议定书对贸易的影响，尤其是议定书与世贸组织的关系问题一直是COP-MOP3的各项议题讨论中都会涉及的，包括如何定义过境转运，确定过境国的权利和义务，以及正在努力中的促使《生物多样性公约》执行秘书处取得相关世贸组织委员会观察员的身份。与其相类似的，出口国缔约方之前与一些非缔约方大国（如美国）签订的双边贸易协定，被认为是这些拉丁美洲缔约方出来反对达成共识的原因。

最后，在"主席之友"磋商组两天密集地协商之后，终于在周五晚上达成了一致。整个谈判过程中，代表们主要基于巴西总统卢拉于周二时提出的建议进行讨论，很多人认为此次会议之所以能取得最终成果，应归功于东道主国家高级别领导者的参与（如巴西环境部长Marina da silva的全程出席）。

4）COP-MOP4的最新进展

《卡塔赫纳生物安全议定书》(CPB）第四次缔约方会议COP-MOP4于2008年5月12～16日在德国波恩召开。大会讨论的主要实质性议题有：转基因生物的处理、运输、包装和标志（第18条第2款）；风险评估与风险管理（第15条和第16条）；赔偿责任与补救（第27条）等。

关于转基因生物出口的文件标志仍然是一个备受关注的议题。在CPB谈判并且持续至今的所有关于转基因生物的辩论中，一个主要的问题就是在田野（开放的环境），或者农产品的越境运输或者是食品的加工过程中，无意中将转基因生物和非转基因生物混合所造成的污染。而CPB的第18条是专门解决出口转基因生物的处理、运输、包装和标志的问题。

CPB的第18.2（a）条要求，伴随着出口的LMO-FFP的文件，必须清楚地表示该LMO-FFP"可能含有"转基因生物，并且不打算有意将其引入到环境中。出口缔约国必须有获取进一步资料的联络点。对详细规定的决定，已经于2006年在巴西的库里提巴举行的第3次缔约方大会（MOP3）通过。

第18.2条有助于解决散装商品运的运输污染问题，因为清楚的标志将意味着需要在出口国设立测试、隔离和贮存的标志系统，以避免装运货船离开出口国后对进口国造成污染，而这将对出口国造成许多麻烦。由于大多数发展中国家都是进口国，缺乏在港口测试货物的能力和资源。采样和测试也有许多困难，难以确保所有受污染运输物都能提到准确的检测。

在波恩举行的第四次缔约方会议上，进一步讨论了转基因生物越境转移的标志要求，一些国家希望尽快在2010年第五次缔约方会议上审查此事项，另一些国家希望推迟，最后决定在2012年的第六次缔约方大会上深入讨论标志问题，包括审查格式标准在内的文件需求。同时也会与其他的国际组织，如食品法典委员会协调标准的问题。

第四次缔约方会议决议的另外一点就是包括设立实验室设施和培训当地的监管和科学人员的能力建设。会议决议草案中，强调了转基因生物采样和检测实验室认证的重要性，同时要求缔约方并鼓励其他各国政府、有关国际组织及 GEF 与发展中国家缔约方在建立转基因生物采样和检测能力、建立实验室和培训本地管理人员方面进行合作并提供支持。

12.3　转基因生物的标识要求及国际趋势

12.3.1　转基因生物标识的必要性

1）转基因食品安全的要求

转基因食品安全问题实际上存在着两种界定。一种是自然科学意义的转基因食品安全问题，是指转基因食品对人体健康的影响，以及现有的管理体系是否可以将危害消除或减低到人体所能够耐受的程度。还有一种就是社会科学意义上的转基因食品安全问题。它不仅包括自然科学上的转基因食品安全问题，同时还包括转基因食品安全在社会中的影响和人们对此态度和行为的综合。

自然科学意义安全问题主要有三方面影响因素：①转基因食品本身是否安全。比如有没有毒素、过敏原、营养物质损失等问题；②人体的生理机制。比如人体的消化系统如何消化、个体体质和耐受性的差异等；③食品与人体相互作用的中介系统，主要是转基因食品的管理体系。比如加工方法对食品安全有什么影响、是否有足够的安全检验措施保证消费者在食用时转基因食品处于卫生状态等。其中由安全评估、安全措施构成转基因食品的市场管理体系。目前，转基因食品安全评估主要采用实质等同性原则。安全措施包括咨询程序、审批程序、贴标签、安全报告制度、建立信息网、建立管理网和加强宣传等。

作为评价和行为主体的人或组织并不是直接地认识自然科学意义上的转基因食品安全问题，而是通过中介系统（主要是认知机制和决策机制）对转基因食品安全问题进行反应。同时由于中介系统各种要素和主体本身的差异，不同的人会有不同的认识。不同的人对转基因食品安全有不同的态度，或者看待问题的角度、认识的深度不同，既由个人的素质、知识、认识能力和主体地位决定，同时也受到了公众舆论的影响。

在这个基础上，加上其他一些理性和非理性的决策影响因素的权衡，不同主体会采取不同的行为来表现出自己的态度和观点。即使在对自然科学意义上的转基因食品安全问题有相同的认识，不同主体也会在经过各种权衡后采取不同的态度和措施，求得对自身最为有利的结果。这些态度和行为以及这些态度和行为所产生的影响也可归入社会意义上转基因食品安全问题的外延。

2）食品安全管理的要求

转基因食品标签是转基因食品管理的重要内容。转基因食品标签是转基因食品安全评估、审核的最终体现。转基因生物及其产品最终将进入市场，为了加强对转基因食品的安全管理，维护消费者的健康，对转基因生物及其产品实施强制标识是实施市场管理前提条件，也是转基因食品管理的信息系统和监督系统的基础，是转基因食品管理的一项经常性工作。实施转基因食品标签管理，不仅有利于管理机构甄别管理，降低监测成本，而且保障了消费者的知情权和选择权。

转基因食品在安全性方面可能存在某些隐患，至今尚没有很强的科学证据表明转基因生物及食品对人体是绝对安全的。为了保证消费者的健康与安全，必须建立转基因食品的可跟踪性与可追溯性，而转基因食品加贴标签是建立其可跟踪性与可追溯性的必要前提。

3）公众知情权的要求

由于科学技术的限制，转基因生物及其食品的安全性存在很大的不确定性，所以只能把一部分不确定性交给消费者自己去把握，这是转基因食品采取标签管理的根本原因。生产企业、进出口商、政府机关、环保组织等十分关注转基因食品标识制度的进展。保护消费者权益的呼声日益高涨，消费者自我保护意识也日益增强，保证消费者的食品安全权、知情权和选择权已经成为全社会的共识，对安全性尚未确定的转基因食品贴标签便是顺应民心的必然结果。

12.3.2 欧盟的标识制度和可追踪制度

鉴于欧洲消费者对转基因食品安全管理的较高参与意识，欧盟于2003年颁布了两项全新的法规，这两项法规目前是世界上最全面的标识法规，可做为健全中国转基因生物标识制度的参考。

1. 转基因标识的1829/2003条例

2003年9月22日，欧洲议会和欧洲理事会新发布关于转基因食品和饲料标识的1829/2003条例。该条例与欧盟以前颁布的标识法令有许多不同，总体上是趋于严格、范围扩大和更加合理的（表12.1）。

表12.1 欧盟新法规对标识对象范围的改变

转基因类型	实例	新法规	旧法规
转基因植物或种子	菊苣、玉米种子	标识	标识
转基因食品	玉米粉	标识	标识
经加工后的转基因食品	精炼的大豆油、玉米油等	标识	不标识
由转基因生物生产的食品添加剂/调味品	巧克力中由转基因大豆提取的高过滤卵磷脂	标识	不标识
转基因生物饲料	玉米	标识	标识
转基因生物生产的饲料	玉米麸饲料、大豆粗粉	标识	不标识
由转基因生物生产的饲料添加剂	维生素 B_2（核黄素）	标识	不标识
由转基因饲料饲养的动物产品	蛋类、肉类、乳制品	不标识	不标识

1）对转基因食品的标识

（1）标识范围

第 12 条规定标识范围是，最终消费食品中含有：转基因生物或由转基因生物组成；或由转基因生物制成，或含有由转基因生物制成的成分。

如混合成分食品中某一成分或单一成分食品中含有转基因生物或由转基因生物组成或制成的物质，但比例低于 0.9%，并由于偶然或技术上不可避免的因素造成的，则不在标识范围。但经销商须拿出令主管当局信服的证据来表明确实是偶然因素或不可避免因素造成。随着科技发展，可能会建立更低的上限标准。

（2）标识要求

A. 特定标识内容有：

• 若食品成分超过一种，应在列出的各成分后紧接着用括号注明“转基因 XX（生物名）制成”等；

• 成分是根据所属种类命名，应在成分说明单中注明“含有由转基因 XX（生物名）制成的 XXX（成分名称）”；

• 若食品没有成分说明单，应在标识中注明“转基因 XX”或“由转基因 XX 制成的 XXX”；

• 上述第一和第二种情况（有成分列表）的注明可放在说明单的脚注中，印刷字体至少和成分说明字体一样大小；

• 若未经预先包装，或经预先包装但以小型容器出售给最终消费者，需要在容器最大的表面不小于 $10cm^2$ 的地方标明相关信息。

B. 特征和性质说明：

• 如食品不能与常规食品实质等同时，需要说明：组成成分，营养价值或营养效果，食品的特定用途，对某类人群的健康影响；

• 食品可能引起的道德或宗教争议。

2）对转基因饲料的标识

（1）标识范围

第 24 条规定：标识对象为饲料用途的转基因生物；含有转基因生物、或由转基因生物组成的饲料；由转基因生物制成的饲料。

如果混合饲料中某一成分或单一成分饲料中含有转基因生物或由转基因生物组成或制成的物质，但如果比例低于 0.9%，并且是由于偶然因素或技术上不可避免因素造成，则不在标识范围之内。但经销商须拿出令主管当局信服的证据来证明已采取适当措施避免转基因生物的存在；随着科技发展，在含有或由转基因生物组成的饲料上，可能会建立更低的上限标准。

（2）标识要求

第 25 条规定，转基因饲料投放市场必须在相关文件，或根据情况在外包装和集装箱上标有清晰、不可擦拭的以下内容的注明：

对于转基因生物饲料和由转基因生物组成的饲料，应在饲料名称后的括号里注明文字“转基因 XX（生物名称）”；对于由转基因生物制成的饲料，应在饲料名称后的括号里注明文标“由转基因 XX（生物名称）制成”。

凡不能和传统饲料相等同的转基因饲料，必须说明：组成成分；营养特征；有意用途；对特定物种和类群的健康影响；任何可能引起道德或宗教争议的特征或性质。

3）附件

欧洲参考实验室的责任：向各国参考实验室分发各种有关的阳性和阴性控制样本；对检测方法进行测试和验证；评估提交的数据等。

2. 关于追踪转基因生物的1830/2003条例

2003年9月22日，欧洲议会和欧洲理事会颁布1830/2003条例：关于转基因生物的可追踪性和标识，以及由转基因生物制成食品和饲料产品的可追踪性。主要内容有以下几个方面。

1）对转基因生物组成或含有转基因生物的产品的追踪和标识要求

A. 追踪要求为：

(1) GMO首次投放市场，其经销者须向下一级经销者以书面形式提供以下信息：含有转基因生物成分，或由转基因生物组成；为转基因生物设立的独特标志。

(2) GMO后续投放市场，经销者必须保证将首次投放市场的GMO信息以书面形式传递给接受产品的下一级经销者。

(3) 如果由转基因生物组成或含有转基因生物混合物的产品仅直接用作食品或饲料或加工处理，独特标志可替换为经销者的声明，须提供产品混合物中可能包含的所有转基因生物的独特标志。

(4) 经销者需要建立适当的系统和程序，保证自交易发生5年内都能够明确鉴别其信息，能说明产品从何而来，又转给了哪个经销者。

B. 标识要求为：

(1) 经销者必须确保出售给最终消费者的任何由转基因生物组成或含有转基因生物的单件产品，应标识为“本产品含有转基因 XX（物种名）”；

(2) 经销者必须确保出售给非最终消费者的任何由转基因生物组成或含有转基因生物的单件产品，应标识为“本产品含有转基因 XX（物种名）”。

C. 豁免：标识不适用于因偶然因素或技术上不可避免因素而含量低于0.9%的产品。

2）由转基因生物制成产品的可追踪要求

A. 由转基因生物制成的产品投放市场时，经销者必须保证向下一级经销者传递以下信息：

(1) 指明食品中每一种由转基因生物制成的成分；

(2) 指明每一种由转基因生物制成的饲料物质或添加剂；

(3) 若产品没有成分列表，须指出产品是由转基因生物制成。

B. 经销者需要建立适当的系统和程序，保证自交易发生5年内能够说明其产品从何而来，又转给哪个经销者。

C. 不适用于因偶然因素或技术上不可避免因素而含量低于0.9%的产品。

D. 豁免条件：如果欧盟立法规定了特别的识别系统，并对出售的最终消费产品加以批号和编号，则不必进行信息保存。但是，对于首次投放的产品、或初级产品、或再包装产品不享受豁免。

3）独特标识

《条例》引用了“独特标识”概念：仅用简单的数字或字母作为代码，以基因转化事件为基础，帮助识别转基因生物，并据此查找与转基因生物相关的特定信息。以独特代码（unique identifier）表达有关产品含有转基因生物、由转基因生物组成和转基因生物的信息，为适当追踪和标识奠定了基础，借助代码可以从注册档案中获得转基因生物的特定信息。为此，在实施相关的追踪和标识措施之前，必须发展转基因生物独特标识系统。

在实施上述各条款之前，欧委会应该开发转基因生物独特标志系统。

3. 欧盟国家奥地利的纯净种子法

奥地利政府已制定了一部纯净种子法律，禁止常规种子受到高于检测限的转基因品种的污染。该项法律的颁布使得奥地利成为 15 个欧盟成员国中率先对转基因种子污染应用“零允许量”（zero-tolerance）原则的国家。

有关转基因种子污染的法规于 2002 年 1 月 1 日生效。这一法规声明，种子公司（无论是生产者或者是销售者）在奥地利市场上销售的每一批种子都必须应用特定的采样和检测方法进行转基因污染的检测，只有当检测结果显示未出现污染时，这些种子才被允许在市场上销售。这一法规对常规种子和有机种子同样适用，对经批准释放的转基因生物和未经批准释放的转基因生物所造成的污染未加区分。

根据这一法规的要求，首先要在控制措施的框架内对进口种子进行监控。其次，要求进行种子分析认证，并在种子批准程序的框架内对奥地利生产的种子进行随机抽样和分析。此外，申请者必须证明他们已采取了适当的措施避免转基因污染。

如果发现被检样品的污染水平超过了 0.1%，管理部门将采取行动、制裁措施包括查封种子，并处以最高金额 14 500 欧元的罚款，如果再次发生则处于最高金额 21 800 欧元的罚款。这个 0.1%的阈值是根据初次检测所采用的检测方法的统计差异而确定的：如果由种子公司进行的初次检测表明未出现污染，这就意味着以后进行的 95%的检测结果为 0～0.1%。检测方法根据国际经合组织（OECD）、ISTA 和欧盟等国际组织的方法而确定。初次检测费用以及包括避免转基因污染的控制措施在内的质量管理费用由种子公司承担，控制性检测的费用由管理部门承担。

4. 对欧盟新法规的有关评论

欧盟新的标识法是目前世界上最全面的标识制度，也是比较严格的标识制度，它是世界各国未来标识的新趋势。其主要特点归纳如下。

（1）采取了强制性和严格的标识制度，是世界上第一个全面系统的标识制度，为全球带来一个参考标准。

（2）由标识转基因食品扩展到标识转基因饲料。

(3) 要求对所有来源于转基因生物成分的产品标识，无论是否检测出含有转基因DNA和转基因蛋白质，而《生物安全议定书》仅对转基因生物活体要求标识（包括用于食物、饲料和加工之用的转基因活生物体）。

(4) 因偶然因素或技术上不可避免的因素而应用的阈值上限标准由原来的1%提高到0.9%，但是这个比例是针对某一产品中每个独立的成分而言，如巧克力块中总卵磷脂含量不到0.5%，但如果该卵磷脂中有0.9%为转基因卵磷脂，则整个巧克力块就要标识，因此比较严格。

(5) 欧盟国家对转基因生物种子的标识阈值要远高于转基因食品和饲料的标识阈值。例如奥地利要求转基因生物种子的标识阈值为0.1%以下，但其他一些国家倾向于依作物不同而标识阈值相异，如对油菜籽的标识阈值为0.3%，对玉米为0.5%。

12.3.3 其他国家或地区的标识制度

(1) 阿尔及利亚：2000年12月发布部级法规，禁止进口、传播、商业化生产和使用转基因植物材料。

(2) 澳大利亚/新西兰：2001年7月开始实施食品标准，对所有转基因食物实施标识制度，阈值为每种成分的1%。

(3) 瑞士：2000年始将转基因药品纳入标识制度，对转基因生物及产品规定“零允许量”；2003年3月，瑞士议会通过新法，对转基因生物造成的损害实行“全额赔偿”，并采用“污染者赔付原则”。瑞士至今未批准转基因生物的商业生产，并在今后5年搁置。

(4) 波兰：2000年4月始对所有转基因食物实施标识。

(5) 巴西：2003年4月实施新的标识制度，要求对所有转基因食品及食品成分实施标识，阈值为每一成分的1%，但是，对2003年后巴西生产的有意用于人类和动物消费的转基因大豆产品，标识为“可能含有转基因大豆”。

(6) 美国：美国联邦环保局规定，在野生棉花近缘种分布的地区（夏威夷和佛罗里达），不允许种植转基因棉花。

(7) 以色列：2000年11月，卫生部发布标识制度，对转基因玉米和转基因大豆实施标识，阈值为含1%的转基因材料。

(8) 沙特阿拉伯：2001年12月开始对进口的转基因食品执行标识制度，要求用三角形警示标识法，并用阿拉伯语和英语同时标注。进口转基因生物产品需要出口方的健康证明。新的法规要求自2004年1月始，对所有进口和国产的转基因生物都要实施标识。

(9) 印度尼西亚：1996年的食品法包括监管转基因生物食品，标识制度规定对所有转基因生物食品都要印有“基因工程改造”，在加工食品的成分表上要注明转基因成分。

(10) 斯里兰卡：自2001年5月1日起，禁止所有转基因食物进口，亦禁止制造、运输、贮存、分发和销售经转基因生物加工的食品。

(11) 泰国：2001年4月起，不允许转基因生物的田间试验；内阁于2003年4月再次确认这种禁止措施。

(12) 韩国：2001 年 3 月 1 日起，对转基因生物及其产品实施标识，阈值为转基因成分占产品的 3%以上，如不标识将判三年监禁或罚款 3000 万韩元。

(13) 日本：2001 年 4 月 1 日起，对批准的转基因生物产品，转基因成分占最终产品比例达 5%需要标识；对未经批准的转基因生物产品实施零阈值，不允许进口。

(14) 中国台湾：2003 年 1 月 1 日起，初级农产品中含有 5%以上转基因成分者需要强制标识。

12.4 中国转基因生物的标识制度

12.4.1 现行国内转基因生物标识方式的不足

根据国务院《农业转基因生物安全管理条例》，农业部于 2002 年初发布《农业转基因生物标识管理办法》，该《管理办法》要求对以下三类产品实行强制标识：①转基因动、植物和微生物；②转基因农产品的直接加工品；③用农业转基因生物或用含有农业转基因生物成分的产品加工制成的产品，但最终销售产品中已不再含有或检测不出转基因成分的产品。

由国家标准化管理委员会会同国家粮食局组织制定的一项《转基因食用油强制标识的国家标准》已于 2004 年 5 月 1 日开始实施。自实施之日起，在我国生产销售的食用大豆油、花生油，必须标明原料大豆、花生是否是转基因产品，并且必须标明原料原产国是哪里。这是国家粮食部门为保障人体健康和维护消费者知情权及选择权的一项重要举措，因为中国大量进口转基因大豆和油菜籽用于食用油生产，市场上供应的多数大豆色拉油和部分菜籽油都由转基因生物制成。

由于《标识管理办法》和相关标准的实施，促进了农业转基因生物标识制度的实施。中国实际上世界上是比较系统地实行转基因生物强制性标识制度的国家之一，总体上看，中国的转基因标识制度的实施还是比较成功的，但也有需要完善的地方。

1. 标注要求不尽详细

现有标识规定存在一些漏洞，举例如下。

(1)“直接加工品”的含义不很清楚。以转基因大豆为例，加工为豆油后，可以标注为“转基因大豆加工品”。但是，如果再用这种豆油混合其他食用油，加工为另一种烹调油，这种新的烹调油是否还是大豆的直接加工品。如果是，则还需要标注；如果不是，则不需要标注。但是，现行的《管理办法》没有对再加工品的标识提出要求。

(2) 如果仅仅以其是大豆的间接加工品为由，就允许这种新的烹调油不标注出转基因的成分，会使消费者误以为它的原料都是以传统方法生产得到的，有误导消费者之嫌。而且，这也给转基因农产品提供了一个隐蔽的销售途径——深加工，只需要通过进一步的加工，就可以不进行转基因标识。这与法规的原意可能并不相符。

(3) 如果一个产品中含有多种转基因成分是否每种都需要标出。如果不是每种都必须标出，什么样的不需要标出。《管理办法》也没有详细阐明。

2. 缺少阈值概念，实际操作性欠佳

国外标识通常采用阈值，为了防止由于偶然因素或技术上不可避免因素而造成的转基因污染，低于阈值的可豁免标识。而我国的法规中没有这样的最低比例规定，可以理解为“零允许阈值”标识制度。

确定是否含有或是否含量低于阈值的最直接方法是通过检测。但检测有仪器的灵敏度问题，或者出现检测的误差。目前的检测设备水平已经很高，甚至痕量的转基因成分都可以检测出来，阈值问题在检测技术上已不是问题。但是，在检测技术和手段上，全国各检测机构参差不齐，同一种转基因产品，在甲地检测的结果与在乙地检测的结果可能不一致。这就要求制定统一的标准和技术规范，并且需要考虑误差。

因此，标识制度需要引入检测阈值的概念，用以处理由于偶然因素或技术上不可避免因素所造成的转基因生物或其成分的污染。按照国外惯例，在检测上都要设定一个阈值，在阈值范围内可豁免标识，例如，欧盟设定的阈值为 0.9%，澳大利亚为 1%，韩国为 3%，日本为 5%，我国现行的标识制度因为没有阈值概念，难以处理由于偶然因素或技术上不可避免因素所造成的转基因生物或成分的污染情况，这也是不太合理的。

3. 标识力度和范围不够

在标识力度和范围上，对进口环节管理较严，而对国内加工或销售管理得松。以转基因大豆为例，只有五种转基因大豆产品被要求进行标识，实际上大豆在进口之后，除了榨油以外，可以被加工成多种产品，如豆奶粉、豆浆、豆腐、腐乳、酱油等，豆油还可以与其他食用油混合成烹调油，其在食品和食物加工过程中更是被广泛应用。而这些大豆或大豆油的再加工和深加工产品都不在被要求标识的目录之中。

尤其值得提出的是我国大面积种植转基因抗虫棉，而这种转基因棉的棉籽在各地都普遍用于榨油，并在市场上销售为人类食用，根据实地调查，我国北方一棉区的农民普遍食用这种棉籽油，然而，这种棉籽油尚不在现行要求的标识产品目录之中。

4. 标签不醒目

再一个问题是标识的图案、字体、字号大小和颜色等没有规范，产品商故意模糊标识，采用不规范和不醒目的标识，使消费者难以注意以致不能发现其标识。我们在进行消费者对转基因食品意识的调查中发现，一半以上的消费者不能辨别转基因标识的标签。农业部也早已发现这个问题，并自 2004 年就研究这一问题，并于 2007 年 7 月 17 日以农业部 869 号公告发布了《农业转基因生物标签的标识》（国家标准）。这项标准的部分内容如下。

1） 标识位置

（1） 标识应直接印刷在产品标签上。

（2） 标识应紧邻产品的配料清单或原料组成，无配料清单和原料组成的应标注在产品名称附近。

2）文字规格

（1）当包装的最大表面积大于或等于 $10cm^2$ 时，文字规格应符合以下要求：①高度不小于 1.8mm；②不小于产品标签中其他最小强制性标示的文字。

（2）当包装的最大表面积小于 $10cm^2$ 时，文字规格不小于产品标签中其他最小强制性标示的文字。

3）文字颜色

文字颜色应符合下列要求之一：①与产品标签中其他强制性标示的文字颜色相同。②当与产品标签中其他强制性标示的文字颜色不同时，应与标签的底色有明显的差异，不得利用色差使消费者难以识别。

12.4.2　加强进口越境标志管理和市场标识管理

中国是世界上粮食进口大国，近年来每年进口美国、阿根廷和巴西的大豆达 3000 万吨，进口加拿大的油菜籽达数百万吨，还进口大量的大豆油、油菜籽油和豆粕及菜籽粕，而美国、阿根廷、巴西的大豆和加拿大的油菜籽多半是转基因产品。随着中国人口的不断增加和耕地的持续减少，粮食进口的地位将会持续下去，成为转基因生物及转基因生物产品的进口大国。因此，需要对进口转基因生物实施较严格的标识要求，从而保证转基因生物国际贸易有序进行，维护我国经济利益，确保人民健康。

1）应附单据的类型

由于出口转基因生物的国家担忧因标识而增加货物成本，故而一再坚持现行使用的商业发货单，这种发货单特别简单，只是在海关检查的发货运单上注明“可能含有”。当前，多数发展中国家和转基因生物进口国家对这种单据方式很不满意，提出根据《议定书》商定的独立单据、或者当事国国家当局提出的模板，建立独立的单据形式。

另外，国家需要根据《议定书》第 18 条第 2 款的要求，对拟直接作食物或饲料或加工原料的改性活生物体、预定用于封闭性使用的改性活生物体和拟有意引入进口缔约方的环境的改性活生物体采取不同的要求，即对有意引入环境的转基因活生物体需要更加严格的单据要求。

2）所附单据应提供的信息

站在进口国的立场，应当要求货物所附单据能够提供足够多的信息。目前货物单据提供的信息过于简单，不足以满足国内标识的要求。因此，在国家立法中，要明确要求出口方在其货物单据中不仅提供改性活生物体的通用名称、学名和商业名称，还要提供改性活生物体的转变活动编码、分类学名称、加入的基因变异、被改变的特性或基因、关于受体及供体的资料等。必要时还要提供独特的识别资料，以及关于改性活生物体的安全处理、储存、运输和使用的资料等。

3）独特标识和使用方法

建立全球统一的独特标识系统是大势所趋，目前经合组织已制定了一套转基因作物独特识别系统，可以在此基础上发展各国都能适用的独特标识体系。国家立法可提出建立独特标识码体系，这种独特标识制度的资料体系可与生物技术安全信息交换所相联系，也可与传统作物和改性作物的独特海关编码结合起来。

4）偶然或无意造成的改性活生物体含量的阈值

应该对偶然或无意造成的改性活生物体含量建立一个阈值，这个阈值量应该在1%～5%，或者根据各进口国的具体情况和国家立法的规定建立一个阈值，亦可以在个案的基础上，根据科学的风险评估对具体的改性活生物体规定阈值。总的原则是阈值的确定反映国家的利益，以国家立法为基础。

5）取样和检测方法的协调统一

在检验进口转基因生物产品的过程中，需要协调统一取样和检测的方法。目前，我国农业部指定了国内20多家重点试验室作为检测的权威机构，而在指定的检测机构中，尚没有国外的权威试验室。这种制度可维护我国在检测标准方面的独立性，但缺点是当发生国际纠纷时，国内检测可能得不到进口国的认定。因此，在新的《转基因生物安全法》中应确定接受具体改性活生物体取样和检验技术的接受标准以及任何满足了标准的技术。即强调技术标准的国际化和方法的统一，而不是委托国际机构来执行检测。

12.4.3 进一步完善我国国内转基因生物标识制度

目前转基因生物及产品的标识制度已在全国主要大城市和多数省份开始实施。但是，在许多方面现有的标识制度尚不完善，需要在完善相关法规和标准的过程中，加强对标识制度的完善，并采取切实的措施。

1. 适当扩大转基因生物及其产品的标识范围

目前主要为农业转基因生物的原材料和初级加工产品（适用于转基因大豆、玉米、油菜、番茄、棉花及其制成的初级加工产品）。如果参照欧盟的标识，其标识范围需要大大扩展。

第一，对已进入市场的转基因生物需要深化标识制度，应将标识范围由目前的初级产品扩大到由转基因生物加工的产品，即对最终消费食品进行标识，只要最终消费食品是由转基因生物或由转基因生物组成，或最终消费食品是由转基因生物制成，或含有由转基因生物制成的成分，就应该标识。这样，标识制度就不仅仅局限在初级农产品和农业部门的执法，而是扩展到食品，执法部门也将扩展到食品卫生的监督管理部门。

第二，可考虑将标识制度应由食品扩展到动物饲料，欧盟的现行标识法规已实用于动物饲料，标识对象为：饲料用途的转基因生物；含有转基因生物、或由转基因生物组成的饲料；由转基因生物制成的饲料。如果混合饲料中某一成分或单一成分饲料中含有转基因生物或由转基因生物组成或制成的物质，当某一成分饲料中的转基因成分高于0.9%，就需要标识，该标准与食品标识的标准一致。目前，我国有大量的动物饲料中含有转基因成分，如大量转基因大豆、油菜籽、棉籽在榨油后的豆粕多用于动物饲料，目前已直接进口大量转基因饲料，将来饲料的进口还会加大，因此，对转基因饲料的标识也是不可避免的。

第三，需要根据现有标识的漏洞，进一步完善当前的制度，特别是加强对国产转基因产品的标识管理。现行的标识制度主要是针对进口转基因生物及其产品，而对国产转基因生物及产品的标识未能一视同仁，例如，转基因棉花在国内已广泛种植，目前除了要求对转基因棉花种子需要标识外，对转基因棉花的其他产品如棉籽油、棉籽饼、棉籽壳等就没有要求标识，而这些产品在市场上大量存在，特别是在农村，棉籽油在一些地方是农民使用的一种主要烹调油，或者将棉籽油掺在其他非转基因油中出售。如果这些食用油不做标识，则剥夺了农民消费者对其食品的知情权和选择权。

2. 可追踪性与独特识别码的应用

目前的标识制度尚未能解决经深加工的转基因间接加工品的标识问题，即转基因大豆油与非转基因大豆油混合后的加工品标识问题。这需要引进欧盟的可追踪性标识方法，加强对产品中间经销环节的管理。

首先是对转基因生物组成或含有转基因生物的产品的追踪和标识要求，要求在转基因生物（GMO）首次投放市场时，其经销者须向下一级经销者以书面形式提供以下信息：含有转基因生物成分，或由转基因生物组成；为转基因生物设立的独特标志等。换句话说，经销者必须确保出售给非最终消费者和最终消费者的任何由转基因生物组成或含有转基因生物的单件产品，应标识为“本产品含有转基因××（物种名）”。

其次是对由转基因生物制成产品的可追踪要求，即由转基因生物制成的产品投放市场时，经销者必须保证向下一级经销者传递以下信息：指明食品中每一种由转基因生物制成的成分；指明每一种由转基因生物制成的饲料物质或添加剂；若产品没有成分列表，必须指出产品是由转基因生物制成。也就是说，经销者需要建立适当的系统和程序，保证自交易发生 5 年内能够说明其产品从何而来，又转给哪个经销者。

而实施可追踪性标识管理的最有效方法是使用独特识别码。欧盟的法令已引用了“独特标志”概念：即仅用简单的数字或字母作为代码，以基因转化事件为基础，帮助识别转基因生物，并据此查找与转基因生物相关的特定信息。独特代码技术为适当追踪和标识奠定了基础，借助代码可以从注册档案中获得转基因生物的特定信息。为此，在实施相关的追踪和标识措施之前，必须发展转基因生物独特标志系统。这在新起草的《转基因生物安全法》中需要适当体现。

3. 定量标识及其阈值的确定

随着对转基因生物标识工作的不断实践，对标识的规范化和科学性提出新的要求。在转基因生物及产品的生产、运输、加工、流通过程中，因偶然因素和技术上不可避免的因素，可能造成转基因生物及其产品对非转基因生物及其产品的混杂和污染，如果依照我国目前实行的“零允许值标准”，这种微量污染也需要标识，这不仅给出口者增加麻烦，也给进口者的产品销售管理带来一定的困难。

考虑到转基因生物污染的偶然性和技术上的不可避免性，为加强标识的科学性，国际上很多国家和地区都以设立阈值上限的方法，对这类微量混杂和污染实行豁免标识。例如，欧盟于 2003 年 9 月 22 日发布了 1829/2003 条例，规定将产品中单一成分转基因含量的阈值定为 0.9%，澳大利亚和新西兰定阈为产品某一成分的 1%，韩国定阈值为 3%，日本定阈值为 5%，转基因成分超过阈值者需要标识。

我国的标识制度需要与国际接轨，标识标准需要加强科学性，这就要求结合我国国情，明确豁免标识的阈值，并对转基因产品进行定量检测。根据定量检测结果，对于转基因成分含量在阈值以下的产品实行豁免标识；而对于转基因成分超过阈值的产品，实施强制性标识。

根据国际经验和我国国情，建议我国采用1%的阈值标准。这意味着：混合成分中某一成分或单一成分食品中含有转基因生物或由转基因生物组成或制成的物质，但比例低于1%，并由于偶然或技术上不可避免的因素造成的，不在标识范围；混合成分中某一成分或单一成分食品中含有转基因生物或由转基因生物组成或制成的物质，其比例大于或等于1%，需要进行标识。

4. 标识制度的可行性和标识方法

1）扩大标识范围

开展农业转基因生物定量检测以及标识工作是深化履行国务院《农业转基因生物安全管理条例》和农业部四个配套管理办法的补充措施。

农业部于2002年发布的“第一批实施标识管理的农业转基因生物目录”，共有5种转基因作物的17种产品。而随着转基因技术的发展和标识制度的稳步实施，需要发布第二批或第三批需要标识的转基因生物目录。新的目录中，除了农业转基因生物，还会有转基因林木、转基因药用生物或转基因野生动植物等，这些是农业转基因生物范畴以外的，可能将由其他部门发布。因此，需要认真研究标识产品的目录，形成定期或不定期的发布制度。

2）实行定量的标识阈值

实行定量标识是规范标识制度的必要措施，也是与国际接轨的重要前提。不仅在制度上需要，在技术上和方法上也是可行的。

从技术层面来讲，目前我国农业转基因生物定量检测技术研究水平和国际同行水平接近，已经从事了这方面的研究，能够实现对我国批准商业化主要转基因产品：大豆、玉米等产品的定量检测，定性PCR检测灵敏度达到0.1%，定量PCR检测的灵敏度达到0.5%；构建了转基因大豆等定量PCR检测的标准分子。并且在国际上率先找到适合转基因油菜、棉花、番茄、水稻的定性、定量PCR检测的内标准基因。这些，为我国实施转基因产品的定量检测和标识工作提供了技术基础。

在设施方面，目前国内科研机构和一些高校的试验室都拥有相当一流的检测设备，农业部筹建的转基因产品检测实验室多数购买了定量PCR等相关的设备，检测试剂正在实现国产化。

从管理角度看，开展农业转基因生物定量检测以及标识工作可以使转基因标识管理更加科学。对于检测单位来讲，单个样品的检测直接成本可以控制在100元人民币以内，因而不会明显增加管理成本。

3）统一标识方法

在方法上，需要采用全国统一的标识方法，这有助于规范标识制度。可设计特别的转基因生物标识图案，对标识字体、字号大小、标志面积、字体和背景的色彩设计都要有严格的要求，力求标识醒目、文字简要、内容清楚。另外，目前可跟踪《生物安全议定书》的谈判，进行独特识别码系统的研究和准备，这也为实施可追踪标识制度打下基础。

12.4.4 对标识制度的实施实行监督检查

除制定标识制度，更重要的是保证标识制度得以执行，必须采取制约机制，抽查和惩罚就是重要的制约手段。考虑成本因素，需要确定合理的抽查力度。标签的抽查力度是指抽查的频率和违反规定的处罚，其中惩罚是对渎职管理机构的惩罚和对违规经营者的惩罚。

1）标识监督检查的对象

标识对象主要是转基因动物、植物和微生物本身，转基因生物产品的直接加工品，以及用转基因生物或用含有转基因生物成分的产品加工制成的产品。因此，标识的监督检查主要集中在转基因生物的产品方面。应扩大标识检查的力度和范围，在环节上，监督检查不应仅限制在转基因产品的市场销售环节，而应该将监督检查贯穿于转基因生物的研究、试验、生产、运输、销售和进出口的全部过程。

2）标识监督检查的执法机构与方式

标识的监督检查应由专门的执法机构来进行，以确保国家法规的切实执行。目前，对农业转基因生物标识制度的执法检查是由农业部门自身进行的，由于农业部门既主管农业转基因生物的生产，又负责销售产品的标识，还承担对标识的执法检查，常常被批评为既是运动员，又是裁判员。因此，应该建立一个多部门监督管理的机制，由农业、林业、环保、科技、医药、工商、质检、海关等相关部门参与。可以考虑实施部门联合检查或跨部门的执法检查，并鼓励社会力量协助政府的监督检查。

3）社会监督机制的建立

由于转基因生物及产品涉及广大消费者的健康，许多消费者对转基因食品的标识极为关心，一些非政府环保组织和媒体人士很热心转基因食品的标识。因此，应鼓励建立转基因产品标识制度的社会监督机制，欢迎非政府组织、媒体和广大消费者对不执行标识制度的违规行为进行检举监督，共同打击各种不法行为，使转基因生物及产品的标识制度能够真正实施，以维护广大消费者对自己消费的转基因食品拥有知情权和选择权，确保广大消费者的健康利益。

主要参考文献

金芜军，贾士荣，彭于发. 2004. 不同国家和地区转基因产品标识管理政策的比较. 农业生物技术学报，(12)：1～7

毛新志，周锋. 2005. 美国、欧盟有关转基因食品的管理、法律法规对我国的启示. 科技管理研究，(2)：38～40

宋林，杨昌举，胡品洁. 2005. 转基因食品标识与管理. 中国食物与营养，(6)：9～12

苏宁，陈颖. 2003. 转基因食品安全及其监督. 中国标准化，(1)：14～16

王艳青. 2007. 国际履约与中国转基因生物安全管理. 世界农业，(1)：4～6

向文，何琴. 2007. 欧盟转基因食品法律管制之法律传统背景分析. 法制与社会，(3)：235～236

薛达元，Tisdell C，夏友富．2000．生物安全议定书对转基因生物进口贸易的影响与中国的潜在对策，农村生态环境，16（4）：45～50

薛达元等．2004．转基因基因食品安全研究．见：陈锡文，邓楠．中国食品安全战略研究．北京：化学工业出版社．791～874

薛达元，王玉清．2005．公众对转基因食品的意识调查．见：薛达元．转基因生物风险与管理．北京：中国环境科学出版社．253～261

袁军，宋林．2001．对转基因食品的安全性及相关管理的思考．环境保护，（3）：7～9

曾北危．2004．转基因生物安全．北京：化学工业出版社

张忠民．2007．美国转基因食品标识制度法律剖析．社会科学家，（6）：70～74

中华人民共和国卫生部．2002．转基因食品卫生管理办法．中国食品卫生杂志，（4）：56～58

Degnan F H. 2000. Biotechnology and the food label：a legal perspective. Food & Drug L J，55：308，309

Kirby S L. 2001. Genetically modified foods：more reasons to label than not. Drake Journal of Agricultural Law，6：358，359

Xue Dayuan ，C Tisdell. 2002. Global trade in GM food and the cartagena protocol on biosafety：consequences for China. Journal of Agricultural and Environmental Ethics ，15（4）：337～356

Xue Dayuan，Lin Yanmei，Tisdell C. 2004. Conflicts about global trade in GMOs：general issues and chinese case studies. *In*：Tisdell C ，Sen R K. Economic Globalisation：Social Conflicts，Labour and Environmental Issues，Edward Elgar，UK，USA，314～335

第13章 转基因生物的损害责任与补救

转基因生物研究开发、生产、运输、环境释放、贮存和销售等活动的风险性一旦转化为现实的危害，都涉及弥补受害方或者生态环境所受损害、承担相应的法律责任等问题。生物安全法上的“法律责任”，是指由于违反生物安全法律规定或者约定义务，行为人或者关系人应当承受的不利的法律后果。生物安全法上的“补救”，是指承担生物安全法律责任的承担及其途径或者手段。在国际环境法中，“责任”一词有Responsibility和Liability两种用法，二者在国际法文件中的使用情况比较混乱。如果究其细微差别，前者与基本的实体性法律义务密切联系，而后者则与违反基本法律义务的具体法律后果（如损害赔偿）相联系。生物安全国际法上的“法律责任”多指Liability，而责任和补救的核心是损害赔偿。生物安全法上的“损害”，是指因转基因生物研究开发、生产、运输、环境释放、储存和销售等活动而使他方的合法权利和利益或者生态环境遭受的不利影响。法律意义上的“损害”既包括财产损失，也包括人身伤亡，还包括精神损害，在国际环境法和环境法中还包括生态损害。因此，本章所称的“损害责任与补救”与“损害赔偿”在内涵上基本相同，除有特别说明，二者在使用上意义相同。

损害赔偿是生物安全法体系中最为重要的内容之一，同时也是目前生物安全国际法体系中最为薄弱的环节之一。在这种情况下，从现有国际环境法的相关制度和目前生物安全国际法原则性规定中归纳出具有指导性的法律原则、法律机制和法律制度，总结国际社会关于转基因生物损害责任与补救谈判进展，同时借鉴有关国家的成熟经验，提出生物安全损害赔偿国际法和我国生物安全损害赔偿立法的思路，具有重要的意义。

13.1 国际环境损害赔偿法的主要原则和主要机制

13.1.1 国际环境损害赔偿相关法律文件

20世纪60年代之后，由于环境污染和环境破坏问题日益加剧并极大地影响了国际环境法主体的环境权益，国际环境损害赔偿立法逐渐被提上日程。此后，国际社会在某些领域逐步制定了一些法律文件，从而为国际环境法损害赔偿制度奠定了基础。

迄今为止，国际社会共制定了数十部关于环境损害赔偿的重要法律文件，所涉及的领域包括核损害、油污损害、由空间实体造成的损害、与生物安全相关的环境损害、危险废物转移造成的损害、与海洋和南极相关的环境损害以及国际法未加禁止的行为所引起的损害等。

13.1.2　国际环境损害赔偿法的主要原则

基于这些国际法文件的主要内容，国际环境损害赔偿法的主要原则可以归纳为以下四个方面。

其一，非歧视原则，即国际环境法主体在处理环境损害赔偿争端时，不应因各主体之间经济发展水平、社会制度、意识形态、宗教信仰等方面的差异而适用不同的条件，而应平等对待、一视同仁。非歧视原则是国际法的应有之意。在 20 世纪 90 年代后期之前，该原则并未在国际环境损害赔偿立法中明确地体现出来。1996 年《国际法未加禁止之行为引起有害后果之国际责任条款草案》在非歧视原则方面迈出了实质性的步伐。该《草案》规定，在其领土上从事引起风险和损害活动的国家，根据其法律制度，准许遭受重大跨界损害的个人进入司法或者其他程序、或要求赔偿或者其他救济权时，不得以国籍、住所或者侵害地为由予以歧视。①非歧视原则作为协调各国处理环境损害赔偿关系的一个基本准则，尤其是对于维护广大发展中国家的环境权益而言，具有极其重要的意义。

其二，无过错责任与过错责任相结合原则，即在国际环境损害赔偿法中不是采用单一的归责原则，而是在有些情况下采用无过错责任原则，在另一些情况下则采用过错责任原则。

根据无过错责任原则，国际环境损害赔偿责任的承担，不以致害方具有主观故意为条件。例如，1972 年《空间实体造成损失的国际责任公约》规定，发射国对其外空物体在地球表面及对飞行中航空器所造成之损害，应负给付赔偿之绝对责任。② 1996 年《国际法未加禁止之行为引起有害后果之国际责任条款草案》所规定的赔偿范围是：国际法未禁止的含有通过其物质后果而引起重大跨界损害和风险的活动，以及国际法未禁止的其他引起风险和损害的活动。③这就意味着，即使主观上不具备国际法所规定的过错要件，行为主体有时也应承担损害赔偿责任。与无过错责任原则不同，根据过错责任原则，致害方承担损害赔偿责任以主观上的过错为前提。例如，1972 年《空间实体造成损失的国际责任公约》规定，遇一发射国外空物体在地球表面以外之其他地方，对另一发射国之外空物体或此种外空物体所载之人或财产造成损害时，唯有损害系由于前一国家之过失或其所负责之人之过失，该国始有责任。④

其三，责任分担原则，即如果同一环境事故中存在多个致害方，或者受害人同时也对事故负有相应责任，则损害赔偿责任应由各相关主体共同承担的原则。责任分担原则体现于诸多国际环境法文件之中。例如，1972 年《空间实体造成损失的国际责任公约》规定，两个或两个以上国家共同发射外空物体时，对所造成之任何损害应负连带及个别责任；已给付损害赔偿之发射国有权向参加共同发射之其他国家要求补偿；参加共同发

① 1996 年《国际法未加禁止之行为引起有害后果之国际责任条款草案》第 20 条。

② 1972 年《空间实体造成损失的国际责任公约》第 2 条。

③ 1996 年《国际法未加禁止之行为引起有害后果之国际责任条款草案》第 1 条。

④ 1972 年《空间实体造成损失的国际责任公约》第 3 条。

射之国家得就其负有连带及个别责任之财政义务之分摊，订立协议；此种协议不得妨碍遭受损害之国家向负有连带及个别责任之发射国之任何一国或全体索取依据本公约应予给付之全部赔偿之权利。[①]又如，1996 年《国际法未加禁止之行为引起有害后果之国际责任条款草案》规定，起源国和受影响国在其他任一国家请求时，需进行谈判，谈判应顾及有关因素和受害者不应承担全部损失原则。[②]

其四，国家责任原则，是指国家作为国际环境法主体，须承担损害赔偿责任，不得基于主权理由而豁免的原则。在实践中，由于种种原因，国家责任作为国际环境法的归责形式一直难以成为普遍的共识。尽管在此之前也存在与国家责任有关的规定，并未受到应有的重视。在国际法层面，1996 年《国际法未加禁止之行为引起有害后果之国际责任条款草案》在国家的环境责任方面作出了较为明确的规定。[③] 其后，1999 年《关于危险废弃物越境转移及其处置所造成损害的责任和赔偿问题议定书》规定，该议定书不应影响各缔约方根据一般国际法中有关国家责任方面的规则所享有的权利和所承担的义务。[④] 然而，国家责任在国际环境损害赔偿立法上的普遍确立，仍需国际社会的进一步努力。

13.1.3　国际环境损害赔偿法的主要机制

尽管目前国际环境损害赔偿制度亟待完善，但业已建立的一些机制也卓有成效。

其一，赔偿主体机制。赔偿主体，亦即赔偿义务人，是造成环境损害并因此应当依法承担赔偿责任的人。目前，国际环境损害赔偿立法主要将赔偿主体确定为设备或者装置的所有人、管理人、共同管理人等与环境事故有密切关系的主体。例如，1963 年《关于核损害的民事责任的维也纳公约》规定，核装置的管理人对核损害负有绝对责任；当核损害的责任牵涉到不止一个管理人时，在无法合理地区分每个管理人对损害所应承担责任的情况下，有关的管理人应共同和分开来承担责任。[⑤] 1969 年《国际油污损害民事责任公约》规定，船舶所有人对油污损害承担赔偿责任；如发生两艘或多艘船舶造成油污损害，则有关船舶的全部所有人，除非依法免责，否则均应对损害共同地和个别地负责任。[⑥]需要明确的是，此处的主体不仅指国际私法上的主体，而且在某些情况下，国际公法的主体（主要是国家）也可以成为国际环境损害赔偿的主体。[⑦] 详细情况参见上文关于国家责任原则的内容。

其二，限额赔偿机制。在规定致害方以损害赔偿金的形式弥补受害方损失的同时，为了避免过高的赔偿额造成事实上的不公平，同时考虑到致害方的承受能力、社会经济

---

① 1972 年《空间实体造成损失的国际责任公约》，第 5 条。

② 1996 年《国际法未加禁止之行为引起有害后果之国际责任条款草案》，第 21 条。

③ 1996 年《国际法未加禁止之行为引起有害后果之国际责任条款草案》，第 3、5 条。

④ 1999 年《关于危险废弃物越境转移及其处置所造成的损害的责任和赔偿问题议定书》，第 16 条。

⑤ 1963 年《关于核损害的民事责任的维也纳公约》，第 2、4 条。

⑥ 1969 年《国际油污损害民事责任公约》，第 3、4 条。

⑦ 一般认为，除国家之外，争取独立的民族和政府间的国际组织也是国际法的主体，但个人不是国际法的主体。见：梁淑英. 2000. 国际公法. 北京：中国政法大学出版社. 13、18。

发展的需要以及其他相关因素，国际环境损害赔偿法规定了限额赔偿机制。至于具体的限制额度，根据公约所针对内容的不同而有相当大的差异。这一机制在1971年《设立国际油污损害赔偿基金公约》中体现得尤为明确。该公约规定，除另有规定外，基金按照本条对任一事件应付的赔偿金合计金额应有限制，即该合计金额加上按照责任公约对缔约国领土上造成的油污损害所实际付出的赔偿金额，包括本基金有义务补偿船舶所有人的金额在内，不应超过4亿5千万法郎；对于特殊的、不可避免和不可抗拒性质的自然现象而造成的油污损害，本基金应付的赔偿金合计金额不应超过4亿5千万法郎。在1978年《油轮所有人自愿承担油污责任协定》以及1999年《关于危险废弃物越境转移及其处置所造成损害的责任和赔偿问题议定书》等国际条约中，也有关于限额赔偿机制的规定。

其三，责任限制机制，即在一定条件下，国际环境法主体在特定情形下对其不当行为不承担损害赔偿责任的机制。有关国际环境损害赔偿立法在承认致害方应对其致害行为承担责任的同时，也规定了相应的责任限制条件。责任限制的条件一般包括不可抗力、第三方致害、受害人过错（或称“受害人自我致害”）等。此处的“不可抗力”，意即“人力不可抗拒的力量”，在法律上是指不能预见、不能避免并且不能克服的客观情况。当这些条件成为现实时，行为主体便可免责。例如，1978年《油轮所有人自愿承担油污责任协定》规定，对下列事件所造成的油污损害或排除威胁措施的费用不负责任：①在世界各地造成的油污损害，如果其中任何部分按责任公约规定须赔偿责任；②由于战争行为、敌对行为、内战或武装暴动、或特殊的、不可避免的和不可抗拒性质的自然现象所引起；③完全是由于第三者有意造成损害行为或不为所引起的损害；④完全是由于负责灯塔或其他助航设备的政府或其他主管当局在执行其职责时的疏忽或其他过失行为所造成的损害；如果油污损害或引起排除威胁措施的局面完全或者部分地是由于遭受损害人的疏忽，或者由于他采取了排除威胁措施所造成，则缔约油轮所有人即可全部或部分免除该人所负的责任。①

其四，资金支持机制，是指为确保受害方能够及时充分地获得赔偿而建立的基金、保险和保证机制。基金、保险和保证是资金支持机制的三种主要形式。在基金机制方面，1971年《设立国际油污损害赔偿基金公约》为国际油污损害赔偿基金机制设定了一个较为全面的框架。该公约规定了基金设立目的②、赔偿范围③、责任限制④以及其他方面的重要内容。⑤ 在保险和保证机制方面，1999年《关于危险废弃物越境转移及其处置所造成损害的责任和赔偿问题议定书》作出了较为明确的规定。该议定书规定，应负

---

① 1978年《油轮所有人自愿承担油污责任协定》第4条。

② 1971年《设立国际油污损害赔偿基金公约》，第2条。

③ 1971年《设立国际油污损害赔偿基金公约》，第4、5条。

④ 1971年《设立国际油污损害赔偿基金公约》，第4、5条。

⑤ 例如，1971年《油轮油污责任暂行补充协定》第7条规定，协会为应保持与经营一笔基金，基金应由每一石油公司缔约人摊付；基金的摊算应以各石油公司缔约人收受原油、燃料油为基础；建立基金在开始时的金额（初次摊款）为500美元；同时规定了摊收初次摊款的计算方法；协会应随时估算需要再次摊收的款项；此外还规定了摊收期间摊款的计算方法；摊收金额不得少于规定的最低数额。

赔偿责任者应在整个责任时限内订立和保持不低于规定数额最低限额的保险金、保证金或其他财务担保，用于承保该规定的赔偿责任；国家可通过宣布自我保险来履行本义务；对发出通知者或出口者或进口者规定的赔偿责任，在发出通知时应附上赔偿责任已有保险金、保证金或其他财务担保予以承保的证明；关于处置者的赔偿责任，应向进口国家主管当局出具已有责任承保的证明；根据该议定书可对任何提供保险金、保证金或其他财务担保者直接提出赔偿要求。承保者或提供财务担保者有权要求按规定应负赔偿责任者加入诉讼程序。①

13.2　生物安全损害责任与补救机制国际谈判的进展

13.2.1　相关背景

在《卡塔赫纳生物技术安全议定书》第 27 条中，缔约方决定，缔约方大会应在其第一次会议上发起一个旨在详细拟订适用于因改性活生物体的越境转移而造成损害的赔偿责任和补救方法的国际规则和程序的进程，并争取在 4 年时间内完成这一进程。因此，《议定书》第一次缔约方大会在其第 BS-1/8 号决定中，设立了赔偿责任和补救问题不限成员名额特设法律和技术专家工作组。特设工作组第一次会议于 2005 年 5 月 25～27 日在蒙特利尔举行。

特设工作组的目的是分析有关的问题和拟订关于赔偿责任和补救办法的国际规定和程序要点的备选案文，以期就这些规则和程序的性质和内容达成谅解和共识。在技术专家组会议上，大多数专家都认为国际或区域一级不存在具体处理因转基因生物越境转移所造成的损害的赔偿责任和补救办法的国际文书，但赔偿责任和补救的一般性规则可以在全球一级适用。瑞士政府起草了一份文件草案，以便说明有可能在其他多边环境协定的现有国际赔偿责任制度的案文要点的基础上，就因改性活生物体的越境转移造成的赔偿责任和补救办法达成一份国际文书。

作为为生物多样性的全面保护和利用构建全球性法律框架的国际法文件，《生物多样性公约》在生物安全损害责任与补救方面仅作出了非常笼统的授权性规定，即：缔约国会议应审查生物多样性所受损害的责任和补救问题，包括恢复和赔偿，除非此种责任纯属内部事务。② 相对于义务性规定而言，此种授权性规定是一大进步，但对于责任和补救问题的分歧、犹豫和迟疑也非常明显。《生物安全议定书》在损害责任与补救方面也仍然裹足不前，只是要求缔约方大会第一次会议决定针对改性活生物体越境转移而造成的损害赔偿问题，设立不限成员名额特设法律和技术专家工作组，以详细拟定用于解决损害赔偿问题的责任规则和相关程序，并争取在四年时间内完成这一进程。③ 除这一宣示性条款之外，该议定书在损害赔偿方面并无实质性规定。

然而，完成这一进程的任务十分艰巨，它是《议定书》的谈判过程中一项极具争议

① 1999 年《关于危险废弃物越境转移及其处置所造成损害的责任和赔偿问题议定书》，第 14 条。

② 1992 年《生物多样性公约》，第 14 条。

③ 《卡塔赫纳生物安全议定书》，第 27 条。

性的问题，也是目前《议定书》后续谈判的重中之重。发达国家，特别是美国、加拿大、澳大利亚、新西兰等反对将此列入《议定书》条款，但是发展中国家（马来西亚、印度、非洲集团等）强烈要求，为防止健康危害的产生，有必要付诸一些行动。可以对转基因生物召回、或者对污染田地和受害者进行补偿。如果没有体制确定责任方，那么当事的各国政府必须承担这些费用。发展中国家和很多国际专家表示，因为在全球市场上转基因生物主要是由跨国公司生产和贸易的，因此，工业界应该负主要责任。

13.2.2 谈判进程

2004 年 2 月在吉隆坡举行的《生物安全议定书》第一次缔约方会议上，通过了第 BS-I/8 号决定，决定设立一不限成员名额的特设法律和技术专家工作组（以下称“工作组”），根据《议定书》第 27 条开展工作，在同一决定的附件中还规定了工作组职权范围。

自那以来，工作组在 René Lefeber 先生（荷兰）和 Jimena Nieto 女士（哥伦比亚）的共同主持下，已举行了 5 次会议：蒙特利尔：2005 年 5 月 25～27 日、2006 年 2 月 20～24日、2007 年 2 月 19～23 日和 2007 年 10 月 22～26 日，以及哥伦比亚卡塔赫纳：2008 年 3 月 12～19 日。执行秘书还根据议定书缔约方在第一次会议上提出的要求，于 2004 年 10 月 18～20 日在蒙特利尔召集了赔偿责任和补救问题技术专家组会议，为工作组的第一次会议做筹备工作。

工作组的第三、四、五次会议是在作为议定书第三次缔约方会议（2006 年 3 月，巴西）之后举行的。在其第三次会议上①，工作组继续审查与赔偿责任与补救相关的资料。在该次会议上，联合主席向工作组提交了关于赔偿责任和补救方面国际规则和程序决定的可能设想。在其第四次会议上②，工作组在秘书处的协助下，在联合主席所综合的工作草案的基础上，集中讨论了拟订《议定书》第 27 条提及的关于规则和程序的备选办法和方式的问题。

在其第五次会议上③，工作组对理赔、损害、主要赔偿制度以及补充性赔偿制度的案文进行了讨论，在各方进一步阐明立场的前提下，联合主席对案文进行了精简，并将案文的合并与修改授权给理赔和主要赔偿制度两个工作小组进行。在工作小组讨论两天后，由于各方经四年谈判后立场都很明确，分歧依旧严重，因此无法对关键问题达成一致。此次会议上，工作组还请联合主席在议定书第四次缔约方会议前召集一次联合主席之友会议，确定了联合主席之友的职权范围，主要是进一步谈判《议定书》范围内的赔偿责任和补救的规则和程序。联合主席之友会议已于 2008 年 5 月 7～9 日在波恩召开。

紧接着，2008 年 5 月 12～16 日在波恩召开《议定书》第四次缔约方会议。会上决定，有关赔偿责任和补救问题的谈判和磋商可以概括为两个平行议题：①此议题下的程序和规则是以何种形式固定下来；②对大量具体案文的删选。这次会议就未来方向达成

① http://www.cbd.int/doc/? mtg=BSWGLR-03

② http://www.cbd.int/doc/? mtg=BSWGLR-04

③ http://www.cbd.int/doc/? meeting=BSWGLR-05

一致，即：在行政措施方面形成一个有法律约束力的补充性议定书；在民事赔偿责任方面形成一个没有法律约束力的指南性文件。

2009 年 2 月 23-27 日，《卡塔赫纳生物安全议定书》赔偿责任和补救问题联合主席之友小组第一次会议在墨西哥城举行。会议决定，将努力制定以《卡塔赫纳生物安全议定书》补充议定书为形式的具有法律约束力的行政方法条款，包括一项关于民事赔偿责任的条款，并将在作为议定书缔约方大会第五次会议上作出规定。会议还对关于越境转移改性活生物体造成损害的补充议定书草案的大部分条款开展进一步谈判。主席之友商定将在小组第二次会议上进一步就议定书范围内越境转移改性活生物体造成损害的赔偿责任和补救领域的国际规则和程序进行谈判。①

13.2.3 焦点问题

谈判的焦点问题主要有以下几点。

1) 赔偿责任文书的性质

出口转基因生物的发达国家缔约方不愿意对转基因生物的损害负有赔偿和补救的责任，希望达成的赔偿责任文书是一个没有法律约束力的协议。非洲集团拒绝接受无法律约束力的民事赔偿责任文书，要求代之以具有法律约束力的行政方式有实质性规则和程序。多数发展中国家及挪威支持非洲集团的意见。欧盟支持分两步走的方式，先形成自愿性的指南，然后再转变为具有法律约束力的文书，并考虑关于补充性赔偿安排的可行性。

2) 损害的定义和范围

关于损害的范围，大多数国家支持广义的功能范围（即所有源自转基因生物越境转移活动的损害）和狭义的地理范围（即仅在缔约方之间发生的损害）。

对于损害的定义，意见很不一致，一部分国家支持狭义的损害定义，另一部分国家支持广义的损害定义。各方对损害的定义是否要包括对"人类健康的风险"争议很大。目前的共识是使用《议定书》的相关内容，即包括对生物多样性保护及其持续利用的损害，同时考虑对人类健康造成的风险。

关于损害的估值，转基因生物出口缔约方支持狭义的工作案文，即对生物多样性保护造成损害的估值仅限于采取恢复措施的费用。而转基因生物进口缔约方支持广义的工作案文，即在评估损害时考虑多种因素。目前的进展是同时保护狭义和广义的两种估值方式。

关于因果关系，出口缔约方支持举证责任由起诉方承担，而进口缔约方普遍支持由被诉方承担，还有的国家提出根据国内相关法律确定举证责任。最终将此三种意见都作为选择方案。

3) 主要赔偿制度

关于经营人在损害发生时向主管当局报告的义务，许多国家支持"立即报告主管当

---

① Report of The Group of The Friends of The Co-Chair on Liability And Redress in the Contex of the Gartgena Protocol on Biosafety on the Work of its First Meeting. see Http://www.cbd.Int/Doc/? Meeting = Bsgflr-01. March. 2009

局”。关于国家采取响应和恢复措施的决断，各方对于主管当局是否应当建立和采取补救措施以及是否强制性要求主管当局向经营人追回费用存在不同意见（表 13.1）。

表 13.1 国际规则和程序相关决定的修订蓝图（决定各附件的备选组成部分）

赔偿责任和补救的可能方式	范围	损害	主要赔偿制度	补充性赔偿制度	理赔
国家责任	提及现有的规则和程序				
国家赔偿责任	不制定关于国家主要责任的规则和程序				
民事赔偿责任	① 制定国际规则和程序（有法律约束力和/或无法律约束力） ② 制定国家性规则和程序的国际指导 ③ 结合两者 ④ 不制定规则和程序				
行政性方式	① 制定国际规则和程序（有法律约束力和/或无法律约束力） ② 制定国家性规则和程序的国际指导 ③ 结合两者 ④ 不制定规则和程序				

注：a. 本蓝图不妨碍关于文书选择的讨论结果。有法律约束力的文书亦须以作为缔约方会议的缔约方大会的决定予以通过。b. 本蓝图涵盖本章中的所有方式和工作案文，包括国际私法方面的方式和工作案文。③ 一份附件有可能包括一种或多种赔偿责任方式。赔偿责任的一种方式有可能在一份或多份附件中述及。④ 本蓝图不影响关于剩余国家赔偿责任讨论的结果。

关于赔偿责任的标准，一些国家希望将基于过错的赔偿责任、严格赔偿责任和减轻的严格赔偿责任这三种责任标准都包括进来，另一些国家只接受基于过错的赔偿责任。

关于连带责任及其分摊，多数发展中国家和进口缔约方都支持连带责任及其分摊，而出口缔约方似乎希望赔偿责任的分摊。关于赔偿责任的期限，多数国家支持相对时效，部分国家支持绝对时效。

关于赔偿责任的财政担保，部分国家支持强制性财政担保，一些国家支持自愿性财政担保。

关于剩余赔偿责任，各方对于遭受损害的国家或经营人的注册国是否应当承担剩余国家赔偿责任分歧很大。多数发展中国家支持由经营人承担主要赔偿责任，同时国家承担剩余赔偿责任。一些国家提出当国民无法完全赔偿损失时，应由国家承担剩余赔偿责任。

关于补充性集体赔偿安排，一些国家支持当赔偿无法满足补救的费用时使用补充性集体赔偿。另一些国家支持建立额外的补充性资金机制，以保证支付赔偿费用。还有的国家支持采取预防、减轻、恢复措施。

4）小结

概言之，损害责任和补救是《卡塔赫纳生物安全议定书》谈判中进展最为艰难的议题之一。由于这一议题全面涉及各国利益，同时又具有相当强的法律技术性，所以各国分歧甚大。一些发达国家认为，损害责任与补救问题过于复杂，应从其他相关国际法规定中寻找解决途径，而不必在生物安全国际法中作出专门的制度安排。还有发达国家认为，这一问题可在国内产品责任法律制度框架内得以解决，不主张在国际法层面过多讨论。大多数发展中国家持相反的观点。有发展中国家认为，如果缺少关于责任、补救和赔偿的规定，特别是如果不就如何确定责任和计算赔偿作出实质性规定，生物安全国际法的合法性将受到影响，因为只建立监管框架而不解决生物安全事故引起的损害赔偿问题，在法律上是不符合逻辑的。也有发展中国家建议参考《巴塞尔公约》的有关规定来处理生物安全损害责任与补救问题。还有发展中国家认为，现国际法中没有关于损害赔偿责任普遍适用的规定，因此要求建立某种具有针对性的专门制度。由于各方分歧太大，国际社会转基因生物损害责任与补救问题至今未能就实质性议题形成共识。

可见，与国际环境损害赔偿法和生物安全国际法其他领域的发展相比，有关转基因生物损害责任与补救的国际谈判进展较为缓慢，其原因可归纳为三个方面，即：对建立核机制的紧迫性认识不足；对法律原则和法律机制难以达成共识；在具体法律问题上争论激烈。

13.3　生物安全损害赔偿国际法应确立的主要原则

与国际环境损害赔偿和生物安全国际法其他领域的发展相比，有关转基因生物损害责任与补救的国际谈判进展较为缓慢，其原因可归纳为三个方面，即：对建立该机制的紧迫性认识不足；对法律原则和法律机制难以达成共识；在具体法律问题上争论激烈。可以预见，关于赔偿责任和补救的磋商和谈判要取得实质性进展，国际社会仍然需要付出相当大的努力。基于国际环境损害赔偿法的基本原则和生物安全国际法的特殊性，建议生物安全损害赔偿国际法确立如下三方面主要原则。

13.3.1　无过错责任原则

在国际环境法的其他方面，在归责原则上采用的是无过错责任与过错责任相结合的原则。但是，无过错责任与过错责任原则在同一问题上也并非并行适用，而是根据规范对象的不同择一而从。生物安全损害赔偿国际法应遵循无过错责任原则，其主要原因体现为两个方面。

一方面，无过错责任原则是生物安全国际法风险预防原则在归责原则上的体现。由于生物安全与生物本质特性、物种的生存和繁衍以及人类的生命健康密切相关，因而其风险性之大为国际社会所共同关注；同时，一旦生物安全风险转化为现实，其后果将非常严重，甚至不可逆转。由于生物安全问题本身存在着巨大的风险性，风险预防原则便成为生物安全国际法的基本原则之一。与风险预防原则相适应，在生物安全损害赔偿国际立法中确立无过错责任原则，有利于督促国际环境法主体更好地约束自己的行为，尽最大的注意义务，从而最大限度地避免环境损害的发生——而这正是生物安全损害赔偿国际立法的重要目标之一。

另一方面，在生物安全损害赔偿国际立法中贯彻无过错责任原则，也并非无区别地将损害责任完全施加于致害方。在国际环境法中，责任限制机制是一个重要的内容。战争行为、敌对行动、武装暴动、第三人故意致害等情形，均可构成致害方的免责条件。

13.3.2　责任分担原则

生物技术的诞生，给人类社会带来了正反两方面的影响。“如能在开发和利用现代生物技术的同时亦采取旨在确保环境和人类健康的妥善安全措施，则此种技术可使人类受益无穷”；但“现代生物技术扩展迅速，公众亦日益关切此种技术可能会对生物多样性产生不利影响，同时还需顾及对人类健康构成的风险。”① 正是基于这一考虑，国际社会对生物技术的普遍态度是，在推动生物技术进步的同时，通过各种措施尽量避免可能由此发生的消极后果，实行谨慎发展原则。所谓“谨慎发展原则”，是指各国在发展生物技术、进行生物技术的应用和市场化时，不应仅基于该技术在未来可能带来的经济效益而确定该技术的发展和应用策略，而应同时充分考虑该技术可能带来的一系列负面影响，其中包括生物技术及其产品本身的缺陷、可能带来的环境风险以及对人类健康的威胁等。在生物安全损害赔偿国际立法中规定责任分担原则，有利于生物安全国际法谨慎发展原则的实现。

在生物安全损害赔偿领域，责任分担原则要求有关各方均应尽到足够的注意义务。在此，可能存在两种情形。在同一生物安全事故中存在多个致害方，而受害方对事故不负有责任；或者加害方和受害方同时对事故负有相应责任。在这两种情形下，共同致害方或者负有责任的受害方应分担相应的损害赔偿责任。

在第一种情形下，共同致害方对受害方连带或者分别地承担责任。如果有关共同致害方之间存在意思联络并基于此从事侵权行为、导致损害后果，或者致害方之间虽然不存在意思联络、但其行为直接结合从而造成损害后果，或者在事实上无法确定哪一个致害人的行为导致了损害后果，即应当令其承担连带赔偿责任；如果致害方之间不存在意思联络，但其行为间接结合从而导致损害后果的发生，则应依据该行为对损害后果的“贡献程度”——即该行为是造成损害后果的主要因素还是次要因素——令各侵权人分别承担责任。当然，共同致害方在共同承担了损害赔偿责任后，其相互之间的责任分担问题可以通过另外的程序和途径解决。此处的“意思联络”，是指共同致害方在从事致害行为之前或者在此过程中达成致害意愿的过程和结果。

在第二种情形下，致害方在受害方自身应当承担责任的范围内免除相应的损害赔偿责任，但这里同样有一点需要注意：在此免除的仅是相应的损害赔偿责任，而不包括其他形式的补救责任，如恢复原状的责任等；而且对于承担相应责任的受害方而言，其分担相应责任的事实并不妨碍其承担其他责任，如行政责任等。

13.3.3　国家责任原则

尽管国家的主权豁免在国际法中已得到普遍的认可，但在国际环境法领域，尤其在生物安全国际法领域，国家基于主权等理由的豁免不应适用。“国家责任是一国实施国际不当行为所引起的法律后果，具体体现为行为国与受害国之间的一种新的权利义务关系。……一国一经确认为实施了国际不当行为，即应负担停止其不当行为和补偿该行为

① 2000年《卡塔赫纳生物安全议定书》序言。

造成的损害后果的义务，受害国则相应地享有要求或者迫使行为国履行其上述义务以及在特定情况下对行为国进行制裁的权利。”而“赔偿是国家责任的逻辑后果”，“将非法行为的一切后果消除掉”常常被用来作为赔偿的标准。可见，根据国际法规则，国家理应就其不当行为承担赔偿责任。

生物安全国际法作为国际环境法、进而作为国际法的一个有机组成部分，应当遵循国际法的一般规则，并且国家责任更有其存在和适用的合理性。一方面，在国际公法领域，国家是最主要的国际环境法主体。如果允许国家基于其主权等原因而得到豁免，则事实上在很大程度上架空了国际环境法责任，使之有名无实。另一方面，在国际私法领域，私法主体所从事的与生物安全相关的行为很大一部分有国家或者政府在政策或者法律上给予支持。对于这部分损害他方生物安全权益的行为，国家至少应承担监管不力的责任。

13.4　生物安全损害赔偿国际法应确立的主要机制

目前，生物安全国际法在损害赔偿领域亟待确立或者完善的机制主要包括赔偿主体、赔偿金额、责任限制、金融保障、索赔程序等五个方面。这些方面是生物安全损害赔偿国际立法的核心内容，同时也是其最具特色的内容，建议对其具体内容作如下安排。

13.4.1　赔偿主体

根据 1996 年《国际法未加禁止之行为引起有害后果之国际责任条款草案》等国际法文件，国家承担赔偿责任的原因既可以是不当行为，也可以是国际法未加禁止的行为。在这两种情形下，国家承担的是国家赔偿责任。有关的国际环境损害赔偿立法主要将赔偿主体确定为设备或者装置的所有人、管理人、共同管理人等与环境事故有密切关系的主体。在生物安全领域，开发商、生产商、出口商、进口商、承运商或者供应商的行为如果造成了损害后果，无疑应承担损害赔偿责任。同时，在作为私法主体的责任人无法确定、责任人赔偿能力不足或者因存在法定事由而不赔偿等情形下，国家还应当承担补充性的民事赔偿责任，这也是前述生物安全损害赔偿国际立法“国家责任原则”的必然要求。不仅如此，生物安全损害赔偿国际立法还应规定连带损害赔偿责任，令技术发明者、生产者、销售者、进口者承担连带责任。如果责任人的行为全部或者部分地由第三方引起，则在其承担了损害赔偿责任之后，还享有对该第三方的追偿权。

与赔偿主体密切相关的是索赔主体。在生物安全国际法中，索赔主体应当包括受害者和国家。受害者有权提出生物安全损害赔偿请求，当无异议。国家作为损害赔偿主体的条件是：受害者没有能力或者丧失能力提出损害赔偿请求（此时需受害者申请国家代其索赔）；或者生物多样性的保护和可持续利用受到了生物技术研发应用活动的损害（此时国家可以主动行使索赔权）。在这两种情形下，国家作为社会公共利益的代表，有权力、也有责任向侵权者提出索赔。

13.4.2 赔偿金额

在生物安全损害赔偿领域，针对不同的保护对象立法应当实行不同的赔偿制度：对人身伤亡和财产损失实行全额赔偿制度，对生态损害的赔偿则实行限额赔偿制度。

由于生物安全问题对于人类生存和发展影响的全面性、严重性和某些情况下的不可逆转性，风险预防原则成为在可持续发展条件下生物安全国际法一切制度设计和制度安排的前提，并构成了生物安全国际法最重要的原则之一。尽管在国际环境法的一些领域中规定了限额赔偿制度，① 但如果在生物安全国际法也完全实行限额赔偿制度，就会大大降低风险预防原则的贯彻效果。由于人身权和财产权是最重要的法律保护对象，有关国际法和各国国内法均对其实行重点保护，因此，针对由于现代生物技术相关活动造成的人身和财产损害，应当实行全额赔偿制度。

同时，生态损害的后果往往非常严重，如果也实行全额赔偿制度，就有可能对生物技术产业的可持续发展造成严重影响。因此，应当在生态损害赔偿方面实行限额赔偿，同时建立金融保障机制（详见下文），以便在全面弥补受害方损害的同时，不致因损害赔偿而影响现代生物技术研发应用活动的正常进行，从而确保生物技术产业健康可持续地发展。

13.4.3 责任限制

如前所述，在国际环境法中，责任限制的条件一般包括不可抗力、第三方致害、受害人过错等情形。这些责任限制条件从传统私法理论引申而来，在生物安全领域也同样适用。同时，由于生物安全国际法具有其特殊性，生物安全损害赔偿责任限制机制与一般的环境损害赔偿责任限制机制在内涵上有所差异，这主要体现为如下三个方面。

1）责任限制的范围

在生物安全领域，损害赔偿责任限制较国际环境法的其他一些领域要小，这主要是由于国家和政府因素不应成为责任限制的原因。在国际环境法的有些领域中，国家和政府因素有时会构成责任限制的条件。例如，1971 年《设立国际油污损害赔偿基金公约》规定的免责事由中包括“由于从战舰中或从在事故发生期间某一国家拥有或经营的用于政府的非商业目的船舶逸出或排放的油类而造成”。② 但在生物安全损害赔偿中，不应将国家或者政府行为或者其他与国家或者政府的因素作为免责条件之一。其根本原因在于，在生物安全国际法中，国家不应也不可能作为一个超然的主体出现，否则不仅会大大降低生物安全损害赔偿国际立法的实际作用，并与国家或者政府广泛参与生物技术相关活动这一事实相悖。

---

① 例如，1971 年《设立国际油污损害赔偿基金公约》第 4 条、第 5 条；1978 年《油轮所有人自愿承担油污责任协定》第 7 条；1999 年《关于危险废弃物越境转移及其处置所造成损害的责任和赔偿问题议定书》的相关规定。

② 1971 年《设立国际油污损害赔偿基金公约》第 4 条。该条规定，如油污损害是由于战争，敌对行为、内战或武装暴动而造成，或是由于从战舰中或从在事故发生期间某一国家拥有或经营的用于政府的非商业目的船舶逸出或排放的油类而造成；索赔人不能证明损害是由于一艘或者是一艘以上船舶的事件所造成；油污损害是全部或部分地由于受害人有意造成损害的行为或不为，或者由于该人的过失而造成等，均可构成免责事由。

2）对责任豁免的限制

在生物安全国际法中，损害只有完全由于不可抗力引起，并经从事现代生物技术研发应用活动的一方及时采取补救措施，仍然不能避免造成该损害，方可豁免损害赔偿责任。否则，如果损害只是部分地由不可抗力引起，或者尽管致害原因是不可抗力，但从事转基因生物技术及其产品相关活动的一方未及时采取补救措施，则该方的责任并不完全豁免，而只是相应地“减轻”。这一处理原则也同样适用于“受害方的过错”和“第三方致害”的情形，即：如果引起损害的不仅仅是受害方或者第三方的原因，而且还包括从事转基因生物技术及其产品相关活动一方的原因，那么从事转基因生物技术及其产品相关活动的一方也应当在相应的责任范围内承担责任。也就是说，此时从事转基因生物技术及其产品相关活动的一方的责任仅仅是“减轻”，而不是“豁免”。

3）责任承担的时间限制

对赔偿责任规定时间限制，是各国国内法和国际法的通行做法。一般而言，时间限制包括“时效期间”和“除斥期间”两个方面。其中，时效期间从受害方知道或者应当知道其权益受到损害之日起计算，而除斥期间则从侵权行为发生之日起计算。超过时限主张权利，法律不予支持，但加害方自愿承担责任的除外。生物安全损害赔偿国际立法应当充分考虑生物安全损害后果的潜伏性（潜伏期比一般的环境污染还要长）、长期性和不易察觉等特性，采用较长的时效期间和除斥期间，以最大限度地保障受害方的权益。立法可以将时效期间（相对时限）设定为 3 年，而将除斥期间（绝对时限）设定为 20 年。事实上，这一构想与目前多数国家的国内法相关规定相符。例如，中国和挪威的环境法规定的相应的期间均分别为 3 年和 20 年。亦即：受害方自知道或者应当知道其权利受到损害之日起 3 年内主张其权利的，应予支持；但是，自侵权行为发生之日起 20 年后主张权利的，不予支持。侵权行为存在连续或者继续状态的，期间从行为结束之日起计算。

13.4.4　金融保障

由于与生物安全相关的活动风险性极大，金融保障机制在生物安全国际法中具有特别重要的地位。基金和保险是生物安全国际立法金融保障机制可以选择的两类制度。在生物安全损害赔偿领域，二者的宗旨是相同的：为生物安全相关活动提供资金保障，特别是当潜在的风险性转化为现实的损害后，在一定限度之内提供损害赔偿的资金来源。鉴于保险制度应用于生物安全损害赔偿领域难度较大，基金制度应当作为生物安全损害赔偿金融保障机制的最主要的实现途径。在生物安全损害赔偿国际立法中，基金制度应着力解决三方面问题。

1）基金的强制性

在国际法中，通常要求建立强制性的金融保障机制与无过错责任原则和全额赔偿机制相对应。这样一方面有利于避免因赔偿金额过高而实质性地影响现代生物技术产业的健康、可持续的发展，另一方面也有利于受害方获得充分、全面的赔偿。生物安全损害赔偿国际立法应当借鉴这一经验，建立强制性基金制度。

2）基金的资金来源

由于现代生物技术研发应用活动主要由作为私法主体的生物技术公司和科研机构从事，根据受益者承担风险原则，现代生物技术研发应用者在从事有关活动前，应当支付一定数额的资金作为生物安全损害赔偿基金的组成部分。

3）基金的使用

发生生物安全事故并造成损害后，首先应根据致害方向生物安全损害赔偿基金实际支付的资金数额与法定缴资额的比例、法定赔付限额以及基金使用规则，由基金赔付其造成的损害；如果依此赔付的金额无法完全弥补受害方的损害，则由致害方承担其余的赔偿责任。如果致害方仍然无力赔偿全部损失，则根据国家赔偿责任，由国家承担补充性赔偿责任。可见，基金制度的存在并不意味着损害赔偿额以基金提供的额度为限。

13.4.5　索赔程序

发生损害赔偿争议后，应首先启动国家间的协商程序；如果无法通过协商解决，启动仲裁程序；仲裁无法解决的，通过诉讼途径解决。在此，国家间的协商程序可以适用《生物多样性公约》第 27 条的规定，仲裁和调解可以适用《生物多样性公约》附件二的规定。民事程序中的大多数问题，如受理的法院或者仲裁庭、适用的法律等，均可适用国际私法的一般程序。

需要注意的是，一些国家提出的建立特别法庭的建议，会在很大程度上增加制度设计的复杂性，在实践中的可操作性也不大。但是，生物安全损害赔偿国际立法应当对司法裁判的确认和执行作出特别明确的规定，因为这涉及裁判能否最终被执行，进一步影响到受害方的损害能否最终得以全面而充分的弥补。

13.5　有关国家和地区生物安全损害赔偿立法概况

自 20 世纪 60 年代以来，各国制定了为数不少的与生物安全损害赔偿相关的法律，其中比较典型的包括：瑞典《自然保护法》(1964)、瑞典《环境保护法》(1969)、瑞典《环境损害赔偿法》(1986)、德国《联邦污染控制法》(1990)、关于《欧盟理事会关于废物损害民事责任的指令》的提案 (1991)、欧盟《由危害环境的活动所造成的损害环境的民事责任公约》(1993)、挪威《转基因生物生产和使用法》(1993)、美国《综合环境反应补偿与责任法》(1980)、美国《转基因生物责任法案》(2002) 以及俄罗斯环境法的相关规定等。在这些国别法中，美国、加拿大、欧盟和挪威的立法对生物安全损害赔偿的规定较为典型，以下作一简单介绍和分析。在这些主要环境损害赔偿国别法中，在此仅对与生物安全相关的立法规定进行考察；而对于适用一般环境损害赔偿原则和制度的与生物安全损害赔偿相关的内容，本章不拟详细探讨。

13.5.1　美国的法律规定

美国《转基因生物责任法案》(2002，即 HR4816。该法案未被国会通过) 对生物技术公司的责任作出了一般性规定。该《法案》规定，损害赔偿责任包括任何人根据联邦法律或者其他法律因使用转基因生物而负有的责任；如果损害由生物技术公司的基因工程引起，则生物技术公司有义务对因转基因生物向环境的释放而受到损害的任何一方提供赔偿，并应承担因此而产生的合理的律师费以及其他诉讼费用；因前述第二项而产生的责任不得以合同或者其他方式获得豁免。此外，美国《综合环境反应补偿与责任法》（1980）也涉及生物安全方面的内容，其中关于赔偿主体、赔偿范围、责任限制、基金制度等方面的规定可在生物安全损害赔偿方面有间接的适用价值。

13.5.2　加拿大的法律规定

在加拿大，普通法制度、《魁北克民法典》和成文法均涉及环境损害赔偿责任和补救问题：在普通法制度下，为了补救环境损害，公民可以提出非法侵入他人财产、妨害私人利益、过失和严格赔偿责任的诉讼；《魁北克民法典》支持针对向大气、水或土壤释放污染物所造成的损害提出类似的诉讼；成文法向政府提供一个有效的机制，以便回收清理和恢复环境的费用。与生物多样性和生物安全有关的法律规定了两类补救措施。其一是，政府采取行动，向某个对野生物管理区内的野生物生境造成破坏的人回收恢复措施的费用，或在无法恢复的情况下使其赔偿生境的损失；其二是，法庭可以酌情处以直接用于环境保护的罚款或代替罚款的服务。①

13.5.3　欧盟的法律规定

欧盟成员国自 1993 年起开始考虑建立一个整个欧洲共同体的环境赔偿责任制度。2000 年 4 月，欧盟委员会发表了《关于环境赔偿责任的白皮书》，其要点包括：责任范围既包括环境损害（现场污染和对生物多样性的损害），也包括传统的损害（对健康和财产的损害）；与欧盟环境法挂钩的有限的适用范围仅包括受共同体监管的有危害或可能有危害的活动所导致的现场污染和传统损害，并且仅包括对受 2000 年自然网络保护的生物多样性造成的损害；对有内在危险的活动引起的损害规定严格赔偿责任，对非危险活动造成的生物多样性损害规定过失赔偿责任；接受公认的辩护理由，并在一定程度上减轻了原告的举证责任和公平地减轻了被告的负担；赔偿责任集中于控制着引起损害的活动的营运者；把污染者支付的赔偿用于恢复环境；采取办法来加强在环境损害案件中诉诸司法的渠道；为潜在的赔偿责任提供保证金。②此外，欧盟与生物安全相关的法律文件还包括野生鸟指令③和生境指令④。鸟指令要求成员国采取措施保护、管理和控制野生鸟类物种，以便通过生境保护来维持种群数量。生境指令为欧盟动物、植物、自

---

① 参见 2002 年生物多样性公约缔约方大会第六届会议《各国政府和国际组织提交的资料综述报告修订稿执行秘书的说明》（中文版）。

② 参见 2002 年生物多样性公约缔约方大会第六届会议《各国政府和国际组织提交的资料综述报告修订稿执行秘书的说明》（中文版）。

③ Council directive 79/409/EEC.

④ Council directive 92/43/EEC.

然生境和半自然生境的保护建立了一般性框架，其目标是将自然生境、物种恢复和维护到一个有利的保护水平，并在指定的区域设立“欧洲自然保护 2000”网络①。但是，鸟指令和生境指令对损害赔偿均没有作出明确的规定。

13.5.4　挪威的法律规定

挪威《转基因生物生产和使用法》(1993) 规定了无过错责任原则，即如果对活动负责的人因向环境故意释放或者排放转基因生物的活动而引起损害、不便 (inconvenience) 或者损失，则无论其是否有过错，根据本法均负有损害赔偿责任。该法规定的赔偿范围包括“损害”、“不便”和“损失”三大类，即：根据本法如果对一活动负责的人因其自身过错使其向环境故意释放或者排放转基因生物的活动而引起损害、不便或者损失，则根据本法其负有损害赔偿责任。② 关于赔偿主体，该法的规定是“从事相关活动的负责人”，其责任范围是：①如果违反本法和相关决定而使转基因生物进入环境，则对该活动负责的人应该采取合理的措施预防和限制损害和不便的发生；②如果转基因生物的使用对人类健康和环境的风险性比在其获批准时所预见的要大，则本规定亦适用于根据本法和有关决定而进行转基因生物有意向环境释放之情形；③监管机关可以命令该负责人收回或者采取其他措施，以便在规定的时间内对该生物进行处理，这些措施包括尽量将环境恢复至以前的状态；④前述措施亦适用于对他人财产权产生损害之情形。同时，该法还规定了违法或者犯罪处罚，即代执行、财产保全、强制性罚款以及刑罚。③

13.5.5　其他国家的法律规定

根据 2002 年生物多样性公约缔约方大会第六届会议《各国政府和国际组织提交的资料综述报告修订稿执行秘书的说明》的有关内容，英国、法国、瑞典、瑞士等国家也在环境损害赔偿立法方面作出了各自的努力。但由于其中的内容与生物安全损害赔偿关系不大，故在此不予详述。

13.6　我国生物安全损害赔偿立法的现状及其完善

13.6.1　我国生物安全损害赔偿法律规定的现状

在我国目前关于转基因生物安全的专门立法中，直接涉及损害赔偿的只有三个条款。

(1) 1993 年《基因工程安全管理办法》的规定。该办法第 28 条规定：“违反本办法的规定，造成下列情况之一的，负有责任的单位必须立即停止损害行为，并负责治理污染、赔偿有关损失；情节严重，构成犯罪的，依法追究直接责任人员的刑事责任：(一) 严重污染环境的；(二) 损害或者影响公众健康的；(三) 严重破坏生态资源、影

① Natura 2000 European network.

② 挪威《转基因生物生产和使用法》，第 23 条。

③ 挪威《转基因生物生产和使用法》，第 21、24、25 条。

响生态平衡的。”这一规定遵循的是过错责任原则，其主旨是与环境保护相关法律相衔接。然而，由于这一规定对何为“严重”污染环境、何为“影响”公众健康、何为“严重破坏”生态资源等未作出明确的规定，所以可操作性不强。

（2）2001 年《农业转基因生物安全管理条例》的规定。该条例第 54 条规定：“违反本条例规定，在研究、试验、生产、加工、贮存、运输、销售或者进口、出口农业转基因生物过程中发生基因安全事故，造成损害的，依法承担赔偿责任。”这一规定所遵循的也是过错责任原则。由于对赔偿主体、赔偿数额、免责条件等问题均未作明确的规定，所以在实践中难以有效实施。

（3）2004 年《病原微生物实验室生物安全管理条例》的规定。该条例第 57 条第 2 款规定：“因违法作出批准决定给当事人的合法权益造成损害的，作出批准决定的卫生主管部门或者兽医主管部门应当依法承担赔偿责任。”与《农业转基因生物安全管理条例》的规定类似，这一规定也较为模糊。

可见，这些零星的规定一方面可操作性不强，为执法和司法实践带来了困难；另一方面，其所涉及的领域也不完整，无法全面覆盖生物安全法的调整范围。因此，我国现有的生物安全损害赔偿相关法律规定亟待完善。

13.6.2　我国生物安全损害赔偿立法的完善建议

基于上述生物安全损害赔偿国际法的主要原则和主要制度，参考其他国家相关立法的经验，同时考虑生物安全法本身的特点、我国现有的相关法律规定和生物安全管理的实际需要，建议在进一步生物安全立法中，重点从如下方面就损害赔偿问题作出规定。

1）归责原则

归责原则，是指据以确定行为人民事责任的理由、标准或根据。归责原则是生物安全损害赔偿制度最基本的内容之一。由前述分析可见，生物安全损害赔偿制度应当采用无过错责任原则。法律上的“无过错责任原则”，亦称“无过失责任原则”，是指损害发生后，依法不以行为人的主观过错为要件的归责标准。在这一归责原则之下，只要行为人的行为与损害后果之间存在因果关系，该行为人即应承担民事责任，而不考虑其主观上是否存在过错。相应地，生物安全损害赔偿的无过错责任原则，是指生物安全法主体就其所从事的现代生物技术的开发利用行为造成的财产损失、人身损害或者生态损害后果依法承担损害赔偿责任时，不考虑其是否存在主观过错的归责原则。

在无过错责任原则下，对于“不考虑过错”的理解应无异议。然而，对于不问谁之过错，却存在不同的看法。有观点认为，无过错责任只是不考虑加害方的过错，但却“并不意味着也不考虑受害人的过错，因为受害人的过错对侵权责任的范围有一定有影响”；① 也有观点认为，无过错责任类似于绝对责任，“不仅不考虑加害人的过失，而且也不考虑受害人的过失。”② 因此，在对受害方主观过错的考量方面，形成了两种截然

① 郭明瑞．2007．民法．北京：高等教育出版社．594。

② 王利明．1992．侵权行为法归责原则研究．北京：中国政法大学出版社．192。

相反的观点。

事实上，无过错责任原则并非绝对地不考虑主观因素。在受害人存在过错的情形下，如果不考虑受害人的主观过错而将责任全部施加于加害方，未免有失公允，因为这样不仅与“受害人自我致害”这一无过错责任原则的免责条件相矛盾，而且同时也陷入了英美法上绝对责任“对致害人一方过于严酷，毫无弹性”的尴尬。[①] 生物安全损害赔偿领域亦为如此，尽管不考虑加害方是否存在过错，但却应考虑受害方的主观过错状况；如果其存在过错，则应承担责任。

尽管各国对无过错责任原则的表述方式不尽相同，但该原则在环境损害赔偿领域已有大量的应用。挪威 1993 年《转基因生物生产和使用法》规定，如果根据该法对活动负责的人因向环境释放或者排放转基因生物的活动而引起损害、不便或者损失，则无论其是否存在过错，均负有损害赔偿责任。在俄罗斯，如果企业、机关和组织的活动与增加自然环境的危险有关，则其生态民事违法行为的构成不以主观过错为要件；其 2002 年《环境保护法》规定，由法人和自然人的经济活动和其他活动的不良环境影响造成的公民健康和财产损害，应当全部赔偿。在日本，其《民法典》、《国家赔偿法》、《矿业法》、《大气污染控制法》、《水质污染防治法》等立法均为环境保护领域适用无过错责任原则提供了明确的法律依据。[②] 在德国，其 2002 年《环境责任法》规定，有关设备所引发的环境影响，导致人员死亡、伤害他人身体或健康，或者损害财物的，设备的所有人负有向受害人赔偿由此造成的损失的义务，在此也没有要求行为人具有主观过错。

在我国，无过错责任原则在《民法通则》、《环境保护法》、《海洋环境保护法》、《大气污染防治法》、《水污染防治法》等法律中均有规定。例如，《民法通则》第 124 条规定，“违反国家保护环境防止污染的规定，污染环境造成他人损害的，应当依法承担民事责任。”《环境保护法》第 41 条进一步规定，“造成环境污染危害的，有责任排除危害，并对直接受到损害的单位或者个人赔偿损失。”由此将“违法性”排除于归责要件之外。2008 年修订的《水污染防治法》第 85 条规定，“因水污染受到损害的当事人，有权要求排污方排除危害和赔偿损失。”甚至还规定，即使在水污染损害由第三人造成的情况下，排污方也需首先承担赔偿责任，之后再向第三人追偿。这些规定无一不体现了无过错责任原则。

“无过错责任原则”这一提法本身是一个学理概念，学术界对其内涵还存在争议。为了避免学理争论对本法的制定和实施产生不必要的影响，在法律文本中可以不采用“无过错责任原则”这一术语，而是通过对其内涵的确切表述来体现其实质内容，以避免因为对这一归责原则内涵理解不同而造成歧义。在法律文本中，可将无过错责任原则表述为：

“造成转基因生物安全危害的单位和个人，有责任排除危害，并对直接遭受损失的单位或者个人赔偿损失。”

---

① 王卫国. 2002. 过错责任原则：第三次勃兴. 北京：中国法制出版社. 287。

② 曹明德. 环境侵权法. 北京：法律出版社. 150。

2）共同致损

由于涉及转基因生物安全的活动往往具有参与主体的多元性、所涉内容的复杂性和相互关联性以及工具和方法上较高的技术性，相关活动造成的损害往往涉及一个以上的行为主体，这样在某些情况下就会成立共同致损。所谓“共同致损”，是指损害结果由两个以上法律主体共同造成。此时，确定各加害人责任大小的主要依据应是其在客观上造成损失或者损害的大小，而不是其是否有主观过错或者各自过错的大小。其原因在于，对于各加害人而言，其承担的仍然是无过错责任；而在无过错责任原则中，“责任的确定主要从受害人一方的损害程度来考虑”。[①] 事实上，这一规定也是前述“责任分担原则”的体现。

在共同致损的情况下，应当适用民法上的共同侵权处理原则来解决损害赔偿问题，因此在法律文本中不必作出特别具体的规定。相应的法律条文建议表述为：

> “两个或者两个以上的单位和个人共同造成转基因生物安全危害的，共同承担排除危害、赔偿损失的责任。”

3）免责条件

在实行无过错责任的情形下，加害人有权依照法律规定的抗辩事由主张免除或者减轻损害赔偿责任，这就是所谓的“免责”。免责条件包括不可抗力、第三人致害和受害人自我致害。其中，在第三人致害的情况下，理应由负有责任的第三人承担损害赔偿责任，故在法律文本中不必对此特别强调。关于免责条件的具体条文可以表述为：

> “完全由于不可抗拒的自然灾害，并经及时采取合理措施，仍然不能避免造成环境危害的，或者损害完全由受害人自己的故意行为造成的，造成损害的单位和个人免予承担责任。”

此处关于“不可抗力”的规定承袭了《环境保护法》第 41 条的思想。该条文规定：“完全由于不可抗拒的自然灾害，并经及时采取合理措施，仍然不能避免造成环境污染损害的，免予承担责任。”需要注意的是，此处的“不可抗力”与民法中一般意义上的“不可抗力”在免责内容和适用条件方面均存在差异。

一方面，就免责内容而言，我国《民法通则》第 153 条规定的“不可抗力”除了自然灾害之外，还包括战争、政府行为等因素，这与前述有关国际条约中的不可抗力的规定相类似；但在环境损害赔偿领域，出于对受害者利益保护的考虑，“不可抗力”仅被限定为“自然灾害”。

另一方面，就适用条件而言，此处强调自然灾害致害原因具有完全性，并要求加害者采取措施的及时性和合理性。亦即，如果致害后果是由自然灾害与加害人的人为因素共同造成的，那么加害人的损害赔偿责任不得完全免除；如果在自然灾害发生后，加害人本来能够采取措施以避免由此给受害人造成的损害进一步扩大，但却未采取措施，或者采取措施不及时，或者采取的措施本身不合理，因此而对受害者造成了更大的损失，则加害人应当对此造成的扩大的损害部分承担赔偿责任。

---

① 马俊驹，余延满．2005．民法原论．北京：法律出版社．1006。

4）环境损害赔偿金

在对环境造成损害的情况下，违法者应当承担相应的法律责任，其中最主要的就是支付环境损害赔偿金。责令环境污染和破坏者支付环境损害赔偿金，是恢复环境原状的必要途径之一，因此，环境损害赔偿金是生物安全法损害赔偿制度必不可少的内容。在进一步生物安全立法中，关于环境损害赔偿金最主要的问题是其适用条件。在这方面建议规定：

> “从事转基因生物体封闭研究、中间试验、环境释放和商品化、运输、贮存、越境转移、废弃物处理和处置的单位和个人造成环境污染或者破坏的，应当支付环境损害赔偿金。”

在此，一个关键问题是如何确定环境损害赔偿金的数额。由于支付环境损害赔偿金的主要目的在于恢复受到损害的生态环境，所以其数额应以使生态环境恢复至受损前的状态所需花费为标准。评价生态环境的状态应以环境质量标准为依据。所谓“环境质量标准”，是指为保护人体健康、社会物质财富安全和维护生态平衡，对环境中有害物质或者因素含量的最高限额和有利环境要素的最低要求所作的规定。

5）限额赔偿

如前所述，在生物安全领域，针对人身伤亡和财产损失的赔偿应当行实行全额赔偿制度；而针对生态环境损害的赔偿则实行限额赔偿制度。特别是在实行无过错责任原则的前提下，实行限额赔偿制度就尤为必要。

合理确定赔偿数额的上限，是限额赔偿制度最关键的内容。赔偿数额上限的确定至少与社会经济发展政策和水平、立法目标、其他相关机制的发展水平等因素相关。就社会经济发展政策和水平而言，在一个力图最大限度地推动经济发展的政策背景下，环境损害赔偿数额一般以不对经济发展构成实质影响为限度；而一国经济发展水平则在总体上决定了社会经济主体对损害赔偿数额的承受能力，一般与赔偿数额呈正比。立法目标方面存在一个理念选择问题：如果立法旨在补偿受害人的人身伤害和财产损失，即属补偿性赔偿；如果同时意图对加害方施加更大的威慑，即属惩罚性赔偿，体现在环境损害赔偿的数额方面，后者的损害赔偿额上限一般高于前者。就其他相关机制的发展程度而言，以资金支持机制为例，如果一国资金支持机制较为发达，则在确定环境损害赔偿数额的上限时一般不会仅考虑加害方的实际承受能力因素，同时还会考虑到资金支持机制对环境风险的分担功能。可见，环境损害赔偿数额上限的确定需要综合考虑诸多影响因素。

由于环境损害赔偿专业性较强，在立法中可授权专业机构负责环境损害赔偿数额的评定，并以下位阶立法或者司法解释的形式确定具体数额或者计算方法。

6）损害赔偿基金

损害赔偿基金是生物安全损害赔偿金融保障机制的重要内容，对于保证受害者获得全面充分的赔偿、受到损害的生态环境得以全面恢复以及无过错责任原则在生物安全领域得到彻底的贯彻，具重要作用。然而，我国目前的生物安全法中尚未对基金机制作出任何规定，加之基金机制本身的复杂性，所以，在我国进一步生物安全专门立法中作出具体规定并不现实。生物安全国际立法在赔偿基金方面的进展，以及我国在环境损害赔偿基金立法方面的研究和实践，都将成为推动我国生物安全损害基金制度建立和完善的动力。

主要参考文献

曹明德. 2000. 环境侵权法. 北京：法律出版社

郭明瑞. 2007. 民法. 北京：高等教育出版社

梁淑英. 2000. 国际公法. 北京：中国政法大学出版社

马俊驹，余延满. 2005. 民法原论. 北京：法律出版社

乔世明. 1999. 环境损害与法律责任. 北京：中国经济出版社

王灿发，于文轩. 2003. 生物安全的国际法原则. 现代法学，25（4）：126～137

王灿发. 1997. 环境法学教程. 北京：中国政法大学出版社

王利明，杨立新. 1996. 侵权行为法. 北京：法律出版社

王利明. 1992. 侵权行为法归责原则研究. 北京：中国政法大学出版社

王利明. 2006. 民法. 北京：中国人民大学出版社

王树义. 2001. 俄罗斯生态法. 武汉：武汉大学出版社

王铁崖. 1995. 国际法. 北京：法律出版社

王卫国. 2000. 过错责任原则：第三次勃兴. 北京：中国法制出版社

王曦. 2005. 国际环境法. 北京：法律出版社

于文轩. 2007. 生物安全损害赔偿国际立法研究. 环境保护，7

Cullet P. 2004. Liability and redressin biotechnology：towards a development of rules at the national and international levels. COP/MOP-1 Biosafety Protocol，Bachkground Paper，International Environmental Law Research Centre，Geneva

Zaeeilli S. 2001. International trade in GMOs and multilateral negotiations：a new dilemma for developing countries. *In*：Francioni F. Environment，Human Right and International Trade. Oxford and Portland，Oregon：Hart Publishing. 39～86

第 14 章 转基因生物的社会-经济影响

转基因生物为何长期成为社会关注的热点？虽然外来入侵物种问题对于国民经济和生态环境的影响不亚于转基因生物，但各种媒体和社会对于转基因生物的担忧要远远超过对于外来入侵物种的关注，并且，国内外有诸多非政府团体和组织普遍聚焦在转基因生物上面，这些非政府团体包括环境团体、各种基金会和发展团体，说明转基因生物的问题不仅仅是环境问题，还牵涉到更深入的社会和经济问题。

根据欧盟的问卷调查，生物技术在医学上获得认可，是因为公众把这种应用在医药上的生物技术视为“红色生物技术”，而公众视转基因生物为“绿色生物技术”，这种“绿色生物技术”获得的认可要少很多,① 是因为“绿色生物技术”的社会经济影响很广泛。

在农业生物技术中，转基因动植物的研究与开发最为突出。1983 年转基因植物问世，1986 年被批准进入田间试验。Calgene 公司研制的延熟西红柿 FLAVR SAVR™ 于 1993 年首例被批准商业化，此后被批准商业化的转基因植物迅速增加。② 转基因作物的种植面积由 1996 年的 170 万 hm^2 增加到 2007 年的 11 000 万 hm^2，12 年间增加 65 倍。

转基因生物所代表的是新兴科技、新兴产业和新兴模式，我们可以发现，转基因生物带来的的确是一个前所未有的挑战，而且涉及了社会生活的各个层面。本章试图通过梳理转基因生物的社会影响脉络，为转基因生物的社会-经济影响给出一个初步的总结。

14.1 国际社会对转基因生物社会经济影响的关注

14.1.1 《生物安全议定书》的关注点

《卡塔赫纳生物安全议定书》在其第 26 条（社会-经济因素）规定：①缔约方在按照本议定书或按照其履行本议定书的国内措施作出进口决定时，可根据其国际义务，考虑到因转基因生物对生物多样性的保护和可持续使用的影响而产生的社会-经济因素，特别是涉及生物多样性对土著和地方社区所具有的价值方面的社会-经济因素。②鼓励各缔约方开展合作，针对转基因生物所产生的任何社会-经济影响、特别是对土著和当地社区的影响进行研究和交流信息。

在《生物安全议定书》谈判最初的开始阶段就提出了转基因生物的社会经济影响问题，并且在整个谈判过程中这仍然是在谈判者之间存在分歧的问题之一。一些国家认为

---

① Europeans and Biotechnology in 2002，Eurobarometer 58.0，A report to the EC Directorate General for Research from the project ‘Life Sciences in European Society’ QLG7-CT-1999-00286.

② http://www.szagri.gov.cn/News/Show.asp? ID=2147.

这一议题涉及广泛而复杂的问题，对其采取任何法律规定的做法将困难重重并且起负作用。有人担心，转基因生物进口国对于社会和经济影响的考虑会造成歧视和保护主义。这种意见认为，扩大这方面因素的考虑容易被用于设立不应有的贸易壁垒并严重影响这些产品的国际贸易。

但其他一些国家对于引进现代生物技术产品可能对本国社会和经济造成的若干不利影响表示关注。许多转基因生物可能进口国担心这些生物体可能会取代本地品种、造成市场和就业机会丧失并对文化和道德价值观构成威胁，从而对本国农民、土著和当地社区的生计造成破坏。他们认为，引进转基因生物可能会侵蚀本国多样化的农业系统，并破坏生物多样性及其保护和可持续利用的价值。

最后终于达成了妥协，体现在议定书第 26 条中。该条第一段指出进口缔约方在做出是否进口转基因生物决定时可以考虑社会经济因素。在考虑社会经济因素时，要求缔约方确保其行为符合其国际义务。第二段鼓励缔约方开展合作，针对转基因生物所产生的任何社会经济影响、特别是对土著和当地社区的影响进行研究和交流信息。

《议定书》第一次缔约方会议通过了第二次会议到第五次会议间的《中期工作方案》（第 BS-I/12 号决定）。根据该《中期工作方案》，《议定书》第二次缔约方大会将审议第 26 条下有关社会经济因素的问题，重点放在第 26 条第 2 款的内容，在转基因生物的社会经济影响（特别是对土著和当地社区的社会和经济影响）的研究和信息交流方面开展合作。据此，第二次缔约方会议上审议了一个社会-经济因素项目，在转基因生物对社会-经济，特别是对土著和地方社区的影响方面，探讨了在研究和信息交换方面进行合作的机会。

14.1.2 《生物多样性公约》的关注点

1）与生物多样性有关的环境影响

《生物多样性公约》第 14 条包含有关影响评估及对生物多样性破坏的责任和补救的规定。为了促进开展影响评估以避免或尽量减轻对生物多样性的不利影响，缔约方大会自第四届会议以来已采取了若干行动。秘书处收集并综合了顾及下列因素影响评估的情况，并提交科学、技术和工艺咨询附属机构（科咨机构）审议：与生物多样性有关的环境影响和与此相连的社会经济影响、战略环境评估、关于环境影响评估的现行立法、及有关环境影响评估的案例研究。缔约方大会在第六届会议上通过了与国际影响评估协会联合制定并经科咨机构审议和提交的关于影响评估的准则。① 根据该准则，环境影响评估是“评估拟议的项目或开发对环境的可能影响、顾及相关的对社会经济、文化和人类健康有益和不利影响的进程”。②

2）对土著和地方社区传统知识的影响

缔约方大会还根据公约第 8（j）条和第 14 条通过了对拟议在圣地以及土著社区和

① 缔约方大会在科咨机构第 VII/10 号建议基础上通过的、关于将生物多样性有关问题纳入环境影响评估立法和/或战略环境评估进程的准则的第 VI/7A 号决定。

② 第 VI/7A 号决定，附件 1（a）段。

地方社区历来占据或使用的土地和水域举办的、或可能对其产生影响的开发项目进行文化、环境和社会影响评估的建议。① 关于社会经济影响评估的一节要求对各种不同因素进行分析，包括就业、收入和资产分布，以及传统生产制度。它强调需要评估对土著和当地社区在就业机会、市场准入和创收方面的可能影响。建议还包括就制定和使用社会经济指标与有关社区磋商，这些指标应顾及健康、安全、食品和生计安全因素及对社会凝聚力和流动性的可能影响。

第 8（j）条和相关条款工作组根据缔约方大会第 VI/10 号决定的要求，就文化、环境和社会影响评估的准则进一步开展了工作。这方面工作的成果提交给缔约方大会第七次会议，并作为《对拟议在圣地以及土著社区和地方社区历来占据或使用的土地和水域举办的，或可能对其产生影响的开发项目进行文化、环境和社会评估的阿格维古自愿性准则》得到通过。②

3）遗传使用限制技术对小型农户和社区的影响

缔约方大会还一直在审议遗传使用限制技术（GURT）对小型农户及土著和当地社区的可能影响。遗传使用限制技术是基因改造的产物，旨在让某一种子品种的下一代无法繁殖（V-GURT）或限制某一特定特性的使用，除非采用外部诱发因素激活该特性的表现（T-GURT）。遗传使用限制技术若得到开发和使用，将对育种、种子供应、农业耕作和农业生物多样性系统产生深远的影响。

认识到遗传使用限制技术对农业生物多样性和依赖于农业生物多样性的社区的潜在影响，缔约方大会第六届会议上成立了特设技术专家组，审查这一技术对小型农户、土著和当地社区和农民权利的潜在影响。工作组指明了遗传使用限制技术可能引起的社会经济方面的一些不利影响。③

根据该工作组报告，遗传使用限制技术可能引起多方面的社会经济影响：①减少当地种子市场上可供的种子品种可能数量；②取代当地品种，从而减少多样性；③造成育种活动集中在私有部门的状况，对参与性作物育种造成破坏；④破坏传统种子交易制度并造成传统农业制度被取代，从而引起生计和有关的社会、文化和精神价值观和知识的丧失。

14.1.3　多边国际机构的关注点

1）联合国

根据 2001 年 12 月 21 日联合国大会关于科技促发展的第 56/182 号决议，联合国秘书长向联合国大会第 58 届会议提交了题为新型生物技术影响的报告，报告特别关注可持续发展，包括食品安全、健康和经济生产能力问题。④ 该报告概述了生物技术的全球影响，特别是这种技术在发展中国家的影响。

---

① 第 VI/10 号决定。

② 第 VII/16F 号决定，附件。

③ UNEP/CBD/SBSTTA/9/INF/6-UNEP/CBD/WG8J/3/INF/2.

④ 2003 年 5 月 9 日第 A/58/76 号文件。

报告还重点指出了有关生物技术的一些顾虑。报告提到生物技术具有取代几种化学产品（特别是农产品）和转移生产基地的可能性，这样由于使用这种技术，可以使作物在正常生长地域之外被种植，可能会造成当地市场和生计的转移。报告还指出，对在发展中国家人们已使用的产品授予专利损害了生物技术工业的形象。报告将这些问题概括为生物技术引起的经济风险问题，为了解决目前围绕生物技术的一些争议必须解决这一问题。[①]

2）世界银行

申请得到世界银行资助的项目必须进行环境评估，以确保项目对环境无害并且具有可持续性。根据世行 1999 年 1 月运作手册中的运作政策 4.01，环境评估包括考虑自然环境（空气、水和土地）；人类健康和安全；社会因素（自愿性定居、土著人民和文化财产）；及跨边境和全球环境影响。全球环境问题包括对生物多样性的不利影响。

世界银行要求就含有较多社会因素（如对土著人民[②]造成影响）的项目同受项目影响的集团和当地非政府组织进行磋商。世行还有一个专门针对涉及土著人民问题的运作指令（OD 4.20）。但是，无论世界银行的手册还是指令，都无法适当延伸用于在生物安全议定书的背景下考虑转基因生物可能造成的社会经济影响问题。但是，应注意对规划中项目或活动的社会和经济影响进行分析的做法长久以来已经得到确立，成为环境影响评估的一部分，这一工具广泛用于评估潜在的影响并确保所做的决定对环境无害和具有可持续性。

3）WTO 的《实施卫生和植物检疫措施协议》

《实施卫生和植物检疫措施协议》（SPS）是世界贸易组织（WTO）下的协议之一。该协议适用于所有对贸易有影响的卫生和植物检疫措施。协议要求世贸组织成员国采取的卫生和植物检疫措施必须在因地制宜开展评估的基础上进行。[③]

协议要求世贸组织成员国在评估动物或植物生命或健康的风险并确定应采取的适当措施时，应考虑到有关的经济因素。这些因素包括：由于害虫或疾病侵人、繁殖或扩散所造成的生产或销售丧失的损失；进口成员国境内控制或消灭措施的成本；及为控制风险采取其他做法的相对成本效益。[④]

4）联合国粮农组织

粮农组织（FAO）也维护着关于农业生物技术的大量信息、研究论文和范围广泛的技术报告。粮农组织 2004 报告“2003-2004 粮食和农业状况”的主题是“农业生物技术：满足穷人的需要？”。报告审查了有关转基因作物的影响、包括其经济和社会影响的研究和调查的最新信息[⑤]，以便为成员国提供有关生物技术及其在作物、畜牧、渔业和林业方面应用的客观信息和分析。FAO 还公布了一份“关于发展中国家的农业生物技术对经济和社会-经济产生影响的附加注释书目”，这份文件收录了大量有关农业生物

① 2003 年 5 月 9 日第 A/58/76 号文件，第 9 页。

② 应注意《生物多样性公约》和《生物安全议定书》中均使用“土著和当地社区”这一用语。

③《实施卫生和植物检疫措施协议》第 5 条第 1 款。

④ 同上第 5 段。

⑤ 2003-04 粮食和农业状况，前言（罗马　2004）。

技术对发展中国家经济和社会-经济产生的影响的评估，其中也包括转基因生物产生的影响。

5）世界卫生组织

世界卫生组织（WHO）于 2005 年确定了一项“现代粮食生物技术、人类健康和发展：以证据为基础的研究”。这项研究调查了现代生物技术对人类健康和发展的影响，并根据粮农组织和联合国环境规划署等其他主要组织提供的信息制定了研究方案。这份报告的前提是，基因改造的粮食生产可能在未来对人类健康和发展产生重大的影响，需要通过更广泛的评价和生物技术应用来取得共识。该报告审查了与基因改造粮食有关的多个方面，包括现有的市售产品、风险和惠益评估、更广泛的社会-经济影响、道德因素、知识产权，以及各国现有的监管能力。这项研究的结论是，尽管尚未出现有关此类效应的科学证据，但对转基因生物不断进行逐个案例评估是有必要的，对这些产品的潜在长期效应进行监测也是必不可少的。

6）国际劳工组织《有关独立国家中土著和部落人民的公约》

国际劳工组织《有关独立国家中土著和部落人民的公约》（国际劳工组织第 169 号）强调土著人民文化和精神价值观及其整体情系所在的土地和自然资源的独特重要意义。[①] 该公约论述了环境问题同这些人民的关系。公约号召各政府酌情开展研究，评估在土著和部落人民居住地区计划开展的活动对当地的社会、精神、文化和环境的影响。[②]

14.1.4 全球工业联盟的观点

“全球工业联盟”代表着生物技术公司的利益，他们认为，议定书第 26 条第 1 款对关于转基因生物对社会-经济的影响问题的审议设定了多项限制。

“全球工业联盟”强调在世贸组织内适用《卫生和植物检疫措施协定》（SPS），SPS 允许世贸组织成员在评估对动物或植物生命或健康造成的风险以及确定适用的措施时，将经济因素考虑在内。这些经济因素包括：虫害或疾病的传入、定居或传播造成生产或销售损失的潜在损害；在进口成员领土内控制或根除病虫害的费用；以及采用替代方法控制风险的相对成本效益[③]。“全球工业联盟”指出，在实现适当保护水平的过程中，世贸组织成员必须实施最低贸易限制措施。“全球工业联盟”声称，为了与 SPS 中现行的国际义务保持一致，必须将议定书中相关的社会-经济因素限定为一项定义明确的经济分析，其目的是，在执行可能影响到转基因生物贸易的动植物卫生检疫措施时，解决潜在有益或有害影响的问题。

14.1.5 非政府组织的观点

1）“国际地球之友”的观点

“国际地球之友”认为，转基因生物对生物多样性、地方和土著社会的生计及人类

---

① 国际劳工组织公约 169，第 13.1 条。

② 国际劳工组织公约 169，第 7.3 条。

③ 《卫生和植物检疫措施协定》，第 5.3 款。

健康的影响可能包括直接、间接和长期的影响，社会-经济因素可以成为限制或禁止转基因生物的措施基础。该组织认为需要考虑社会-经济影响因素的机制，具体包括：①将社会-经济列入现行的风险评估和风险管理程序中；②在转基因生物的决策过程中建立一项具体的社会-经济评价；③建立一个新的机构，负责具体评价社会-经济影响；④应了解农民、土著社区和任何受转基因生物影响的团体的看法和经验，并在生物安全决策过程中适当考虑这些看法和经验。

2）第三世界网络（TWN）的观点

第三世界网络倡议使用社会-经济影响评估作为转基因生物决定过程中考虑社会-经济因素的方法，此类评估可以帮助监管机构和公民社会对转基因生物的潜在惠益与潜在风险，以及对不同社会-经济领域造成的不利影响加以权衡。然而，社会-经济影响评估工具的制定过程对于决策机构、监管机构和公民社会组织而言仍然是一项挑战。

3）国际影响评估协会的关注点

国际影响评估协会制定并提供了有关影响评估的不同领域和问题的国际准则和原则，供影响评估考虑和酌情使用。社会影响评估是一个重要的领域，在这一领域已经制定了国际原则并提供给有关实施者。根据国际影响评估协会的定义，社会影响评估[①]是分析、监督和管理发展的社会后果的进程。[②] 社会影响评估包括“对规划中的干预（政策、规划、计划、项目）和这些干预所引起的任何社会变化进程的有意和无意的社会后果（包括积极的和消极的）进行分析、监督和管理的进程。”

14.2　转基因生物社会-经济因素的类型

14.2.1　转基因生物经济影响的类型

1）与产量和投入/产出效益有关的影响

多份报告指出，转基因生物的使用减少了农民在投入方面的支出（如种子、杀虫剂、机器燃料、劳动力），并且提高了农民的收入，同时也能提高产品的品质。提高价格，这是因为有效控制了杂草，使作物产品更干净、采摘质量更高，从而产生更高的质量利润。

有报道说，转基因作物的种植在某些环境下使复种成为可能。CropLife Australia 估计，[③] 如果将澳大利亚目前种植的油菜品种中一半替换为转基因油菜，可以在降水量较少的地区多种植 20 万公顷的油菜。也可以通过轮作增加小麦的产量，因为油菜具有压制疾病和病原体的作用。Trigo 和 Cap 注意到，[④] 将小麦与耐除草剂大豆组合在一起，

---

① 关于影响评估的文献多数使用“社会影响评估”一词指代社会和社会经济因素二者。参见 C. J. Barrow，环境和社会影响评估简介。威尔士斯旺斯大学发展研究中心，1997，第 226 页。

② 国际影响评估协会，特别出版系列，第 2 号，2003 年 5 月。

③ CropLife Australia、R. M. Norton，R. T. Roush. 2007. 卡诺拉和澳大利亚耕作制度 2003～2007 年（Canola and Australian Farming Systems 2003-2007）.

④ Trigo，Eduardo J. Eugenio J. Cap. 2006. “阿根廷农业转基因作物十年”（Ten Years of Genetically Modified Crops in Argentine Agriculture）.

可以在阿根廷的某些地区实现复种，而这在过去完全是不可行的。据称，这是农民转变种植转基因大豆的主要经济驱动，同时也受到草甘膦价格大幅下降的推动。

中国科学院农业政策研究中心的黄季焜、胡瑞法等[①]的研究指出，转基因棉花和转基因水稻对中国的商业化已产生了巨大的经济效益，到2010年将达到年52亿美元。

2）与国际市场和市场准入有关的影响

有三份报告探讨了转基因作物生产对某些商品市场价格的影响。Brookes 和 Barfoot[②] 注意到，全球大豆生产和贸易中的产品大部分都是转基因品种，因此，转基因大豆的生产可以有效地影响大豆及衍生物在全球商品贸易的价格，并确定其基准价格。由于转基因大豆能够为种植者节省大量的费用并大幅增加农场的收益，这些惠益中有一部分很可能会沿供应链传递下去，降低商品贸易中大豆的实际价格。他们的结论指出，如果没有采用这一新技术，现行的所有大豆基准价格，包括非基因改变大豆在内，都不可能如此之低。

中国的胡瑞法等研究指出，与转基因棉花有关的产量增加和劳动力节省将会降低供应价格，并减少中国的棉花进口量，出口量将增加，从而改善中国的贸易平衡。该研究指出，棉花供应价格的下降还会降低中国纺织品的供应价格，这对于主要棉花出口国来说是一种消极影响。但该研究指出，棉花价格的下降对于其他纺织品生产国的影响微乎其微。

3）对利益分配的影响

Trigo 和 Cap 的研究，计算了阿根廷从1996～2005年种植转基因耐除草剂大豆、抗虫玉米和抗虫棉花而产生的总累积利益。在耐除草剂大豆的个案中，估计的总累计利益接近200亿美元，其中75%归农民所有，剩余的部分由种子供应商、除草剂供应商和政府所得。抗虫玉米和抗虫棉花的利益分别估计为约4.8亿美元和2000万美元。种转基因抗虫玉米的农民和种子供应商分别获得了超过40%的利益，政府得到的约为15%；而种抗虫棉花的农民得到超过86%的利益，种子供应商约占9%，剩余的部分由政府取得。

巴西的报告称，转基因大豆和转基因玉米带来的利益在整个供应链中进行了分配，包括技术人员、农民和供应商，消费者也享受到了更低的价格，成为最终的受益者。Galvão[③] 还计算出1996～2007年期间生产者和技术所有者（种子和除草剂生产者）获得的累积利益介于16亿～21亿美元之间。

4）对成本和产品质量的影响

薛达元等人在2002年的调查发现[④]，在农民收益上，许多情况下由于种子价格问

---

① 胡瑞法. 中国转基因作物的社会经济影响（Socio-Economic Impacts of GM Crops in China）. 中国科学院中国农业政策研究中心报告.

② Brookes，Graham，Peter Barfoot. 2006. 改基因作物：第一个十年——全球社会经济和环境影响（GM Crops：The First Ten Years-Global Socio-Economic and Environmental Impacts）.

③ Galvão，Anderson. 巴西生物技术的经济和环境惠益（Economic and Environmental Benefits of Biotechnology in Brazil）.

④ 薛达元. 2003. “转基因棉花环境释放对生物多样性的影响调查、试验和对策”项目验收总结. 国外生物安全信息可在 www.cierpma.org 下载。

题，转基因抗虫棉并不能为农民节省成本。由于次要害虫的上升，一些地方的转基因抗虫棉的用药量并未明显减少，所以这些地方农民用工也没有节省。虽然在另一些地区用药量和用工明显减少，但由于转基因抗虫棉的种子价格高，一般在每斤 20～60 元，而常规非抗虫棉种子仅 3～5 元/斤。即使农药省用了，但省下的钱也全部补用到种子上了。

薛达元等还发现，美国转基因抗虫棉 32B 在中国安徽沿江地区表现并不理想，虽抗虫效果较好，但棉花品质不好，产量风险大，呈被淘汰的趋势。该地区推广的孟山都公司棉品种 32B 等，其绒长、强度和衣分都表现不佳，尤其是在夏季高温高湿的情况下，32B 易产生花铃脱落，造成伏桃少，严重影响棉花产量。

14.2.2　转基因生物社会影响的类型

1）与就业和劳动力有关的影响

一些研究报告对转基因生物在不同国家中对总体就业形势产生的影响做出了评价。Trigo 和 Cap 计算出，耐除草剂转基因大豆的使用可能为阿根廷创造了近 100 万个就业机会，占研究所涉及时间段（1996～2005 年）中就业总增长量的 36%。Brookes 和 Barfoot 称，已查明某些国家生产力和农场收入方面出现的大幅增加，对国家经济创收和就业做出了重要的贡献。例如，在阿根廷，由于 1995 年以来大豆生产的增加，所带来的经济利益创造了 20 万个额外的与农业相关的就业机会。

也有研究报道，由于种植转基因生物，农业的就业机会出现了减少。Dano[①] 文件注意到，今天市场上销售的多数转基因种子都是为满足发达国家农民的需求而开发的，而在这些国家中，劳动力是一项主要的生产成本。而在许多发展中国家中，劳动力的供应非常及时、充足而且通常价格非常低廉。另外，不需要除草或土壤耕翻的耐除草剂转基因作物可能对农村劳动力产生消极的长期影响，对劳动力需求的减少意味着贫穷农业工人能够获得的就业机会变得更少。由于转基因大豆技术一揽子方案和机械化的单作制度，将会导致主要大豆产区就业机会的大量减少。另外，由于大豆生产中竞争的加剧，数以千计的中小规模农民被迫退出这一生产系统。

2）与健康有关的影响

一些报告说，转基因生物的种植减少了杀虫剂的应用，特别是减少了高毒杀虫剂的使用，进而为农民和农业工人的健康带来了惠益。转基因生物的使用使农民能够使用环境毒性较低的杀虫剂替代环境毒性较强的杀虫剂。

另一方面，一些文件指出，转基因生物种植和与杀虫剂喷施可能导致更大的健康风险。Pengue[②] 的研究注意到，一些农民已开始使用镇草宁和 2,4-D 等其他除草剂的混合使用来对付难以控制的杂草。他指出，转基因大豆种植面积的扩大，以及杀虫剂更频繁

---

① Dano，Elenita C. 2007. 转基因生物的潜在社会经济、文化和道德影响：社会经济评估的前景（Potential Socio-Economic，Cultural and Ethical Impacts of GMOs：Prospects for Socio-Economic Impact Assessment）.

② Pengue，Walter A. 2005. 阿根廷改基因作物：生态和社会债务（Transgenic Crops in Argentina：The Ecological and Social Debt）.

的使用都表明，总体相对污染风险的增长势头强劲。另外，镇草宁可以降解为甲醛，这是一种已知的致癌物质。进而有报告还讨论了聚氧乙烯胺（POEA）的问题，这种表面活性剂常用于对植物的处理，以提高镇草宁的效力。然而，POEA 的毒性要远远高于镇草宁，并可能导致多种人类健康问题，其中包括肠胃问题、中枢神经系统变化、呼吸问题、红细胞被破坏和皮肤刺激。此外，POEA 含有毒素，可能引发癌症并损害人类的肝脏和肾脏。

一些报告还认为，种植转基因生物与对邻近社区在健康方面受到的有害影响存在关联。Rulli 和 Joensen① 都注意到了转基因生物对人类和动物健康的消极影响，在 Ituzaingó 社区进行的研究表明，在该社区的土壤和水中，以及 4～14 岁儿童的血液中都发现存在农业毒素。Rulli 认为，种植基因改变大豆和喷施除草剂与呼吸和消化疾病、头痛、流产、先天缺陷、新陈代谢失调、营养不良、紧张、胃炎、心理疸、白血病、癌症、畸形和其他疾病存在关联。喷施大量除草剂还对当地野生动物产生毒害，如有报道说已导致当地猫头鹰种群的下降。

有人对种植和食用转基因生物导致的饮食问题做出了评论。随着大豆在阿根廷的种植日益广泛，再加上贫穷人口没有足够的资金实现饮食的多样化，因此食用低质量蛋白质的现象日益普遍。儿童获得的转基因大豆中含有镇草宁和其他杀虫剂残留成分。

3）与粮食安全和粮食主权有关的影响

有报告称，大豆种植的扩大危及了粮食主权。阿根廷家庭已经使用大豆衍生产品替代肉类蛋白质。如果大豆成为主要的粮食作物，粮食的成本将会上升，从而需要大量进口此类产品，其高昂的成本使人群更难获得粮食。由于阿根廷将注意力集中于少数几种出口商品，而且没有为这些商品增加价值，因此阿根廷已经失去了粮食多样性和粮食主权。

Altieri② 还指出，基因污染会导致本地种遗传结构的破坏或改变其基因完整性，使本地作物缺乏社会影响而逐渐消失，这种现象在发展中国家可能非常普遍。在极端条件下，作物损失意味着持续的生态退化、贫穷、饥饿，甚至饥荒。他认为在这些系统性市场失灵和缺乏公共外部援助的条件下，应当向农村人口提供与生物和文化多样性有关的本地技能和资源。

4）对土地保有权、农村-城市迁移和社区的影响

Rulli③ 指出，随着大豆种植的增加，所有的社区在自然景观方面都发生了重大的变化。景观的破坏对小规模农民或农户家庭的福利和活力都产生了影响，而且大规模毁林也常常伴随着社区的消失和隔绝。在 Pampas 以外的大部分地区，农业疆界的扩大不仅占用了大量的土地和水，而且限制了其他农业和牧业活动，干扰了农村人口的生活方式。“国际地球之友”组织注意到，由于转基因作物对农村社区产生了消极的社会-经济影响，其在经济上也是失败的。

① Rulli，Javiera. 2007. Agroexport 样板的难民（The Refugees of the Agroexport Model）.

② Altieri，Miguel A. 当地玉米多样性所涉社会文化问题（Socio-Cultural Aspects of Native Maize Diversity）.

③ Rulli，Javiera. 2007. Agroexport 样板的难民（The Refugees of the Agroexport Model）.

Rulli 指出，转基因生物的引入导致人口从农村地区迁出。在巴拉圭，转基因大豆种植的扩大迫使小农家庭离开其土地。从 1995～2006 年，随着大豆种植的扩大，曾经属于小农家庭的土地中有 50%以销售、租用或驱逐的形式被占据。她估计，每年有 9000 个家庭背井离乡。两个种植转基因大豆时间最长的地区也是土地所有权问题最多的地区。由于种植大豆而导致土地价值的上升是一种不可逆转的诱惑，并促进了小农家庭的移民。

Rulli 分析了由农村向城市的移民对城市产生的影响。当流离失所者到达自己的移居目的地后，除了忍受背井离乡带来的典型不利条件外，在多数个案中，移民的经济、社会和文化权利都得不到满足。此外，多数离乡移居城市的小农家庭最终都只能居住在贫民窟中，面临着离开土地和离开城市的双重背离境地。

14.3 《生物安全议定书》与 WTO 的关系

在《生物安全议定书》的谈判过程中，生物安全与国际贸易的协调问题成为各方关注的焦点，并引发激烈的争论。在《议定书》最终文本的序言中，写上了“认识到贸易协定与环境协定应相辅相成，以期实现可持续发展”。

在处理《议定书》与 WTO 相关协定的关系时，转基因生物出口国家强调首先要服从 WTO 的规则，而发展中国家和转基因生物进口国则强调《议定书》与 WTO 协定的规则是平行关系，因此，在《议定书》最终文本的序言中，又写上：“强调不得将本议定书解释为缔约方根据任何现行国际协定所享有的权利和所承担的义务有任何改变”，“认为上述陈述无意使本议定书附属于其他国际协定”。

14.3.1 WTO 关于处理贸易与环境问题的原则和规则

1. WTO 三项基本原则

1）非歧视原则

应遵循最惠国待遇和国民待遇原则，在采取与贸易有关的环境措施时，进口产品的待遇不得低于国内同类产品的待遇；不能造成在具有同等条件的国家之间任意的或不公正的歧视，成为变相限制进口贸易的一种手段。

2）透明度原则

也称通报和评议原则。当成员国拟采取与国际做法有实质性的不一致并对其他成员国的贸易产生重大影响的环境措施时，应通过各种方式提前告知其他成员方，以便有关方面适应其要求。

3）发展中成员的特殊和差别待遇原则

在规定权利和义务及履行协议时，应考虑发展中成员尤其是最不发达成员在发展、财政和贸易方面的特殊需要，向它们提供差别和更优惠的待遇。如制定发展中国家特殊利益的产品的国际标准；鼓励对发展中国家在制定和实施环境措施方面提供帮助和技术援助。

2. WTO四项重要规则

1）贸易影响最小规则

成员制定、采用和实施环境措施时，不能形成对国际贸易不必要的障碍。努力采取对贸易影响最小的措施，对贸易的限制也不应超过为实现合法目标所必需的限度，同时也要考虑因不能实现合法目标而可能带来的风险。

2）合理性规则

若因采取环境措施而对其他成员的贸易产生重大影响，一经其请求，就应对所采取环境措施的合理性作出说明。《SPS协议》更是要求进口国进行风险评估，提供充分的科学证明。

3）协调一致规则

WTO鼓励成员为协调环境法规、环境标准和合格评定程序而作出努力，以减少国家间的差异对贸易造成的障碍。

4）等效规则

亦称等同性或对等性原则，成员应积极考虑接受其他成员的环境措施作为等效措施，只要这些措施能够充分实现相同的合法目标。

3. WTO协议中有关处理环境保护方面的规定

WTO专门制定了《TBT协议》和《SPS协议》，GATT第20条（一般例外）、《关于贸易与环境的决定》、《农业协议》、《补贴与反补贴协议》、《与贸易有关的知识产权保护协议》（TRIPs）等也有与贸易相关的环境措施方面的规定。

1）GATT（1994）第20条（一般例外）

该条款规定，在遵守实施的措施不在情形相同的缔约方之间构成任意或不合理歧视的手段或构成对国际贸易变相限制的要求前提下，任何缔约方可采取下列措施：①为保护公共道德所必需的措施；②为保障人类、动物或植物的生命或健康所必需的措施；③为保护可耗竭自然资源有关的措施，如此措施与限制国内生产或消费一同实施。

2）《SPS协议》

SPS规定有成员方的基本权利和义务：各成员有权采取为保护人类、动植物生命或健康所必需的卫生与植物卫生措施，但是这些措施的实施方式不得构成成员之间进行任意或不合理歧视的手段，或构成对国际贸易的变相限制。将其对贸易的消极影响减少到最低程度；措施的采取应根据科学原理，在科学证据不充分的情况下只能采取临时措施。

3）《TBT协议》

TBT规定：应保证在技术法规方面给予来自任一缔约方境内产品的待遇，不低于本国生产的同类产品或来自任何其他国家的同类产品的待遇；应保证技术法规的制定、采用或实施在目的或效果上均不对国际贸易造成不必要的障碍，技术法规对国际贸易的限制不得超过实现合法目标（如保护人类健康或安全、保护动植物生命和健康及保护环境）所必需的限度。

4)《关于贸易与环境的决定》

1994 年 4 月 15 日在马拉喀什部长级会议上，通过了《关于贸易与环境的决定》。该决定指出，考虑到在维护和保障一个开放、非歧视和公正的多边贸易体制，与采取行动保护环境及促进可持续发展之间不应存在、也无必要存在任何政策矛盾，所以期望该决定能协调贸易与环境领域的政策。

5)《与贸易有关的知识产权保护协议》(TRIP)

该协议在其第 5 节第 27 条可授权专利的客体第 2 款中规定，为了维护公共秩序或道德，包括保护人类、动物或植物的生命或健康或避免对环境造成严重损害，各成员可以拒绝对某些发明授予专利权；在第 3 款中规定，各成员可拒绝授予除微生物外的植物和动物，以及除非生物和微生物外的生产植物和动物的主要生物方法以专利权。

14.3.2 WTO 规则与《议定书》规则的冲突

尽管《生物安全议定书》与 WTO 规则有许多共同点，但两者也存在根本性差别。《生物安全议定书》的宗旨是防范转基因活体及其产品越境转移对生物多样性产生不利影响，同时顾及对人类健康构成的风险，期望能在开发和利用现代生物技术的同时亦采取旨在确保环境和人类健康的妥善安全措施；而 WTO 有关协议主要是为了促进贸易发展。尽管 WTO 许多协议提及要考虑环境保护问题，但基本上非常原则，在实际运作过程中较难操作，WTO 至今没有专门的“贸易与环境协议”。然而，实质性的冲突主要体现在以下规则方面。

1) 预先防范原则与科学证明合理原则

预先防范原则成为《生物安全议定书》的最重要的原则和基石，规定：缺乏科学定论，亦不应妨碍该缔约方酌情对转基因生物的进口问题作出决定（第 10 条第 6 款及第 11 条第 8 款）。而 WTO 规则特别强调科学证明合理原则的作用。《SPS 协议》第 2 条第 2 款明确规定：“各成员应保证任何卫生与植物卫生措施仅在为保护人类、动物或植物的生命或健康所必需的限度内实施，并根据科学原理，如无充分的科学证据则不再维持。”因此，如果滥用，预防原则较易成为贸易保护主义的工具。

2) 非歧视原则与预先防范原则和提前知情同意程序

非歧视原则是 WTO 体制的基石。在 WTO 有关协议涉及处理贸易与环境关系时都特别强调必须遵循非歧视原则，反对以保护生态环境和保障人类健康安全为名，行贸易保护主义之实。而《生物安全议定书》依据预先防范原则和和提前知情同意程序（AIA 程序），采取的是个案审批法。这就意味着同类产品可以享受不同待遇，这与 WTO 的非歧视原则是相冲突的。

3) 风险评估规则

《SPS 协议》列出了对生物多样性和人类健康和安全风险的具体类别（附件 A），而《议定书》则没有明确提出风险的类别，难以操作。另一方面，《议定书》规定，缺少科学知识或科学共识不应必然地被解释为表明有一定程度的风险、没有风险、或有可以接受的风险，进口缔约方有权采取相应措施。而 WTO 有关协议规定无充分的科学证据则不能采取措施，在不充分科学证据条件下只能采取临时措施。

4）公众知情原则与透明度原则

《议定书》第 23 条要求：促进和便利开展关于安全转移、处理和使用转基因生物的公众意识及教育活动和参与；确保公众能够获得关于可能进口的转基因生物的资料；在关于转基因生物的决策过程中征求公众的意见，并在不违反关于机密资料的情况下，向公众通报此种决定的结果。而 WTO 透明度原则强调的是制定有关措施的进口方有义务在实施这些措施前向 WTO 有关委员会及其他 WTO 成员通报，允许进行评议，无歧视地给予其他成员合理的时间以提出书面意见。WTO 强调知识产权保护，对转基因生物相关技术资料寻求机密保护。

5）互认或等效与进口方特殊环境容量及社会影响

《TBT 协议》第 2 条第 7 款规定，只要其他缔约方的技术法规能够实现与本国法规相同的目标，即使这些法规与本国的法规不同，缔约方也应积极考虑等效采用。《SPS 协议》也作了类似的规定。《生物安全议定书》序言中提出必须认识到起源中心和遗传多样性中心对于人类极为重要；第 26 条要求缔约方在按规定作出进口决定时，可根据其国际义务，考虑到因转基因生物对生物多样性的保护和可持续使用的影响而产生的社会-经济因素，特别是涉及生物多样性对土著和地方社区所具有的价值方面的社会-经济因素。

6）进口方与出口方的侧重点

WTO 的有关协议出于防止贸易保护主义和公平贸易的考虑，主要对进口方的权利进行规范，更多地强调出口方的权利和进口方为采取相关措施必须承担的义务。而《生物安全议定书》强调的是转基因生物及其产品越境转移对进口方生物多样性和人类健康及安全的风险，因此给予进口方更多的权利，而要求出口方为确保生物安全应尽更多的责任和义务。

7）发展中成员的特殊差别待遇

WTO 的有关协议偏重于强调考虑发展中成员特殊财政、贸易和发展需要，要求给予这些成员更长的时限对有利害关系的产品采取措施，从而维护其出口机会；同时为保证发展中国家成员能够遵守有关协定的规定，对于这些成员给予协定项下全部或部分义务的特定的和有时限的例外。而《生物安全议定书》强调的是增强发展中国家防范改性生物体及其产品越境转移对其生物多样性和人民健康及安全的已知和潜在风险的能力。

8）强制性标识要求

《生物安全议定书》第 18 条关于强制性标识的规定也可能与 WTO 规则发生冲突。其要求从生产、运输、包装到销售整个过程实行标识制度，特别是规定对拟直接用作食物或饲料或加工之用的转基因生物在越境转移时应附有单据，说明“含有”或“可能含有”转基因生物，而此项要求对大宗的国际贸易施加了限制。《TBT 协议》则规定，技术法规是指规定强制执行的产品特性或相关工艺和生产方法，制定和实施技术法规，要给予同类产品国民待遇，在目的、效果上均不对国际贸易造成不必要的障碍。

9）赔偿责任和补救措施

《议定书》第 27 条明确要求拟定适用于因转基因生物的越境转移而造成损害的赔偿责任和补救方法的国际规则和程序的进程，同时分析和参照目前在国际法领域内就此类事项开展的工作，目前已就制定赔偿责任和补救方法的国际规划开展了政府间谈判，将于 2009 年达成新的协议。但 WTO 的有关协议没有这方面的明确规定。

14.3.3　WTO 规则与《议定书》规则的协调

1) 环境问题日益为多边贸易体制所关注

在《关税与贸易总协定》(GATT) 框架下，包括生物多样性保护在内的环境保护问题仍然没有受到足够的重视。在 GATT 的宗旨中只有“实现世界资源的充分利用”这一项与环境保护有关。自 1986 年 9 月起，在乌拉圭的埃斯特角城举行 GATT 第 8 轮部长级会议。该轮谈判于 1994 年 4 月在摩洛哥马拉喀什结束，称为乌拉圭回合。乌拉圭回合的主要目标是：在货物贸易方面，促进国际贸易的进一步自由化和规模的扩大。在该轮谈判中并没有直接涉及贸易、环境与可持续发展之间关系的议题。

从国际法渊源的角度看，联合国环境与发展大会的召开及其积极成果，在很大程度上推动了贸易与环境保护互动关系的形成。1992 年 6 月在巴西里约热内卢召开的联合国环境与发展大会显示了世界各国对环境保护的重视。

随后，1994 年 GATT 成员签订的《马拉喀什建立世界贸易组织协定》，在其第一段就着重强调了要“依照可持续发展的目标，考虑对世界资源的最佳利用，寻求既保护和维护环境，又以与它们各自在不同经济发展水平的需要和关注相一致的方式，加强为此采取的措施”。同时，在 WTO 框架之下，还产生了《服务贸易协议》、《技术性贸易壁垒协议》、《实施卫生与植物卫生措施协定》、《与贸易有关的知识产权协定》(“TRIPS 协议”) 等多边贸易协议，这些协议均对环境保护作出了相关的规定。可以看出，贸易与环境关系的重要性在多边贸易体系中得到了不断提升。

2) 列入谈判和讨论的主要内容

2001 年 11 月 WTO 成员启动的多哈回合谈判，是 WTO 成立后的第一轮多边贸易谈判，也是迄今参加方最多、议题最广的一轮谈判，谈判涉及农业、非农、服务、发展、规则等众多议题。谈判结果将对今后 10 年乃至 20 年的国际经贸政策走向产生重要影响。

为加强贸易与环境的相互支持，2001 年 11 月 14 日 WTO 第 4 届部长级会议通过了《多哈部长宣言》(DMD)①，作为谈判授权的纲领性文件，《多哈宣言》中共有五段涉及环境议题，分别是第 6 段、第 31～33 段和第 51 段。

《多哈宣言》明确表示将贸易与环境议题列入正式谈判。《多哈部长宣言》第 32 段指出：“在我们指示贸易与环境委员会在致力于其现有权限范围内议程上的所有事项时，要特别关注：①在市场准入方面采取的环境措施的影响，特别是对发展中国家的影响；②《与贸易有关的知识产权协定》中的相关规定；③为环境保护列明的要求，如生态标签要求等。

目前，WTO 成员一致认为应将《濒危野生动植物种国际贸易公约》(CITES)、《关于消耗臭氧层物质的蒙特利尔议定书》和《控制危险废物越境转移及其处置巴塞尔

---

① http://www.sipo.gov.cn/sipo/tfs/ggjkipcq/gjws/200709/t20070920_202675.htm.

公约》列入多哈回合的正式谈判。但《生物多样性公约》和《卡塔赫纳生物安全议定书》尚未被纳入 WTO 的谈判范围。

3）需要加强 WTO 规则与《生物安全议定书》的协调

双方协调的难点主要体现在：①双方的规则差别太大，潜在冲突太多；②《生物安全议定书》和 WTO 都是平等的国际法主体，它们互不从属，因此，WTO 无权要求对方修改其规则；③多边贸易谈判特别明确规定，谈判不得损害不属于所涉多边环境协议参加方的 WTO 成员的权利。如美国不是《生物多样性公约》和《生物安全议定书》缔约方，WTO 无法修改会影响美国等成员权利的规则。

最近几年，《生物多样性公约》秘书处与 WTO 的相关委员会秘书处围绕贸易与环境协调问题开展了一系列活动，加强了信息交流和相关活动的协调。《公约》秘书处已公开邀请 WTO 相关委员会秘书处以观察员身份出席《生物多样性公约》及《生物安全议定书》下举行的所有会议。《公约》已经成为贸易与环境委员会的观察员，并成为该委员会组织的 14 个多边环境协议交流机制的重要成员，但尚不是 SPS 委员会和 TBT 委员会的观察员。

4）需要开展 WTO 与《生物安全议定书》相协调的谈判

需要将 WTO 规则与《生物安全议定书》的关系放在 WTO 新一轮多边贸易谈判中贸易与环境议题的《多哈宣言》第 31（9）条框架内进行深入谈判。可供选择的解决方案主要有如下。

（1）通过修改《GATT1994》第 20 条（2）款和（7）款，插入新的环境条款的内容，使《生物安全议定书》的具体贸易义务能与之相符合。这是一个较好的办法，所有与现有 WTO 规则不相符合的《生物安全议定书》贸易措施可列为 WTO 规则中的一般例外，但问题是会影响到《生物安全议定书》非缔约方、WTO 成员的权利，这超出了《多哈宣言》的授权。

（2）通过达成一个决定来解释 WTO 与 MEA 的关系。这一解释不应该增加或减少成员国的权利和义务，应该强调 WTO 对于环境保护的承诺，体现出贸易和环境体系之间的关系是没有等级的和相互支持的。这虽是一个很好的模式，但在解决具体贸易争端时，可能缺乏可操作性。

14.4 转基因生物安全管理对国际贸易的可能影响

14.4.1 《议定书》规则对国际贸易的可能影响

1. 对国际贸易可能限制的因素

《议定书》本质上是一个在生物技术贸易与环境和发展之间寻求协调的多边环境协议，议定书中的贸易条款不可避免地会对 GMO 的国际贸易产生限制效果。主要体现在以下方面。

1）AIA 程序的要求

AIA 程序使 GMO 的进口程序更加复杂和繁琐，增加了其进口的难度在议定书签订和生效以前，GMO 的进口可能只需和商业外贸公司签订协议，议定书生效以后，GMO 的进口需要国家主管当局的确认，主管当局一般为国家环保行政主管部门，或由环保、农业和卫生部门共同运作，使 GMO 的进口程序更加复杂和繁琐；审批考虑将不仅仅从农业生产角度，而且从生物多样性保护和人类健康等多方面，从而增加了批准 GMO 进口的难度。

2）进口决定程序

进口决定程序增加了作出决定的灵活性，给进口国设置贸易壁垒提供了机会。决定是否进口 GMO 需要符合进口方的国内规章制度，而国内规章制度可能具有主观性、政治性和贸易保护主义色彩。为了国家利益，各国可以制定各种规定来限制 GMO 的进口，而且可以根据需要，不断地修改国内规章，以控制 GMO 的进口。

3）资料评估

资料评估可能为进口国拒绝进口提供了借口。GMO 出口国常常以保护知识产权为由，对 GMO 资料保密。而议定书对资料的提供具有强制性，将其作为是否同意进口的评估基础。进口国可以资料不完备或缺少可靠和充分的科学依据为由，拒绝进口或推迟作出决定。

4）LMO-FFP 的越境转移程序

LMO-FFP（用于食品、饲料和加工之用的转基因生物及其产品）的越境转移程序为进口国设置绿色贸易壁垒提供了理由。GMO 粮食和饲料的国际贸易份额连年增加，并在今后几年有快速上升之势。议定书以专门条款规定了 LMO-FFP 适用“AIA 程序”的越境转移程序，表明 GMO 食物和饲料的进出口国际贸易对国家经济的重要性，也方便了进口方找理由设置绿色贸易障碍，以阻止粮食、饲料和加工用 GMO 的大量进口。

5）风险评估

实行风险评估对国际贸易具有负面影响。风险评估的实施权力在进口方，进口方可要求出口方出资，或在无能力评估时直接要求出口方进行这种风险评估。如果进口方需对拟进口的 GMO 设置障碍，可以对风险评估加以苛刻条件，使风险评估难以通过或出现周折。

6）标识单据

对转基因产品的标识要求可能会影响 GMO 及其产品的销售。议定书对越境转移的 LMO-FFP、拟封闭使用和有意引入环境的 LMO 所提出的单据要求，既增加了出口方的成本，还可能对 GMO 的市场销售产生负面效果，因为公众对 GMO 及其产品的心理恐惧将不同程度地影响消费者对 MO 及其产品的选择。

2.《议定书》规则对国际贸易的影响效果

虽然议定书的贸易条款会对 GMO 的国际贸易产生消极影响，同时我们也应看到，这种影响的效果是相当有限的，因为贸易条款在发挥其贸易限制作用的同时，也受到多种因素的制约。

1）非缔约方问题影响《议定书》实施效果

虽然至 2009 年 2 月，《议定书》已有 153 个缔约方，但缔约方多半是 GMO 的进口国或非GMO生产和出口的发展中国家，而主要的GMO出口大国，如美国、加拿大、澳大利亚和阿根廷等GMO生产和出口大国至今尚不是《议定书》缔约方，这些国家可以遵守WTO的相关规则。但是当其GMO出口到《议定书》缔约方国家时，也需要遵守进口国的法规及《议定书》规则。

2）发展中国家履行《议定书》的能力不足

发展中国家缔约方实施《议定书》时困难重重。批准议定书的国家除了欧洲国家外，多为发展中国家，他们缺乏履行《议定书》某些条款所需的资金、技术和人才。判断GMO是否对生物多样性和人类健康存在潜在风险是一项极其困难的工作，而风险管理更需要资金和专家技能。需要加强国家层次和地方层次的能力建设，包括专家队伍和实验室检测设施，还需要法规、制度、管理机构的建设，以及生物安全资料交换所机制的建设等。这在许多小国或欠发达国家是难以做到的。

3）贸易条款的适用范围有限

《议定书》对贸易有最大潜在影响的核心内容是AIA和风险评估程序，其适用范围非常狭窄，仅适用于有意引入环境的LMO的越境转移，目前这类LMO的国际贸易仅占所有LMO国际贸易的一小部分。相比之下，占大部分贸易份额的是LMO-FFP，虽然首次越境转移也需要AIA程序，但LMO-FFP不属于“有意引入环境”，其AIA和风险评估的要求宽松很多。

4）配套规则的缺失

没有赔偿责任就没有生物安全，确定LMO损害责任与赔偿是实施议定书的前提之一。出口国应对其出口LMO造成的生物多样性与人类健康损害承担责任并给予经济赔偿。但是在议定书谈判期间，责任和赔偿问题引起了激烈争论。由于各利益集团分歧太大，妥协的结果是在第27条规定一个授权条款，即授权缔约方大会在其第一次会议上发起一个旨在详细拟定适用于因LMO的越境转移而造成损害的赔偿责任和补救方法的国际规则和程序的进程，并争取在四年内完成这一进程。目前，这一进程尚未完成，一些措施仍然悬而未决。

14.4.2 转基因生物安全对国际贸易的实际影响

1）对美国等转基因农产品出口的影响

转基因生物安全管理对于北美洲农产品出口的影响是负面的，因为在一定程度上阻碍了北美农产品对欧洲、亚洲甚至非洲的出口。在北美洲，转基因作物最引人关注的后果是对主要出口市场的破坏。与非转基因作物市场相比，转基因作物市场受到更多的限制，实际上，许多市场对转基因产品是完全关闭的。转基因品种只占美国国内生产的一部分，但由于在这一行业中缺乏隔离，它们已妨碍了所有的转基因和非转基因贸易，对美国和加拿大造成了一些经济损失。

欧洲市场尤其拒绝转基因作物。在转基因玉米引进后的几年里，由于欧盟宣布“暂时中止”任何新的转基因产品上市，导致美国对欧洲的玉米出口几乎完全消失了。从1996～2001年，根据美国农业部的资料，美国对欧洲的玉米出口额下降了99.4%，从3.05亿美元（280万t）下降到180万美元（6300t），同期的大豆出口量也由981万t

降至 551 万 t。美国对欧洲贸易的总损失估计有 20 亿美元。[①] 加拿大油菜面临着同样的命运。加拿大是世界上最大的油菜籽出口国，[②] 转基因油菜于 1996 年引进，仅在两年以后，每年对欧洲 3 亿～4 亿美元的出口几乎完全消失了。[③] 加拿大的蜂蜜贸易也几乎完全被转基因污染所破坏。[④] 欧盟也是美国最大的玉米麸粉市场（占 82%），美国对欧洲的玉米麸粉出口量从 1995～1996 年的 550 万吨下降到 2000～2001 年的 440 万 t。[⑤]

亚洲国家也拒绝进口北美的产品。在 2000 年的星联玉米事件之后，日本和南韩这两个美国玉米最大的国外购买者由于转基因污染问题而一度拒绝进口美国玉米。2001 年，美国对日本的玉米出口量降低了 5200 万蒲式耳（130 万 t）。[⑥] 中国也不太愿意接受转基因作物，2001 年中国发布了《农业转基因生物安全条例》，要求对转基因生物实施强制性标识，这在一段时间里影响了美国转基因大豆对中国的出口，甚至美国总统布什到中国访问时也没有忘记向中国政府施压，推销美国的转基因大豆。

本来，动物饲料是支持转基因作物的主要市场，但甚至连这一巨大的市场现在也在萎缩。2001 年 5 月，美国农业部宣布："在过去的 12 个月里，根据复合饲料行业官员所说，欧洲市场对经认证不含有转基因成分的豆粉的需求从接近零上升到 20%～25%。"美国在全球的大豆市场份额已从 57%下降到 46%。[⑦]

2）转基因食品援助遭遇的尴尬

2000 年 12 月，美国向"全球教育食品计划"（global food for education programme）提供了 3 亿美元的援助，计划分发 68 万 t 剩余谷物到需要的国家。这一行动在一定程度上被认为是在星联玉米危机之后对陷入困境之中的玉米市场的支持。[⑧] 美国政府希望通过食品援助，以存货抵承诺，让非洲人先消费转基因食品，以后非洲无疑就是美国转基因产品的倾销地了。

这一援助没有受到所有接受国的欢迎。玻利维亚、哥伦比亚和厄瓜多尔的消费者组织将样品送到一个实验室进行检测，结果显示大豆和玉米中的转基因水平高达 90%，其中大量的产品被作为生产儿童食品的原料。2002 年 6 月，玻利维亚的一个非政府组织宣布，从美国作为食品援助而捐赠的一个玉米样品中检测出含有星联玉米。[⑨]

在 2003 年 6 月 23 日，美国总统布什亲自出面，指责欧盟对转基因产品的敌视态度

---

① Conrad K (North Dakota US Senator), personal communication (to Rodney Nelson), 5 February 2001.

② www. monsanto. com. au/canola/marketing. htm.

③ *GE crops-increasingly isolated as awareness and rejection grow*, Greenpeace International, brieng, March 2002.

④ Schmeiser P, letter to Tony Blair PM, published in 'Aventis faulted on claims', Des Moines Register, 27 February 2001, 25 October 2000.

⑤ McGuire D, presentation to 2002 Annual Convention of the American Corn Growers' Association, 9 March 2002.

⑥ *Corn growers concerned trade legislation will back.*, *PRNewswire*, 17 January 2002.

⑦ Branford S, 'Sow resistant', *The Guardian*, 17 April 2002.

⑧ *GMOs found in food aid to Latin America*, *Seedling*, GRAIN (Genetic Resources Action International), June 2001.

⑨ *Illegal genetically engineered StarLink corn contaminates food aid*, press release from Genetically Engineered Food Alert, 10 June 2002.

使得非洲国家不愿接受美国捐助的转基因粮食，增加了非洲大陆出现饥荒的危险。布什总统曾两次谴责欧洲应对非洲当前的饥饿问题负部分责任，指责他们人为地设立壁垒，并妨碍了非洲饥饿问题的解决，因为欧盟一直以来都鼓励非洲国家不要在农业领域采用生物技术。

当然，美国最担心的并不是非洲人的吃饭问题，美国之所以把非洲拉进这场争论，是害怕其他对转基因产品尚存疑虑的国家群起仿效欧洲，进而断了美国农产品的财路。

3）转基因产品与饥荒及专利问题

美国政府宣称，由于欧洲市场对于转基因食品的排斥，让发展中国家的贫农无法抉择，从而只能种植非转基因的粮食，这样，使他们丧失了种植转基因粮食可以带来的商业利益。可是，在第三世界的饥荒是一种复杂的现象，不是仅仅通过引入转基因作物就能解决。

首先，在发展中世界80%的营养不良儿童生活在有粮食盈余的国家里。饥荒问题无法仅仅通过提高粮食产量解决。现在，在发展中世界种植的21%的粮食用作动物饲料，在许多发展中国家，超过1/3的谷物用于牲畜饲料。而这些牲畜将提供给北半球那些世界上最富裕的工业国消费。结果就是世界上富人消费动物蛋白，而穷人只有很少的土地用来为自己种植粮食。不宁唯是，由于可耕地常常被全球农业公司利益所主宰，乡下穷人的困境日甚一日。引入转基因粮食作物无法改变这一基本的现实情况。

其次，一般认为种植转基因粮食作物节约生产成本。但是，转基因种子比传统种子要更昂贵，而且由于这些种子得到了专利保护，使得这些种子属于生物技术公司所有，农民不可以留种。通过知识产权对世界上主要粮食作物遗传材料的操控，像孟山都公司这样的大公司获取了巨大的利润，而与此同时，世界最贫穷的农民正被推向边缘。生命专利保护了科技强者的利益，而由于信息和资源的不对称，生物科技强者得到了更多的专利，使强者愈强，弱者愈弱，形成了马太效应。

再次，新一代的转基因作物可以生产疫苗、药物甚至工业用化学品。经常有人引用“金稻米”（golden rice）为例说明通过含有插入基因的转基因水稻品系可以产生β胡萝卜素。美国贸易代表Robert Zoellick说，世界上有50万的儿童由于维生素A缺乏症而失明，这时候再奢谈什么拒绝这种转基因食品就是不道德的。殊不知，为了把β胡萝卜素转化为维生素A，需要消耗体内足够的蛋白质和脂肪，而营养不良的儿童缺乏必要的体内蛋白质来完成这类转化。

4）转基因作物问题对发展中国家的影响

全世界的人口不断增长，而且超过预期。联合国预计在2050年全球人口可能达到93亿，比以前估算的多4亿。要让这么多人有食物，防止饥饿的发生，防止社会动荡、内战，没有足够的食物是无法想象的。反对者认为转基因作物不是解决之道，应该是更佳的分配方案。但是，穷国的每个国家都需要达到粮食自给才能实现分配的公平问题，不能说世界的粮食总产足够世人食用，所以问题就是分配。粮食自给是公平分配的前提，目前，穷国的地方食品生产增加还是一个大问题。并且，粮食自给对于这些穷国的经济有很大的好处。①

例如，大多数的非洲国家处于持续的食品匮乏状态。在非洲有 80%的人口居住在农村，并且 70%的工人也是从事主要和农业有关的生产活动。但是，由于技术的落后和种子的问题，许多非洲的穷人辛劳一年之后，却无法果腹。在这样的情况下，高产的作物对于这些农民来说，就特别地重要了。其次，在粮食过剩的地区，比如印度，有 6000 万 t 储备粮在公共粮仓里，这些粮食超过印度年消费量的 1/3。但是，这些粮食都很难分给需要的人。虽然在过去的几十年里，已经有了缓慢的进步，但是在印度 5 岁以下的儿童有过半的人营养不良，这一比例高于非洲。但这也不意味着高产对于印度来说就不是必须的了。在印度的穷人是因为在他们自己的小块土地上无法生产出足够他们吃的粮食，他们也无法在别人的土地上得到雇佣。增加小农场的产量，无疑会增加对穷人的劳动力的需要，这对于解决问题是有好处的。这一方法会增加穷人可利用的粮食总量。②

应该看到，发展中国家种植转基因作物的比例虽然不及发达国家，但是，发展中国家近几年转基因作物种植面积的增长最快，2002 年全球 5870 万 hm^2 的转基因作物中有 27%种植在 9 个发展中国家，目前全世界已有十几个发展中国种植转基因作物，而且面积比例也达到一半。发展中国家试图通过转基因技术来实现产量的增加，从而解决其内在的粮食问题。

在粮食安全方面，转基因食品目前还没有对于发展中国家作出贡献。对于发展中国家，降低粮食价格并稳定地方的基础粮食供应是特别重要的，因为在低收入者的支出中，60%～80%是食品支出。③ 但与此同时，转基因作物的研究和开发工作都是在一些跨国公司或者发达国家进行的，所以，这对于发展中国家解决就业、增加收入和促进生产，都没有直接的效果。

在粮食主权方面，转基因作物常常是受专利保护的，而这些专利的持有人都是在发达国家，所以，如果发展中国家大量种植转基因作物，一旦发生政治事件或者社会动荡，种子不能持续供应，很可能对发展中国家的农业造成致命的打击。但是，美国等发达国家要求世界各国开发自己的农产品市场，要求国民待遇。其实，在任何一个国家，农产品都是立国之本，所以都没有完全开放。如果发展中国家容许转基因作物在其本土种植，就必须面对粮食主权问题。

大部分发展中国家同发达国家在信息和技术上不对称，在公平和公正方面也无法与发达国家平等。使用转基因技术专利权需支付高昂代价，限制了发展中国家的进入。而且，现在没有关键的对于发展中国家获取转基因技术专利有利的设计方案，致使发展中国家不能利用这一高新技术为本土的目标服务。

---

① Discussion Paper：The use of genetically modified crops in developing countries，http：//www.nuffieldbioethics.org/publications/pp_0000000017.asp.

② Conway G. 1997 the doubly green revolution：food for all in the 21st century. London：Penguin. 32.

③ Gabre-Madhin EZ Haggblade S. 2001. Successes in African agriculture：results of an expert survey. Washington，DC：International food policy research institute.

14.4.3 转基因问题所暴露的欧洲与美国的社会与文化差别

1. 政治倾向的差异

首先，从政治倾向上，欧洲倾向于偏左，而美国明显是偏右的。这一点，欧洲自己也坦白地承认了。在欧盟2003年初公布的关于生物技术的调查问卷①分析中写道："欧洲人关心自然的脆弱性和人类行为与技术对自然的影响。虽然唯物主义价值观（materialist values）支持经济的增长，但在市民和私人企业/强大的跨国公司之间难以找到什么"共同利益"。在社会和政治价值方面，欧洲人多少有点"左倾"，他们支持工会和所得再分配。欧洲人认为，转基因产品都是跨国公司的伎俩，而只有有机农业和生态农业方式才是上上之选。而美国积极主张任由市场自由扩张，资本自由流动，金融自由投机，所以不限制转基因的发展，并给予跨国公司各种实惠，为企业撑腰。

2. 文化上的差异

在文化上，欧洲也有抵制转基因食品的因素。对于多数欧洲人，转基因食品是恶魔。虽然欧洲人对于转基因可能造成的环境危害和健康后果忧心忡忡，但他们也同样注意到了转基因造成的文化恶果。当美国很久以前就接受了公司体制中的快餐文化时，在欧洲，食品与文化却是盘根错节，每个地区都夸耀自己的烹饪传统，吹嘘地方产品。并且为了反对美国的快餐文化，欧洲兴起了有名的"慢餐文化"，主张食不厌精，脍不厌细。而在全球化强权下的世界，企业大鳄与官僚政治管理制度联合操控着一切，大多数欧洲人感到他们最后的文化防线就是他们的食品选择了。这也就是为什么在欧洲进行的公众民意问卷调查都显示对于转基因食品的反对意见，这甚至包括了那些欧盟新的成员国。

3. 非政府环保组织的导向

对于转基因生物的态度，不同的组织或者集团导致了不同的方向。在美国，由食品公司、农业公司、科技界、媒体和法律界共同推销着转基因产品，反对的声音非常低弱。而在欧洲，由绿色和平和消费者维权组织推动了一波又一波的反对转基因浪潮，同时，其公民对于政府和商业公司的不信任，再加上接连发生的几次食品事件，例如，疯牛病、荷尔蒙牛肉等事件，让欧洲人对于餐桌着实不放心。在这样的背景下，环境保护组织和消费者组织都积极行动起来对转基因产品给以打击，政府在这样的压力下，特别是欧洲的政治程序对公民选票的依赖，都让政府不得不多少要顺应民意。

4. 经济利益的驱动

对于转基因技术及其产品，经济利益是最重要的因素。欧盟之所以百般刁难美国的转基因产品，主要也是从欧洲的农业出发，因为如果转基因产品长驱直入到欧盟的市

---

① Europeans and Biotechnology in 2002，Eurobarometer 58.0，A report to the EC Directorate General for Research from the project 'Life Sciences in European Society' QLG7-CT-1999-00286.

场，那么，欧洲的农业就面临着崩溃的危险，这是任何个人和政府都难以处理的情况。欧洲现在利用各种国际公约给予的空间，营造了绿色贸易壁垒，把转基因产品与非转基因产品区分处理，以期给予欧洲地方农业更多的实惠。

由于转基因产品多数都有美国公司的专利保护，而且，转基因产品适应美国的种植方式，已经成为大豆、玉米、棉花等产品的主要品种，所以，保护转基因产品对于美国来说就是保护美国农业，保护美国的农产品出口贸易，保护美国的农业大国地位。美国转基因产品之所以可以有明显的价格优势，其实是美国的农业补贴政策对此贡献良多，美国对一个玉米种植者的出口补贴比菲律宾棉兰老岛农民平均收入高百倍，在这种条件下，美国还谈公平贸易和自由贸易。美国一直不容许别的国家设置补贴，而对于自己的行径却视而不见。

5. 欧盟-美国的转基因贸易争端

1）争端背景

自 1998 年 10 月以来，欧盟已事实上延迟批准生物技术产品，一些有关生物技术产品上市销售的申请在批准过程的各个阶段停滞不前。美国、加拿大、阿根廷等国认为这一措施限制了他们的农产品和食品进入欧盟市场。此外，对一些欧盟已经批准进口和销售的生物技术产品，许多欧盟成员依然保留了国内销售和进口禁令，这也限制了农产品和食品贸易。2003 年 5 月 13 日和 14 日，美国、加拿大和阿根廷分别依据（DSU）第 4 条、（SPS）第 11 条、《农业协议》第 19 条、（TBT）第 14 条以及（GATT1994）第 22 条，就欧盟及其成员国影响生物技术产品的审批和销售措施向欧盟提出磋商要求，争端代号分别为 WT/DS/291，WT/DS/292 和 WT/DS/293。

2）美国等提出争端解决的主要理由

美国等国认为欧盟措施与 SPS 协议、GATT1994、农业协议和 TBT 协议下列条款不符。

(1) SPS 协议：第 2 条基本权利和义务；第 5 条风险评估和适当的卫生与植物卫生保护水平的确定；第 7 条透明度；第 8 条控制、检查和批准程序和附件 B 透明度法规的公布和附件 C 控制、检查和批准程序。

(2) 1994 年 GATT：第 I 条普遍最惠国待遇（MFNT）、第 III 条国内税和国民待遇（NT），第 X 条贸易法规的公布和实施，第 XI 条普遍取消数量限制。

(3) 农业协议：第 4 条市场准入。

(4) TBT 协议：第 2 条中央政府制定的技术法规和第 5 条中央政府制定的合格评定程序。

阿根廷还指出，欧共体事实上采取的措施导致了在没有充分科学证据或者合理的风险评估的情况下，暂停考虑或者不考虑 WTO 各成员国提出的各种生物技术产品的申请，这一不合理的拖延对生物技术产品的国际贸易是有害的，影响了阿根廷国内批准销售的以及正在考虑将要批准的生物技术产品。

美国进一步澄清指出，《SPS 协定》承认 WTO 成员为保护健康和环境，可以对作物和包括生物技术产品在内的食品实施审批程序。美国起诉主要是针对欧共体关于生物技术产品审批程序的应用，而不是程序的本身。美国指责欧共体的措施阻碍了全世界农业生物技术的开发与应用，美国认为，农业生物技术对于发展中国家提高农业生产力、减少饥饿、改进健康以及改良环境有广阔的前景。

3）欧盟观点

作为回应，欧共体对成立专家组的请求表示惊讶和失望。欧共体称，其已反复表明欧盟批准转基因生物和转基因食品是可能的，正在对许多申请进行审查并将很快做出决定。欧共体进一步指出，18 种转基因生物（GMO）和 15 种转基因生物生产的食品已获批准，欧共体每年都会进口这些转基因产品。

其对起诉方是否有兴趣通过磋商寻求满意的解决办法深表怀疑。欧共体也对美国在磋商期间的态度感到迷惑，并怀疑其对话诚意。要求设立专家组的成员没有选择通过国际合作来为生物技术的发展建立适当的框架，并认真关注转基因产品的各种潜在风险和社会关心问题，欧共体对此表示极为失望，强调每一个国家应自由做出自己的决定，并为其人民确定适当的保护水平。欧共体最后指出，其不同意设立专家组的请求。

4）裁决结果

2006 年 2 月初，世界贸易组织（WTO）做出裁决，认定欧盟及其 6 个成员国对转基因食品施加的临时禁令违反了国际贸易规则。WTO 的贸易法官指出，欧盟连续 6 年来对转基因生物及产品实施冻结的措施，而临时措施在世贸规则中是被禁止使用的。这项裁决的出炉时间已经被延长了好几次，裁决书长达 800 页，有可能成为世贸历史上篇幅最长、最难解读的一份裁决书。

尽管 2004 年 5 月欧盟批准了一种罐装转基因甜玉米进入欧洲市场，但是美国、加拿大和阿根廷这三个原告国仍然认为欧洲的转基因审批程序没有正常运转。欧盟委员会指出，此项诉讼仅仅针对 1998～2004 年间发生的情况，而并不针对欧盟有关转基因的总体政策。欧盟认为，他们自 1998 年以来实施的法律是严格而公正的，所有未来转基因产品的申请仍将按照程序进行，批准许可的发放将会依照科学依据和个案分析。因此，不管世贸组织如何裁定，没有理由修改这些法律。

14.4.4　转基因作物对于中国的社会-经济影响分析

1）转基因影响具有多样性

中国农业的历史悠久，农业的范围也非常广泛，特别是在改革开放以来，农业正经历着翻天覆地的变化，且刀耕火种的原始农业、小自耕农、大农场作业等农业方式同时并存。中国在农业上拥有丰富的多样性，如果粗略地分类，可以分为：畜牧业、耕作农业、高地农业、混合农业，不同的农业就意味着他们使用不同的农业实践方式。而且，不同的地理区域也有不同的农业方式。在东北的辽阔土地上，可以进行机械化的耕种，也可以收获统一品质的产品。但在内地，特别是山区，土地面积零碎，常常是混合农业的模式。在内蒙古，进行着大量的畜牧业；在青藏高原，混合的农业支持着藏族同胞的日用饮食。所以，对于不同的地区，转基因作物的影响也会相应地有所变化。

2）农民决定是否种植转基因

目前，在中国的市场，转基因种子的额外加价是很难预料的，很可能与作物的品种有关，还可能与市场的接受情况有关。生产种子的公司会形成一个它认为农民可以接受的价格，并且许诺一个好的回报。额外成本的第二个因素可能是由于管理法规和体制造成的经济影响。中国已经发展了一套针对转基因作物的管理法规和体制，维护这套机构和执行法规，会形成一定的社会成本。第三个非常重要的因素就是市场的接纳情况，是否有市场是转基因产品能否在中国发展的关键因素。

事实上，最后还是农民自己做主来决定他们种植什么，他们要计算平衡成本和收益。很可能在他们还可以用其他方法来提高收入的时候，他们就不会采用转基因作物。但很可能有一天，转基因作物真正能带来巨大的收益，那些不采用转基因作物的农民就丧失了国际市场的竞争力，最后被排挤出局。

3）*公众生物安全意识不强*

中国还没有如同欧盟国家一样的大型争论，因为没有主导的消费者团体和环境团体，而且，公民的一些意识还没有关注到转基因问题上。大量的消费者对于转基因作物持有负面态度，他们会主动回避转基因食品，并且，他们还有可能宣传自己的观点。那些支持转基因作物的人不会特别主动地寻找转基因食品来消费，而且，他们也没有宣传自己观点的爱好。由于大量的消费者拒绝而且主动排斥转基因食品，所以零售商最优的选择就是放弃出售转基因食品。

虽然目前在中国还没有种植转基因粮食作物，但大量进口的转基因大豆和一些转基因玉米都可能发生农民无意种植的情况，如果不能严格控制转基因作物的污染，对于中国的粮食出口可能会产生如同转基因烟草一样的恶劣影响，并严重影响中国的粮食产品出口。

4）*发展转基因作物的思考*

转基因作物的潜在利益需要中国在两个方面进行思考。其一是转基因作物的商业动力会促使农业公司和种业公司只关注发达国家的生产，并进行相应的研发，而忽视发展中国家的情况和需要。这样，研发转基因作物对于促进世界贫穷国家的粮食安全就没有显著的益处了。所以，中国的转基因作物研究应该立足国情，不一定要追随国际的潮流。

第二点是转基因作物的研发活动常常只关注一小撮大跨国公司的利益，而不是广大消费者的利益。20 世纪末最后几年，拥有一些生物技术专利的小的农业生物技术公司经历了被大公司吞并的浪潮。这样，大量的生物技术和生物专利就都集中在某些大的跨国公司手中。所以，中国的转基因研发需要从消费者的角度着手，以消费者为导向，并且利用自身的资源优势，积极开发转基因作物，谋求未来的可持续发展。

主要参考文献

樊龙江，周雪平．2001．转基因作物安全性争论与事实．北京：中国农业出版社

范存会．2002．我国采用 Bt 抗虫棉的经济和健康影响．中国农业科学院博士学位论文

胡品洁，杨昌举．2002．转基因食品政策差异的影响因素分析．南方经济，(2)：45～49

刘标，薛达元．1998．生物安全问题的国际关注．世界环境，3：39～41

刘标，薛达元．1998．生物技术在欧美遇到的抵制及教训．农村生态环境，14 (4)：46～49

苏军，黄季焜，乔方彬．2000．转 Bt 基因抗虫棉的经济效益分析．农业技术经济，(5)：26～31

薛达元，Tisdell C，夏友富．2000．生物安全议定书对转基因生物进口贸易的影响与中国的潜在对策，农村生态环境，16 (4)：45～50

薛达元等．2004．转基因基因食品安全研究．见：陈锡文，邓楠．中国食品安全战略研究．北京：化学工业出版社．791～874

薛达元，刘标．1999，现代生物技术的社会经济影响和安全问题．见：薛达元等．生物安全管理与实践．北京：中国环境科学出版社．94～99

薛达元．2004．转基因生物与食品安全．见：世纪大讲堂（第 6 辑）．沈阳：辽宁人民出版社，177～195

张华．2002．转基因粮食的市场经济分析及其对粮食生产者的影响．科技经济透视，(2)：42，43

张启发．2003．转基因作物：研发、产业化、安全性与管理．中国大学教学，(3)：35～40

Cook A J，Kerr G N，Moore K．2002．Attitudes and intentions towards purchasing GM food．Journal of Economic Psychology，23：557～572

Ho P，Xue D Y．2008．Farmer's perceptions and risks of agro-biotechnological innovations in China：ecological change in Bt cotton? International Journal of Environment and Sustainable Development，7 (4)：396～417

Hoban T J．1997．Consumer acceptance of biotechnology：an international perspective．Nature Biotechnology，53 (5)：50～53

Huang J，et al．2002．Transgenic varieties and productivity of small holder cotton farmers in China．Agricultural Economics，46 (3)：367～387

Huang J，Pray C，Scott R．2002．Enhancing the crops to feed the poor．Nature，418：678～684

Qiam M，David Z．2003．Yield effects of genetically modified crops in developing countries．Science，299：900～902

Xue D Y，Lin Yanmei，Tisdell C．2004．Conflicts about global trade in GMOs：general issues and Chinese case studies．*In*：Tisdell C，Sen R K．Economic Globalisation：Social Conflicts，Labour and Environmental Issues．Edward Elgar，UK，USA．314～335

Xue D Y，Tisdell C．2000．Safety and socio-economic issues raised by modern biotechnology．International Journal of Social Economics，27 (7)：699～708

Xue D Y，Tisdell C．2002．Global trade in GM food and the cartagena protocol on biosafety：consequences for China．Journal of Agricultural and Environmental Ethics，15 (4)：337～356

第 15 章　转基因生物安全应急管理制度

转基因生物的封闭研究、中间试验、环境释放、商品化、越境转移、废弃物处理等活动存在巨大的风险性。从事这些活动的单位和个人以及监管机构可以为应对此种风险采取预防性措施，但无法确保风险不会转化为现实的事故甚至造成人身、财产、精神和生态环境等方面的损害。为了使转基因生物安全事故造成或者可能造成的负面影响降至最低，就需要在法律制度层面对事故处理作出预先安排，建立一套完整而严密的转基因生物安全应急管理制度。

尽管我国目前的转基因生物安全法规、行政规章和规范性文件从某些方面就应急管理制度作出了一些规定，但这些内容总体而言较为零散，不是非常系统和完整，有待于在进一步的生物安全立法中进行完善。这就需要对转基因生物安全应急管理制度的国际法和国别法背景进行全面考察，参照我国环境保护应急管理制度的相关内容，对我国目前转基因生物安全应急管理制度进行研究，发现其中还有待完善之处，并提出具有可操作性的建议。

15.1　转基因生物安全应急管理制度的理论基础

转基因生物安全应急管理制度，是指在发生或者可能发生转基因生物安全事故时，相关单位和个人采取行动，使现实的或者潜在的损害或者损失降至最低程度，以及制定应对此种事故的行动方案的一整套措施。在此，“转基因生物安全事故”，也称“转基因生物安全应急事故”或者“转基因生物安全突发事件”，是指转基因技术及其应用对生态系统的正常状态、生物的正常生存以及人类的生命和健康造成损失或者损害的事件。依照事故影响的严重程度，转基因生物安全事故可划分为重大事故和一般事故两类。重大转基因生物安全事故是指对人体健康和生态系统构成严重威胁，具有高度侵袭性、传染性、转移性、致病性和破坏性的转基因生物安全事故；一般转基因生物安全事故是指对人体健康和生态系统构成一定威胁，具有转移性和破坏性的转基因生物安全事故。作为突发事件的一类，转基因生物安全事故具有发生的非预期性、发展的不确定性、结果的高度危险性和应对的紧迫性等特点。

转基因生物安全应急管理制度主要通过应急预案和应急处置两类措施实现其目的。因此，转基因生物安全应急管理制度的“管理”不同于应急处理中的“处理”，后者更加侧重于事后补救侧面。尽管应急管理制度主要规定恢复补救方面的内容，即肇事者和主管机关采取相应的行动和措施（即应急处置措施）；但同时也包含预防控制方面的内容，即在事故发生之前制定行动方案（即应急预案措施）。在规范而完善的应急管理制度中，应急预案是行动和措施的依据和前提；行动和措施是应急预案在事故发生时的实施和实现。当然，转基因生物应急处理制度的内容除了应急预案措施和应急处置措施之外，还包括应急保障措施、后期处置措施、法律责任等其他方面的内容。但从制度理论基础层面讲，应急预案措施和应急处置措施的内容更具代表性，因此这里主要以这两类措施为例，分别从预防控制思想和恢复补救思想两个方面，对转基因生物安全应急管理制度的理论基础进行分析。

15.1.1　转基因生物安全应急管理制度的预防与控制思想

巨大的风险性、影响的高度不确定性和损害后果的不可逆转性，是现代生物技术及其发展的重要特征，也是生物安全法力图通过预防控制性手段，遵循风险预防原则，对现代生物技术发展进行规制的根本原因。生物安全法或者生物安全管理的“风险预防原则”，是指在现代生物技术相关活动有可能对人体健康构成危害或者有可能对生态环境造成严重的、不可逆转危害时，即使科学上没有确实的证据证明该危害必然发生，也应采取必要预防措施的根本准则。风险预防原则在生物安全法基本原则框架下仅以观念形式出现，要使其具有可操作性，则须转化为具体的、可实施的预防控制性制度。生物安全法的预防控制性制度，是指生物安全法确立旨在预防和控制现代生物技术对人体健康、生态环境和社会经济可能造成的负面影响，实现现代生物技术可持续发展的法律制度。转基因生物安全应急管理制度中的应急预案措施是预防控制性制度的重要内容，其正当性可以归纳为如下三个方面。

1）*在价值理念层面*

应急预案措施贯彻了生物安全法价值理念的内在规定性。这一措施通过风险预防或者损害预防措施，确保公众和现代生物技术研发应用者的自由不受潜在风险或者现实威胁的损害，以实现正义价值；使人体健康、生态系统可能受到现代生物技术发展负面影响的概率降至最低，确保现代生物技术活动的安全性和可预见性，实现秩序价值；通过采取各种预防性措施，尽量避免高额的补救成本，以实现效率价值。生物安全法的正义价值，是指生物安全法对从事转基因生物的研究开发、生产、运输、环境释放、储存、销售、废弃物处理等活动的单位和个人以及受到这些活动影响的单位和个人的自由权利以及在法律上所应享有的平等地位、平等机会和平等待遇的追求、确认和保障；生物安全法的秩序价值，是指生物安全法对其保护对象的安全性以及规制对象的可预见性的追求、确认和保障；生物安全法的效率价值，是生物安全法对现代生物技术及其产业的理想发展状态的追求、确认和保障。

2）*在管理原则层面*

应急预案措施的着眼点和出发点在于，通过制定和实施预防性措施，将风险预防原则贯彻其中，从而为其后续的补救工作提供依据和基础。该制度充分贯彻了生物安全法谨慎发展原则的内在要求，并在程序上符合全程管理原则的基本要求。“谨慎发展原则”是指在从事现代生物技术相关活动时，应当在发展现代生物技术的过程中，充分考虑该技术可能带来的负面影响，并将这些负面的影响和因素与现代生物技术的发展惠益进行综合平衡，进而通过相应的制度和措施，趋利避害，使现代生物技术实现可持续发展的根本准则。“全程管理原则”是指生物安全行政管理机关在进行生物安全管理以及现代生物技术开发应用者在从事相关活动时，应当对现代生物技术及其产品的研究、开发、商品化、消费、越境转移、废弃物处理等各个环节进行全面监督、管理和控制的基本准则。

3）*在管理目标层面*

应急预案措施通过明确相应的实体性和程序性要求并确保其实施，确保人体健康和生态系统免受现代生物技术及其产业发展的不利影响，落实生物安全法保护人体健康、维护生态安全和促进生物技术健康发展等三个方面的目的性要求。在这其中，“保护人体健康”包括对人的生命的保护、对人的正常生理机能的保护和对人的正常心理状态的保护；“维护生态安全”包括遗传多样性保护、物种多样性保护和生态系统多样性保护；“促进生物技术健康发展”旨在支持现代生物技术及其产业的发展，确保现代生物技术及其产业发展的目的性，并要求采取适当的法律和管理手段。

15.1.2　转基因生物安全应急管理制度的恢复与补救思想

生物安全法的恢复补救性制度，是指生物安全法确立的旨在应对转基因生物安全事故造成的不利影响，从而在发生生物安全损害后，保障所受损害得以弥补，并确保生态环境的正常结构和功能得以恢复的法律制度。转基因生物安全应急管理制度中的应急处置措施是生物安全法恢复补救性制度最重要的组成部分之一，其正当性可以归纳为如下三个方面。

1）*在价值理念层面*

应急处置措施通过实施相应的实体性和程序性要求，如排除事故危害继续严重化、对受到损害的环境进行恢复等，维护生物安全法的自由权利，从而保障生物安全法正义价值的实现；以补救的方式对秩序价值中的安全性侧面和可预见性侧面给予支持，从而实现对人体健康、生态安全和社会经济系统安全性的保护，并在法律层面进行指引和评价；同时还体现了现代生物技术发展的社会利益相关性和可持续性，从而对生物安全法之效率价值的基本要求给予肯认。在法律层面的“指引”，是指生物安全法明确规定在其框架下可为之事和不可为之事，从而为从事相关活动的单位和个人提供可供遵循的模式、标准和方向；法律层面的“评价”，是指生物安全法具有判断和衡量从事相关活动的单位和个人的行为合法或者违法的作用。指引作用和评价作用是应急处置措施在生物安全法律规制和行政管理方面的两个重要方面。

2）*在管理原则层面*

应急处置措施对违反生物安全法律制度义务性规则的行为给予否定性评价，并进而规定矫正性措施，主要以排除障碍的方式，支持生物安全法和生物安全管理的风险预防原则、谨慎发展原则和全程管理原则的贯彻和落实。“义务性规则”是规定作为生物安全法主体的单位和个人必须作出某种行为或者不得从事某种活动的法律规定，包括命令性规则和禁止性规则两种类型。

3）*在管理目标层面*

应急处置措施规定了在人体健康和生态系统受到现代生物技术及其发展的危害，进而影响生物安全法的目的实现时，生物安全法在特定条件下的处理方式，从而对生物安全法保护人体健康和维护生态安全这两方面的目的给予支持；同时，该制度也规定了现代生物技术发展所受到的限制性因素，从而为实现现代生物技术的健康发展和可持续发展提供了法律依据。

15.1.3 小结

综上所述，生物安全应急处理制度从应急预案措施和应急处置措施从两个侧面体现了生物安全法和生物安全管理的正义价值、秩序价值和效率价值，并基于风险预防原则、谨慎发展原则和全程管理原则进行制度安排，有助于实现保护人体健康、维护生态安全和促进生物技术健康发展等三方面目标。

15.2 转基因生物安全应急管理制度的国际法背景

转基因生物安全应急管理制度可以从国际法层面找到渊源。这一制度既体现在一些国际环境法律文件中，也直接体现在一些生物安全国际法律文件中。

15.2.1 转基因生物安全应急管理制度的国际环境法背景

在国际法层面，应急管理制度的基本理念体现在一些国际环境保护纲领性法律文件中。这些纲领性法律文件通常被视为一种“软法”，其内容对缔约方和国际社会仅具有指导意义，一般体现为“宣言”、“议程”、“声明”、“计划”等形式，其中主要规定国际环境保护的指导思想、基本原则、行动计划等方面的内容。有关应急管理制度的具体制度则主要体现在海洋环境保护、油污处理、核事故处理、外层空间和平利用等领域的国际法律文件中，这些文件通常以条约或者议定书的形式出现，在国际环境法上一般被视为“硬法”，其内容对缔约方具有直接法律效力和强制力。

概言之，国际环境法上的应急管理制度的核心内容包括如下三个方面。

1）制订应急计划

制订和实施应急计划或者应急预案，是应急管理制度的重要内容之一。一些国际法律文件规定了有关制订应急计划的内容。例如，1982 年《联合国海洋法公约》规定，各国应制订应急计划，以应对海洋环境的污染事故。1986 年《核事故或辐射紧急情况援助公约》第 5 条也要求各缔约国制订应急计划。又如，1992 年《关于工业事故跨界影响的赫尔辛基公约》第 12 条要求工业事故发生或可能发生的国家对危险活动制定和实施就地应急计划，包括反应措施以及防止和减少跨界影响的其他措施；这些应急计划可以向其他国家提供。

在这些国际法律文件中，制订应急计划被作为应对环境污染的必要步骤以及采取应急处置措施的前提。

2）通知和通报义务

迅速有效地处理应急事件的另外一个重要条件，是发生应急事件的信息为利益相关方尽可能全面而详尽地获知，以便据以作出相应的应对决策、采取适当的措施。因此，国际环境法将通知和通报义务作为应急管理制度的核心内容之一，作出了较为详细的规定。

1992 年《联合国里约环境与发展宣言》原则 18 规定，各国应将任何自然灾害或任何其他可能对其他国家的环境造成突然不利影响的紧急情况立即通知这些国家。这就是国际环境法上应急管理制度中的通知和通报义务。这一义务在海洋法和海洋石油污染控制、核事故污染防治、资源利用等方面的国际法律文件中均有体现。

1982 年《联合国海洋法公约》第 198 条对通知和通报义务作出了较为具体的规定，当一国获知海洋环境有即将遭受污染损害的迫切危险或已经遭受污染损害的情况时，应立即通知其认为可能受到这种损害影响的其他国家以及各主管国际组织。作出类似规定的国际法文件还包括 1990 年《国际油污防备、反应与合作的伦敦公约》第 4 条、1969 年《北海油污防治合作协定》第 5 条、1973 年《国际防止船舶造成污染公约》第 8 条以及 1976 年以来的一系列区域性海洋协定等。

1986 年《及早通报核事故公约》第 2 条和第 5 条规定：缔约国应立即将任何核事故通报其他国家，并迅速提供有关核事故的情报，以便尽可能限制在其他国家的辐射后果；应提供的情报应包括：核事故的确切时间、地点和性质，有关的设施或活动，推测或已知的事故的原因和可能的发展，放射性释放的一般特点，当前和预测的气象条件，已采取或计划采取的场外保护措施等等；受影响的国家可以要求提供进一步的情报和进行协商，以尽量减少对该国的辐射后果；属于缔约国秘密提供的情报不得泄露；各缔约国应将其负责收发情报的主管机构和联络点通知国际原子能机构。

1978 年《保护与和谐利用两个或多个国家共享自然资源的环境行为原则》对国家就环境紧急情况进行通知的义务作出了具体的规定，各国有义务将下列两类情况立即通知可能受到影响的其他国家：因利用共享自然资源可能对其环境突然造成不利影响的一切紧急情况；可能影响这些国家环境的有关共享自然资源的一切严重的和突发自然事件。

3）采取援助行动

由于环境应急事件往往具有发生地点、影响范围和应对措施的跨国性，国际环境法基于“国际合作原则”，要求有关国家在环境应急管理中采取相应的援助行动，以迅速妥善地处理该事件。在生物安全国际法领域，国际合作原则是指在转基因植物、抗除草剂转基因作物、植物用转基因微生物及其产品、转基因动物及其产品、兽用基因工程生物制品、转基因水生生物及其产品、转基因食品以及医药生物技术及其产品等领域中，各国均应采取必要的措施，与有关国家、国际组织和其他有关各方密切合作，以最大限度地确保生物安全国际法所确立的生物安全保护目标的实现。采取援助行动是包括生物安全国际法在内的国际环境法的“国际合作原则”的内在要求。

1992 年《联合国里约环境与发展宣言》原则 18 就国际环境法上应急管理制度中的援助行动提出了原则性要求，即“国际社会应尽一切努力帮助受害国”。在此，“一切努力”当然包括采取援助行动。这一要求在海洋石油污染控制、国际核事故污染防治、跨界污染处理等方面的国际法文件中均有体现。

1982 年《联合国海洋法公约》第 199 条规定，在海洋环境有即将遭受污染损害的迫切危险或已经遭受污染损害的情况时，受影响区域的各国应按照其能力，与各主管国际组织尽可能进行合作，以消除污染的影响并防止或尽量减少损害。1990 年

《国际油污防备、反应与合作的伦敦公约》第 7 条要求建立国家和区域的准备和反应制度；针对污染的国际合作要求，当事故严重时，在受或可能受事故影响的缔约方的请求下，各缔约方应根据其能力和资源，对油类污染事故提供建设性服务、技术支持和装备。

1986 年《核事故或辐射紧急情况援助公约》就采取援助行动作出了较为具体的规定：任何在发生核事故或紧急情况时，需要援助的缔约国都可以请求援助，不论这种事故或紧急情况是否起始于其领土、管辖或控制范围内；紧急情况发生时，请求援助的缔约国应详细说明需要援助的范围和种类，并提供一切必要的情报；各缔约国可以请求对受到核事故或辐射紧急情况影响的人进行医疗或暂时安置到另一缔约国领土内的援助；请求国应尽其所能为援助的妥善和有效管理提供当地的设施和劳务，提供援助的缔约国应在其领土内协调此类援助。

1992 年《关于工业事故跨界影响的赫尔辛基公约》规定，如果一个缔约国在工业事故发生时需要援助，它可以向其他缔约国提出请求，说明要求援助的范围和类型。被请求国应立即作出决定，通知请求国是否有能力提供援助以及援助的范围和条件。该公约还在附件中详细规定了援助的内容：由请求的国家负责援助的一般指导、控制、协调和监督，参与援助行动的人员应根据有关法律行事；请求国应为援助人员和物资的入境、停留和离境提供便利，应在其能力范围内提供当地的设施和服务，确保对入境人员、设备和物质的保护，应向援助国和援助人员提供履行援助只能所必需的特权、豁免和便利；第三国应努力为经过正当通知参加援助的人员、设备和物资的过境提供便利；请求国应该承担援助费用；对于直接由提供援助导致的行为，在发生人员伤亡、财产损害或损失，以及在被援助国境内的援助过程中对环境造成损害时，请求援助的国家应不予追究，并对援助国和援助人员予以赔偿等等。

4）小结

上述国际环境法律文件就应急管理制度作出的规定，有些内容可为健全和完善转基因生物安全应急管理制度提供理念借鉴，有些可从制度内容方面为转基因生物安全应急管理制度提供参考。事实上，目前生物安全国际法有关应急管理的内容吸收了其中一些国际法律文件的成熟经验。

15.2.2 转基因生物安全应急管理制度的生物安全国际法背景

在目前的生物安全保护相关国际法律文件中，《生物多样性公约》和《卡塔赫纳生物安全议定书》对应急管理制度作出了相应的规定。

1）《生物多样性公约》的规定

《生物多样性公约》中涉及应急管理制度的内容主要包括两方面的原则性规定：

（1）查明与监测。《生物多样性公约》规定，缔约国应尽可能并酌情通过抽样调查和其他技术，监测生物多样性组成部分，特别应注意那些需要采取紧急保护措施以及那些具有最大持续利用潜力的组成部分。①

---

① 《生物多样性公约》，第 7 条。

(2) 影响评估和尽量减少不利影响。《生物多样性公约》规定，缔约国应尽可能并酌情促进做出国家紧急应变安排，以处理大自然或其他原因引起即将严重危及生物多样性的活动或事件，鼓励旨在补充这种国家努力的国际合作，并酌情在有关国家或区域经济一体化组织同意的情况下制定联合应急计划。[①] 尽管《生物多样性公约》的这些规定还停留于原则性的层面，但却为进一步的生物安全保护应急管理制度国际立法提供了重要的法律依据。

2)《卡塔赫纳生物安全议定书》的规定

在《生物多样性公约》基础上，《卡塔赫纳生物安全议定书》就应急管理制度作出了专门规定，其中主要包括三个方面。

(1) 应急措施的适用条件。缔约方应在获悉已发生下列情况时采取适当措施，向受到影响或可能会受到影响的国家、生物安全资料交换所并酌情向有关的国际组织发出通报：因在其管辖范围内发生的某一事件造成的释放导致或可能导致转基因活生物体的无意越境转移，从而可能对前述国家内生物多样性的保护和可持续使用产生重大不利影响，同时亦可能对这些国家的人类健康构成风险；缔约方应在知悉上述情况时立即发出此种通知。

(2) 通知的内容。通知的内容包括：所涉转基因活生物体的估计数量及其相关特性和/或特征的现有相关资料；说明发生释放的具体情形和估计的释放日期以及所涉转基因活生物体在起源缔约方内的使用情况；关于可能会对生物多样性的保护和可持续使用产生不利影响和对人类健康构成风险的任何现有资料，以及关于可能采取的风险管理措施的现有资料；任何其他有关资料；可供索取进一步资料的联络点。

(3) 缔约方的协商义务。为尽可能减少其对生物多样性的保护和可持续使用的任何重大不利影响，同时亦顾及对人类健康所构成的风险，缔约方如已在其管辖范围内发生转基因活生物体的无意释放，应立即与受到影响或可能会受到影响的国家进行协商，使它们得以确定适当的应对办法并主动采取必要行动，包括采取各种应急措施。[②]

与《生物多样性公约》相比，《卡塔赫纳生物安全议定书》规定的内容更加具体和明确，为各国进行转基因生物安全应急管理立法提供了重要的参考和借鉴。

15.3 转基因生物安全应急管理制度的国别法背景

20 世纪 40 年代到 70 年代发生了震惊世界的马斯河谷事件、多诺拉烟雾事件、伦敦烟雾事件、洛杉矶光化学污染事件、水俣事件、富山事件、四日事件、米糠油事件等公害事件，以及意大利塞维索化学污染事故、美国三里岛核电站泄漏事故、墨西哥液化气爆炸事件、印度博帕尔毒气泄漏事故、切尔诺贝利核电站事故、莱茵河污染事故等污染事故。这些被称为“20 世纪八大公害事件和六大污染事故”的事件，使大多数国家认识到了建立环境应急管理制度的必要性和紧迫性，并推动了环境应急法律体系在这些国家的产生和

① 《生物多样性公约》，第 14 条。
② 《卡塔赫纳生物安全议定书》，第 17 条。

发展。转基因生物安全应急管理制度正是在这一背景下产生并逐步发展起来的。

15.3.1 综合性应急管理法

一些国家在宪法中对应急管理制度作出了规定。例如，委内瑞拉 1961 年《宪法》设置了“紧急权力”一章，尼泊尔、意大利、韩国、西班牙、德国等国现行的宪法对紧急状态下国家权力的重新配置和公民基本权利的暂时限制作了规定。还有些国家制定了专门的紧急状态法，如美国的《全国紧急状态法》，土耳其、加拿大、日本等国的《紧急状态法》，英国的《紧急状态权力法》等。

还有一些国家通过规划、计划等形式对应急处理法律制度作出了综合性的规定，其中最典型的是美国《联邦反应计划》(federal response plan)。美国《联邦反应计划》包括基本计划、紧急支援职能、恢复职能、支援、后果处理等方面的内容。其中，有关有害物质紧急支援的规定对转基因生物安全应急处理法律制度具有参考价值。①

总体而言，国外应急法制的特点体现在 7 个方面，即：应急法律规范的专门化和体系化；应急机构人员的专门化和专业化；危机管理体系的多元化、立体化和网络化；政府应急管理行为及程序的规范化、制度化和法定化；逐步完备的危机预警机制、资源储备与调动机制和危机化解机制；民间力量广泛参与；危机防范意识和能力的培养、危机防范措施的改善与演习的经常化、制度化和法定化。这些综合性应急管理法律规定为环境应急管理制度的建立奠定了基础。

15.3.2 环境应急管理法

在环境法层面，不少国家的相关立法就突发事件应急管理设立了专门的章节，或者作出了具体的规定。

在美国，《综合环境反应、补偿及责任法》规定了联邦政府对危险废物的紧急处理、对渗漏场地的清理、危险废物泄漏事故的肇事者应承担的清理和恢复原状责任等方面的内容。《联邦水污染控制法》在油类和危险物质责任中，规定了有关国家应急计划的内容，具体包括总统的准备、计划的内容、计划的修改和补正、遵守国家应急计划的行为等方面；同时还在有关国家应急体系的内容中规定了总统、国家反应部队、海岸警卫地区反应部队的职能和要求，以及地区委员会和地区应急计划、油槽管道和设施反应计划、设备要求和检查、地区训练等内容。美国 1990 年《石油污染法》规定了联邦政府和州政府在发生海上溢油事故时的应急管理职能，溢油反应基金制度及其运作，完善国家应急反应体系的组织机构，编制国家溢油应急计划，建立国家、区域和地方的应急指挥系统等。据此，一旦发生海上溢油污染事故，国家应急反应体系即可按照应急计划迅速采取行动，而无需等待，从而有助于污染事故得到及时妥善的处理。

在加拿大，环境污染被《危机法》列为“公共福利危机”的一种。该法所称的“公共福利危机”，是指由自然现象、疾病、偶然事件或者环境污染引起的导致或者可能导致生命财产危险、社会混乱、必要物资服务或资源运转的崩溃，态势十分严重，并有可

① 中国地震局检测预报司译：美国联邦反应计划. 北京：地震出版社. 104～119。

能成为全国性危机的状况。加拿大对包括环境污染在内的公共福利危机的管理规定了预防、准备、应对和恢复等四个方面的措施。另外，加拿大《环境保护法》中也规定了“涉及紧急情况的环境保护事件”一章，就环境紧急事件的内涵作出了定义，规定了对环境紧急事件计划的要求、救济措施、追偿开支及费用、通知与报告等方面的内容。

在法国，环境应急管理被列为公共健康安全应急防范机制的范畴。法国 1998 年《公共健康监督与产品安全性控制法》规定，政府在环境污染等公共安全事务中不仅要承担监督职责，还要起到警戒和预防的作用。法国《环境法典》也就环境应急管理作出了特别规定。该法典第 218·72 条规定，当运输或者装载有毒物品、危险物品或者烃的船舶、飞行器、机械设备或作业平台遭遇海损或者海上事故，并且可能对海滨及其相关利益造成严重影响时，船东或船主以及飞行器、机械设备或作业平台的主人或者经营者应采取一切必要的紧急措施，以制止危险蔓延。在大气污染防治方面，该法典第223·1 条规定，当警戒阈线被突破或者可能被突破时，省长应采取污染控制措施，尽可能防止对民众有害影响的扩大。

日本 1998 年《水污染防治法》就紧急措施作出了专门规定：都、道、府、县知事在本都、道、府、县区域所属公共水域的部分区域因异常枯水及其他类似的原因造成公共水域的水体污染严重化，有发生危害人体健康或生活环境的危险且属于政令规定的情形时，可以在事态普遍周知的同时，根据总理府令的规定，命令在发生该事态的部分区域的企业采取减少外排水量及其他必要的措施。

15.3.3 转基因生物安全应急管理法——以日本和印度为例

一些国家在生物安全立法中对应急管理制度作出了专门规定，其中以日本 2003 年《规制转基因生物确保生物多样性的法律》、① 印度 1989 年《关于生产、使用、进口、出口和储存危险性微生物、基因工程生物体或细胞的法规》和 1994 年《重组 DNA 安全指南》最为典型。

1) 日本相关法律规定

日本《规制转基因生物确保生物多样性的法律》将转基因生物的使用活动划分为两类。该法第 2 条规定，“第二类使用”是指避免向大气、水或土壤（设施、设备等构造物除外）扩散转基因生物的使用，“第一类使用”是指不受这一限制的使用。针对这两类使用，该法规定了不同的应急管理措施。

该法第 11 条规定，转基因生物的第一类使用者由于发生事故，不能执行经认可的转基因生物第一类使用章程，并有造成生物多样性影响的危险时，必须直接执行防止生物多样性影响的应急措施，同时应当立即向主管大臣报告事故状况及所执行措施的概要；主管大臣发现使用者没有执行该款的应急措施的，可以命令其执行相应的应急措施。

该法第 15 条规定，如果发生了影响防止扩散措施的设备的破坏或其他的事故，转基因生物的第二类使用者不能执行主管省令规定的防止扩散措施或经认可的防止扩散措施时，必须直接对事故采取应急措施，同时立即向主管大臣报告该事故的状况以及所执

① 《遺伝子組換え生物等の使用等の規制による生物の多様性の確保に関よる法律》。

行的措施的概要；主管大臣认定使用者没有采取应急措施时，可以命令其执行相应的应急措施。

2）印度相关法律规定

印度《关于生产、使用、进口、出口和储存危险性微生物、基因工程生物体或细胞的法规》就转基因生物安全应急管理制度作出了如下几个方面的规定。

（1）向基因工程审批委员会申请许可者在获得许可前，应向基因工程审批委员会提交现场应急计划。

（2）邦生物技术协调委员会或任何由委员会授权之人，应视察涉及基因工程生物体、危险性微生物的基地，制定信息图表，找出一切与基地有关的危险和风险，并做好协调工作，以满足对付任何突发情况的需求，制定现场外应急计划。

（3）地区生物技术协调委员会有责任制定现场外应急计划，列出可能发生的重大事故等相关紧急情况时应采取的具体措施；如有必要，在制订计划时，委员会应咨询项目负责人或其他相关人员。为此，项目负责人应向地区生物技术协调委员会提供委员会可能需要的处理项目中涉及的危险性微生物或基因工程生物体的信息，包括该危险性微生物或基因工程生物体对自然、周围环境的影响，以及可能对现场外区域造成的影响；地区生物技术协调委员会应向项目负责人提供现场外应急计划的信息。

（4）机构生物安全委员会中微生物和基因工程生物体研究机构的研究人员，应按照基因管理审查委员会制定的指南，协助机构生物安全委员会更新现场应急计划，并提交给邦生物技术协调委员会、地方生物技术协调委员会和基因工程审批委员会。此处的“机构生物安全委员会”，是指研发中心、大学等机构依法内设的生物安全委员管理机构。

此外，印度《重组 DNA 安全指南》第六章“主管部门”也规定，从事任何在执行阶段具有潜在危险性的、或产生可能引起危险的微生物体或生物活性分子的研究项目，均应在机构生物安全委员会的帮助下，制定现场应急计划。

15.4 我国转基因生物安全应急管理制度的现状

在我国，突发事件的应急管理是法律体系的重要组成部分。现行突发事件应急法律体系包括战争状态法、一般的紧急状态法、恐怖性突发事件法、骚乱性突发事件法、事故性突发事件法、灾害性突发事件法等，环境应急管理制度一般被作为事故性突发事件法的内容。

15.4.1 《基因工程安全管理办法》的相关规定及其评价

作为我国第一部生物安全保护专门法规，《基因工程安全管理办法》规定了有关单位制定应急预案的义务。该《办法》第 21 条规定：“从事基因工程工作的单位，应当制定预防事故的应急措施，并将其列入安全操作规则。”此处的“预防事故的应急措施”，实质上就是应急预案。该《办法》对于我国转基因生物安全事故应急管理制度的最大贡献在于首次在实质上规定了应急预案措施。同时，其不足之处也显而易见，即未对该应急预案措施的进一步实施做出具体规定。

15.4.2 《农业转基因生物安全管理条例》的相关规定及其评价

《农业转基因生物安全管理条例》规定了有关主管部门采取应急措施的职责。该《条例》第 39 条规定：“农业行政主管部门履行监督检查职责时，有权采取下列措施：……（五）在紧急情况下，对非法研究、试验、生产、加工、经营或者进口、出口的农业转基因生物实施封存或者扣押。”从而赋予了农业部在紧急情况下采取应急处置措施的职责。但是，该《条例》没有明确规定应急预案措施，仅在条文中多次规定应当采取“相应的安全管理、防范措施”，至于措施的具体内容，却未作进一步规定。同时，“封存或者扣押”的手段是否足以满足处理转基因生物安全事故的实际需要，也值得斟酌。

15.4.3 《农业转基因生物安全评价管理办法》的相关规定及其评价

《农业转基因生物安全评价管理办法》规定了有关单位制定应急预案的义务。该《办法》第 35 条规定：“从事农业转基因生物试验和生产的单位，应当根据本办法的规定确定安全控制措施和预防事故的紧急措施，做好安全监督记录，以备核查。”这一规定尽管具备应急预案措施的雏形，但没有就这一措施的落实作出进一步规定，特别是没有规定如何保障这些措施的有效实施，可操作性不高。

15.4.4 《病原微生物实验室生物安全管理条例》的相关规定及其评价

《病原微生物实验室生物安全管理条例》明确了“应急预案”的提法，并较为详细规定了有关单位和个人制订应急预案的义务和采取应急措施的义务。《条例》第 40 条规定：“从事高致病性病原微生物相关实验活动的实验室应当制定实验室感染应急处置预案，并向该实验室所在地的省、自治区、直辖市人民政府卫生主管部门或者兽医主管部门备案。”第 45 条规定：“负责实验室感染控制工作的机构或者人员接到本条例第 43 条、第 44 条规定的报告后，应当立即启动实验室感染应急处置预案，并组织人员对该实验室生物安全状况等情况进行调查；确认发生实验室感染或者高致病性病原微生物泄漏的，应当依照本条例第 17 条的规定进行报告，并同时采取控制措施，对有关人员进行医学观察或者隔离治疗，封闭实验室，防止扩散。”第 48 条规定：“发生病原微生物扩散，有可能造成传染病暴发、流行时，县级以上人民政府卫生主管部门或者兽医主管部门应当依照有关法律、行政法规的规定以及实验室感染应急处置预案进行处理。”

相比之下，该《条例》对应急管理制度的规定较为全面，值得生物安全立法进一步的吸收和借鉴。但限于调整对象，除了与病原微生物相关的实验室管理的内容外，该《条例》未就转基因生物安全应急管理制度的其他方面作出规定。

15.4.5 小结

上述法律规定为我国转基因生物安全应急管理提供了重要的法律依据，但同时也存在多方面的问题。这些问题主要体现为两个方面。一方面，目前的任何一部行政法规或者行政规章均未就转基因生物安全应急管理制度作出全面的规定，使法律制度和管理制度缺乏完整性和系统性。另一方面，应急预案措施和应急处置措施的可操作性均有待提高。农业部于2005年发布了《农业转基因生物安全突发事件应急预案》（农办发〔2005〕8号），其内容较为具体，可操作性较强，可为进一步立法借鉴。

15.5 我国转基因生物安全应急管理制度的完善

基于对我国环境保护应急管理制度和目前转基因生物安全应急管理规定及其存在问题的分析，借鉴其他国家的成熟经验，建议在进一步生物安全立法中，从如下几个方面完善我国转基因生物安全应急管理制度。

15.5.1 应急预案措施

应急预案，是指针对可能发生的转基因生物安全事故，为保证迅速、有序、有效地采取应急处置措施、降低转基因生物安全事故造成或者可能造成的损失和损害，而预先制定行动方案。应急预案应当同时具有预防性、补救性和可执行性三方面特征。生物安全应急预案措施应至少包括如下三个方面的内容。

1）应急预案的制定主体

在生物安全法中，应急预案的制定主体是从事可能对转基因生物安全造成负面影响的活动的单位和个人。这些活动主要包括转基因生物体封闭研究、中间试验、环境释放、商品化和越境转移等。这些活动引发转基因生物安全事故的风险性较大，制定相应的应急预案是这些单位和个人从事此类活动的前提条件。

可见，此处的“应急预案”与有关部门制定的与转基因生物安全应急管理相关的应急预案不同，后者如《农业转基因生物安全突发事件应急预案》及各省市据此制定的相应的应急预案等，有时也被称为“应急计划”，是国家开展生物安全行政管理的必要步骤和途径。

2）应急预案的内容

为了确保可操作性，生物安全应急预案的内容应尽可能地明确和细化。借鉴《农业转基因生物安全突发事件应急预案》的相关规定，生物安全应急预案的内容可以包括如下几个方面：①总则，包括编制目的、编制依据、适用范围、工作原则等。②组织体系，包括决策机构、组织机构、执行机构、咨询机构等。③运行机制，包括监测与预警、应急处置、后期处置等。④应急保障，包括通信与信息保障、人力保障、财力保障、技术保障、监督检查等。⑤监督管理，包括监督管理措施、责任与奖惩等。⑥附则，可以包括名词术语、预案管理等。

3）应急预案的备案

备案是主管机关对应急预案进行监督管理的主要形式。①备案主体。备案和审查部门是环境保护行政主管部门；如果其他相关的法律法规有要求，还应同时向其他行政主管部门备案。②备案程序。预案内容不符合规定的，限期修改；连续两次修改后仍不符合规定的，不予备案。这一规定的目的是为了提高备案效率，同时督促预案制定主体认真对待预案的制定。③备案的效力。转基因生物安全应急预案未经备案，不得从事转基因生物体的封闭研究、中间试验、环境释放、商品化和越境转移等活动。

15.5.2 肇事者的应急义务

此处的“肇事者”，是指引起现实的或者可预见的转基因生物安全事故而根据法律规定和应急预案有义务采取应急措施的个人或者单位。肇事者的应急义务是应急管理制度的核心内容，其主要内容包括如下方面。

1）采取应急处置措施

转基因生物安全事故发生后，肇事者应当立即采取措施消除或者减轻对人体健康和生态环境造成的危害。其中，消除危害是应急措施的最终目的；在无法彻底消除危害的情况下，则应尽量“减轻”危害。消除或者减轻危害的措施应当在应急处理预案中明确。

从法律上讲，应对转基因生物安全事故的消除危害的方式包括停止侵害、消除危险、赔偿损失和恢复原状。停止侵害是要求肇事者立即停止从事危害人体健康和生态环境的行为。消除危险要求肇事者消除因其行为对其他单位和个人的合法人身利益、财产利益、生态利益带来的危险。此处的“危险”并非指实际造成的损害，而是指对其他单位和个人的合法利益造成损害的威胁。赔偿损失在本书前文已有专门阐释，在此不赘述。恢复原状是指将受到损害的其他单位和个人的合法人身利益、财产利益、生态利益恢复到或者基本上恢复到被侵害之前的状态。此处的“基本上恢复”主要是指生态环境因肇事者的行为而受到损害的情况下，可能无法完全恢复到被损害之前的原初状态，因而只能要求大致恢复原状。根据实际情况，这些消除危害的方式可以单独运用，也可以合并运用。当然，在转基因生物安全应急管理制度中，肇事者在采取应急处置措施阶段主要采用的方式大多为停止侵害和消除危险，赔偿损失和恢复原状的方式更多地适用于后期处置阶段。

应当注意的是，此处的“立即”，自肇事者得知或者应当得知事故发生之时起计算。

2）通报义务

转基因生物安全事故发生后，肇事者在立即采取应急处置措施的同时，还应以适当的方式，及时通报可能受到影响的各方（即利益相关方）。其中，通报方式应当以利益相关方在最短的时间内最充分地了解事故的事实、影响和危害为选择原则；利益相关方除包括已经或者可能受到直接损害的各方之外，还包括可能受到间接损失的其他单位和个人。通报的目的是使利益相关方及时获知相关情况，以便采取相应的措施，最大限度地减少其受到或者可能受到的负面影响。

3）报告义务

与“通报”不同，报告的对象是生物安全行政管理机关。发生转基因生物安全事故后，肇事者应当在采取措施并通报可能受到影响的各方同时，立即向所在地县级以上地方人民政府环境保护行政主管部门和其他有关部门报告事故的详细情况。报告的信息应当包括事故发生的时间、地点、起因或者可能的起因、已经影响或者预计将要影响的范围、可能造成的损失或者损害、目前正在采取的应急措施、拟进一步采取的应急处置措施、需要行政管理机关帮助的行动、需要特别说明的其他问题等。报告的目的是使主管机关获知相关情况，以便及时采取应对措施。

4）接受调查处理

肇事者向有关主管部门报告后，或者在其报告之前有关主管部门认为必要时，肇事者应积极配合有关主管部门就该事故进行调查和处理，而不应以任何理由阻碍有关部门的相关行动。接受调查处理是报告义务的法定结果，也是肇事者的应急义务与主管部门的应急义务之间的联结点。

在实践中，肇事者的这四方面应急义务应当同时承担。还应注意的是，肇事者的应急义务不仅来源于其制定的应急预案，同时还应当来源于相关法律法规。因此，肇事者不应以其应急预案未作规定而主张不采取法律规定的应急处置措施。

15.5.3 主管部门的应急义务

在转基因生物安全应急管理制度中，主管部门的应急义务包括如下四个方面。

1）报告义务

发生转基因生物安全事故后，事故发生地的县级以上地方人民政府环境保护行政主管部门和其他有关部门应当立即向本级人民政府和上一级人民政府有关行政主管部门报告。在此，主管部门的“报告”与“肇事者”的报告并不存在必然的时间上的先后关系。亦即，主管机关有义务在获悉发生转基因生物安全事故时依职权履行此项职责，而不应等到肇事者报告之后才采取此项行动。另外，主管部门也不必在对事故进行全面调查之后再作报告，而应当在获知事故发生之后“立即”报告已经掌握的情况；待得出调查结论后，再作进一步报告。

2）通告和通报义务

发生转基因生物安全事故后，环境保护主管部门应当通过适当的途径，及时向利益相关方告知发生事故的有关情况。在此，“适当的途径”可以选择广播、电视、报纸、网络甚至移动电话短信的方式。① 通告的目的在于最大限度地确保利益相关方的知情权。同时，有关人民政府或者主管部门还应将转基因生物安全事故相关情况通报给有关地方人民政府或者主管部门，以确保后者能够及时采取应急措施。

3）调查义务

发生转基因生物安全事故后，主管部门应当对事故进行调查。调查的内容包括事故发生的原因、事故涉及或者可能涉及的范围和发展趋势及其对人体健康、生态环境的影响或者经济系统的损害和损失、可能造成的进一步损害和损失、肇事者采取的应急处置措施的有效性、需要采取的进一步处置措施等。调查所得出的结论是主管部门向其上级机关报告内容的一部分，同时也是主动采取的应急措施的依据之一。

---

① 通过移动电话短信方式进行紧急事故通报在我国已有先例。例如，2006年1月2日凌晨，北京东三环路京广桥东南角辅路污水管线发生漏水事故，导致三环路南向北方向部分主辅路塌陷，致使污水灌入正在施工的地铁十号线区间段、周边部分居民撤离，道路断行。北京市交管部门于次日通过移动通信公司，就这一事故向移动电话用户进行了通知。

4）采取应急处置措施

发生转基因生物安全事故后，主管部门应评估和决定是否启动应急处置措施。应急处置措施的启动条件一般规定在主管部门制定的转基因生物安全应急预案（或者应急计划）之中。符合启动条件的，应当立即采取应急处置措施。根据需要，这些措施应当包括：立即封闭事故现场；对已产生不良影响的区域，暂时将区域内人员进行隔离并且/或者医疗监护；责令停止导致或者可能导致该事故的活动；其他必要措施。采取这些措施的主要目的是防止事故影响进一步扩大，并为事故的进一步处理提供便利条件。

15.5.4　应急保障措施

应急保障措施旨在保证转基因生物安全应急管理制度顺利实施，其内容主要包括通信与信息保障、人力保障、经费保障、技术保障、监督检查等方面，实施主体是转基因生物安全行政管理机关。在通信与信息保障方面，管理机关应建立转基因生物安全事故信息采集制度，并与有关部门保持密切联系，确保事故处理期间的信息畅通。在人力保障方面，应明确转基因生物安全监管机构和人员，加强人才培养，建立高素质的行政管理和专业技术队伍。在经费保障方面，转基因生物安全事故应急处理所需经费应列入财政预算。在技术保障方面，应成立转基因生物安全事故应急处理咨询机构，依托有关科研机构和监测检测机构，加强技术储备。在监督检查方面，应当对转基因生物安全应急预案进行监督检查，以保障应急处置措施的顺利实施。这些措施相互支持、相互配合，共同构成转基因生物安全应急保障支持体系。

15.5.5　后期处置措施

后期处置措施的实施主体也是转基因生物安全行政管理机关，其主要内容包括善后处理、追踪监测、调查总结等三个方面。

1）善后处理

转基因生物安全应急管理制度中的“善后处理”，是指在采取应急处置措施后，就转基因生物安全事故对人体健康、公私财产、生态环境和经济系统造成的不利影响继续进行处理，以稳定生产秩序、生活秩序和社会秩序，弥补各方面的损害。善后处理的方式除了“15.5.2 肇事者的应急义务”中所述的赔偿损失和恢复原状外，还可基于社会保障体系对受损害者依法给予救助、补偿或者补助。特别是转基因生物安全主管部门应当对生物安全事故造成的损害进行评估，及时制订计划，处理事故对社会经济系统造成的不利影响。

2）追踪监测

发生转基因生物安全事故后，主管部门应当对受到和可能受到事故影响的区域进行追踪监测；在影响消失之前，主管部门应当根据需要采取相应措施，以尽早消除该影响。在此，主管部门主要指相应级别的环境保护行政主管部门，也可以包括法律规定的其他行政主管部门。追踪检测对于督促肇事者采取应急和补救措施、促进事故不利影响的彻底消除、加强转基因生物安全管理，均具有重要作用。

3）调查总结

转基因生物安全事故处理结束后，事故发生地的转基因生物安全行政主管部门应当组织专家，对事故发生的原因、影响、责任等事项进行调查，并特别应当对事故处理经验、防范措施和改进建议进行研究，在此基础上提出书面报告。重大转基因生物安全事故的调查研究报告应上报国家转基因生物安全主管部门，一般转基因生物安全事故的调查研究报告应上报省级转基因生物安全主管部门。

15.5.6 应对无意越境转移的措施

转基因生物的无意越境转移显见性低，比有意越境转移更加不易管理，是威胁转基因生物安全的重要因素。转基因生物安全应急管理制度应对其给予充分的关注。与无意越境转移相关的规定可以包括两个方面。

一方面，如果事故影响限于国内，肇事者应在得知事故发生后，比照前述应急管理制度的相关规定，采取相应的应急措施。

另一方面，根据《卡塔赫纳生物安全议定书》的规定，如果可能对其他国家或者地区的环境、生物多样性和人体健康造成不利影响，还应当通过相应的渠道通知受到或者可能受到不利影响的国家或者地区和生物安全资料交换所，并协助这些国家和地区采取必要的措施，尽量减少重大的不利影响。①

15.5.7 法律责任

转基因生物安全应急管理制度下法律责任的承担原因主要包括两类：应急预案未经备案而从事相关活动，以及发生转基因生物安全事故后未采取有效措施；后一类责任依照责任承担主体的不同，又分为肇事者的法律责任和主管机关的法律责任。

1）应急预案未经备案而从事相关活动的责任

转基因生物安全应急预案未经备案而从事转基因生物体的封闭研究、中间试验、环境释放、商品化和越境转移等活动的，由省级以上人民政府环境保护行政主管部门或者其他依法行使生物安全监督管理权的部门责令停止违法行为，限期改正，并可处以罚款。

2）肇事者未采取有效应急措施的责任

在发生转基因生物安全事故后，如果肇事者未及时采取应急措施，从而造成环境污染和他人人身及财产损害，由省级以上人民政府环境保护行政主管部门责令停止违法行为，采取补救措施，并处罚款。如果造成重大转基因生物安全事故，导致人身伤亡或者公私财产重大损失，构成犯罪的，还应当追究刑事责任。

3）主管机关未采取有效应急措施的责任

环境保护行政主管部门和其他行政主管部门在得知发生事故或者接到事故报告后，如果没有及时采取应急处置措施、报告、通告、通报，因而加重环境污染和他人人身和财产损害，应当对直接主管人员给予行政处分。如果造成重大转基因生物安全事故，并且导致人身伤亡或者公私财产重大损失，构成犯罪的，还应追究刑事责任。

① 《卡塔赫纳生物安全议定书》第 17 条。

主要参考文献

曹明德. 2000. 环境侵权法. 北京：法律出版社
韩大元，莫于川. 2005. 应急法制论. 北京：法律出版社
刘金国，舒国滢. 1999. 法理学教科书. 北京：中国政法大学出版社
美国联邦反应计划. 2003. 中国地震局检测预报司译. 北京：地震出版社
王灿发，于文轩. 2006. 生物安全国际法导论. 北京：中国政法大学出版社
王曦. 2005. 国际环境法. 北京：法律出版社
于文轩，王灿发. 2005. 国外生物安全立法及对中国立法的思考. 科技与法律，4
于文轩. 2008. 生物安全法之正义价值探析——以罗尔斯正义理论为视角. 法商研究，2
于文轩. 2007. 论生物安全法的风险预防原则——从美国联邦地区法院的一则判例谈起. 见：李恒远，常纪文. 中国环境法治 2007 年卷. 北京：法律出版社
张硕惠. 1995. 美国 90 油污法对国家应急系统的修改和实施. 航海技术，5
张志颖. 2003. 美国海上溢油反应机制建立成功的经验和启示. 珠江水运，4
赵国青. 2000. 外国环境法选编. 北京：中国政法大学出版社

第16章　生物安全的公众教育与公众参与

1972年召开的斯德哥尔摩会议第一次聚集了全世界113个国家的代表，以及众多的国际组织和非政府组织的代表，共同协商全球环境问题，并在闭幕大会上通过了《人类环境宣言》。斯德哥尔摩宣言反映了各国政府对全球环境问题的承诺，带动了更多的具体国际环境协议和国家法律的制定，促进了环保组织体系的发展。《宣言》的第一条原则宣布：人类有权享有自由、平等和充足的生活条件，以及可以保证人类的尊严和幸福的良好环境的权利，同时，也担负着庄严的为子孙后代保护和改善环境的责任。

20年后，1992年在里约热内卢召开了联合国环境与发展大会，通过了《里约环境和发展宣言》。《里约宣言》在其第10条宣布：

> 环境问题最好是在全体相关市民的参与下，在有关级别上加以处理。在国家一级，每一个人都应适当地获得公共当局所持有的关于环境的资料，包括关于在其社区内的危险物质和活动的资料，并应有机会参与各项决策过程。各国应通过广泛提供资料来便利及鼓励公众的认识和参与。应让人人都能有效地使用司法和行政程序，包括补偿和补救程序。

宣言呼吁各国为获得信息、公众参与决策和诉诸法律提供条件，以促进环境保护问题上的基本人权，保护公众为实现人类的可持续发展机会拥有更好环境的利益。因此，环境保护成为人权的关键环节，并构成了在环境问题上公众参与和获得信息的基础。

16.1　国际环境法规的要求与做法

16.1.1　CBD及《生物安全议定书》的要求与做法

1. 《生物多样性公约》(CBD) 的要求

《生物多样性公约》在其13条要求：

> 缔约国应：
>
> (a) 促进和鼓励对保护生物多样性的重要性及所需要的措施的理解，并通过大众传播工具进行宣传和将这些题目列入教育课程；
>
> (b) 酌情与其他国家和国际组织合作制定关于保护和持续使用生物多样性的教育和公众认识方案。

2. 《生物安全议定书》的要求

《卡塔赫纳生物安全议定书》在其序言中要求各缔约方：意识到现代生物技术扩展迅速，公众亦日益关切此种技术可能会对生物多样性产生不利影响，同时还需顾及对人类健康构成的风险。

《议定书》专门将“公众意识和参与”列为第 23 条：

1）缔约方应

(a) 促进和便利开展关于安全转移、处理和使用改性活生物体的公众意识及教育活动和参与，同时顾及对人类健康构成的风险，以利于生物多样性的保护和可持续使用。各缔约方在开展此方面工作时应酌情与其他国家和国际机构开展合作；

(b) 力求确保公众意识和教育活动的内容包括使公众能够获得关于可能进口的、根据本议定书确定的改性活生物体的资料。

2）各缔约方应按照其各自的法律和规章，在关于改性活生物体的决策过程中征求公众的意见，并在不违反关于机密资料的第 21 条的情况下，向公众通报此种决定的结果。

3）每一缔约方应力求使公众知悉可通过何种方式公开获得生物安全信息交换所的信息和资料。

3.《生物安全议定书》缔约方会议的相关谈判

公众意识、教育与参与是有效实施议定书的关键因素，对于公众来说，只有了解和理解有关转基因生物及获取相关信息，才能做出选择和采取行动，也才能有效参与决策过程。同样地，在决策过程中公众的参与对于增加透明度和理解力、加强公众对决策的支持也是至关重要的。在此意义上，议定书第一次缔约方会议（MOP1）在其第 BS-I/12 号决定的《中期工作方案》中，要求第二次缔约方会议（MOP2）审议“酌情与其他国家和国际机构合作，推动和促进有关改性活生物体的安全运输、处理和使用同保护与可持续利用生物多样性的关系、并考虑到对人类健康的风险开展公众意识、教育和参与方面的选项（第 23 条 1（a）款）”。

议定书第二次缔约方会议（MOP2）通过的 BS-II/13 决定，提出一系列加强公众意识与参与的措施。例如：促请各缔约方和其他国家制定并实施有关转基因生物安全转运、处理和使用的公众意识、教育和参与（包括让公众获得资料）的国家方案；请 GEF、各捐助者、其他供资机构和有关国家机构为发展中国家有关公众意识、教育和参与项目和活动提供财政支持和其他资助；鼓励各缔约方和其他国家有效地利用媒体，促进有关改性活生物体安全转移、处理和使用的公众意识与教育；请各缔约方、其他国家和有关国际机构探讨并最大限度地利用各种合作机会，通过有关国内和国际文书提供的框架，特别是通过《在环境问题上获得信息、公众参与决策和诉诸法律的奥胡斯公约》提供的框架，促进关于改性活生物体的公众意识、教育和参与。并决定在第五次缔约方会议上审议并审查执行《议定书》第 23 条第 1（a）款取得的进展。

在议定书第四次缔约方会议（MOP4）上，基于履行第 23 条的现状和已取得的经验及教训，考虑一份中期报告，强调有必要对公众意识、教育和参与采取一种综合的且有重点的措施。在其 BS-IV/17 决定中，[1] 缔约方会议同意建立一个有关转基因生物安

① http://www.cbd.int/decisions/mop4/?m=MOP-04&id=11696&lg=0

全转运、处置和使用的公众意识、教育和参与的工作计划，并邀请国家政府和有关国际组织提交对此意向的观点。并要求公约执行秘书考虑提交的观点，准备一份工作计划草案，提交第五次缔约方会议考虑。MOP4 还欢迎“生物安全议定书新的宣传战略”，要求执行秘书促进其战略的执行，并将其进展报告给第六次缔约方会议。[①]

16.1.2 《奥胡斯公约》的主要内容

和《斯德哥尔摩宣言》一样，《里约宣言》并不具备法律的约束力。在公众参与问题上，过去一直没有形成任何有法律约束力的国际文件，直到 1998 年在丹麦奥胡斯举办的“欧洲环境进程大会”上达成《在环境问题上获得信息、公众参与决策和诉诸法律的奥胡斯公约》(简称《奥胡斯公约》)。《奥胡斯公约》是国际社会为信守其通过提高公众意识、加强公众参与和诉诸法律以保护环境、促进人类发展的承诺而作出的重要的且具体的一步。《奥胡斯公约》已于 2001 年 10 月 30 日进入实施阶段。缔约方主要是欧洲国家，亚洲国家尚没有加入该公约。

1)《公约》的目标

总目标：为促进保护今世后代人人得以在适合其健康和福祉的环境中生活的权利，每个缔约方应按照本公约的规定，保障在环境问题上公众获得信息、参与决策和诉诸法律的权力。

《公约》总则规定：每个缔约方应力求确保各级官员，在环境问题上协助和指导公众设法获取信息、促进参与决策和诉诸法律。

每个缔约方应在公众中促进环境教育和提高环境意识，特别是帮助公众了解如何在环境问题上获取信息、参与决策和诉诸法律。

每个缔约方应准备对倡导环境保护的协会、组织或团体给予适当的承认和支持，并确保国家法律制度符合这项义务。

2) 获取环境信息

《公约》中所指环境信息是指以任何书面形式、影像形式、音响形式、电子形式、或任何物质形式存在的：

(a) 各种环境要素的状况，诸如空气和大气层、水、土壤、土地、地形、地貌和自然景观、生物多样性及其组成部分，包括基因改变的有机体，以及这些要素的相互作用。

(b) 正在影响或可能影响以上 (a) 项范围内环境要素的各种因素，诸如物质、能源、噪声和辐射，及包括行政措施、环境协定、政策、立法、计划和方案在内的各种活动或措施，以及环境决策中所使用的成本效益分析和其他经济分析及假设。

(c) 正在或可能受环境要素状况影响，或通过这些要素受以上 (b) 项所指因素、活动或措施的人类健康和安全状况、人类生活条件、文化遗址或建筑结构。

3) 公众参与决策

对于可能对环境造成重大影响的拟议活动，缔约方在一项环境决策程序的初期，应

---

① http://www.cbd.int/biosafety/issues/others.shtml

充分及时和有效地酌情以公告或个别通知的方式向所涉公众告知各种信息，尤其是：

(a) 说明拟议的活动以及有待决定的申请；

(b) 说明可能作出的决定或决议草案的性质；

(c) 说明负责作出这种决定的公共当局；

(d) 说明所设想的程序，并且在能够提供的情况下包括：①说明程序的启动；②说明公众参与的机会；③说明准备举行公开听证会的时间和地点；④说明可以向哪个公共当局索取有关信息并说明存放有关信息供公众查阅的地点；⑤说明可以向哪个公共当局或任何其他官方机构提交意见或问题，以及说明转达意见或问题的时间安排；⑥说明该活动要按国家或跨界环境影响评估程序办理。

4) 诉诸法律

每个缔约方应在国家立法的框架内确保任何人，凡认为自己按照第四条所索取信息的请求被忽视、部分或全部被不当驳回、未得到充分答复或未得到该条所规定的处理，都能够得到法庭或依法设立的另一独立公正机构的复审。最终裁决对持有信息的公共当局具有约束力。

16.1.3　西方一些国家的做法

1) 环境权理论

所谓环境权，主要指人类享有的在健康、舒适的环境中生存的权利。这项权利已被一些国家的宪法确立为一项人的基本权利，但在理论上尚存争议。

2) 公众参与的方式

在西方国家，公众参与环境保护（包括转基因生物的安全管理）的方式很多，从简单的说明会到复杂的咨询委员会、专家审查会、听证会等都可用来与公众进行交流并汇集各方面的意见。常见的有：公告、非正式小型聚会、一般公开说明会、社区组织说明会、咨询委员会、公众审查委员会、听证会、发行手册简讯、邮寄名单、小组研究、民意调查、全民表决、设立公共通信站、记者会、发函征求意见等，还要求回答公众提问并召开座谈会等。

3) 公众参与的具体权利与行使方式

西方国家一般认为，公众在参与环境决策的过程中主要享有三种权利：第一是被告知相关信息的权利（知情权）；第二是咨询相关意见的权利（参与权）；第三是公众意见被慎重考虑的权利（请求补偿权）。

16.1.4　国际非政府组织对公众参与的推动作用

生物安全议题今天能够引起全世界的广泛关注，非政府组织起了很大作用。早在《生物多样性公约》的谈判期间，就有许多国际非政府组织介入了《公约》的起草与谈判，并且对起草和谈判过程发挥了影响。TWN（第三世界网络）10 多年来一直跟踪《生物多样性公约》的谈判，并促进了《生物安全议定书》的起草。此外，TWN 长期以来关注生物安全信息，并建立了沟通第三世界国家生物安全的信息网络。

国际绿色和平组织则是另一个有影响的从事生物安全运动的非政府组织，和 TWN 一样，国际绿色和平也一起参与了《生物多样性公约》和《生物安全议定书》的起草与谈判。过去几年中，绿色和平在许多国家（包括中国）也开展了许多生物安全的活动，包括出版宣传材料，开展消费者教育，揭露生物技术跨国公司违法行为，并开展了有关转基因棉花、转基因大豆和转基因水稻等的研究工作或研讨活动。

16.2 转基因生物安全公众意识现状

16.2.1 国外消费者对转基因生物的态度分析

1）欧盟消费者的态度分析

欧洲是反对转基因食品声音最大的地方，了解欧洲的消费者态度，对于了解反对转基因食品的公众意见是最好的方法。在欧洲进行的对于转基因食品的调查多如牛毛，这里选取的是最具有代表性也是最权威的调查报告，以此为例说明欧洲对于转基因食品的态度。

该报告是欧盟民意调查处（Eurobarometer）对生物技术和生命科学进行系列调查的五次调查。此系列调查已分别于 1991 年、1993 年、1996 年、1999 年和 2002 年进行。2002 年的调查是基于一个由 16 500 个受访者组成的代表性样本上，每个欧盟成员国家中约有 1000 个受访者。

调查显示，大多数欧洲人不支持转基因食品。转基因食品被认为对社会毫无益处而且还有很大的风险。只有在西班牙、葡萄牙、爱尔兰和芬兰四个国家中转基因食品得到了大力的支持。

除了瑞典和奥地利，所有的欧洲国家对转基因食品的支持率在 1996～1999 年间都有了明显的下降。1999 年后，除了德国和芬兰以及意大利保持恒定，法国和荷兰则是进一步的下降外，大多数国家对转基因食品的支持率都有所回升。

在调查中发现，购买转基因食品最有说服力的原因是由于其含有相对较少的农药残留而且十分环保，而这样的食品对人类的健康很有利。并且让人惊奇的是在问卷中提到的所有的这些因素里，价格很显然的是最不引人注意的一个因素。然而，有时人们所说的和所做的却恰恰相反，在这里人们更多的是从市民的角度而不是从消费者的角度出发的（表 16.1）。

表 16.1 2002 年对部分生物技术应用的支持和反对水平

国家	转基因农作物	转基因食品
西班牙	++	+
葡萄牙	+	+
爱尔兰	+	+
比利时	+	−
瑞典	−	−
丹麦	−	−

续表

国　家	转基因农作物	转基因食品
英国	+	−
芬兰	+	+
卢森堡	−	−−
德国	+	−
意大利	−	−
荷兰	+	−
法国	−	−−
希腊	−	−−
奥地利	−	−

注：++强支持；+弱支持；−弱反对；−−强反对。

总体来看，欧洲对于转基因食品的态度在短时期内不会有大的变化，应该保持对于转基因食品的排斥态度，并逐渐趋于缓和。长期来看，如果没有发生确凿的食品安全事件，可以预期欧洲对于转基因食品的寒冰会逐渐溶解，最后达成妥协，以转基因标识来区别对待转基因食品，而不是对于一切转基因生物都采取“临时禁令”。

2）美国的消费者态度调查

美国的民意调查也非常多，而且比较正规，这里分析的是美国的食品政策研究所的一次调查结果。食品政策研究所（Food Policy Institute）① 使用了计算机辅助电话调查（computer assisted telephone interviews，CATI）系统，对 1203 个美国常住居民的样本进行了公众意见电话调查，这个调查在 2001 年的 3～4 月间进行。调查结果表明，公众对于转基因食品的知识匮乏，其实美国人并不知道他们吃的是什么。

数据显示美国人对于转基因毫不重视。然而，他们对于转基因植物比对于转基因动物给予了更多的支持。超过一半的美国人（58%）赞成通过转基因方法创造杂交植物，但只有 1/4 多一点的美国人（28%）赞成动物的转基因。1/5 的受访者（22%）相信通过转基因方法创造杂交植物有道德缺陷，有超过一半的受访者（55%）认为转基因动物在道德上比转基因植物更难以接受。

总体上说，在美国的调查中，和欧盟区别最大的就是，美国人对于转基因食品问题毫不经心，常常是不置可否的。大多数的科学和技术问题测试也在 1999 年调查过欧盟的消费者。比较的结果显示，美国人比欧洲人知道更多的基础科学事实。但美国人认为自己知道的比自己真正知道的要多很多。如果说美国人对于转基因食品的安全信心来自他们对情况的不理解，也不为过。

很可能的情况是，无论是美国人还是欧洲人，他们所做的判断都不是简单的个人抉择，而是他们所处的社会环境影响导致的。例如，美国人由于经常看到转基因方面的广告、信息和产品，所以已经潜移默化地认同了转基因食品。而欧洲人由于环境普遍对于转基因食品持有怀疑态度，所以个人也常常随波逐流，在没有足够的知识和信息下，反对转基因食品。

---

① http://www.foodpolicyinstitute.org/docs/reports

总体上来说，美国已经深深陷入了转基因食品的浪潮，而且，公众普遍对转基因食品已经初步地默认了。至于90%的美国人要求的标识制度，并不意味着如果美国不强制标识，这些美国人会有任何行动。因为如果当一个人不需要付出任何成本时，他的言论常常只是代表一种意向，而不是一个决定，比如，他决定只购买肯定不含有转基因的食品。

3）澳大利亚人对转基因食品的态度

美国和欧洲是在转基因方面意见相左的两个地区，还有一系列国家的消费者态度也值得关注。比如作为五大洲之一的澳大利亚。

澳大利亚市场调查局的Taylor Nelson Sofre于2002年4月5～7日对澳大利亚全国的抽样人口进行了电话采访，调查他们对转基因食品的态度。这次民意测验共对1001名年龄在16岁以上的人进行了调查，他们来自澳大利亚全国各州的首府城市和其他地区。被调查者是根据澳大利亚最新的人口统计数据，按照各州人口数量及其分布按比例抽样而确定的。

“如果你已经知道一种产品含有由转基因植物或动物制造的成分，你会购买这种产品吗?”对于这一问题，有68%的被调查者表示不太可能购买或不购买；23%的人表示可能购买；2%的人表示很可能购买；7%的人表示不知道是否购买。

“如果你已经知道一种产品含有由食用转基因饲料的动物生产出的蛋、奶或肉的成分，你会购买这种产品吗?”对于这一问题，有61%的被调查者表示不太可能购买或不购买；32%的人表示可能购买；2%的人表示很可能购买；4%的人表示不知道是否购买；1%的人未作回答。

在本次民意调查中，绝大多数被调查者支持对转基因食品进行标识。有96%的被调查者认为应该对含有转基因成分的食品进行标识，只有3%的被调查者认为不应该对其进行标识，另有1%的被调查者未作明确回答。对于在饭店、咖啡店或类似的食品店销售的转基因食品，有85%的被调查者认为应该对其加以标识，13%的人认为不应该标识，另有2%的未作明确回答。而对于由食用转基因饲料的动物生产的蛋、奶或肉等食品，以及由转基因作物加工而来的精加工食品，如食用油，有92%的被调查者支持对其进行标识，有7%的人认为不应该标识，另有1%的人未作明确回答。

16.2.2 中国消费者的态度

中国对于转基因食品消费者的态度调查比较少，这里选取复旦大学在其校园内的一次调查、广州中山大学对于广州市民的一次调查、中国人民大学等对北京消费者的调查以及中央民族大学对中小城市消费者意识的调查作为我们分析的对象。

1）上海“转基因产品公众认知度的调查”

由上海复旦大学生物多样性科学研究所的吴晓雯、徐贤、吴琼、陆建忠、卢宝荣等人在复旦大学范围组织了一次以本科学生为主有关转基因产品的民意调查，在一定程度上反映了我国高校学生对“转基因产品”的认知程度。

对转基因食品的了解程度分成三等，总体来说，58%的同学知道转基因食品，40%听说过，另外有2%完全不知道。如果分科进行统计，理科同学对转基因食品的了解程度相对于文科同学较高。

对于转基因食品，公众所关心的问题有很多方面，但是大家对健康问题的关心明显高于对其他问题的关注，在调研的 466 个人中，396 个人都选择了健康问题，选择“其他”选项的同学中大部分提到的还是和健康相关的问题。另外有人提到“伦理道德问题”。

事实上，公众对转基因产品的态度（取舍）在很大程度上决定了该食品是否能够被广泛地推广利用和是否具有商品化生产的潜力。本次调研的对象主要是复旦大学的本科生，他们的认知程度高于总体大众的水平，然而他们对转基因技术以及转基因产品仍然知之甚少，以至于对该问题少有关注。

2）广州的消费者态度调查

对 1000 名广州消费者问卷调查，并对所获数据进行统计分析，广州消费者对转基因食品的态度简单分析如下：从受访者的回答看，广州消费者对转基因食品的了解相当有限。首先，近 1/3 的人从未听说过转基因食品。其次，当问及关于转基因食品的事实和对转基因食品的态度时，相当多的人回答“不知道/很难讲”。例如，约一半（48.9%）的受访者表示对于有转基因成分的食品，他们“不知道”自己是否会吃。这个比例高于明确表示“会”和“不会”的受访者之和（48%）。与此类似，42%的消费者在回答“是否支持转基因食品”时表示“不知道/很难讲”；64.5%的人表示不清楚超市里有没有含转基因成分的食品。均超过或接近明确回答是和否的人数之和。这些数据表明，广州消费者对转基因食品还相当不了解。

人们普遍看重对转基因食品的知情权，并且普遍支持转基因食品的标签制度。在缺乏关于转基因食品的信息，对转基因食品不了解的情况下，消费者几乎一致支持对转基因食品的知情权，并支持建立转基因食品的标识制度。

调查发现，大多数的广州消费者在有选择权的情况下，会选择非转基因食品。同样的食品，在不考虑价格因素的情况下，56%左右的人表示会选择非转基因食品，只有 11%左右的人选择转基因食品，还有 30%左右的受访者回答“不知道/很难讲”。

我们看到，这里的群体差别往往由性别和年龄等自然因素引起的，而不是由收入、教育等社会因素产生的。这在一定程度上说明，现有的对非转基因食品的偏好更多地受消费者自发的风险规避（risk-aversion）意识的影响。中老年人和女性对于风险的规避意识往往高于年轻人和男性，所以表现出对转基因食品更多的回避意识。这提示我们在今后进行转基因食品风险的教育中，应当更加有意识地关注这些群体，并采取有针对性的沟通策略，以取得更好的效果。

3）北京消费者态度调查

中国人民大学王玉清博士等于 2004 年 8～9 月在北京消费者进行了转基因食品意识和态度调查。调查对象为超市各类消费者人群，调查方式为超市内现场面访，并对消费者进行了性别、民族、文化程度、职业和年龄等组合处理。调查总样本数为 1000 个消费者。

当被访者问及对转基因生物和产品的了解程度时，有 15.5%的人完全不了解转基因生物及产品，不太了解的占 49.4%，两者达 64.9%；一般了解的有 32.8%；非常了解的只有 2.3％，属极少数。在非常了解的受访者中以教育程度高者为多数，由此可以推知市场总体对转基因生物和产品的了解程度会更低。

在对转基因产品标识的了解程度及态度方面，有 45.3％的受访者不知道我国已对转基因产品实行标识制度，另有 42.6％的受访者虽然知道有标识，但不能够辨别市场上转基因产品的标志，只有 12.1％的受访者既知道标识制度，也能辨别。进一步分析得知，能够辨别的主要是大学及以上文化程度的消费者。

调查结果还表明，有 96.9％的受访者要求对转基因生物及其产品实行标识。其中 48.1％的消费者要求有醒目的标识（这表明对目前的标识现状不满意）；有 25.9％的受访者要求对同一类食品的转基因产品和非转基因产品同时标识，从而使消费者更易于选择。然而，只有 3.1％的受访者表示不需要标识，而这些人主要是仅有小学文化程度的消费者。

在消费倾向方面，有 55.7％的受访者选择传统食品；只有 8.3％的受访者选择转基因食品；另有 36％的受访者表示无所谓。其中，文化程度较低者更倾向于消费传统食品，25 岁以下年轻人有 46％表示无所谓，说明文化程度偏低者和年长者趋于保守，而年轻人和教育程度较高者易于接受新事物。

4）北京消费者态度的再调查

继 2004 年北京市场调查三年之后，2007 年秋再次对北京市相同的 12 个超市的 1000 名消费者进行了现场问卷调查。调查显示仍有半数以上受访消费者对转基因生物和产品不太了解或不了解，非常了解的仅有 2.18％。但与 2004 年相比，北京市消费者对转基因问题的了解程度有了一定的提高。

在标识方面，有 47.36％的受访者完全不知道中国已对转基因产品实行标识，另有 46.19％的受访者虽然知道有标识，但不能够辨别市场现有的转基因产品标识，与 2004 年调查结果相似，表明 3 年来消费者对转基因食品的标识认知水平没有提高。

调查还发现，61.67％的消费者信任传统食品，9.46％的受访者信任转基因食品，28.87％的受访者表示无所谓，但是，后两者合计比 2004 年增加了 7％。在消费倾向的调查中，倾向消费转基因食品的消费者比 2004 年增加了一倍。

这些结果都表明，随着时间的推移和人们对生物技术和转基因生物的逐渐了解，消费者的恐惧心理有了一定解除，这使北京市场对转基因食品的接受程度已经明显上升，尤其是年轻消费者更易接受。但是，接受程度上升的幅度较小，说明消费者的态度转变需要足够的时间。

5）中小城市消费者意识调查

过去针对消费者对转基因生物及食品的意识调查都选择在大城市，而对中国中小城市人群的意识和消费态度极少了解。为此，中央民族大学生命与环境学院学生使用在北京超市对消费者调查的问卷，对云南和辽宁两省的中小城市进行调查。中型城市选定为辽宁省鞍山市（85 万人）和云南省楚雄彝族自治州楚雄市（50 万人）；小型城市选择为辽宁省鞍山市岫岩满族自治县岫岩镇（13 万人）和云南省楚雄彝族自治州大姚县县城金碧镇（6 万人）。

从总体上看，中小城市仅有 2％的消费者非常了解转基因食品，近 1/3 的消费者对转基因食品完全不了解，不太了解的占 43%，合计共有 75%的消费者对转基因食品了解甚少。由此可见，中小城市消费者对于转基因食品的认知程度较不高，并且，转基因的认知程度与受教育程度在一定程度上呈正相关。

6) 小结

总体上概括，上海、广州和北京是中国内地经济最发达的地区，信息丰富，知识层次也较高，所以上述调查结果不能代表中国消费者对于转基因食品的全面态度，只能代表各个取样群体的可能态度。云南和辽宁的中小城市消费者的安全意识水平也远高于广大农村的农民。笔者于 2005 年对长江流域棉区的江苏和安徽省、黄河流域的山东和河北省（每省区各 200 户），以及新疆棉区的 1000 户种植转基因棉花的农民进行的面访结果表明，多数农民只知道种的是抗虫棉，但 90%的农民不知道是转基因棉花，而知道转基因原理的农民更是屈指可数。

可以简单预测，中国 13 多亿人口中，有足够知识与信息来判断和选择转基因食品安全问题的人很可能低于 5%，对于部分群体，想说明什么是转基因都很难，那么，转基因食品安全问题就更难于表述了。在那些我们可以有效取样的人群里，对于转基因食品的态度也常常折射出个人的复杂情况，甚至与提问方式紧密相关。因为在没有人询问转基因食品问题时，很少有人主动关注并且严肃地思考转基因食品安全问题。

调查结果已表明中国消费者对转基因食品知之甚少，对转基因食品的安全意识也十分有限。在此情况下，公众的知情权和选择权尤其重要。《生物安全议定书》强调公众参与生物安全管理，而公众参与的重要标志也主要体现在他们对其食品的知情权和选择权。因此，政府相关主管部门应该提高转基因生物相关信息的透明度和安全管理的公众可参与性。

16.3　国内相关法规和政策及公众参与要求

16.3.1　国家生物安全和可持续发展政策要求

1993 年发布的《中国 21 世纪议程》指出："公众和社会团体的支持和参与对于可持续发展至关重要，他们的参与形式和参与程度决定了实现可持续发展目标的步伐，……制定可持续发展的公众参与政策和实施计划很有必要。需要可持续发展的新机制，不仅有必要使公众参与到环境和发展有关的决策中，特别是那些可能对他们的生活和工作社区产生直接影响的领域，而且有必要对这些政策的实施予以监督。"

1999 年，由国家环保总局、农业部、科技部、教育部、国家林业局、中国科学院和国家药品监督管理局共同发布的《中国国家生物安全框架》，在其"国家生物安全管理政策体系框架"中特别提出建立生物安全管理的"公众参与制度"。指出："中国将建立适当机制使公众能够参与生物安全管理，即鼓励公众参与环境影响评价过程和获取有关现代生物技术与生物安全的信息。对于转基因生物的环境释放，有必要事先将相关情况告知当地居民和当地社会团体。"

近年来，有关公众环境信息权和鼓励公众参与的政策见于多个文件，遍及包括环境保护等多个行业部门，甚至党的宣传机构。2007年初，国家环保总局、中共中央宣传部、教育部联合下发《关于做好“十一五”时期环境宣传教育工作的意见》（以下简称《意见》），① 全面部署“十一五”期间的环境宣教工作。《意见》指出，要加强环境信息公开，保障公众的环境知情权、监督权；同时还要建立健全环境保护公众参与机制。

《意见》指出，到2010年，环境宣传教育的总体目标是：环境新闻宣传影响力不断扩大，舆论引导更加有力，环境文化产品更加丰富，环境宣传活动更加活跃，环境教育培训更有成效，公众环境意识显著提高，环境宣传教育创新能力和整体实力明显增强，形成一支规模较大、素质较高的环境宣传教育队伍，与构建社会主义和谐社会、建设环境友好型社会的形势及要求相适应。

《意见》指出，要着力抓好面向公众的环境宣传教育。加强环境信息公开，保障公众的环境知情权、监督权；加强环境教育，深入开展不同类型的全民环境教育试点工作；设立统一的宣传主题，筹划创意新、影响大、效果好的环境宣传活动；建立健全环境保护公众参与机制，积极引导、规范环保志愿者、环保民间组织有序开展环境宣传教育、环境维权、参与环保行动；加强重要宣传活动的统筹，树立精品意识，打造宣教品牌，推出一批优秀的环境科学、环境教育、环境科普以及环境专题影视片等环境科学、文化、艺术精品。

16.3.2　中国环境保护相关法规对公众参与的要求

中国的环境保护和资源管理法规一般在总则中原则性地写上：对环境和资源保护做出显著成绩的单位和个人，由人民政府给予奖励。或者写上：任何单位和个人都有保护环境和资源的义务，对违反国家法律法规的行为有检举、揭发的权利。但是这是原则性的条款，只能是宣示作用，并没有真正明确公众参与的具体权利，更没有形成公众参与的机制。

然而，环境问题涉及千家万户和每个公民，尤其是当事的普通百姓，需要广泛听取公众意见，特别是当事人民群众的意见。这是国际环境保护法规的基本原则。2003年9月1日起施行的《中华人民共和国环境影响评价法》在公众参与方面已有突破，该法律基本上明确了公众对专项规划环境影响评价的参与机制。例如，《环境评价法》明确规定：

第5条：国家鼓励有关单位、专家和公众以适当方式参与环境影响评价。

第11条：专项规划的编制机关对可能造成不良环境影响并直接涉及公众环境权益的规划，应当在该规划草案报送审批前，举行论证会、听证会，或者采取其他形式，征求有关单位、专家和公众对环境影响报告书草案的意见。但是，国家规定需要保密的情形除外。

编制机关应当认真考虑有关单位、专家和公众对环境影响报告书草案的意见，并应当在报送审查的环境影响报告书中附具对意见采纳或者不采纳的说明。

第21条：除国家规定需要保密的情形外，对环境可能造成重大影响、应当编制环境影响报告书的建设项目，建设单位应当在报批建设项目环境影响报

---

① http://www.sina.com.cn 2007年01月06日 14:43 中国新闻网。

告书前，举行论证会、听证会，或者采取其他形式，征求有关单位、专家和公众的意见。

建设单位报批的环境影响报告书应当附具对有关单位、专家和公众的意见采纳或者不采纳的说明。

以上第 11 条，是针对政府在制定规划时要采取多种形式征求单位、专家和公众的意见，这些规划主要指政府相关部门组织编制的土地利用的有关规划，区域、流域、海域的建设、开发利用规划等，按照《环境影响评价法》的要求，这些规划在编制过程中需要组织进行环境影响评价，而环境影响评价过程需要征求公众意见。第 21 条则要求，在建设项目环境影响评价过程中要采取多种形式征求公众意见。

一般认为，公众的概念很广泛，除了开发单位及审查环境影响评价的机构外，还应当包括居民、团体、地方政府、其他相关机构、学者专家等。转基因生物的环境释放与商业化生产也需要经过环境影响和风险评估，《环境影响评价法》的公众参与机制对转基因生物环境安全管理具有参考意义。

16.3.3　中国生物安全相关法规缺少公众参与要求

在 2001 年国务院发布的《农业转基因生物安全管理条例》中，没有涉及公众参与转基因生物安全的条款，在随后农业部于 2002 年初发布的三个配套管理办法，即《农业转基因生物安全评价管理办法》、《农业转基因生物进口安全管理办法》和《农业转基因生物标识管理办法》，也没有涉及公众参与的问题。这可能是一个遗憾，因为就我国一般的环境和资源保护法规而言，鼓励公众参与管理和监督的条款在总则中出现是很普遍的事，国际环境法规也是如此，如《生物多样性公约》和《生物安全议定书》都有鼓励公众的条款。而农业转基因生物安全的法规却没有提及，不知是疏忽还是有意这样安排的。

法规起草者可能认为，转基因生物安全专业性太强，一般公众专业水平太低，难以达到参与的水平。但是情况不是这样，第一是公众中包括各类专家，许多人对转基因生物安全比较关注，并有研究，他们的参与不能忽略；第二是转基因生物产品与人类健康关系密切，公众应该积极参与其管理过程。

16.4　中国生物安全公众参与的障碍与需求

16.4.1　中国生物安全公众参与的障碍

在现有的农业转基因生物管理法规中之所以没有鼓励公众参与的条款，主要原因是生物安全政策制定者基于一些认定，这些认定可划分为三类：第一种是认为公众不太感兴趣；第二是认为这类问题太复杂，专业性太强，公众参与的能力不够；第三是认为由于公众参与能力不够，公众的意见可能引导不实际的和混乱的决策。

1）公众感兴趣，但缺少知识引导

然而事实上并非如此，中国公众对转基因生物的环境安全问题特别是转基因食品的健康问题表现出极大的兴趣。在互联网上的热烈程度就足以说明转基因问题是公众和媒体关注的热点。最近一两年，网上经常出现转基因问题的相关报道，并引起广泛讨论，例如，当新浪网上出现转基因问题的报道后，网上成千上万的公众参与讨论，跟帖发表自己的看法；当一些互联网组织转基因问题调查时，数十万公众参与答卷调查，大多数公众表达了对转基因食品的不信任。

目前，大部分公众对转基因生物及产品普遍不信任，甚至有恐惧感；而另一部分公众对转基因生物根本没有安全意识。形成这些结果的主要原因是许多普通公众缺乏生物技术的基本知识，对转基因生物的本质不了解，要不就有恐慌心理，采取拒绝态度；要不就听之任之，麻木不仁。需要政府的宣传教育和知识引导。

2）政府主导的专家决策过程，缺少公众参与

目前的转基因生物环境释放和商业化生产的决定基本上是政府主导的专家决策，即通过生物安全专家委员会的讨论和投票。但是生物安全委员会组成人员是有限的，虽然有 58 人，但实际上参与讨论的常常只有 10 多人。委员会的组成主要是从事转基因生物研究的权威人士，所有的成员来自几个相关部门或研究机构，目前尚无成员来自民间社会团体或消费者代表。委员会中生物技术专家远远多于生态学家和其他学科的专家，农业部最后形成的决定也未必征求相关部门的意见，而这个征询过程中，相关部门实际上在一定程度上代表了公众。另外，委员会讨论的结果以及行政主管部门的决策结果是不公开的，透明度差，这样的过程同样缺少了公众参与。

3）缺少官方信息渠道，由非政府组织主导媒体

再一个原因是公众不能从官方渠道得到相关信息，目前有关转基因生物及转基因食品的消息多来自非政府环保组织和媒体的报道，媒体的消息主要来自非政府组织，而不是官方，亦有可能出现信息的偏差。

由于信息不公开，没有正常的信息获取途径，一些非政府环保组织（如绿色和平）就使用各种手段，收集信息和情报，他们通过互联网查询、专家咨询、实地调查、采样和实验室检验等，获得大量资料，然后通过媒体公布，披露转基因生物研究科学家背后的商业利益黑幕，并揭露一些地方非法种植转基因水稻的事实，国内外媒体的大量报道在国际国内产生很大影响，不仅给农业部门的生物安全管理造成很大压力，也对中国这个负责任大国的国际形象产生负面影响。

4）公众无法律诉诸渠道

此外，在法律诉讼方面也没有能体现公众的权利，国家要求对农业转基因生物及其产品实行标识，虽然经过几年时间的实践已在一些大城市实施标识，但尚有许多不标识的情况，当消费者购买了未经标识的转基因产品，却不能与生产者和销售者打官司，不能得到赔偿或补救。特别是一旦发生环境损害或健康危害的情况，公众如何诉诸法律是一个问题。

16.4.2　中国生物安全公众参与的需求

1）实行公众参与制度是国家应遵守国际义务

公众参与是联合国《生物多样性公约》和《生物安全议定书》所要求的一项重要义

务，这说明公众参与不是可有可无的，实行公众参与制度是国家对于其加入国际公约的履约行为，是国家承诺的国际义务。而国际公约所要求的，并不是缔约国所要达成的最高标准，而是缔约国必须达成的最低标准。

《公约》第 13 条要求各缔约国与国际组织合作制定生物多样性教育与公众认识方案，而国际组织包括了联合国机构、政府间组织和非政府组织，其中的非政府组织不仅力量大，而且非常活跃。与国际非政府组织合作进行公众教育和公众参与方面的合作也是履行国际公约义务。《生物安全议定书》要求确保公众意识和教育；参与生物安全决策过程；力求使公众知悉以何种方式获取生物安全信息和资料。

中国是《生物多样性公约》的缔约方，也是《生物安全议定书》的缔约方，中国关于转基因生物安全管理的国家立法内容应充分体现国际法的要求。中国是负责任的大国，对于已承诺的国际义务也应认真履行。

2）公众参与有助于政府法规决策的实施

公众参与意味着一定的公民、法人和其他团体、组织通过一定的程序和途径参与生物安全管理事业，使得国家的相关法规和政策能够得到更好的执行。

通过公众参与，提高公众对转基因生物及其安全性的认识，加强转基因生物管理者与当地居民的信息交流，从而获得公众对转基因工作的理解和支持。当地居民对本地环境条件和有关情况较熟悉，因而他们可以提供有利于转基因生物风险评估和管理的重要信息。

建立公众参与机制，可发挥社会团体的作用，促进公众对转基因生物的了解，鼓励公众关注转基因生物的健康风险，检举和揭发各种破坏生物安全的行为。对于转基因食品的消费者，他们的广泛参与和市场监督可以大力促进转基因生物及其产品标识制度的实施；在转基因生物环境释放的地区，通过当地居民的参与，可以对转基因生物的释放试验和商业化生产的风险管理措施进行监督，当地居民还可以参与其环境影响评估，他们可以及时发现和汇报转基因生物的环境影响和危害，从而减少转基因生物的潜在风险可能带来的损失。

公众参与生物安全管理可以提高管理、决策效率和公众对管理、决策活动的认同。通过适当的公众参与，可以及早发现问题，弄清问题的深度与广度，并能掌握当地问题的要害点，以及早寻求解决办法，避免在已经做出决策后才发现问题，陷入进退两难的境地，白白地浪费资源。同时这也有利于公众对决策、项目的及早了解，以得到公众的理解和支持。

生物安全关系到公众的安全与健康，因此公众就有权利过问生物安全事务的权利。政府应当征询他们的意见。公众参与生物安全管理是贯彻生物资源民主原则的要求。

16.4.3　非政府环保组织的作用

非政府组织是公众自愿自发集结成的团体，具有广泛的群众基础。由于非政府组织的经费来源多数是通过民间募捐，他们没有商业目的，是非营利性，与商业公司追求利润的目的相比，非政府组织更能够取得公众的信任和支持。所以一般认为，多数非政府组织代表的是公众的利益和环境保护的利益。特别是一些在国际上有信誉的非政府组织，常常是公众心目中的旗帜，由于他们具有广泛的群众基础，常常能够起到稳定社会、避免恐慌的作用。

非政府组织可以有组织地集中和反映民意，并有能力开展表达其民意的活动。由于公众意见比较分散，很难集中反映，非政府组织来自民间，与公众关系密切，而公众也往往信赖推崇非政府组织代表他们讲话，为他们谋取合法权益。非政府组织亦有许多国际和国内的渠道，可采取多种形式向政府各相关部门充分反映民间的意愿，并与政府部门和相关机构进行正常沟通。

与政府相比，非政府组织更有灵活性，他们不需要像政府机构那样花许多时间去处理部门之间的相互关系，因此办事效率更高。非政府组织可以以灵活多变的形式开展各种活动，如批评一些国家政府的生物安全政策，或批评一些跨国生物技术公司的不道德行为或不法行为，而政府有时是难以做到的。另外，非政府组织不像政府决策那样复杂冗长，他们雷厉风行，办事果断。

在许多情况下非政府组织可以协助政府开展活动，政府是处理国家政治、经济、社会、环境与发展等问题的主体，政府负责制定政策和法规，但执行政策和法规方面尚有许多空间，而这些空间是政府不能面面俱到的，需要非政府组织的协助和支持。尤其是对法规执行的监督检查，非政府组织可以揭露执法工作中的漏洞，及时通过媒体向公众暴露，然后利用公众的反应，向不法行为的单位和个人施加压力，达到提高执法水平的效果。

非政府组织能够很好地利用媒体，在公众宣传教育方面发挥优势。现在的媒体已不再是计划经济时代的呆板形象，媒体间形成了新闻竞争，追求新闻报道的独特和新颖，而非政府组织的活动正是许多新闻媒体追击的焦点，并且，生物安全本身也是敏感话题，可以获得社会争议和公众讨论的效果。

16.5 建立生物安全公众参与的机制

在新的《生物安全法》中，需要建立生物安全公众参与的机制，以法律的形式规定公众参与转基因生物安全管理的基本权利、参与决策的方式和诉诸法律的能力。

16.5.1 公众参与生物安全管理的基本权利

1）知情权

知情权是公众对其周围转基因生物环境释放、商业化生产以及对其消费的转基因产品真实状况的知情。作为环境权的组成部分，知情权主要是靠法定程序加以保障的，是对政府行政权力的限制。公众只有在了解其生活环境、消费食品和市场管理的情况下，才能够参与到生物安全的决策过程。因此，知情权是最基本的权利。通俗地说，公众有权力知道自己吃什么，有权选择自己消费的食品。

2）参与权

参与权是指公众参与转基因生物研究、释放试验、商业化生产、市场销售等各阶段的环境影响评价和决策过程。只有完整地参与各个阶段的环境影响评价和决策过程，公众才能最大限度地了解决策的对象和存在的问题，也才能提出更多、更好的意见和建议。公众作为转基因产品的最终消费方，公众的接受态度可对转基因生物研究、试验和商业化生产提供方向。由于公众的概念是广义的，包括了许多学科的科学家、专家、相关的管理部门和非政府组织，各方面的广泛意见对形成正确的决策是有帮助的。

3）请求法律诉诸权

请求法律诉诸权是指公众的环境与健康权益受到侵害后，可以要求政府有关部门加以保护的权利，包括司法救济、赔偿、补救等方式。例如，公众由于食用转基因生物产品发生环境或健康事故，使公众的生活环境与健康受到损害，则公众应有权力要求损害方提供赔偿与补救。或者，当消费者购买和食用了未标识的转基因食品，而根据国家法规这种食品需要标识，则消费者可以提出诉诸相关法律。此外，对法规上规定的其他权利如果不能满足，公众也可提出法律诉诸，如果法律规定公众可以获取有关转基因生物的信息，但实际上又不能得到，在这种情况下，公众也可诉诸法律以维护自己的权利。

16.5.2　公众参与决策的过程

在新的法规中，应鼓励公众参与到生物安全的决策过程，公众参与政府决策过程可通过以下阶段。

1）政府创制阶段

在公众参与的政府创制阶段，公众可以积极响应政府的号召，将自身的困难和解决方案提交给政府，以便于政府参考，并制定出双赢的运作机制。政府由于其视角是自上而下的，所以可能不如公众看到的那样是从下而上的，这就是公众参与这个阶段的潜力所在。

2）公众集结成为兴趣团体阶段

在此阶段，公众常常集结为非政府组织，或者由他们信任的非政府组织代言。这也是公众参与最有活力，变化最快的时期。非政府组织一方面可以作为公众进行参与，另外一个方面可以作为集结过程的组织者，扶助其他非政府组织的成立。

3）兴趣团体内外的信息共享

非政府组织这时应该是信息共享的载体和主角。公众和非政府组织在收集、整理、分析、散布信息方面都有其得天独厚的优势，因为非政府组织贴近百姓生活，能够得到一些政府无法得到的信息，非政府组织也可以了解到一些政府难以接触到的边缘人群。

4）协商与监督

公众和非政府组织在协商和监督阶段可以通过自身积累的经验，综合国际形势，国内情况，积极参与一些政策方案的协商工作。特别是在一些技术领域，未必科学家都是不偏不倚的，如果有非政府组织能够参与一些工程审批和一些项目的评审，这些做法能从非政府组织听到百姓的呼声。

由于非政府组织在经济上是独立的，依赖于百姓的支持，所以群众对于非政府组织可以给予信任，而非政府组织就必须代表群众的利益，在协商过程中表态。

在监督领域，很多转基因生物的种植、运输、管理都没人进行监督，一方面监督的成本过高，政府无力支持；另一方面，这些生物安全的受害人不明显，或者受害者往往不知情。所以非政府组织就应当仁不让，承担起监督的责任。

5）共同决策

一般来说，政府决策过程不够透明是公众参与的重要妨碍，但是如果公众和非政府组织可以参与到共同决策的阶段，透明问题相应地也就得到解决了。非政府组织承担把这些含糊信息透明化的责任，把这些信息传递给他们所代表的公众，使得公众能够从真正意义上参与决策，而不是参与一个游戏。当非政府组织在决策中有发言权，也就是非政府组织的发言必须得到回复的时候，非政府组织所代表的公众群体的利益就势必得到优先考虑。这样，公众才能从事实上得到优先尊重。

16.5.3 公众参与的形式

1）普通公众的参与形式

普通公众是指与某项目（包括事件、对话或拟议的行动）有关联或受影响的个体、不同群体或非政府组织，与公众发生联系的是当局（上述项目的主管机构）。目前，普通公众的参与主要有两种类型，即协商和介入。这两种类型的区别是参与的公众对决策过程的影响、共享、对项目的控制与决定的程度。

协商是就事件或拟议的行动和对话等项目问题寻求不同人群的意见，其意见可能被采纳、部分采纳或不采纳，公众对项目不具决定权，但对项目具有知情权或部分知情权；介入是公众与当局一起分享、协调和控制项目的设计和管理中的决策过程的自愿行为，在这一过程中公众需要比协商过程有更多的参与和更深入的介入。协商与介入之间的界线有时并不明显，协商的过程也有介入的过程，只不过是程度不同而已。

普通公众参与的形式有听取意见、访谈、问卷调查、听证会、研讨会、论证会、决策会等信息交流方式和专业培训。

2）非政府组织的参与形式

非政府组织具有组织和机构的特点，在参与形式上，非政府组织可以采取多样化的风格，应该比普通公众的参与程度更高，并且更有组织性。例如，非政府组织可以直接与政府对话，对政府提出建议或批评；非政府组织可以通过与国际机构的联系，在对一些跨国生物技术公司和国家政府国际上施加压力；非政府组织还可组织大型的研讨会和报告会，邀请国内外名人演讲；非政府组织甚至可以组织一些非暴力行动，直接阻止转基因生物的田间试验和越境转移，在国外曾发生过直接破坏转基因生物试验和阻止生物技术公司转基因货物运输的行动。

非政府组织可经常组织一些群众性宣传活动，如排演一些人们喜闻乐见的戏剧，并在简单的剧场上演，有时起到意想不到的好效果。也可以在各种各样的兴趣爱好小组中进行科学普及的工作。在居委会、村委会中，通过播放录像，实地组织生物安全宣传教育活动以及对国家法规执行情况的监督，如在超市检查转基因食品标识等。

对于年轻人，电子期刊是目前最廉价、迅捷、环保、有效的信息共享方式。同时，建设好非政府组织各自的网站，吸引有兴趣者进行深入讨论，把主题深化是非常关键的。这种电子网站工作是非政府组织普遍使用的手段。

面对面的谈话可能是最慢的一种方式，但也可能是最有效的方式，这种方式有很强的互动性，对于深入探讨生物安全问题是最主要的方式之一。但是这种方式需要的人力物力不是科研机构或者政府可以承担的，非政府组织在组织大量的志愿者从事这一方面的工作有很大潜力。

非政府组织可以设置公共开放日和演示项目，以直观地进行信息共享。包括容许公众参观研究地点和田间试验场，可以有助于公众熟悉生物技术背后的科学，并让他们亲自感受风险评估，以及所拥有的预防措施。一些相关公司或者私营部门，应该欢迎记者和其他利益方参观他们的场地，就像他们常常利用网络和媒体来达到的视觉效果一样。

16.5.4　公众参与制度的内容

在《转基因生物安全法》中，应该明确建立生物安全管理的公众参与制度，并采取措施保证公众参与制度的实施，公众参与制度主要包括以下内容。

1）*要确认和完善公众的转基因食品知情权*

生物安全知情权是公众参与的前提和基础，应通过立法直接保证公众的生物安全知情权，并应具体规定知情权的行使方式、程序以及权利受到侵害后的法律后果与救济程序，从而提高生物安全管理的透明度。保证公众知情权主要是行政主管部门的责任，主管部门应该切实采取措施，保证公众能够获取相关资料和信息。例如，将转基因生物环境释放和商业化申请的资料在网上适当公开，并将行政主管部门的决定公布于众，必要时需要征询公众意见，包括主管部门之外的其他部门、安委会成员之外的其他各学科专家、非政府环保组织和广大消费者的意见。对于上市的转基因食品要实施严格的标识制度，给消费者购买食品的知情权和选择权。

2）*要确立和完善公众的生物安全立法参与权*

我国《立法法》第 34 条第 1 款规定："列入常务委员会会议议程的法律案，法律委员会、有关的专门委员会和常务委员会工作机构应当听取各方面的意见。听取意见可以采取座谈会、论证会、听证会等多种形式。"该法第 58 条规定："行政法规在起草过程中，应当广泛听取有关机关、组织和公民的意见。听取意见可以采取座谈会、论证会、听证会等多种形式。"我国生物安全立法应将立法的这些规定进一步具体化，防止听取意见"走过场"，保障公众参与对立法决策和立法结果的直接影响力。

3）*要确立和完善公众对行政执法的监督权和法律诉讼权*

公众直接监督生物安全行政执法活动，可以帮助行政机关更好地进行生物安全管理或执法，促进行政机关与民众关系的融洽与和谐；另一方面公众参对行政权执法的有效监督，可以促进和保障行政权的合法行使。例如，国家法规要求对转基因食品标识，但许多地方尚未实施，已经实施标识的生产单位或销售商，故意模糊标识，采取标识不醒目的方式欺骗消费者，而公众的监督作用此时就能充分发挥作用，极大地帮助政府建立和完善转基因食品标识制度。

当消费者受到欺骗，购买了未经标识的转基因产品，消费者应该有权诉诸法律，要求生产者或销售者给以补救或赔偿。

16.5.5　公众参与制度的实施行动

虽然西方国家已非常习惯公众参与，但在中国，公众参与尚属新生事物，经验不足，因此应不断改进公众参与的制度，使之日益完善，当前应重点加强如下几件工作。

1）加强生物安全的信息发布和公众宣传

相关部门应及时向公众提供生物安全相关的信息，使公众充分了解生物安全对环境、健康、社会、经济和生活的影响，特别是对他们自己食品消费的影响，要指导公众如何确保食品安全。同时帮助公众了解我国当前生物安全立法的情况和所采取的措施，了解国际上生物安全的法律、动态和关注点。大部分公众对现代生物技术和转基因生物还不熟悉，需要开展宣传和科普教育，提高公众的专业知识水平，进而促进公众参与的质量水平。

2）扩大公众参与的范围

在通过访谈、答卷、电话、网络和信箱等形式进行社会调查收集信息时，调查的对象应具有随机性、广泛性和代表性。可通过电视、广播电台、报纸、杂志等工具为公众讨论生物安全提供交流的平台。在批准转基因生物环境释放和商业化生产之前，主管部门应该召开由社会各界，包括普通公众、消费者和相关非政府组织参加的听证会，广泛征求意见，对公众和非政府组织的意见应该加以重视，研究解决。在转基因生物的田间试验之前，应该将试验和风险情况明确告知试验地当地群众，并征求当地群众的意见。

3）要建立公众参与生物安全管理的固定渠道物

如农业转基因生物安全评估专家委员会可考虑吸收公众代表和非政府组织推荐的专家参加讨论。对批准环境释放和商业化生产的转基因生物，应该在批准之前进行公示，以广泛征求消费者意见，因为转基因产品的最终消费者是公众，如果公众不接受，那么批准其商业化生产将造成极大的经济损害。

保障公众的意见和建议有畅通的反馈渠道。有关政府主管部门应建立公众参与的多种渠道，除了政府的固有渠道外，应引导媒体关注生物安全，但要提高媒体关于生物安全的知识水平，能科学、客观地进行相关报道和信息传播。

4）正确引导非政府环保组织

正确引导非政府组织在生物安全领域开展项目和活动，对一些有意义的、对政府有帮助的活动应给予支持和扶持。同时，政府要加强与非政府组织的沟通联系，建立对话机制，加强合作，以保证非政府组织的项目与活动能在国家政策框架下开展。公众对生物安全领域的参与在西方国家和境外已经积累了丰富的经验，学习和借鉴其经验对于提高我国公众对生物安全领域的参与水平和参与效率具有重要的意义。

主要参考文献

蔡玲等. 2006. 广州地区大学生对转基因食品的认知与态度. 中国学校卫生，27（2）：116～118

陈桂荣. 2005. 公众对转基因食品的了解和接受程度——对昆明市消费者的调查与分析. 昆明理工大学学报（社会科学版），5（4）：14～17

侯守礼，王威，顾海英. 2004. 消费者对转基因食品的意愿支付：来自上海的经验证据. 农业技术经济，6：6～9

黄季焜等. 2006. 中国城市消费者对转基因食品的认知程度、接受程度和购买意愿. 中国软科学，2：61～66

刘志强，王成栋，李宁. 2007. 济南市消费者对转基因食品的认知态度的调查与分析. 中国农业科技

导报，9（1）：52～58

王锐．2007. 国际组织和世界各国对转基因食品的管理．卫生研究，36（2）：245～248

王玉清，薛达元．2005. 消费者对转基因食品的认识态度的调查与分析．环境保护，(3)：46～51

晓阳，杨同卫．2004. 转基因食品安全隐忧与公众知情选择权．医学与哲学，25（6）：32，33

薛达元等．转基因基因食品安全研究（第七篇，包括第 35～39 章）．见：陈锡文，邓楠．中国食品安全战略研究．北京：化学工业出版社．791～874

薛达元，刘标．1999. 现代生物技术的社会经济影响和安全问题．见：薛达元等．生物安全管理与实践．北京：中国环境科学出版社．94～99

薛达元．2006. 论生物安全管理公众参与制度．见：薛达元．转基因生物环境影响与安全管理．北京：中国环境科学出版社．249～258

严功翠，秦向东．2006. 浅析消费者对转基因食品的认知和意向——以上海为例．安徽农业科学，34（1）：154～156

杨永存等．2007. 深圳居民转基因食品卫生安全认知状况调查．中国公共卫生，23（4）：488～489

张晓勇，李刚，张莉．2004. 中国消费者对食品安全的关切——对天津消费者的调查与分析．中国农村观察，1：14～21

钟甫宁，丁玉莲．2004. 消费者对转基因食品的认知情况及潜在态度初探——南京市消费者的个案调查．中国农村观察，1：32～43

周应恒，霍丽，彭晓佳．2004. 食品安全：消费者态度、购买意愿及信息的影响——对南京市超市消费者的调查分析．中国农村经济，11：53～57

朱光富．2002. 世界各国对转基因食品的态度和管理．中国家禽，24（2）：37～41

Ho P，Xue D Y. 2008. Farmer's perceptions and risks of agro-biotechnological innovations in China：ecological change in Bt cotton? International Journal of Environment and Sustainable Development，7（4）：396～417

Xue D Y，Tisdell C. 2000. Safety and socio-economic issues raised by modern biotechnology. International Journal of Social Economics，27（7）：699～708

缩 略 语

ABRAC Agricultural Biotechnology Research Advisory Committee
农业生物技术研究咨询委员会（美国农业部）

AIA Advanced Informed Agreement
事先知情同意

APHIS Animal and Plant Health Inspection Service
动植物健康检验局（美国）

BAC Bacterial Artificial Chromosomes
细菌人工染色体

BCH Biosafety Clearing-House
生物安全资料交换所

Bt Bacillus thuringiensis
苏云金芽孢杆菌

CaMV Cauliflower mosaic virus
花椰菜花叶病毒

CATI Computer Assisted Telephone Interviews
计算机辅助电话调查

CBD Convention on Biological Diversity
生物多样性公约

CBER Center for Biologics Evaluation and Reasearch，FDA
生物制品评价和研究中心（美国食品和药品管理局）

CEN the European Committee for Standardization
欧洲标准化委员会

CDER Center for Drug Evaluation and Research，FDA
药品评价和研究中心（美国食品和药品管理局）

CPB Cartagena Protocol on Biosafety
卡塔赫纳生物安全议定书

CVM Center for Veterinary Medicine，FDA
兽医学中心（美国食品和药品管理局）

DNA Deoxyribonucleic Acid
脱氧核糖核酸

cDNA complementary DNA
互补脱氧核糖核酸

EEA European Environment Agency
欧盟环境署

ELISA Enzyme-Linked Immuno-Sorbent Assay
酶联免疫吸附检验

EPA	US Environmental Protection Agency 美国环境保护局
ES	Embryonic Stem cells 胚胎干细胞
FAO	Food and Agriculture Organization of the United Nations 联合国粮农组织
FDA	US Food and Drug Administration 美国食品和药品管理局
GATT	General Agreement on Tariffs and Trade 关税与贸易总协定
GEF	Global Environment Facility 全球环境基金
GMO	Genetically Modified Organism 遗传修饰生物（转基因生物）
GURTs	Genetic Use Restriction Technologies 遗传使用限制技术
HPLC	High Performance Liquid Chromatography 高效液相色谱
IFBC	the International Food Biotechnology Council 国际食品生物技术委员会
ILSI	the International Life Sciences Institute 国际生命科学研究会
ISO	International Organization for Standardization 国际标准化组织
LMO	Living Modified Organism 改性活生物体（转基因生物）
LMO-FFPs	LMOs for Food, Feed or Processing 用于食物、饲料和加工用途的改性活生物体
LOD	Limit of Detection 检测极限
MAC	Mammalian Artificial Chromosomes 哺乳动物人工染色体
MEA	Multilateral Environmental Agreement 多边环境协定
NIH	National Institutes of Health 国立卫生研究院（美国）
NMR	Nuclear Magnetic Resonance 核磁共振
OECD	Organisation for Economic Co-operation and Development 经济合作与发展组织
OSHA	Occupational Safety and Health Administration 职业安全与保健管理总署

PAC	P1 Artificial Chromosomes P1 人工染色体
PCR	Polymerase Chain Reaction 聚合酶链反应
rt-PCR	real-time PCR; reverse transcripted PCR 实时聚合酶链反应；反转录聚合酶链反应
PGCs	Primordial Germ Cells, 原生殖细胞
RNA	RiboNucleic Acid 核糖核酸
RNAi	RNA infer RNA 干扰
gRNA	guide RNA 向导核糖核酸
mRNA	message RNA 信使核糖核酸
rRNA	ribosomal RNA 核糖体核糖核酸
tRNA	tranfer RNA 转运核糖核酸
SOP	Standard Operating Procedure 标准操作程序
SPS	Agreement on the Application of Sanitary and Phytosanitary Measures 动植物检疫措施委员会
TBT	Agreement on Technical Barriers to Trade 技术性措施贸易壁垒委员会
TMV	Tobacco mosaic virus 烟草花叶病毒
TRIPS	Trade-Related aspects of Intellectual Property rights 与贸易有关的知识产权协定
TWN	Third World Network 第三世界网络
USDA	US Department of Agriculture 美国农业部
WHO	World Health Organization 世界卫生组织
WTO	World Trade Organization 世界贸易组织
YAC	Yeast-Artificial Chromosome 酵母人工染色体